电力电子技术

POWER ELECTRONICS

吴文进　王　卓　李彦梅　江善和　编著

中国科学技术大学出版社

内 容 简 介

本书是安徽省一流专业建设点（自动化专业）和安徽省“电力电子技术”精品线下开放课程配套教材。全书共8章，主要包括绪论、电力电子器件、交流-直流变换电路、直流-交流变换电路、交流-交流变换电路、直流-直流变换电路、软开关技术和电力电子技术应用。本书体系新颖、重点突出、实用性强，为便于读者学习，各章均附有习题。

本书可作为高等院校电气工程及其自动化、电力工程、自动化专业本科生教材，也可供相关专业工程技术人员参考。

图书在版编目(CIP)数据

电力电子技术 / 吴文进等编著. -- 合肥 : 中国科学技术大学出版社，2024.12. -- ISBN 978-7-312-06136-3

Ⅰ. TM1

中国国家版本馆 CIP 数据核字第 2024VD7104 号

电力电子技术

DIANLI DIANZI JISHU

出版 中国科学技术大学出版社
安徽省合肥市金寨路 96 号，230026
http://press.ustc.edu.cn
https://zgkxjsdxcbs.tmall.com

印刷 安徽国文彩印有限公司

发行 中国科学技术大学出版社

开本 787 mm×1092 mm 1/16

印张 15.5

字数 395 千

版次 2024 年 12 月第 1 版

印次 2024 年 12 月第 1 次印刷

定价 58.00 元

前　言

普通高等教育专业课正面临着课时少而课程内容多的矛盾，教师在授课的过程中要根据专业培养目标对课程内容进行调整。本书以能力培养为目标，以实用和实践为原则，尽量避免烦琐的数学推导，适当降低理论深度，完整系统地讲述电力电子变换及其控制技术的基础知识，突出介绍近几年来电力电子新技术的发展和应用，力争理论紧密结合实际，达到学以致用、学思结合的目的。

本书以器件应用为目的，突显其实用性，以器件应用于交流-直流、直流-交流、交流-交流和直流-直流四种变换电路的原理及参数关系为主要内容，在传统的相位控制技术的理论内容体系中增加了 PWM 控制技术的理论内容，既保留了传统的相控整流技术和方波逆变技术等电力电子技术前期发展基础内容，又丰富了以 PWM 控制技术为主的现代电力电子技术理论内容。

本书大纲拟定和统稿工作由安庆师范大学吴文进完成；第 1 章和第 3 章由安庆师范大学李彦梅编写；第 2 章由安庆师范大学江善和编写；第 4 章和第 5 章由北华大学王卓编写；第 6 章至第 8 章由安庆师范大学吴文进编写。

本书编写过程中，得到了安徽省高校协同创新项目（GXXT-2021-025）和安徽省一流专业建设点（自动化专业）项目资助，编者在此表示感谢；同时，对书末所附参考文献的作者表示衷心感谢。

由于编者学识有限，书中难免存在不妥之处，欢迎使用本书的读者提出宝贵意见，不胜感激。

编　者

2024 年 3 月

目　　录

第1章　绪　　论

本章主要叙述电力电子技术的概念、发展史，使读者对电力电子技术有一个大致的了解，有助于读者更好地学习该课程。

1.1　电力电子技术的概念

电子技术有两大分支：信息电子技术与电力电子技术。二者的理论基础相同，但应用方向不同。信息电子技术主要用于提取、识别、处理小功率电信号中包含的信息，如收音机、电视机中的调谐电路，信号测量中的滤波、放大电路，对输入信号进行逻辑处理、算术运算的数字电路等。通常所说的模拟电子技术、数字电子技术都属于信息电子技术范畴。电力电子技术处理的对象是电能，但它对电能的变换与控制是基于电力电子器件——电力半导体器件来完成的，因此电力电子技术是应用于电力技术领域的电子学，是利用电力半导体器件实现对电能的变换与控制的一门学科。

通常所用的电力有交流和直流两种。从公用电网直接得到的电力是交流，从蓄电池和干电池得到的电力是直流。从这些电源得到的电力往往不能直接满足要求，需要进行电力变换。如表1-1所示，电力变换通常可分为四大类，即交流→直流、直流→交流、直流→直流和交流→交流。进行上述电力变换的技术称为变流技术。

表1-1　电力变换种类

	交流输入	直流输入
直流输出	整流	直流斩波
交流输出	交流电力控制、变频、变相	逆变

通常把电力电子技术分为电力电子器件制造技术和变流技术两个分支。变流技术也称为电力电子器件的应用技术，它包括用电力电子器件构成各种电力变换电路和对这些电路进行控制的技术以及由这些电路构成电力电子装置和电力电子系统的技术。“变流”不只指交直流之间的变换，也包括上述的直流变直流和交流变交流的变换。

如果没有晶闸管、电力晶体管等电力电子器件，也就没有电力电子技术，而电力电子技术主要用于电力变换。因此，可以认为，电力电子器件制造技术是电力电子技术的基础，而变流技术则是电力电子技术的核心。电力电子器件制造技术的理论基础是半导体物理，而变流技术的理论基础是电路理论。

电力电子学这一名称是在 20 世纪 60 年代出现的。1974 年，美国的 W. Newell 用图 1-1 的倒三角形对电力电子学进行了描述，认为电力电子学是由电力学、电子学和控制理论三个学科交叉而形成的。这一观点被全世界普遍接受。“电力电子学”和“电力电子技术”是分别从学术和工程技术两个不同的角度来称呼的，其实际内容并没有很大的不同。

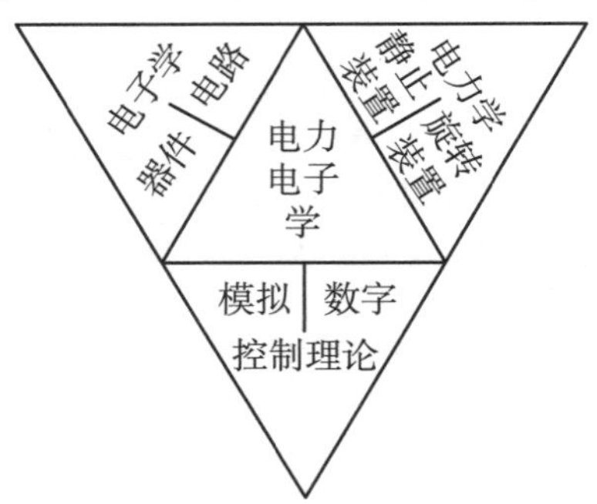

图 1-1　描述电力电子学的倒三角形

电力电子技术和电子学的关系是显而易见的。如图 1-1 所示，电子学可分为电子器件和电子电路两大分支，这分别与电力电子器件和电力电子电路相对应。电力电子器件制造技术和电子器件制造技术的理论基础是一样的，其大多数工艺也是相同的。特别是现代电力电子器件的制造大都使用集成电路制造工艺，采用微电子制造技术，许多设备和微电子器件制造设备通用。电力电子电路和电子电路的许多分析方法也是一致的，只是两者应用目的不同，前者用于电力变换和控制，后者用于信息处理。广义而言，电子电路中的功率放大和功率输出部分也可算作电力电子电路。此外，电力电子电路广泛用于包括电视机、计算机在内的各种电子装置中，其电源部分都是电力电子电路。在信息电子技术中，半导体器件既可处于放大状态，也可处于开关状态；而在电力电子技术中为避免功率损耗过大，电力电子器件总是工作在开关状态，这是电力电子技术的一个重要特征。

电力电子技术广泛用于电气工程中，各种电力电子装置广泛应用于高压直流输电、静止无功补偿、电力机车牵引、交直流电力传动、电解、励磁、电加热、高性能交直流电源等电力系统和电气工程中，因此通常把电力电子技术归属于电气工程学科。电力电子技术是电气工程学科中的一个最为活跃的分支。

电力电子技术是 20 世纪后半叶诞生和发展的一门崭新的技术。有人预言，电力电子技术和运动控制一起，将和计算机技术共同成为未来科学技术的两大支柱。通常把计算机比作人的大脑，那么，可以把电力电子技术比作人的消化系统和循环系统。消化系统对能量进行转换（把电网或其他电源提供的“粗电”变成适合使用的“精电”），再由以心脏为中心的循环系统把转换后的能量传送到大脑和全身。电力电子技术连同运动控制一起，还可比作人的肌肉和四肢，使人能够运动和从事劳动。可见，电力电子技术在 21 世纪中将会起到十分重要的作用，有着十分光明的未来。

1.2　电力电子技术发展史

电力电子技术的发展和电力电子器件的发展密切相关，新器件的出现促进新装置的开发，并开拓新的应用领域。与电力电子器件发展相对应，电力电子技术发展经历了黎明期、晶闸管时代（1956年到20世纪70年代初）、全控型器件大发展阶段（20世纪70年代初到21世纪初）和功率集成电路兴起（20世纪80年代末到21世纪初）四个阶段，如图1-2所示。

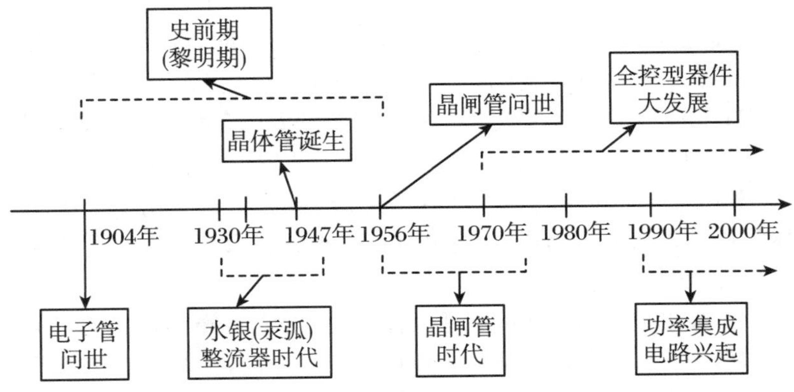

图1-2　电力电子技术的发展史

在广泛应用晶闸管整流电路之前，实现交流电变为直流电的方法主要有两种：一是采用交流电动机-直流发电机组，即变流机组；二是采用水银整流器，和含有旋转部件的变流机组相对应，水银整流器不含旋转部件，因而称为静止变流器。

1956年，美国发明了硅半导体器件——晶闸管（Thyristor）。由于晶闸管具有可控的单向导电性，首先被用于整流电路，因此晶闸管也称为可控硅整流器（Silicon-controlled Rectifier，SCR）。与变流机组及水银整流器相比，晶闸管整流装置在体积、质量、动态响应特性、控制方便性等诸多指标方面具有明显的优越性，因此很快得到推广应用。此后，晶闸管被用于DC-AC变换、AC-AC变换、DC-DC变换电路。到20世纪70年代末，晶闸管变流装置被广泛应用于电力传动、电化学电源、感应加热电源等变流装置中。

正是晶闸管变流装置的应用与发展奠定了现代电力电子技术的基础。由于晶闸管是一种半控型器件，即可在其门极加上合适的触发脉冲使其开通，但不能通过在门极加上控制信号而使其关断。虽然控制晶闸管的开通方便，但其关断通常需借助电网电压等外部条件来实现，因此其应用受到一定限制。

可关断晶闸管（Gate Turn off Thyristor，GTO）是在SCR基础上开发出来的全控型器件。所谓全控型器件是指能在器件的控制极加上符合要求的信号，实现器件的开通与关断。尽管GTO在20世纪50年代末即已问世，但一直被应用于低电压、小功率的装置中，直到20世纪70年代末才得到较大发展。此后，GTO被用于大功率电力传动、静止无功功率发生器、电力储能系统等装置中。

随着电子器件制造技术的不断进步，全控型器件得到迅猛发展，电力晶体管（Giant Transistor，GTR）、功率场效应晶体管（Power Metal Oxide Semiconductor Field Effect Transistor，功率 MOSFET）、绝缘栅双极晶体管（Insulated Gate Bipolar Transistor，IGBT 或 IGT）、集成门极换流晶闸管（Integrated Gate Commuted Thyristor，IGCT）等新器件不断涌现，促进了现代电力电子技术的迅速发展。

1978 年，功率 MOSFET 在美国问世。这是一种全控型（电压控制型）电力电子器件，具有开关频率高（50 kHz 以上）、驱动功率小、热稳定性优良等特点，在高频、中小功率变流器，特别是小型开关电源中得到了广泛应用。由于功率 MOSFET 是电力电子器件中开关频率最高的器件，而高频化有利于减轻变压器、滤波电感乃至整个装置的体积与质量，因此功率 MOSFET 仍将在低电压、高频、中小功率场合继续广泛应用。

1983 年，IGBT 在美国问世。IGBT 是由 GTR 与 MOSFET 复合而成的电场控制型器件，只需在其栅源极之间建立、撤销电场即可使其开通、关断，因而易于控制。IGBT 的电压、电流容量覆盖了大、中、小功率范围，其开关工作频率可达 20 kHz 以上，远高于 GTR 和 GTO。因此，IGBT 很快在几千瓦到几百千瓦功率范围内的各种变流装置中得到广泛应用，在许多场合已取代 GTO 和 GTR，迅速成为电力电子装置设计和制造中的首选器件。应用 IGBT 的交流变频调速装置、大功率逆变电源等系统在电力工程、化学工业、冶金工业、机械制造、家用电器等许多领域的成功普及与推广应用，充分展示了电力电子技术在节能、节材、提高系统性能等方面所具有的重要作用。

1996 年，IGCT 在瑞典问世。IGCT 是全控型器件，它将硬驱动的 GTO 及其驱动器集成为一体，具有功率大、通态损耗小、驱动方便的特点。目前，市场化 IGCT 器件的容量已达到 6500 V/4000 A，展现了良好的发展态势。世界上第一套采用直接转矩控制策略的大功率感应电动机传动系统 ACS 1000 应用了 IGBT，最大输出功率达到 5000 kW；超导同步电动机的轮船推进系统中也采用了 IGBT，输出功率达到 25000 kW。

随着全控型器件的不断发展，以往用于电子、通信工程等学科的 PWM 技术在电力电子技术中也获得了广泛的应用。实际上，全控型器件与 PWM 技术的结合成就了今天电力电子技术的重要地位。

功率集成电路（Power Integrated Circuit，PIC）是指将功率半导体器件及其驱动电路等组合在同一个芯片或同一个封装中的电路模块，即把功率部分和驱动控制部分甚至保护电路都集成在一个器件中的电路。目前，功率集成电路内部使用的功率器件通常为 MOSFET 或 IGBT。通常将由 IGBT、驱动电路、保护电路集成的 PIC 称为智能功率模块（Intelligent Power Module，IPM）。采用 PIC 可以提高电路的功率密度、简化安装工艺，对器件过流和短路等保护更为可靠，从而提高电力电子装置的使用性能。自 20 世纪 80 年代问世以来，PIC 制造技术发展十分迅速，已成为电力电子技术的重要发展方向。

PIC 的最新发展趋势是电力电子积木（Power Electric Building Block，PEBB）。PEBB 并不是一种特定的半导体器件，它是按一定功能组织起来的可处理电能的集成器件或模块，是依照最优的电路结构和系统结构设计的不同器件和技术的集成。PEBB 不仅包括功率半导体器件，还包括门极驱动电路、电平转换、传感器、保护电路、电源和无源器件。PEBB 有功率接口和通信接口，通过这两种接口，组合多个 PEBB 模块一起工作可以完成电压转换、能量的储存和转换、阻抗匹配等系统级功能。几个 PEBB 可以组成电力电子系统，这些系统可以像小型的 DC-DC 转换器一样简单，也可以像大型的分布式电力系统那样复杂。利用这种具有通用性的 PEBB 模块，电力电子系统的构建将可望像目前利用模块化的板卡构建计算机系统那样方便。

在应用方面，电力电子技术应用领域将会进一步扩大，随着计算机技术、PEBB 的发展及用户对用电要求的提高，电力电子技术向数字化、模块化、绿色化发展的趋势更加明显。

在电力电子器件材料方面，由于目前采用的硅基电子器件在耐高温、高压方面还不能满足应用需要，在今后的发展空间已经相对窄小，因此在未来一段时期，基于新型材料的电力电子器件特别是碳化硅（SiC）器件的开发是推动电力电子技术发展的重要途径。与其他半导体材料相比，SiC 具有高禁带宽度、高饱和电子漂移速度、高击穿强度、低介电常数和高热导率等优异的物理特性，这些特性决定了 SiC 在高温（300～500 ℃）、高频率、高功率的应用场合是十分理想的材料。理论分析表明，SiC 功率器件非常接近于理想的功率器件。SiC 器件的研发将成为未来电力电子技术的一个主要方向，并将极大地推动电力电子技术的进步。

习　　题

1-1　阐述电力技术、电子技术与电力电子技术三者在研究内容上的联系与差别。

1-2　为什么电力电子器件都工作在开关状态？

1-3　电力电子电路有哪几种基本类型？

1-4　电力电子技术在国民经济建设中有何重要作用？

1-5　试举例说明电力电子技术的应用。

第 2 章 电力电子器件

电力电子器件是电力电子电路的基础，掌握各种常用电力电子器件的特征和正确使用方法是我们学好电力电子技术的基础。本章首先对电力电子器件的概念、基本特性和分类等进行简要概述，然后分别介绍各种常用电力电子器件的工作原理、基本特征、主要参数等内容。

2.1 电力电子器件概述

2.1.1 电力电子器件的概念

在电力电子系统或者电力电子装置中，直接承担电能变换或控制任务的电路被称为主电路。电力电子器件是实现电能变换或控制的电子器件，直接用于处理电能的主电路中。同电子技术中处理信息的电子器件一样，广义上电力电子器件也可分为电真空器件和半导体器件两类。但是，自 20 世纪 50 年代以来，除了在频率很高（如微波）的大功率高频电源中还使用真空管外，基于半导体材料的电力电子器件已逐步取代了以前的汞弧整流器、闸流管等电真空器件，因此电力电子器件目前也往往专指电力半导体器件。与普通半导体器件一样，目前电力半导体器件所采用的主要材料仍然是硅。

2.1.2 电力电子器件的基本特性

电力电子器件直接用于处理电能的主电路中，同处理信息的电子器件相比，其一般具有以下特征：

（1）电力电子器件所能处理的电功率范围广，也就是其承受电压和电流的能力范围广。其处理的电功率小至毫瓦级，大至兆瓦级，一般都远大于处理信息的电子器件。

（2）电力电子器件一般都工作在开关状态。当器件导通时（通态），阻抗很小，接近于短路，器件压降接近于零，而电流由外电路决定；当器件阻断时（断态），阻抗很大，接近于断路，电流几乎为零，而器件两端电压由外电路决定。因而，电力电子器件的动态特性（即开关特性）和参数，也是电力电子器件特性很重要的方面，有些时候甚至上升为第一位的重要问题。正因为如此，也常常将一个电力电子器件或者外特性像一个开关的几个电力电子器件的组合称为电力电子开关，或称为电力半导体开关。在分析电路时，为了简化，也往往用理想开关来代替。

(3) 在实际应用中，电力电子器件往往需要由信息电子电路来控制。由于电力电子器件所处理的电功率较大，因此需要一定的中间电路对普通的信息电子电路信号进行适当放大，以控制电力电子器件的导通或关断，这就是所谓的电力电子器件的驱动电路。

(4) 电力电子器件自身的功率损耗通常远大于信息电子器件，因此不仅在器件封装上比较讲究散热设计，而且在其工作时一般还需要安装散热器。这是因为电力电子器件在导通或者阻断状态下，并不是理想的短路或者断路。导通时器件上有一定的通态压降，阻断时器件上有微小的断态漏电流流过，尽管其数值都很小，但分别与数值较大的通态电流和断态电压相作用，就形成了电力电子器件的通态损耗和断态损耗。此外，还有在电力电子器件由断态转为通态（开通过程）或者由通态转为断态（关断过程）的转换过程中产生的损耗，分别称为开通损耗和关断损耗，总称为开关损耗。除一些特殊的器件外，通常电力电子器件的断态漏电流极其微小，因而通态损耗是电力电子器件功率损耗的主要部分。当器件的开关频率较高时，开关损耗会随之增大而可能成为器件功率损耗的主要部分。

2.1.3　电力电子器件的分类

根据不同的开关特性，电力电子器件可分为如下三类：

(1) 不可控型器件。主要是指电力二极管器件，它具有整流的作用而无可控的功能，其基本特性与信息电子电路中的二极管一样，器件的导通和关断完全是由其在主电路中承受的电压和电流决定的。

(2) 半控型器件。主要是指晶闸管及其部分派生器件，通过控制信号可以控制其导通而不能控制其关断，器件的关断是由其在主电路中承受的电压和电流决定的，外加辅助电路也可以使其关断。

(3) 全控型器件。这种器件也为三端器件，通过控制信号既可以控制其导通，又可以控制其关断。目前最常用的是绝缘栅双极晶体管和功率场效应晶体管，在处理兆瓦级大功率电能的场合，门极可关断晶闸管应用也较多。

根据器件内部电子和空穴两种载流子参与导电的情况，电力电子器件可分为双极型、单极型和复合型三种。由一种载流子参与导电的器件称为单极型器件；由电子和空穴两种载流子参与导电的器件称为双极型器件；由单极型器件和双极型器件集成的器件则称为复合型器件。

按照驱动电路加在电力电子器件控制端和公共端之间信号的性质，可以将电力电子器件（电力二极管除外）分为电流驱动型和电压驱动型两类。如果是通过从控制端注入或者抽出电流来实现导通或者关断的控制，这类电力电子器件被称为电流驱动型电力电子器件，或者电流控制型电力电子器件。如果是仅通过在控制端和公共端之间施加一定的电压信号就可实现导通或者关断的控制，这类电力电子器件则被称为电压驱动型电力电子器件，或者电压控制型电力电子器件。由于电压驱动型电力电子器件实际上是通过加在控制端上的电压，在器件的两个主电路端子之间产生可控的电场来改变流过器件的电流大小和通断状态，所以电压驱动型电力电子器件又被称为场控电力电子器件或场效应电力电子器件。

2.2 电力二极管

电力二极管自20世纪50年代初期就获得应用,当时也称为半导体整流器,并已开始逐步取代汞弧整流器。虽然电力二极管是不可控型器件,但结构和原理简单,工作可靠,所以直到现在其仍然大量应用于许多电气设备当中,特别是快恢复二极管和肖特基二极管,在中、高频整流和逆变以及低压高频整流等应用中仍具有不可替代的地位。

2.2.1 PN结与电力二极管的工作原理

电力二极管是一个结构最简单的电力电子器件,由一个PN结组成。它的基本结构和电气图形符号如图2-1所示。由图可知,电力二极管是由P型和N型半导体结合而成的,特性与PN结的特性一样。现简单回顾一下PN结的有关概念和二极管的基本工作原理。PN结的工作状态可分为零偏置、正向偏置和反向偏置三种。

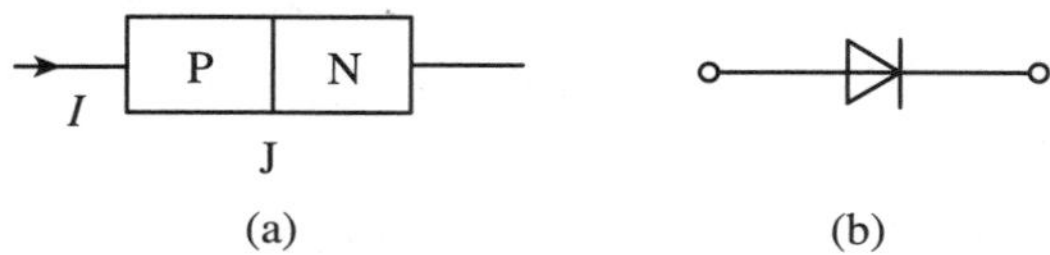

图2-1 电力二极管的基本结构和电气图形符号

(a) 基本结构;(b) 电气图形符号

当PN结不加电压(零偏置)时,N型半导体和P型半导体结合后构成PN结。N区和P区交界处电子和空穴的浓度有差异,造成了各区的多数载流子(多子)向另一区扩散运动,到对方区内成为少数载流子(少子),从而在界面两侧分别留下了带正、负电荷但不能任意移动的杂质离子。这些不能移动的正、负电荷被称为空间电荷。空间电荷产生的电场被称为内电场或自建电场,如图2-2(a)所示,其一方面阻止扩散运动,另一方面又吸引对方区内的少子(对本区而言则为多子)向本区运动,这就是所谓的漂移运动。扩散运动和漂移运动最终达到动态平衡,正、负空间电荷量达到稳定值,形成一个稳定的由空间电荷构成的区域,被称为空间电荷区,也被称为耗尽层、阻挡层或势垒区。

当PN结外加正向电压(正向偏置),如图2-2(b)所示,即外加电压的正端接P区、负端接N区时,外加电场与PN结自建电场方向相反,使得多子的扩散运动大于少子的漂移运动,形成扩散电流,使内部空间电荷区变窄,而在外部电路中则形成自P区流入而从N区流出的电流,被称为正向电流I_F。当外加电压升高时,自建电场将进一步被削弱,扩散电流进一步增加。这就是PN结的正向导通状态。当PN结上流过的正向电流较小时,二极管的电阻主要是作为基片的低掺杂N区的欧姆电阻,其阻值较高且为常量,因而管压降随正向电流的增加而上升;当PN结上流过的正向电流较大时,注入并积累在低掺杂N区的少子空穴浓度将很大,为了维持半导体电中性条件,其多子浓度也相应大幅度增加,使得其电阻率明显下降,也就是电导率大大增加,这就是电导调制效应。电导调制效应使得PN结在正向电流较大时压降仍然很低,维持在1 V左右,所以正向偏置的PN结表现为低阻态。

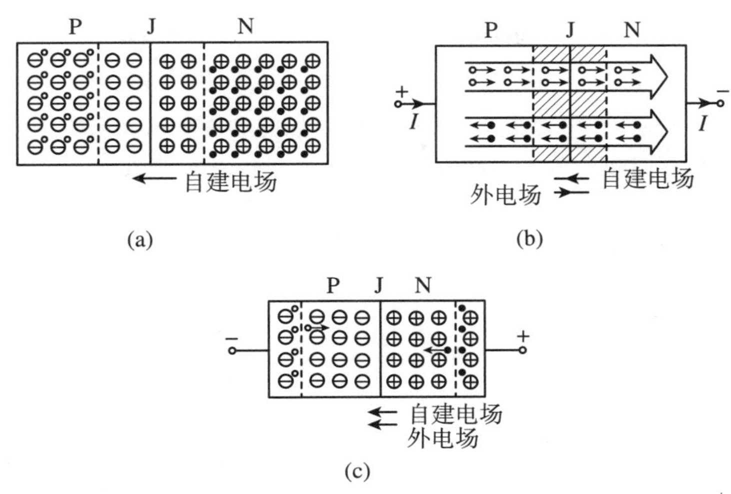

图 2-2　不同偏置下的 PN 结

(a) 零偏置;(b) 正向偏置;(c) 反向偏置

当 PN 结外加反向电压时(反向偏置),如图 2-2(c)所示,外加电场与 PN 结自建电场方向相同,使得少子的漂移运动大于多子的扩散运动,形成漂移电流,使内部空间电荷区变宽,而在外电路上则形成自 N 区流入而从 P 区流出的电流,被称为反向电流 I_R。但是少子的浓度很小,在温度一定时漂移电流的数值趋于恒定,该电流被称为反向饱和电流 I_S,一般仅为微安数量级。反向偏置的 PN 结表现为高阻态,几乎没有电流流过,这被称为反向截止状态。

PN 结具有一定的反向耐压能力,但当施加的反向电压过大时,反向电流将会急剧增大,破坏 PN 结反向偏置为截止的工作状态,这就叫反向击穿。反向击穿按照机理不同有雪崩击穿和齐纳击穿两种形式。反向击穿发生时,只要外电路中采取了措施,将反向电流限制在一定范围内,则当反向电压降低后 PN 结仍可恢复原来的状态。但如果反向电流未被限制住,使得反向电流和反向电压的乘积超过了 PN 结允许的耗散功率,就会因热量散发不出去而导致 PN 结温度上升,直至过热而烧毁,这就是热击穿。

PN 结中的电荷量随外加电压而变化,呈现电容效应,称为结电容 C_J,又称为微分电容。结电容按其产生机制和作用的差别分为势垒电容 C_B和扩散电容 C_D。势垒电容只在外加电压变化时才起作用,外加电压频率越高,势垒电容作用越明显。势垒电容的大小与 PN 结截面积成正比,与阻挡层厚度成反比,而扩散电容仅在正向偏置时起作用。在正向偏置时,当正向电压较低时,以势垒电容为主;当正向电压较高时,扩散电容为结电容主要成分。结电容影响 PN 结的工作频率,特别是在高速开关的状态下,可能使其单向导电性变差,甚至不能工作,应用时应加以注意。

由于电力二极管正向导通时要承受较大的电流,其电流密度较高,因而额外载流子的注入水平较高,电导调制效应不能忽略。另外,其引线和焊接电阻的压降等对性能都有明显的影响。再加上其承受的电流变化率 $\mathrm{d}i/\mathrm{d}t$ 较大,因而其引线和器件自身的电感效应也会产生较大影响。此外,为了提高反向耐压,通常会采用较低的掺杂浓度,但这也会使得正向压降相对较大。

2.2.2 电力二极管的基本特性

1. 静态特性

电力二极管的静态特性主要是指其伏安特性，如图 2-3 所示。当电力二极管承受的正向电压增大到一定值(门槛电压 U_{TO})时，正向电流才开始明显增加，电力二极管处于稳定导通状态。与正向电流 I_F对应的电力二极管两端的电压 U_F即为正向压降。当电力二极管承受反向电压时，只有少子引起的微小而数值恒定的反向漏电流。

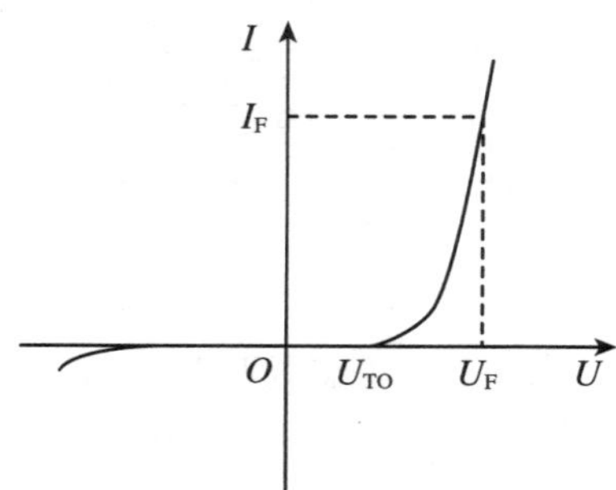

图 2-3 电力二极管的伏安特性

2. 动态特性

因为结电容的存在，电力二极管在零偏置、正向偏置和反向偏置这三种状态之间转换时，不是瞬时完成的，而要经历一个过渡过程，因而其电压-电流特性不能用前面的静态特性来描述，而是随时间变化的，这就是电力二极管的动态特性，通常指通态与断态之间转换过程的开关特性。

电力二极管由正向偏置转换为反向偏置时的动态过程的波形如图 2-4(a)所示。对于处于正向导通状态的电力二极管，当外加电压突然从正向变为反向时，该电力二极管并不能立即关断，而是要经过一段短暂的时间才能重新获得反向阻断能力，进入截止状态。由于正向导通时在 PN 结两侧储存的大量少子需要被清除掉以达到反向偏置稳态，故在关断之前有较大的反向电流出现，并伴随有明显的反向电压过冲。

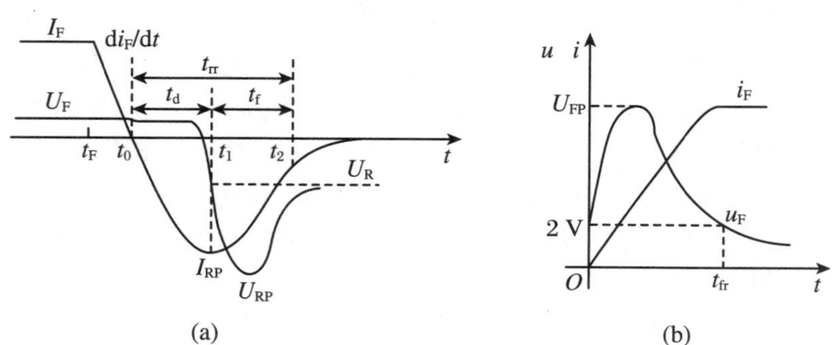

图 2-4 电力二极管的动态过程

(a) 正向偏置转换为反向偏置；(b) 零偏置转换为正向偏置

设 t_F时刻外加电压突然由正向变为反向，正向电流在此反向电压作用下开始下降，下降速率由反向电压大小和电路中的电感决定，而管压降由于电导调制效应基本变化不大，直至正向电流降为零的时刻 t_0。此时电力二极管由于在 PN 结两侧(特别是多掺杂 N 区)储存有大量少子而并没有恢复反向阻断能力，这些少子在外加反向电压的作用下被抽取出电力二极管，因而形成较大的反向电流。当空间电荷区附近的储存少子即将被抽尽时，管压降变为负极性，于是开始抽取离空间电荷区较远的浓度较低的少子。因而，在管压降极性改变后不久的 t_1时刻反向电流从其最大值 I_{RP}开始下降，空间电荷区开始迅速展宽，电力二极管开始重新恢复对反向电压的阻断能力。在 t_1时刻以后，反向电流迅速下降，由于外电路电感的作用，在电力二极管两端会产生比外加反向电压大得多的反向电压过冲 U_{RP}。在电流变化率接近于零的 t_2时刻(有的标准定为电流降至 25% I_{RP}的时刻)，电力二极管两端承受的反向电压才降至外加电压的大小，电力二极管完全恢复对反向电压的阻断能力。时间 $t_d = t_1 - t_0$ 被称为延迟时间，$t_f = t_2 - t_1$ 被称为电流下降时间，而时间 $t_{rr} = t_d + t_f$ 则被称为电力二极管的反向恢复时间(是电力二极管的主要参数之一)。电流下降时间与延迟时间的比值 t_f/t_d 被称为恢复特性的软度。该比值越大，则恢复特性越软，实际上就是反向电流下降时间相对较长，因而在同样的外电路条件下造成的反向电压过冲 U_{RP}较小。

图 2-4(b)给出了电力二极管由零偏置转换为正向偏置时的动态过程的波形。可以看出，在这一动态过程中，电力二极管的正向压降也会先出现一个过冲 U_{FP}，经过一段时间才趋于接近稳态压降的某个值(如 2 V)。这一动态过程所需的时间被称为正向恢复时间 t_{fr}。电流上升率越大，U_{FP}越大。当电力二极管由反向偏置转换为正向偏置时，除上述时间外，势垒电容电荷的调整也需要一定的时间来完成。

2.2.3　电力二极管的主要参数

1. 正向平均电流 $I_{F(AV)}$

正向平均电流是指在指定的管壳温度(简称壳温，用 T_C表示)和散热条件下，电力二极管长期运行时，其允许流过的最大工频正弦半波电流的平均值，也是标称其额定电流的参数。由于正向平均电流是按照电流的发热效应来定义的，因此在使用时应按照工作中实际波形的电流与正向平均电流所造成的发热效应相等，即有效值相等的原则来选取电力二极管的电流定额，并应留有一定的裕量。通过对正弦半波电流的换算可知，正向平均电流 $I_{F(AV)}$对应的有效值为 $1.57 I_{F(AV)}$。但是，当用在频率较高的场合时，电力二极管的发热原因除了正向电流造成的通态损耗外，其开关损耗也往往不能忽略。当采用反向漏电流较大的电力二极管时，其断态损耗造成的发热效应也不小。因此，在选择电力二极管正向电流定额时，这些都应加以考虑。

2. 正向压降 U_F

正向压降是指电力二极管在指定温度下，流过某一指定的稳定正向电流时对应的正向压降。有时候，参数表中也会给出在指定温度下流过某一瞬态正向大电流时电力二极管的最大瞬时正向压降。

3. 反向重复峰值电压 U_{RRM}

反向重复峰值电压是指对电力二极管所能重复施加的反向最高峰值电压，通常是其雪崩击穿电压的 2/3。使用时，通常按照电路中电力二极管可能承受的反向最高峰值电压的两倍来选定此参数。

4. 最高工作结温 T_{JM}

结温是指管芯 PN 结的平均温度，用 T_J表示。最高工作结温是指在 PN 结不致损坏的前提下所能承受的最高平均温度，用 T_{JM}表示。T_{JM}通常在 125～175 ℃范围。

5. 反向恢复时间 t_{rr}

反向恢复时间见电力二极管的动态特性部分所述。

6. 浪涌电流 I_{FSM}

浪涌电流指电力二极管所能承受的最大的连续一个或几个工频周期的过电流。

2.2.4 电力二极管的主要类型

电力二极管可以在交流-直流变换电路中作为整流元件，也可以在电感元件的电能需要适当释放的电路中作为续流元件，还可以在各种变流电路中作为电压隔离、钳位或保护元件。在使用时，应根据不同场合的不同要求，选择不同类型的电力二极管。下面介绍几种常用的电力二极管：

1. 普通二极管

普通二极管又称整流二极管，多用于开关频率不高（1 kHz 以下）的整流电路中。其反向恢复时间较长，一般在 5 μs 以上。但其正向电流定额和反向电压定额却可以达到很高，分别可达数千安和数千伏以上。

2. 快恢复二极管

恢复过程很短，特别是反向恢复过程很短（一般在 5 μs 以下）的二极管称为快恢复二极管，简称快速二极管。工艺上多采用掺金措施，结构上有的采用 PN 结型结构，也有的采用对此加以改进的 PiN 结构。特别是采用外延型 PiN 结构的所谓的快恢复外延二极管，其反向耐压多在 1200 V 以下。快恢复二极管从性能上可分为快速恢复和超速恢复两个等级。前者反向恢复时间为数百纳秒或更长，后者则在 100 ns 以下，甚至达到 20～30 ns。

3. 肖特基二极管

以金属和半导体接触形成的、以势垒为基础的二极管称为肖特基势垒二极管，简称为肖特基二极管。与以 PN 结为基础的电力二极管相比，肖特基二极管的优点在于：反向恢复时间很短（10～40 ns），正向恢复过程中也不会有明显的电压过冲；在反向耐压较低的情况下其正向压降也很小，明显低于快恢复二极管，因此其开关损耗和正向导通损耗都比快恢复二极管小，效率高。但当肖特基二极管所能承受的反向耐压提高时，其正向压降也会增大，以至于不能满足要求，因此多用于 200 V 以下的低压场合；另外，肖特基二极管的反向漏电流较大且对温度敏感，因此反向稳态损耗不能忽略，而且必须更严格地限制其工作温度。

2.3 晶 闸 管

晶闸管是晶体闸流管的简称，又称作可控硅整流器，以前也称为可控硅。由于晶闸管能承受的电压和电流容量高，而且工作可靠，因此在大容量的应用场合仍然具有比较重要的地位。从广义上讲，晶闸管包括许多类型的派生器件，而通常所说的晶闸管专指晶闸管的一种基本类型——普通晶闸管。本节主要讲述普通晶闸管的工作原理、基本特性和主要参数，然后对其各种派生器件进行简要介绍。

2.3.1　晶闸管的结构与工作原理

晶闸管主要有螺栓形和平板形两种封装结构，均引出阳极 A、阴极 K 和门极（控制端）G 三个连接端。对于螺栓形封装的晶闸管，通常螺栓是其阳极，做成螺栓状是为了能与散热器紧密连接且安装方便。另一侧较粗的端子为阴极，细的为门极。平板形封装的晶闸管可由两个散热器将其夹在中间，其两个平面分别是阳极和阴极，引出的细长端子为门极。晶闸管的结构和电气图形符号如图 2-5 所示。

晶闸管内部是 PNPN 四层半导体结构，分别命名为 P_1、N_1、P_2、N_2 四个区。P_1 区引出阳极 A，N_2 区引出阴极 K，P_2 区引出门极 G。四个区形成 J_1、J_2、J_3 三个 PN 结。如果将正向电压（阳极高于阴极）加到器件上，则 J_2 处于反向偏置状态，器件 A、K 两端之间处于阻断状态，只能流过很小的漏电流。如果将反向电压加到器件上，则 J_1 和 J_3 反偏，该器件也处于阻断状态，仅有极小的反向漏电流通过。

晶闸管导通的工作原理可以用双晶体管模型来解释，如图 2-6 所示。如在器件上取一倾斜的截面，则晶闸管可以看作由 $P_1N_1P_2$ 和 $N_1P_2N_2$ 构成的两个晶体管 V_1、V_2 组合而成。如果外电路向门极注入电流 I_G，也就是注入驱动电流，则 I_G 流入晶体管 V_2 的基极，即产生集电极电流 I_{C2}，它构成晶体管 V_1 的基极电流，放大成集电极电流 I_{C1}，又进一步增大 V_2 的基极电流，如此形成强烈的正反馈，最后 V_1 和 V_2 进入完全饱和状态，即晶闸管导通。此时如果撤掉外电路注入门极的电流 I_G，晶闸管由于内部已形成了强烈的正反馈仍然维持导通状态。而若要使晶闸管关断，必须去掉阳极所加的正向电压，或者给阳极施加反压，或者设法使流过晶闸管的电流降低到接近于零的某一数值以下。所以，对晶闸管的驱动过程称为触发。因为通过门极只能控制其开通，不能控制其关断，所以晶闸管为半控型器件。

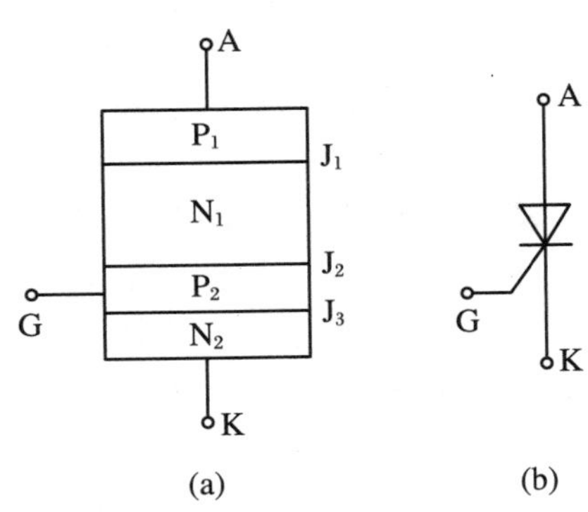

图 2-5　晶闸管的结构和电气图形符号

(a) 结构；(b) 电气图形符号

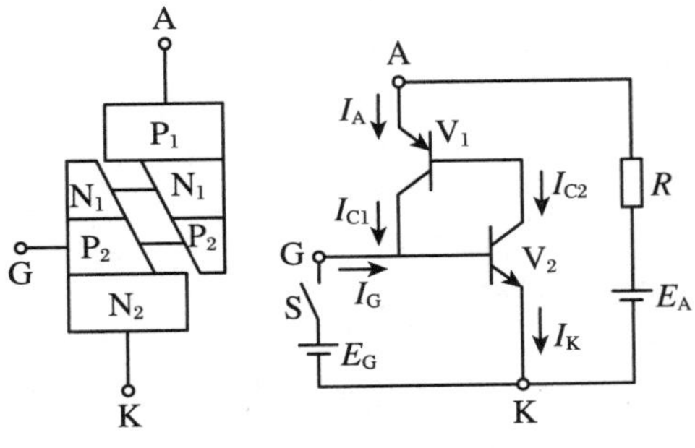

图 2-6　晶闸管的双晶体管模型与等效电路

(a) 模型结构；(b) 等效电路

按照晶体管工作原理，可列出如下方程：

$$I_{C1} = \alpha_1 I_A + I_{CBO1} \tag{2-1}$$

$$I_{C2} = \alpha_2 I_K + I_{CBO2} \tag{2-2}$$

$$I_K = I_A + I_G \tag{2-3}$$

$$I_A = I_{C1} + I_{C2} \tag{2-4}$$

式中，α_1 和 α_2 分别是晶体管 V_1 和 V_2 共基极电流增益，I_{CBO1} 和 I_{CBO2} 分别是 V_1 和 V_2 共基极漏电流。由式(2-1)～式(2-4)可得

$$I_A = \frac{\alpha_2 I_G + I_{CBO1} + I_{CBO2}}{1-(\alpha_1+\alpha_2)} \tag{2-5}$$

晶体管的特性是：在低发射极电流下 α 很小，而当发射极电流建立起来后，α 迅速增大。因此，在晶体管阻断状态下，$I_G=0$，而 $\alpha_1+\alpha_2$ 很小。由式(2-5)可看出，此时流过晶闸管的漏电流只是稍大于两个晶体管漏电流之和。如果注入触发电流使各个晶体管的发射极电流增大以致 $\alpha_1+\alpha_2$ 趋近于 1 的话，流过晶闸管的电流 I_A（阳极电流）将趋近于无穷大，从而实现器件饱和导通。但由于外电路负载的限制，I_A 实际上会维持有限值。

2.3.2 晶闸管的基本特性

1．静态特性

根据晶闸管的工作原理，可以简单归纳晶闸管正常工作时的特性如下：

(1) 当晶闸管承受反向电压时，不论门极是否有触发电流，晶闸管都不会导通。

(2) 当晶闸管承受正向电压时，仅在门极有触发电流的情况下晶闸管才能导通。

(3) 晶闸管一旦导通，门极就失去控制作用，不论门极触发电流是否还存在，晶闸管都保持导通。

(4) 若要使已导通的晶闸管关断，只能利用阳极电流过零关断或阳极电压反向关断。

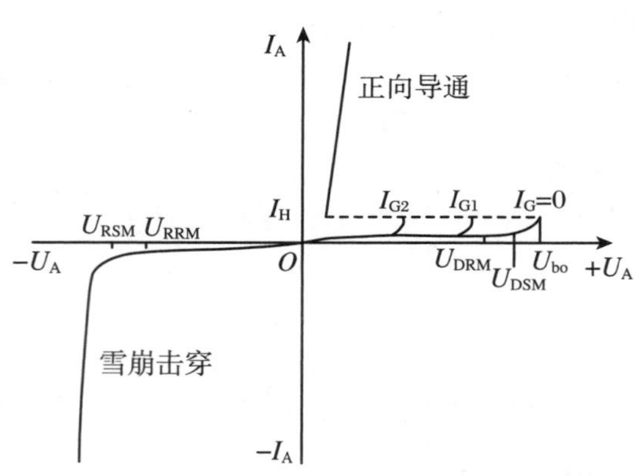

图 2-7 晶闸管的伏安特性（$I_{G2}>I_{G1}>I_G$）

晶闸管的伏安特性如图 2-7 所示。位于第Ⅰ象限的是正向特性，位于第Ⅲ象限的是反向特性。当 $I_G=0$ 时，如果在器件两端施加正向电压，则晶闸管处于正向阻断状态，只有很小的正向漏电流流过。如果正向电压超过临界极限即正向转折电压 U_{bo}，则漏电流急剧增大，器件导通（由高阻区经虚线负阻区到低阻区）。随着门极电流幅值的增大，正向转折电压降低。即使通过较大的阳极电流，晶闸管本身的压降也很小，在 1 V 左右。导通期间，如果门极电流为零，并且阳极电流降至接近于零的某一数值 I_H以下，则晶闸管又回到正向阻断状态。I_H称为维持电流。当在晶闸管上施加反向电压，晶闸管处于反向阻断状态时，只有极小的反向漏电流通过。当反向电压超过一定限度，到反向击穿电压后，外电路如无限制措施，则反向漏电流急剧增大，导致晶闸管热损坏。

晶闸管的门极触发电流是从门极流入晶闸管，从阴极流出。阴极是晶闸管主电路与控制电路的公共端。门极触发电流也往往是通过触发电路在门极和阴极之间施加触发电压而产生的。从晶闸管的结构图可以看出，门极和阴极之间是一个 PN 结 J_3，其伏安特性称为门极伏安特性。为了保证可靠、安全的触发，门极触发电路所提供的触发电压、触发电流和功率都应限制在晶闸管门极伏安特性曲线的可靠触发区内。

2．动态特性

晶闸管开通和关断过程的波形如图 2-8 所示。

(1) 开通过程。图 2-8 描述的开通过程是使门极在坐标原点时刻开始受到理想阶跃电流触发的情况。从门极电流阶跃时刻开始，到阳极电流上升到稳态值的 10% 的这段时间称

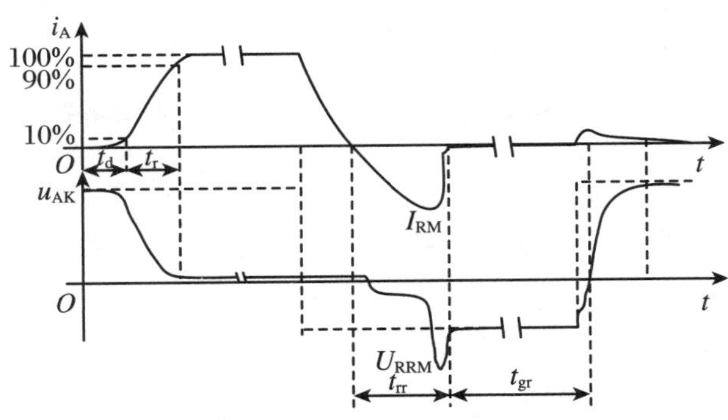

图 2-8　晶闸管开通和关断过程的波形

为延迟时间 t_d，与此同时晶闸管的正向压降也在减小。阳极电流从 10%上升到稳态值的 90%所需的时间称为上升时间 t_r。开通时间 t_{gt} 即定义为两者之和，即

$$t_{gt} = t_d + t_r \tag{2-6}$$

普通晶闸管的延迟时间为 0.5～1.5 μs，上升时间为 0.5～3 μs。其延迟时间随门极电流的增大而减小。上升时间除反映晶闸管本身特性外，还受到外电路电感的严重影响。提高阳极电压可以增大晶体管 V_2 的电流增益 α_2，从而使正反馈过程加速，延迟时间和上升时间都可显著缩短。

(2) 关断过程。对于原处于导通状态的晶闸管，当外电压突然由正向变为反向时，由于电路电感的存在，阳极电流将逐步衰减到零，在反方向会流过反向恢复电流，达到最大值 I_{RM} 后，再反方向衰减。同样，在恢复电流快速衰减时，由于外电路电感的作用，会在晶闸管两端引起反向的尖峰电压 U_{RRM}。最终反向恢复电流衰减至接近于零，晶闸管恢复其对反向电压的阻断能力。从正向电流降为零，到反向恢复电流衰减至接近于零的时间，就是晶闸管的反向阻断恢复时间 t_{rr}。反向恢复过程结束后，由于载流子复合过程比较慢，晶闸管要恢复其对正向电压的阻断能力还需要一段时间，这叫正向阻断恢复时间 t_{gr}。实际应用中，应对晶闸管施加足够长时间的反向电压，使晶闸管充分恢复其对正向电压的阻断能力，电路才能可靠工作。晶闸管的电路换向关断时间 t_q 定义为 t_{rr} 与 t_{gr} 之和，即

$$t_q = t_{rr} + t_{gr} \tag{2-7}$$

2.3.3　晶闸管的主要参数

普通晶闸管在反向稳态下，一定是处于阻断状态。而与电力二极管不同的是，晶闸管在正向工作时不但可能处于导通状态，还可能处于阻断状态。因此，在提到晶闸管的参数时，断态和通态都是为了区分正向的不同状态，因此“正向”二字可省去。此外，各项主要参数的给出往往是与晶闸管的结温相联系的，在实际应用中都应注意参考器件参数和特性曲线的具体规定。

1. 电压定额

(1) 断态重复峰值电压 U_{DRM}。断态重复峰值电压是在门极断路而结温为额定值时，允许重复加在器件上的正向峰值电压(图 2-7)。国标规定重复频率为 50 Hz，每次持续时间不超过 10 ms。

(2) 反向重复峰值电压 U_{RRM}。反向重复峰值电压是在门极断路而结温为额定值时，允

许重复加在器件上的反向峰值电压(图 2-7)。规定反向重复峰值电压 U_{RRM}为反向不重复峰值电压 U_{RSM}的 90%。

(3) 通态(峰值)电压 U_{TM}。这是晶闸管通以某一规定倍数的额定通态平均电流时的瞬时峰值电压。

通常取晶闸管 U_{DRM}和 U_{RRM}中较小的标值作为该器件的额定电压。选用时,额定电压要留有一定的裕量,一般取额定电压为正常工作时晶闸管所承受峰值电压的 2～3 倍。

2. 电流定额

(1) 通态平均电流 $I_{T(AV)}$。国标规定通态平均电流为晶闸管在环境温度为 40 ℃和规定的冷却状态下,稳定结温不超过额定结温时所允许流过的最大工频正弦半波电流的平均值。这也是标称其额定电流的参数。同电力二极管一样,这个参数是按照正向电流造成的器件本身的通态损耗的发热效应来定义的。因此,在使用时同样应按照实际波形的电流与通态平均电流所造成的发热效应相等,即有效值相等的原则来选取晶闸管的此项电流定额,并应留有一定的裕量。一般取其通态平均电流为按此原则所得计算结果的 1.5～2 倍。

(2) 维持电流 I_H。维持电流是指使晶闸管维持导通所必需的最小电流,一般为几十到几百毫安。I_H与结温有关,结温越高,则 I_H越小。

(3) 擎住电流 I_L。擎住电流是晶闸管刚从断态转入通态并移除触发信号后,能维持导通所需的最小电流。对同一晶闸管来说,通常 $I_L=(2\sim4)I_H$。

(4) 浪涌电流 I_{TSM}。浪涌电流是指由电路异常情况引起的使结温超过额定结温的不重复性最大正向过载电流。

3. 动态参数

除开通时间 t_{gt}和关断时间 t_q 外,还有以下参数:

(1) 断态电压临界上升率 $\mathrm{d}u/\mathrm{d}t$。这是指在额定结温和门极开路的情况下,不导致晶闸管从断态到通态转换的外加电压最大上升率。如果在阻断的晶闸管两端所施加的电压具有正向的上升率,则在阻断状态下相当于一个电容的 J_2结会有充电电流流过,该电流称为位移电流。

(2) 通态电流临界上升率 $\mathrm{d}i/\mathrm{d}t$。这是指在规定条件下,晶闸管能承受而无有害影响的最大通态电流上升率。如果电流上升太快,则晶闸管刚一开通,便会有很大的电流集中在门极附近的小区域内,从而造成局部过热而使晶闸管损坏。

2.3.4 晶闸管的派生器件

1. 快速晶闸管

快速晶闸管包括所有专为快速应用而设计的晶闸管,有常规的快速晶闸管和工作在更高频率的高频晶闸管,可分别应用于 400 Hz 和 10 kHz 以上的斩波或逆变电路中。由于对普通晶闸管的管芯结构和制造工艺进行了改进,从关断时间来看,普通晶闸管一般为数百微秒,快速晶闸管为数十微秒,而高频晶闸管则为 10 μs 左右。与普通晶闸管相比,高频晶闸管的不足在于其电压和电流定额都不易做高。由于工作频率较高,选择快速晶闸管和高频晶闸管的通态平均电流时不能忽略其开关损耗的发热效应。

2. 双向晶闸管

双向晶闸管可以认为是一对反并联的普通晶闸管的集成,其电气图形符号和伏安特性如图 2-9 所示。它有两个主电极 T_1和 T_2,一个门极 G。门极使器件在主电极的正反两方向均可触发导通，所以双向晶闸管在第Ⅰ和第Ⅲ象限有对称的伏安特性。双向晶闸管与一对反并联的普通晶闸管相比是经济的，而且控制电路比较简单，所以在交流调压电路、固态继电器和交流电动机调速等领域应用较多。由于双向晶闸管通常用在交流电路中，因此不用平均值而用有效值来表示其额定电流值。

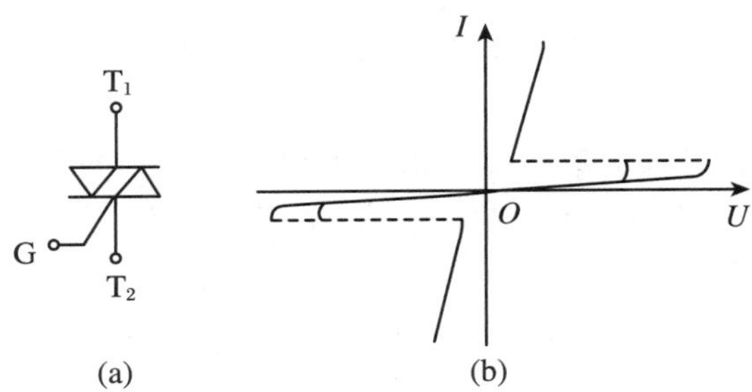

图 2-9　双向晶闸管的电气图形符号和伏安特性

(a) 电气图形符号；(b) 伏安特性

3. 逆导晶闸管

逆导晶闸管是将晶闸管反并联一个二极管制作在同一管芯上的功率集成器件，这种器件不具有承受反向电压的能力，一旦承受反向电压即开通。其电气图形符号和伏安特性如图2-10 所示。与普通晶闸管相比，逆导晶闸管具有正向压降小、关断时间短、高温特性好、额定结温高等优点，可用于不需要阻断反向电压的电路中。逆导晶闸管的额定电流有两个，一个是晶闸管电流，另一个是与之反并联的二极管的电流。

4. 光控晶闸管

光控晶闸管又称光触发晶闸管，是利用一定波长的光照信号触发导通的晶闸管，其电气图形符号和伏安特性如图 2-11 所示。小功率光控晶闸管只有阳极和阴极两个端子，大功率光控晶闸管则还带有光缆，光缆上装有作为触发光源的发光二极管或半导体激光器。由于采用触发保证了主电路与控制电路之间的绝缘，而且可以避免电磁干扰的影响，因此光控晶闸管目前在高压大功率的场合，如高压直流输电和高压核聚变装置中，占据重要的地位。

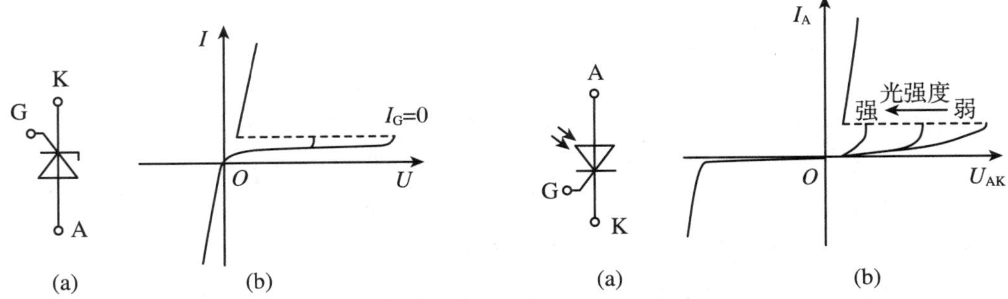

图 2-10　逆导晶闸管的电气图形符号和伏安特性

(a) 电气图形符号；(b) 伏安特性

图 2-11　光控晶闸管的电气图形符号和伏安特性

(a) 电气图形符号；(b) 伏安特性

5. 门极可关断晶闸管

门极可关断晶闸管（Gate Turn-off Thyristor，GTO）可以通过门极正脉冲使其触发导通，通过在门极施加负的脉冲电流使其关断，因而属于全控型器件。GTO 的许多性能虽然与绝缘栅双极晶体管、功率场效应晶体管相比要差，但其电压、电流容量较大，与普通晶闸管接近，因而在机车牵引、地铁传动以及大型交流电动机调速系统中仍有较多的应用。

(1) GTO的结构和工作原理。GTO和普通晶闸管一样，是PNPN四层半导体结构，外部也是引出阳极、阴极和门极。但和普通晶闸管不同的是，GTO是一种多元的功率集成器件，虽然外部同样引出三个极，但内部则包含数十个甚至数百个共阳极的小GTO元，这些GTO元的阴极和门极则在器件内部并联在一起。图2-12给出了GTO的电气图形符号和在直流电路中的门极与阳极电流开关波形。

与普通晶闸管一样，GTO的工作原理仍然可以用如图2-6所示的双晶体管模型来分析。由$P_1N_1P_2$和$N_1P_2N_2$构成的两个晶体管V_1、V_2分别具有共基极电流增益α_1和α_2。由普通晶闸管的分析可以看出，$\alpha_1+\alpha_2=1$是器件临界导通的条件。当$\alpha_1+\alpha_2>1$时，两个等效晶体管过饱和而使器件导通；当$\alpha_1+\alpha_2<1$时，不能维持饱和导通而关断。GTO与普通晶闸管不同的是：

① 在设计器件时使得α_2较大，这样晶体管V_2控制灵敏，使得GTO易于关断。

② 使得导通时的$\alpha_1+\alpha_2$更接近于1，普通晶闸管设计为$\alpha_1+\alpha_2\geqslant 1.15$，而GTO设计为$\alpha_1+\alpha_2\approx 1.05$。这样使GTO导通时饱和程度不深，更接近于临界饱和，从而为门极控制关断提供了有利条件。当然，负面的影响是，导通时管压降增大了。

③ 多元集成结构使每个GTO元阴极面积很小，门极和阴极间的距离大为缩短，使得P_2基区所谓的横向电阻很小，从而使从门极抽出较大的电流成为可能。

所以，GTO的导通过程与普通晶闸管是一样的，有同样的正反馈过程，只不过导通时饱和程度较浅。而关断时，给门极加负脉冲，即从门极抽出电流，则晶体管V_2的基极电流I_{B2}减小，使I_K和I_{C2}减小，I_{C2}的减小又使I_A和I_{C1}减小，又进一步减小V_2的基极电流，如此也形成强烈的正反馈。当两个晶体管发射极电流I_A和I_K的减小使$\alpha_1+\alpha_2<1$时，器件退出饱和而关断。

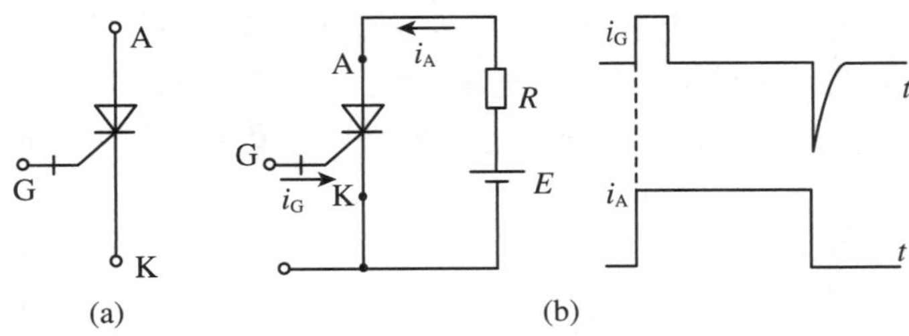

图2-12　GTO的电气图形符号和门极与阳极电流开关波形

(a) 电气图形符号；(b) 门极与阳极电流开关波形

(2) GTO的动态特性。图2-13给出了GTO开通和关断过程中门极电流i_G和阳极电流i_A的波形。与普通晶闸管类似，开通过程中需要经过延迟时间t_d和上升时间t_r。关断过程则有所不同，首先需要经历抽取饱和导通时储存的大量载流子的时间——储存时间t_s，从而使等效晶体管退出饱和状态；然后则是等效晶体管从饱和区退至放大区，阳极电流逐渐减小的时间——下降时间t_f；最后还有残存载流子复合所需时间——尾部时间t_t。

通常t_f比t_s小得多，而t_t比t_s要长。门极负脉冲电流幅值越大，前沿越陡，抽走储存载流子的速度越快，t_s就越短。若使门极负脉冲的后沿缓慢衰减，在t_t阶段仍能保持适当的负电压，则可以缩短尾部时间。

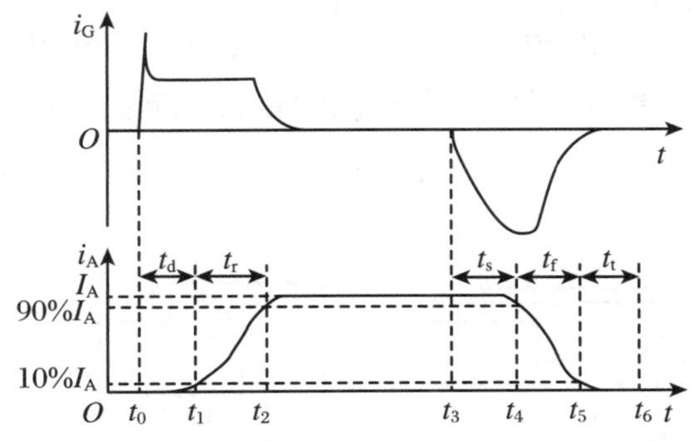

图 2-13　GTO 的开通和关断过程电流波形

(3) GTO 的主要参数。GTO 的许多参数都和普通晶闸管相应的参数意义相同。这里只简单介绍一些意义不同的参数。

① 最大可关断阳极电流 I_{ATO}。这也是用来标称 GTO 额定电流的参数。这一点与普通晶闸管用通态平均电流作为额定电流是不同的。

② 电流关断增益 β_{off}。最大可关断阳极电流与门极负脉冲电流最大值 I_{GM}之比称为电流关断增益，即

$$\beta_{off} = \frac{I_{ATO}}{I_{GM}} \tag{2-8}$$

β_{off}一般很小，只有 5 左右，这是 GTO 的一个主要缺点。一个 1000 A 的 GTO，关断时门极负脉冲电流的峰值达 200 A，这是一个相当大的数值。

③ 开通时间 t_{on}。开通时间指延迟时间与上升时间之和。GTO 的延迟时间一般为 1～2 μs，上升时间则随通态阳极电流的增大而增大。

④ 关断时间 t_{off}。关断时间一般指储存时间和下降时间之和，而不包括尾部时间。GTO 的储存时间随阳极电流的增大而增大，下降时间一般小于 2 μs。

另外需要指出的是，不少 GTO 都被制造成逆导型，类似于逆导晶闸管。当需要承受反向电压时，应和电力二极管串联使用。

2.4　电力晶体管 GTR

电力晶体管（Giant Transistor，GTR），是一种耐高电压、大电流的双极结型晶体管（Bipolar Junction Transistor，BJT），所以有时候也称为 Power BJT。

2.4.1　GTR 的结构和工作原理

GTR 与普通的双极结型晶体管基本原理是一样的，但是对 GTR 来说，最主要的特性是耐压高、电流大、开关特性好。因此，GTR 通常采用至少由两个晶体管按达林顿接法组成的单元结构，同 GTO 一样采用集成电路工艺将许多这种单元并联而成。单管的 GTR 结构与普通的双极结型晶体管是类似的。GTR 是由三层半导体（分别引出集电极、基极和发射极）

形成的两个 PN 结(集电结和发射结)构成的,多采用 NPN 结构。图 2-14 分别给出了 NPN 型 GTR 的内部结构剖面示意图、原理图和电气图形符号。注意,表示半导体类型字母的右上角标"+"表示高掺杂浓度,"-"表示低掺杂浓度,在不同类型半导体区的交界处会形成 PN 结。

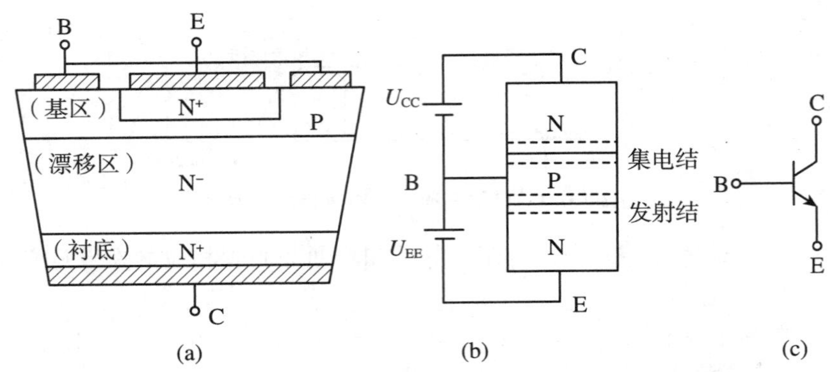

图 2-14　GTR 的内部结构剖面示意图、原理图和电气图形符号

(a) 内部结构剖面示意图;(b) 原理图;(c) 电气图形符号

2.4.2　GTR 的基本特性

1. 静态特性

图 2-15 给出了 GTR 在用共发射极接法时的典型输出特性,分为截止区、放大区和饱和区三个区域。在电力电子电路中,GTR 工作在开关状态,即工作在截止区或饱和区。但在开关过程中,即在截止区和饱和区之间过渡时,都要经过放大区。

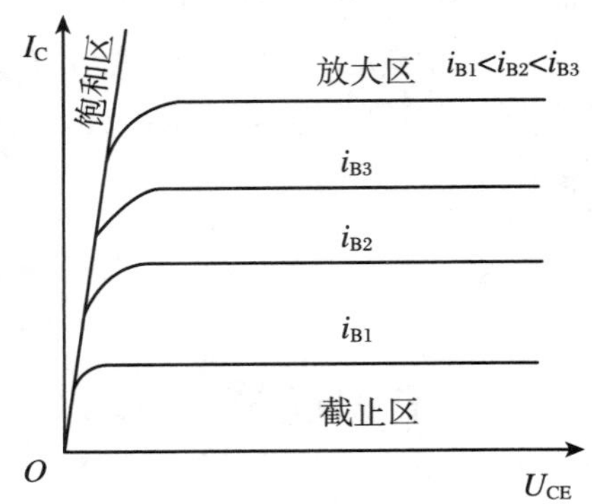

图 2-15　GTR 在用共发射极接法时的典型输出特性

2. 动态特性

GTR 是用基极电流来控制集电极电流,图 2-16 给出了 GTR 实验电路、开通和关断(开关)过程中基极电流和集电极电流波形的关系。

在未加入开通信号前,发射结加有反向偏置电压,GTR 处于阻断状态。如图所示,在 t_0 时刻加入正向基极驱动电流 i_{B1},但在此后的一段时间内集电极电流 i_C很小,直到 t_1时刻 i_C才增加到饱和值 I_{CS}的 10%,常把($t_1 - t_0$)这段时间称为延迟时间 t_d。从 t_1时刻开始,i_C增长速度加快,到 t_2时刻 i_C已接近饱和值 I_{CS}的 90%,常把($t_2 - t_1$)这段时间称为上升时间

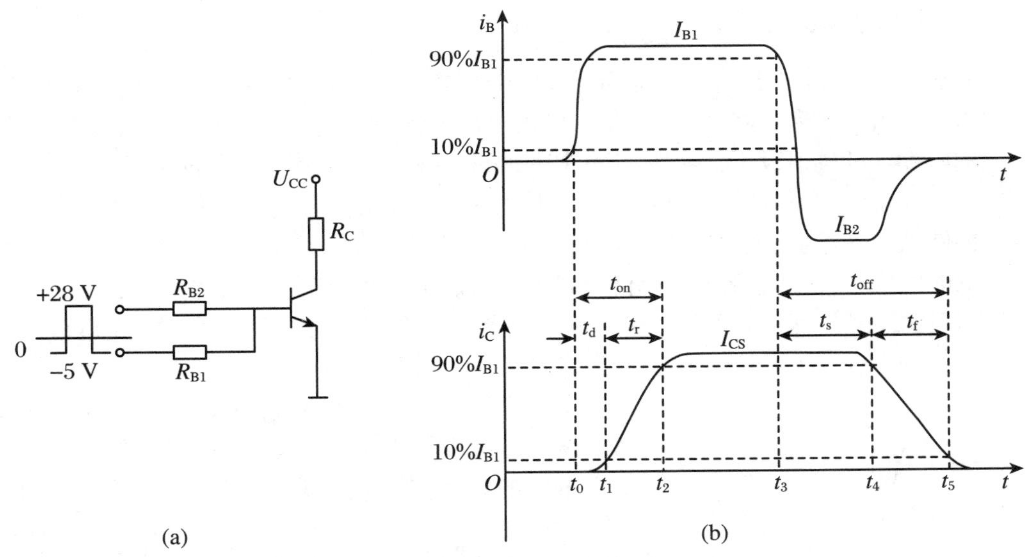

图 2-16　GTR 动态特性实验电路与电流波形

(a) 实验电路；(b) 开关过程电流波形

t_r。t_d和 t_r之和为开通时间 t_{on}；关断时需要经过储存时间 t_s和下降时间 t_f，二者之和为关断时间 t_{off}。延迟时间主要是由发射结势垒电容和集电结势垒电容充电产生的。增大基极驱动电流 i_B的幅值并增大 di_B/dt，可以缩短延迟时间，同时也可以缩短上升时间，从而加快开通过程。储存时间是用来除去饱和导通时储存在基区的载流子的，是关断时间的主要组成部分。减小导通时的饱和深度以减少储存的载流子，或者增大基极抽取负电流 I_{B2}的幅值和负偏压，可以缩短储存时间，从而加快关断速度。减小导通时的饱和深度又会使集电极和发射极间的饱和导通压降 U_{CES}增加，从而增大通态损耗，这是相互矛盾的。

2.4.3　GTR 的主要参数

除了前面述及的一些参数，如开通时间 t_{on}和关断时间 t_{off}以外，GTR 的主要参数还包括以下几个：

1. 最高工作电压

GTR 上所加的电压超过规定值时，就会发生击穿。击穿电压不仅与晶体管本身的特性有关，还与外电路的接法有关。有发射极开路时集电极和基极间的反向击穿电压 BU_{CBO}；基极开路时集电极和发射极间的击穿电压 BU_{CEO}；发射极与基极间用电阻连接或短路连接时集电极和发射极间的击穿电压 BU_{CER}和 BU_{CES}；发射结反向偏置时集电极和发射极间的击穿电压 BU_{CEX}。这些击穿电压之间的关系为 $BU_{CBO} > BU_{CEX} > BU_{CES} > BU_{CER} > BU_{CEO}$。实际使用 GTR 时，为了确保安全，最高工作电压要比 BU_{CEO}低得多。

2. 集电极最大允许电流 I_{CM}

通常规定直流电流放大系数 h_{FE}下降到规定值的 1/2～2/3 时，所对应的 I_C为集电极最大允许电流 I_{CM}。实际使用时要留有较大裕量，只能用到 I_{CM}的一半或稍多一点。

3. 集电极最大耗散功率 P_{CM}

集电极最大耗散功率 P_{CM}是指在最高工作温度下允许的耗散功率。

2.4.4 GTR 的二次击穿现象与安全工作区

当 GTR 的集电极电压升高至前面所述的击穿电压时，集电极电流迅速增大，这种首先出现的击穿是雪崩击穿，称为一次击穿。出现一次击穿后，只要 I_C不超过与最大耗散功率相对应的限度，GTR 一般不会损坏，工作特性也不会有什么变化。但是实际应用中常常发现一次击穿发生时如不有效地限制电流，I_C增大到某个临界点时会突然急剧上升，同时伴随着电压的陡然下降，这种现象称为二次击穿。二次击穿在纳秒至微秒的数量级之内，即使在这样短的时间内，它也能使器件内出现明显的电流集中和过热点。因此，一旦发生二次击穿，轻者使 GTR 耐压降低、特性变差，重者使器件永久损坏，因而二次击穿对 GTR 危害极大。

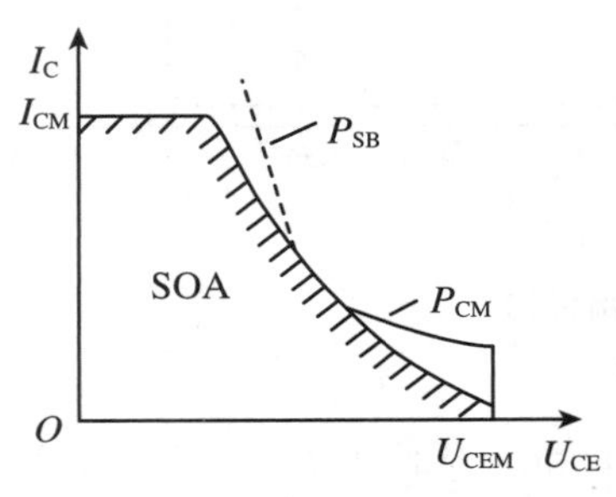

图 2-17 GTR 的安全工作区

安全工作区（Safe Operating Area，SOA）是指 GTR 能够安全运行的电流电压的极限范围。将不同基极电流下二次击穿的临界点连接起来，就构成了二次击穿临界线，临界线上的点反映了二次击穿功率 P_{SB}。这样，GTR 工作时不仅不能超过最高电压 U_{CEM}、集电极最大允许电流 I_{CM}和最大耗散功率 P_{CM}，也不能超过二次击穿临界线。这些限制条件就规定了 GTR 的安全工作区，如图 2-17 所示。

2.5 功　率　MOSFET

功率场效应晶体管（功率 MOSFET）是一种多子导电的单极型电压控制器件，它具有开关速度快、高频性能好、输入阻抗高、驱动功率小、热稳定性优良、无二次击穿、安全工作区宽和跨导线性度高等显著特点，多应用于各类中小功率开关电路。

2.5.1 功率 MOSFET 的结构和工作原理

功率 MOSFET 是一种功率集成器件，其种类和结构繁多，按导电沟道可分为 P 沟道和 N 沟道，图 2-18 为功率 MOSFET 的内部结构剖面示意图和电气图形符号。图中两个 N^+ 区分别作为该器件的源区和漏区，分别引出源极 S 和漏极 D。夹在两个 N^+（N^-）区之间的 P 区隔着一层 SiO_2的介质作为栅极。

由图 2-18(a)可知，功率 MOSFET 的基本结构仍为 N^+（N^-）P N^+ 形式，其中掺杂较轻的 N^- 区为漂移区。设 N^- 区可提高器件的耐压能力。功率 MOSFET 是用栅极电压来控制漏极电流的，因此在栅极未加电压信号之前，无论漏源极之间加正电压或负电压，该器件总处于阻断状态。

当栅极电压为零时漏源极之间存在导电沟道的称为耗尽型；对于 N(P)沟道器件，当栅极电压大于(小于)零时才存在导电沟道的称为增强型。在功率 MOSFET 中，主要是 N 沟道增强型。

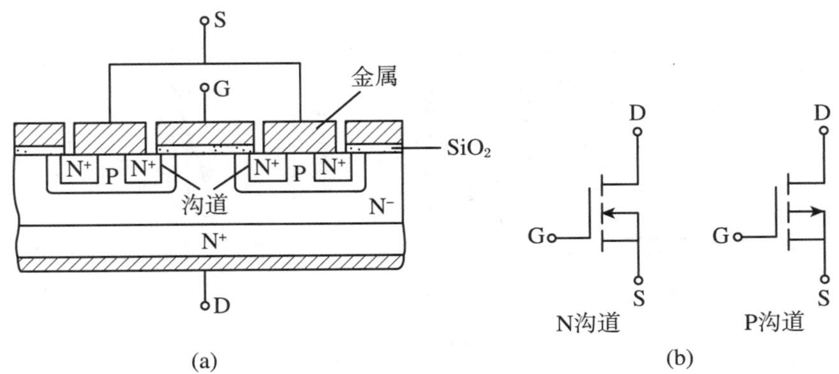

图 2-18　功率 MOSFET 的内部结构剖面示意图和电气图形符号

(a) 内部结构剖面示意图;(b) 电气图形符号

功率 MOSFET 在导通时只有一种极性的载流子(多子)参与导电,是单极型晶体管,其导电机理与小功率 MOS 管相同,但两者结构有较大区别。目前功率 MOSFET 大都采用了垂直导电结构,所以又称为 VMOSFET(Vertical MOSFET)。这大大提高了 MOSFET 器件的耐压和耐电流能力。按垂直导电结构的差异,功率 MOSFET 又分为利用 V 形槽实现垂直导电的 VVMOSFET(Vertical V-groove MOSFET)和具有垂直导电双扩散 MOS 结构的 VDMOSFET(Vertical Double-diffused MOSFET)。

2.5.2　功率 MOSFET 的基本特性

1. 静态特性

静态特性主要指功率 MOSFET 的输出特性和转移特性。目前生产的功率 MOSFET 多数是 N 沟道增强型,因此如无特别说明,功率 MOSFET 器件均指 N 沟道增强型。

输出特性是以栅源电压 U_{GS}为参变量,反映漏极电流 I_D与漏源电压 U_{DS}间关系的曲线族。输出特性可以分为三个区域,即可调电阻区Ⅰ、饱和区Ⅱ和雪崩区Ⅲ,如图 2-19(a)所示。

在可调电阻区Ⅰ,U_{GS}一定时,漏极电流 I_D与漏源电压 U_{DS}几乎呈线性关系,是由于漏源电压较小时,它对沟道的影响可以忽略不计,因而沟道宽度和沟道载流子的迁移率几乎不变。一定的栅压对应一定的沟道,也对应一定的电阻,栅压改变,器件的电阻值也改变。当 U_{DS}较大时,一方面随着 U_{DS}的增加,靠近漏区一端的沟道要逐渐变窄;另一方面沟道载流子将达到散射极限速度,电子速度不再继续增加,尽管 U_{DS}继续增加,但 I_D增加缓慢,沟道的有效阻值增加。直至靠近漏区一端的沟道被夹断或沟道载流子达到散射极限速度,才使沟道载流子的运动摆脱了沟道电场的影响,开始进入饱和区Ⅱ。

在饱和区Ⅱ,沟道电子的漂移速度不再受沟道电场的影响,漏源电压 U_{DS}增加时,漏极电流 I_D保持恒定。

在雪崩区Ⅲ,PN 结的反偏电压 U_{DS}过高,使漏极 PN 结发生雪崩击穿,漏极电流 I_D突然增加。在使用器件时应避免出现这种情况,否则会使器件损坏。

漏极电流 I_D 和栅源电压 U_{GS} 的关系反映了输入电压和输出电流的关系,称为 MOSFET 的转移特性,如图 2-19(b)所示。从图中可知,I_D 较大时,I_D 与 U_{GS}的关系近似线性,曲线的斜率被定义为功率 MOSFET 的跨导 G_{fs},即

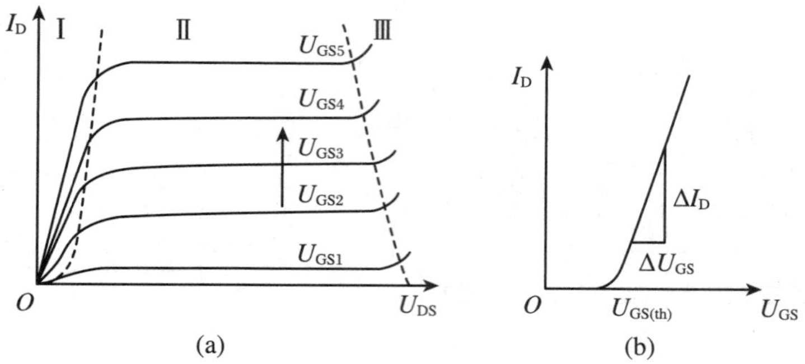

图 2-19　功率 MOSFET 的静态特性

(a) 输出特性;(b) 转移特性

$$G_{fs} = \frac{dI_D}{dU_{GS}} \tag{2-9}$$

跨导的作用与 GTR 中的电流增益相似,此外图中 $U_{GS(th)}$ 是功率 MOSFET 的开启电压(又称阈值电压),即若 U_{GS} 小于此值,功率 MOSFET 不会开通。

由于功率 MOSFET 本身结构,在其漏极和源极之间形成了一个与之反向并联的寄生二极管,它与功率 MOSFET 构成了一个不可分割的整体,使得在漏、源极间加反向电压时器件导通。因此,使用功率 MOSFET 时应注意这个寄生二极管的影响。

2. 动态特性

功率 MOSFET 是一个近似理想的开关,具有很高的增益和极快的开关速度。动态特性主要影响功率 MOSFET 的开关瞬态过程。

用图 2-20(a)所示电路来测试功率 MOSFET 的开关特性。图中 u_P 为矩形脉冲电压信号源(波形见图 2-20(b)),R_S 为信号源内阻,R_G 为栅极电阻,R_L 为漏极负载电阻,R_F 用于检测漏极电流。

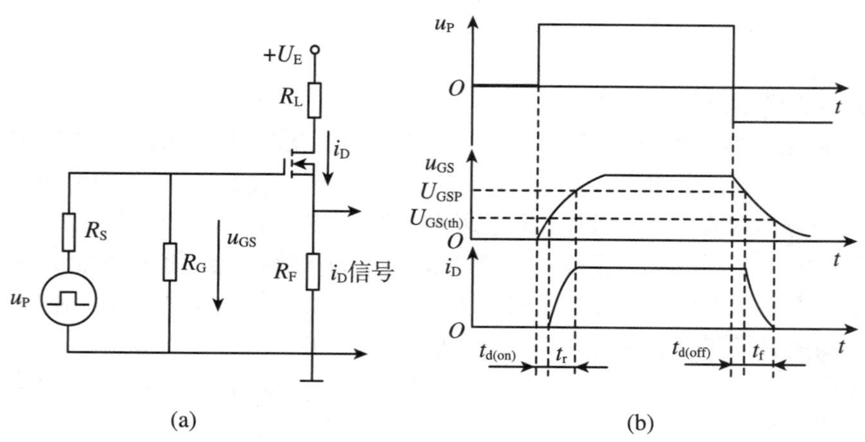

图 2-20　功率 MOSFET 的开关过程

(a) 测试电路;(b) 开关过程波形

因为功率 MOSFET 存在输入电容 C_{in},所以当脉冲电压 u_P 的前沿到来时,C_{in} 有充电过程,栅极电压 u_{GS} 呈指数曲线上升,如图 2-20(b)所示。当 u_{GS} 上升到开启电压 $U_{GS(th)}$ 时,开

始出现漏极电流 i_D。从 u_P前沿时刻到 $u_{GS}=U_{GS(th)}$并开始出现 i_D的这段时间称为开通延迟时间 $t_{d(on)}$。此后，i_D随 u_{GS}的上升而上升。u_{GS}从开启电压上升到功率 MOSFET 进入非饱和区的栅压 U_{GSP}这段时间称为上升时间 t_r，这时相当于 GTR 临界饱和，漏极电流 i_D也达到稳态值。i_D的稳态值由漏极电源电压 U_E和漏极负载电阻决定，U_{GSP}的大小和 i_D的稳态值有关。u_{GS}的值达到 U_{GSP}后，在脉冲信号源 u_P的作用下继续升高直至达到稳态值，但 i_D已不再变化，相当于 GTR 处于深饱和。功率 MOSFET 的开通时间 t_{on}为开通延迟时间与上升时间之和，即

$$t_{on}=t_{d(on)}+t_r \tag{2-10}$$

当脉冲电压 u_P下降到零时，栅极输入电容 C_{in}通过信号源内阻 R_S和栅极电阻 R_G开始放电，栅极电压 u_{GS}按指数曲线下降，当下降到 U_{GSP}时，漏极电流 i_D才开始减小，这段时间称为关断延迟时间 $t_{d(off)}$。此后，C_{in}继续放电，u_{GS}从 U_{GSP}继续下降，i_D减小，到 $u_{GS}<U_{GS(th)}$时沟道消失，i_D下降到零。这段时间称为下降时间 t_f。关断延迟时间和下降时间之和为功率 MOSFET 的关断时间 t_{off}，即

$$t_{off}=t_{d(off)}+t_f \tag{2-11}$$

从上面的开关过程可以看出，功率 MOSFET 的开关速度和其输入电容的充放电有很大关系。使用时虽然无法降低 C_{in}的值，但可以降低栅极驱动电路的内阻，从而减小栅极回路的充放电时间常数，加快开关速度。功率 MOSFET 的开关时间在 10～100 ns 范围，其工作频率可达 100 kHz 以上。

2.5.3　功率 MOSFET 的主要参数

1. 静态参数

(1) 通态电阻 R_{on}。通态电阻 R_{on}是与输出特性密切相关的参数。通常规定：在确定的栅压 U_{GS}下，功率 MOSFET 由可调电阻区进入饱和区时的直流电阻为通态电阻。

(2) 开启电压 $U_{GS(th)}$。开启电压又称为阈值电压，是指沟道体区表面发生强反型层所需的最低栅极电压，即表示反型层形成的条件。

(3) 漏极击穿电压 BU_{DS}。漏极击穿电压决定了功率 MOSFET 的最高工作电压，它是为了避免器件进入雪崩区而设的极限参数。BU_{DS}的大小取决于漏极 PN 结的雪崩击穿能力和栅极对沟道、漏区反偏结电场的影响等因素。

(4) 栅源击穿电压 BU_{GS}。栅源击穿电压是为了防止绝缘栅层因栅源电压过高而发生介电击穿而设定的参数。一般栅源电压的极限值为 ±20 V。

(5) 漏极连续电流 I_D和漏极峰值电流 I_{DM}。功率 MOSFET 漏极连续电流 I_D和漏极峰值电流 I_{DM}主要受器件温度的限制，不论器件是以连续电流工作还是以脉冲电流工作，器件内部温度都不得超过最高工作温度 150 ℃。按实际经验，器件外壳温度应低于 100 ℃。

2. 动态参数。

(1) 极间电容。功率 MOSFET 的三个电极之间分别存在极间电容 C_{GS}、C_{GD}和 C_{DS}，一般生产厂家提供的是漏源极短路时的输入电容 C_{iss}、共源极输出电容 C_{oss}和反向转移电容 C_{rss}。它们之间的关系是

$$C_{iss}=C_{GS}+C_{GD} \tag{2-12}$$

$$C_{oss}=C_{DS}+C_{GD} \tag{2-13}$$

$$C_{rss}=C_{GD} \tag{2-14}$$

这些电容的数值均与 U_{DS}有关。U_{DS}值越高，极间电容越小。当 $U_{DS}>25$ V 时，各极间电容趋于恒定。

(2) 开关时间。功率 MOSFET 的开关时间包括开通时间 t_{on}和关断时间 t_{off}。

漏源间的耐压、漏极最大允许电流和最大耗散功率决定了功率 MOSFET 的安全工作区。一般来说，功率 MOSFET 不存在二次击穿问题，这是它的一大优点。但在实际使用中，仍应注意留适当的裕量。

2.6 功率复合器件 IGBT

绝缘栅双极晶体管(IGBT 或 IGT)是 20 世纪 80 年代中期发展起来的一种新型复合器件。IGBT 综合了 MOSFET 和 GTR 的优点，具有良好的特性和更广泛的应用领域。IGBT 的电流和电压等级已达 1800 A/3500 V，关断时间已缩短到40 ns，工作频率可达 40 kHz，擎住现象得到改善，安全工作区扩大。目前已取代了原来 GTR 和一部分功率 MOSFET 的市场，成为中小功率电力电子设备的主导器件。

2.6.1 IGBT 的结构和工作原理

IGBT 也是三端器件，具有栅极 G、集电极 C 和发射极 E。图 2-21(a)给出了一种由 N 沟道 VDMOSFET 与双极型晶体管组合而成的 IGBT 的基本结构。与图 2-18(a)对照可以看出，IGBT 比 VDMOSFET 多一层 P^+ 注入区，因而形成了一个大面积的 P^+N 结 J_1。这样使得 IGBT 导通时由 P^+ 注入区向 N 基区发射少子，从而对漂移区电导率进行调制，使得 IGBT 具有很强的通流能力。其简化等效电路如图 2-21(b)所示，可以看出这是用双极型晶体管与 MOSFET 组成的达林顿结构，相当于一个由 MOSFET 驱动的厚基区 PNP 晶体管。图中 R_N为晶体管基区内的调制电阻。因此，IGBT 的驱动原理与功率 MOSFET 基本相同，它是一种场控器件。其开通和关断是由栅极和发射极间的电压 u_{GE}决定的，当 u_{GE}为正且大于开启电压 $U_{GE(th)}$时，MOSFET 内形成沟道，并为晶体管提供基极电流进而使 IGBT 导通。

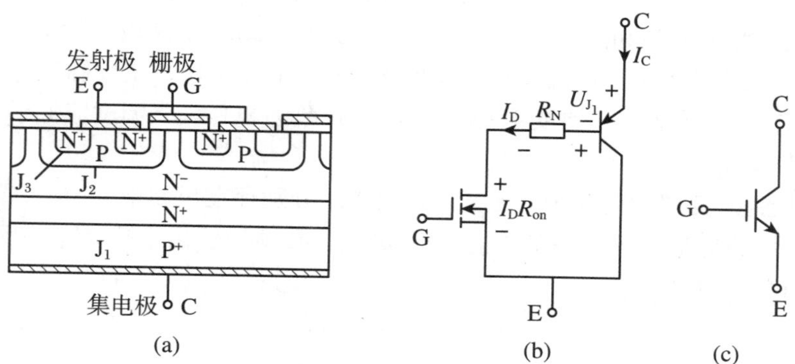

图 2-21 IGBT 的内部结构剖面示意图、简化等效电路和电气图形符号

(a) 内部结构剖面示意图；(b) 简化等效电路；(c) 电气图形符号

以上所述PNP晶体管与N沟道MOSFET组合而成的IGBT称为N沟道IGBT，记为N-IGBT，其电气图形符号如图2-21(c)所示。此外，还有P沟道IGBT，记为P-IGBT，将图2-21(c)中的箭头反向即为P-IGBT的电气图形符号。

2.6.2　IGBT的基本特性

1. 静态特性

IGBT的转移特性描述的是集电极电流 I_C 与栅射电压 U_{GE} 之间的关系，如图2-22(a)所示，此特性与功率MOSFET的转移特性相似。开启电压 $U_{GE(th)}$ 是IGBT能实现电导调制而导通的最低栅射电压。$U_{GE(th)}$ 随温度升高而略有下降，在+25 ℃时，$U_{GE(th)}$ 的值一般为2～6 V。

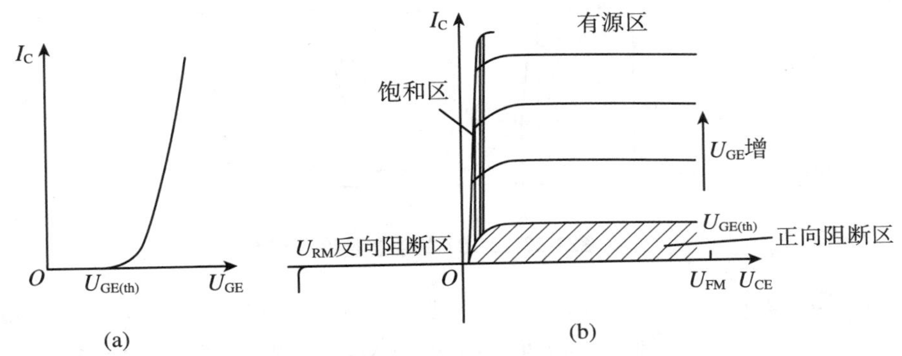

图2-22　IBGT的转移特性和输出特性

(a) 转移特性；(b) 输出特性

IGBT的输出特性，也称伏安特性，描述的是以栅射电压为参考变量时，集电极电流 I_C 与集射电压 U_{CE} 之间的关系，如图2-22(b)所示。此特性与GTR的输出特性相似，不同的是参考变量，IGBT为栅射电压 U_{GE}，而GTR为基极电流 I_B。IGBT的输出特性也分为三个区域：正向阻断区、有源区和饱和区。当 $U_{CE}<0$ 时，IGBT为反向阻断工作状态；当 $U_{CE}>0$ 且 $U_{GE}<U_{GE(th)}$ 时，IGBT处于正向阻断状态；当 $U_{CE}>0$ 且 $U_{GE}>U_{GE(th)}$ 时，MOSFET的沟道体区内形成导电沟道，IGBT进入正向导通状态，在这种状态时，随着 U_{GE} 的增加，集电极电流 I_C 将增大，在正向导通的大部分区域内，I_C 与 U_{GE} 呈线性关系，而与 U_{CE} 无关。

2. 动态特性

IGBT的动态特性也简称为开关特性，包括开通和关断两部分，如图2-23所示。

IGBT开通过程是从正向阻断状态向正向导通的过程。IGBT的开通过程与功率MOSFET的开通过程相似，这是因为IGBT在开通过程中大部分时间是作为MOSFET来运行的。从驱动电压 u_{GE} 的前沿上升至幅值的10%的时刻起，到集电极电流 i_C 上升至幅值的10%的时刻止，这段时间为开通延迟时间 $t_{d(on)}$。而 i_C 从10% I_{CM} 上升至90% I_{CM} 所需时间为电流上升时间 t_r。同样，开通时间 t_{on} 为开通延迟时间与电流上升时间之和。开通时，集射电压 u_{CE} 的下降过程分为 t_{fv1} 和 t_{fv2} 两段。前者为IGBT中MOSFET单独工作的电压下降过程；后者为MOSFET和PNP晶体管同时工作的电压下降过程。由于 u_{CE} 下降时IGBT中MOSFET的栅漏电容增加，而且IGBT中的PNP晶体管由放大状态转入饱和状态也需要一个过程，因此 t_{fv2}段电压下降过程变缓。只有在 t_{fv2}段结束时，IGBT 才完全进入饱和状态。

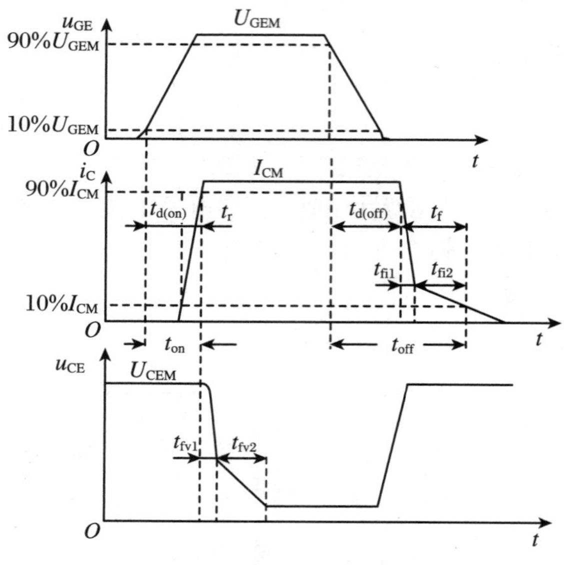

图 2-23　IGBT 的动态特性

IGBT 的关断过程是从正向导通状态转换到正向阻断状态的过程。关断过程定义为从驱动电压 u_{GE}的脉冲后沿下降到其幅值的 90%的时刻起，到集电极电流下降至 90% I_{CM}止，这段时间为关断延迟时间 $t_{d(off)}$；集电极电流从 90% I_{CM}下降至 10% I_{CM}的这段时间为电流下降时间。二者之和为关断时间 t_{off}。电流下降时间可以分为 t_{fi1}和 t_{fi2}两段。其中 t_{fi1}对应 IGBT 内部的 MOSFET 的关断过程，这段时间内集电极电流 i_C下降较快；t_{fi2}对应 IGBT 内部的 PNP 晶体管的关断过程，这段时间内 MOSFET 已经关断，IGBT 又无反向电压，所以 N 基区内的少子复合缓慢，造成 i_C下降较慢。由于此时集射电压已经建立，因此较长的电流下降时间会产生较大的关断损耗。为解决这一问题，可以与 GTR 一样通过减轻饱和程度来缩短电流下降时间，不过同样也需要与通态压降折中。

2.6.3　IGBT 的主要参数

除了前面提到的各参数之外，IGBT 的主要参数还包括：

（1）最大集射极间电压 U_{CES}。这是由器件内部的 PNP 晶体管所能承受的击穿电压所确定的。

（2）最大集电极电流。包括额定直流电流 I_C和 1 ms 脉宽最大电流 I_{CP}。

（3）最大集电极功耗 P_{CM}。在正常工作温度下允许的最大耗散功率。

IGBT 的特性和参数特点如下：

（1）IGBT 开关速度高，开关损耗小。有关资料表明，在电压 1000 V 以上时，IGBT 的开关损耗只有 GTR 的 1/10，与功率 MOSFET 相当。

（2）在相同电压和电流定额的情况下，IGBT 的安全工作区比 GTR 大，而且其具有耐脉冲电流冲击的能力。

(3) IGBT 的通态压降比 VDMOSFET 低，特别是在电流较大的区域。

2.6.4　IGBT 的擎住效应和安全工作区

根据 IGBT 结构图(图 2-21)可以发现，在 IGBT 内部寄生着由一个 N^-PN^+ 晶体管和作为主开关器件的 P^+N^-P 晶体管组成的寄生晶闸管，如图 2-24 所示。其中 NPN 晶体管的基极与发射极之间存在体区短路电阻，P 型体区的横向空穴电流会在电阻上产生压降，相当于 J_3 结施加一个正向偏压，在额定集电极电流范围内，这个偏压很小，不足以使 J_3 结开通，NPN 晶体管不起作用。如果集电极电流大到一定程度，这个正向偏压将上升使 NPN 晶体管导通，进而使 NPN 和 PNP 晶体管同时处于饱和状态，造成寄生晶闸管导通，IGBT 栅极失去控制作用，这就是所谓的擎住效应，也称为自锁效应。IGBT 一旦发生擎住效应后，器件失控，集电极电流很大，造成过高的损耗，将导致器件损坏。引发擎住效应的原因，可能是集电极电流过大(静态擎住效应)，也可能是 du_{CE}/dt 过大(动态擎住效应)，温度升高也会加重发生擎住效应的危险。为了避免发生动态擎住现象，可适当加大栅极串联电阻，以延长 IGBT 的关断时间，使电流下降速度放慢，因而使 du_{CE}/dt 减小。

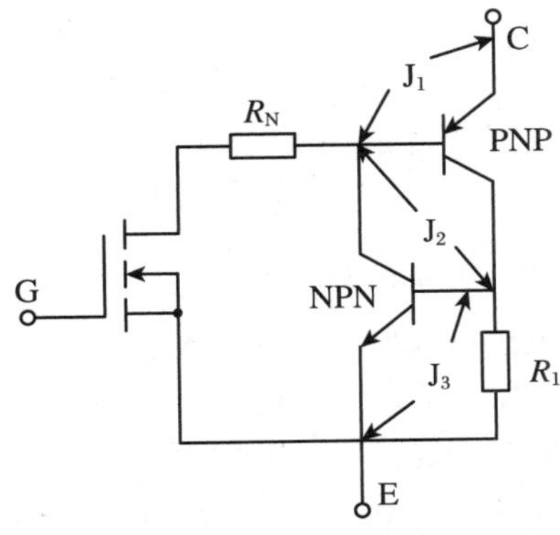

图 2-24　具有寄生晶闸管的 IGBT 等效电路

动态擎住效应比静态擎住效应所允许的集电极电流还要小，因此所允许的最大集电极电流实际上是根据动态擎住效应而确定的。

根据最大集电极电流、最大集射极间电压和最大集电极功耗可以确定 IGBT 在导通工作状态的参数极限范围，即正向偏置安全工作区(Forward Biased Safe Operating Area，FBSOA)；根据最大集电极电流、最大集射极间电压和最大允许上升率 du_{CE}/dt 可以确定 IGBT 在阻断工作状态下的参数基线范围，即反向偏置安全工作区(Reverse Biased Safe Operating Area，RBSOA)。

2.6.5　IGBT 的保护措施

由于 IGBT 与 MOSFET 一样具有极高的输入阻抗，容易造成静电击穿，故在存放和测试时应采取防静电措施。将 IGBT 用于电力变换时，为了保证安全运行，防止异常现象造成器件损坏，必须采取完备的保护措施。常用的保护措施有：

(1) 通过检出的过电流信号切断栅极信号，实现过电流保护。

(2) 利用缓冲电路抑制过电压，并限制过高的 du/dt。

(3) 利用温度传感器检测 IGBT 的外壳温度，当超过允许温度时主电路跳闸，实现过热保护。

2.7 其他新型电力电子器件

2.7.1 静电感应晶体管

静电感应晶体管(Static Induction Transistor,SIT)也可称为场控晶闸管(FCT)或双极静电感应晶闸管(BSITH)。

SIT是大功率场控开关器件。与普通晶闸管和GTO相比,它有许多优点,如SIT的通态电阻小、通态电压低、开关速度快、开关损耗小、正向电压阻断增益高、开通和关断的电流增益大、di/dt 及 du/dt 的耐量高。SIT是一种多子导电的器件,其工作频率与功率MOSFET相当,甚至超过功率MOSFET,而功率容量也比功率MOSFET大,因而适用于高频大功率场合,目前已在雷达通信设备、超声波功率放大、脉冲功率放大和高频感应加热等专业领域获得了较多的应用。

但是SIT在栅极不加任何信号时是导通的,栅极加负偏压时关断,一般为正常导通型器件,使用不太方便。此外,SIT通态电阻较大,使得通态损耗也大,因而SIT还未在大多数电力电子设备中得到广泛应用。

2.7.2 MOS控制晶闸管

MOS控制晶闸管(MOS Controlled Thyristor,MCT)是在SCR结构中集成一对MOSFET,使MCT导通的MOSFET称为ON-FET(开通场效应晶体管),使其阻断的称为OFF-FET(关断场效应管)。根据ON-FET的沟道类型,MCT又分为P-MCT和N-MCT。目前,MCT产品多为P-MCT。MCT将MOSFET的高输入阻抗、低驱动功率、快速的开关过程和晶闸管的高电压、大电流、低导通压降的特点结合起来,也是Bi-MOS器件的一种。图2-25给出了P-MCT的基本结构、等效电路及电气图形符号。

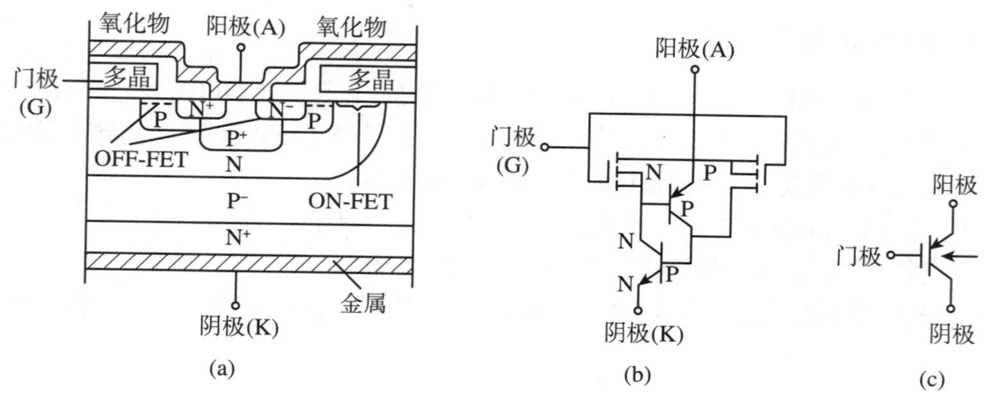

图2-25 P-MCT基本结构、等效电路及电气图形符号

(a) 基本结构;(b) 等效电路;(c) 电气图形符号

2.7.3 静电感应晶闸管

静电感应晶闸管(Static Induction Thyristor,SITH)是在SIT的漏极层上附加一层与漏极层导电类型不同的发射极层得到的。因为其工作原理与SIT类似,门极和阳极电压均能通过电场控制阳极电流,因此SITH又称为场控晶闸管(Field Controlled Thyristor,FCT)。由于比SIT多了一个具有少子注入功能的PN结,因此SITH是两种载流子导电的双极型器件,具有电导调制效应,通态压降低、通流能力强。其很多特性与GTO类似,但开关速度比GTO快得多,是大容量的快速器件。

SITH一般也是正常导通型,但也有正常关断型。此外,其制造工艺比GTO复杂得多,电流关断增益较小,因而其应用还有待拓展。

2.7.4 集成门极换流晶闸管

集成门极换流晶闸管(Integrated Gate-commutated Thyristor,IGCT),有的厂家也称为GCT(Gate-commutated Thyristor)。IGCT将IGBT与GTO的优点结合起来,其容量与GTO相当,但开关速度比GTO约快10倍,而且可以省去GTO应用时庞大而复杂的缓冲电路,只不过其所需的驱动功率仍然很大。目前,IGCT正在与IGBT以及其他新型器件激烈竞争,试图最终取代GTO在大功率场合的位置。

2.7.5 功率集成电路与集成电力电子模块

在电力电子技术中,电力电子器件必须与触发电路、控制电路以及各种保护电路相配合。以前,电力电子器件和与其配合的各种电路是分立的部件或电路装置,而今随着半导体技术的发展可以将电力电子器件及其配套电路集成在一个芯片上,形成所谓的功率集成电路(Power Integrated Circuit,PIC)。

PIC目前可分为两大类:一类是高压集成电路(High Voltage IC,HVIC),它是横向高耐压电力电子器件与控制电路的单片集成;另一类是所谓的智能功率集成电路(Smart Power IC,SPIC),它是纵向电力电子器件与控制电路、保护电路以及传感器电路的多功能集成。而智能功率模块(Intelligent Power Module,IPM)则一般指IGBT及其辅助器件与其保护和驱动电路的封装集成,也称智能IGBT(Intelligent IGBT)。

高低压电路之间的绝缘问题以及温升和散热的有效处理,一度是功率集成电路的主要技术难点。因此,以前功率集成电路的开发和研究主要在中小功率应用场合,如家用电器、办公设备电源、汽车电器等。智能功率模块则在一定程度上回避了这两个难点,只将保护和驱动电路与IGBT器件封装在一起,因而最近几年获得了迅速发展。目前最新的智能功率模块产品已用于高速子弹列车牵引这样的大功率场合。

功率集成电路实现了电能和信息的集成,成为机电一体化的理想接口,具有广阔的应用前景。

2.8 电力电子器件辅助电路

2.8.1 晶闸管触发电路

晶闸管触发电路的作用是产生符合要求的门极触发脉冲,保证晶闸管在需要的时间由阻断转为导通。

晶闸管触发电路应满足下列要求:

(1) 触发脉冲的宽度应保证晶闸管可靠导通。对感性和反电动势负载的变流器应采用宽脉冲或脉冲列触发,对变流器的启动、双星形平衡电抗器电路的触发脉冲应宽于 30°,三相全控桥式电路应采用宽于 60°或采用相隔 60°的双窄脉冲。

(2) 触发脉冲应有足够的幅度。对户外寒冷场合,脉冲电流的幅度应增大为器件最大触发电流的 3~5 倍,脉冲前沿的陡度也需增加,一般需达 1~2 A/μs。

(3) 所提供的触发脉冲应不超过晶闸管门极的电压、电流和功率定额,且在门极伏安特性的可靠触发区域之内。

(4) 应有良好的抗干扰性能、温度稳定性及与主电路的电气隔离。

理想的触发脉冲电流波形如图 2-26 所示。$t_1 \sim t_2$是脉冲前沿上升时间(<1 μs);$t_1 \sim t_3$是强脉冲宽度;I_M是强脉冲幅值,一般为 $3I_{GT} \sim 5I_{GT}$;$t_1 \sim t_4$是脉冲宽度;I 是脉冲平顶幅值,一般为 $1.5I_{GT} \sim 2I_{GT}$。

常见的晶闸管触发电路如图 2-27 所示。它由 V_1、V_2构成的脉冲放大环节和脉冲变压器 TM 及附属电路构成的脉冲输出环节两部分组成。当 V_1、V_2导通时,通过脉冲变压器向晶闸管的门极和阴极之间输出触发脉冲。VD_1和 R_3是为了 V_1、V_2由导通变为截止时脉冲变压器 TM 释放其储存的能量而设的。为了获得触发脉冲波形中的强脉冲部分,还需适当附加其他电路环节。

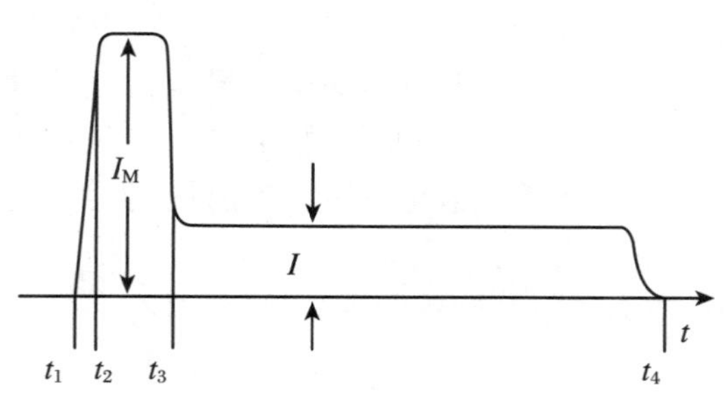

图 2-26 理想的晶闸管触发脉冲电流波形

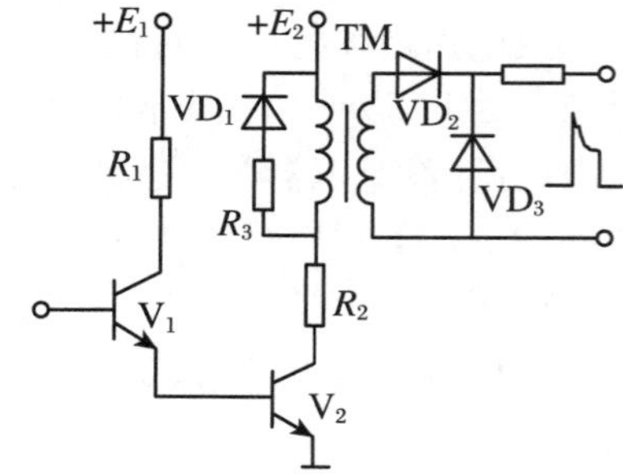

图 2-27 常见的晶闸管触发电路

2.8.2 驱动电路

电力电子器件的驱动电路是电力电子主电路与控制电路之间的接口,是电力电子装置的重要环节，对整个装置的性能有很大影响。采用性能良好的驱动电路，可使电力电子器件工作在较理想的开关状态，缩短开关时间，减少开关损耗，对装置的运行效率、可靠性和安全性都有重要的意义。另外，对电力电子器件或整个装置的一些保护措施也往往就近设在驱动电路中，或者通过驱动电路来实现，这使得驱动电路的设计更为重要。

驱动电路还要提供控制电路与主电路之间的电气隔离环节。一般采用光隔离或磁隔离。

光隔离一般采用光耦合器。光耦合器由发光二极管和光敏晶体管组成，封装在一个外壳内。其类型有普通、高速和高传输比三种，内部电路和基本接法分别如图 2-28(a)、(b)、(c)所示。普通型光耦合器的输出特性和晶体管相似，只是其电流传输比 I_C/I_D 要大得多。普通型光耦合器的响应时间约为 10 μs。高速型光耦合器的光敏二极管流过的是反向电流，其响应时间小于 1.5 μs。磁隔离的元件通常是脉冲变压器。当脉冲较宽时，为避免铁芯饱和，通常采用调制和解调的方法。

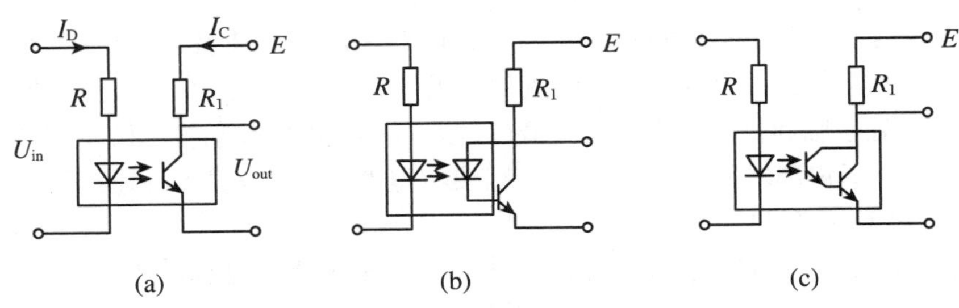

图 2-28　光耦合器的类型及接法

(a) 普通型；(b) 高速型；(c) 高传输比型

按照驱动电路加在电力电子器件控制端和公共端之间信号的性质，可以将电力电子器件分为电流驱动型和电压驱动型两类。

1. 电流驱动型器件的驱动电路

GTO 和 GTR 是电流驱动型器件。GTO 的开通控制与普通晶闸管相似，但对触发脉冲前沿的幅值和陡度要求高，且一般需在整个导通期间施加正向门极电流。使 GTO 关断需施加负向门极电流，对其幅值和陡度的要求更高，幅值需达阳极电流的 1/3 左右，陡度需达 50 A/μs，强负脉冲宽度约为 30 μs，负脉冲总宽度约为 100 μs，关断后还应在门阴极施加约 5 V 的负偏压，以提高抗干扰能力。

GTO 一般用于大容量电路的场合，其驱动电路通常包括开通驱动电路、关断驱动电路和门极反偏电路三部分，可分为脉冲变压器耦合式和直接耦合式两种类型。直接耦合式驱动电路可避免电路内部的相互干扰和寄生振荡，可得到较陡的脉冲前沿，因此目前应用较广，但其功耗大，功率较低。图 2-29 为典型的直接耦合式 GTO 驱动电路。该电路的电源由高频电源经二极管整流后提供，二极管 VD_1 和电容 C_1 提供 +5 V 电压，VD_2、VD_3、C_2、C_3 构成倍压整流电路提供 +15 V 电压，VD_4 和电容 C_4 提供 −15 V 电压。场效应晶体管 V_1 开通时，输出正强脉冲；V_2 开通时输出正脉冲平顶部分；V_2 关断而 V_3 开通时输出负脉冲；V_3 关断后电阻 R_3 和 R_4 提供门极负偏压。

使 GTR 开通的基极驱动电流应使其处于准饱和导通状态，使之不进入放大区和深饱和区。关断 GTR 时，施加一定的负基极电流有利于减小关断时间和关断损耗，关断后同样应在基射极之间施加一定幅值(6 V 左右)的负偏压。GTR 驱动电流的前沿上升时间小于 1 μs,以保证它能快速开通和关断。理想的 GTR 基极驱动电流波形如图 2-30 所示。

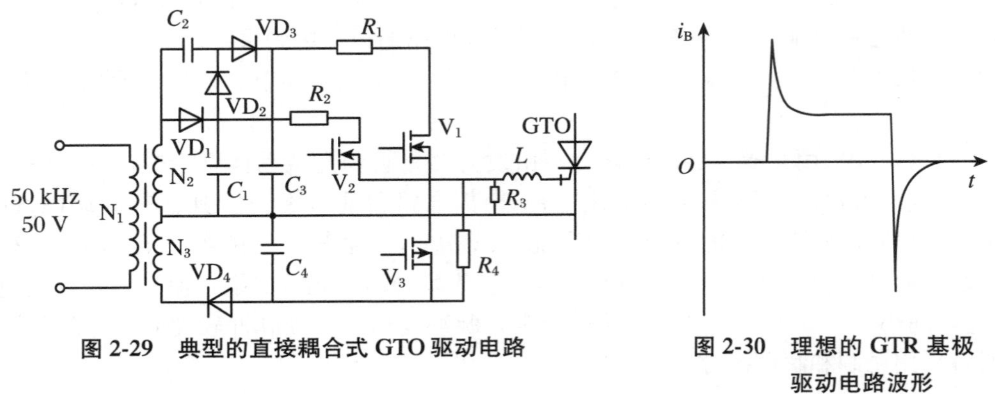

图 2-29　典型的直接耦合式 GTO 驱动电路

图 2-30　理想的 GTR 基极驱动电路波形

图 2-31 给出了 GTR 的一种驱动电路,包括电气隔离和晶体管放大电路两部分。其中二极管 VD_2 和电位补偿二极管 VD_3 构成所谓的贝克钳位电路,也就是一种抗饱和电路,可使 GTR 导通时处于临界饱和状态。当负载较轻时,如果 V_5 的发射极电流全部注入 V,会使 V 过饱和,关断时退饱和时间延长。有了贝克钳位电路后,当 V 过饱和使得集电极电位低于基极电位时,VD_2 就会自动导通,使多余的驱动电流流入集电极,维持 $U_{BC}\approx 0$。这样,就使得 V 导通时始终处于临界饱和。图 2-31 中,C_2 为加速开通过程的电容。开通时,R_5 被 C_2 短路。这样可以实现驱动电流的过冲,并增加前沿的陡度,加快开通。

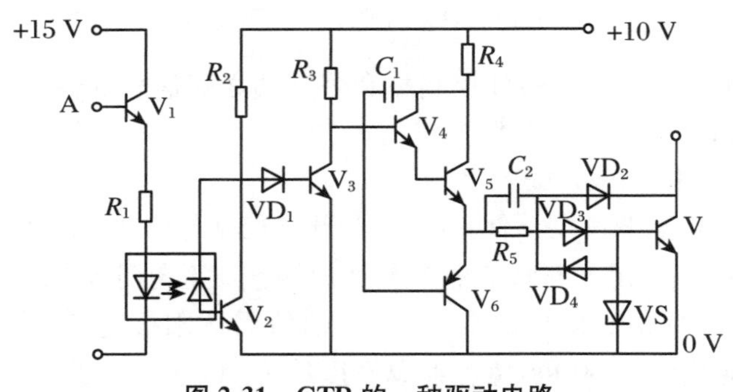

图 2-31　GTR 的一种驱动电路

2. 电压驱动型器件的驱动电路

功率 MOSFET 和 IGBT 是电压驱动器件。功率 MOSFET 的栅源极之间和 IGBT 的栅射极之间有数千皮法的极间电容,为快速建立驱动电压,要求驱动电路具有较小的输出电阻。使功率 MOSFET 开通的栅源极间驱动电压一般取 10～15 V,使 IGBT 开通的栅射极间驱动电压一般取 15～20 V。同样,关断时施加一定幅值的负驱动电压(一般取 −5～−15 V)有利于减小关断时间和关断损耗。在栅极串入一个低阻值电阻(数十欧)可以减小寄生振荡,该电阻阻值应随被驱动器件电流额定值的增大而减小。

图 2-32 给出了功率 MOSFET 的一种驱动电路,它也包括电气隔离和晶体管放大电路两部分。当无输入信号时高速放大器 A 输出负电平,V_3 导通输出负驱动电压。当有输入信号时 A 输出正电平,V_2 导通输出正驱动电压。

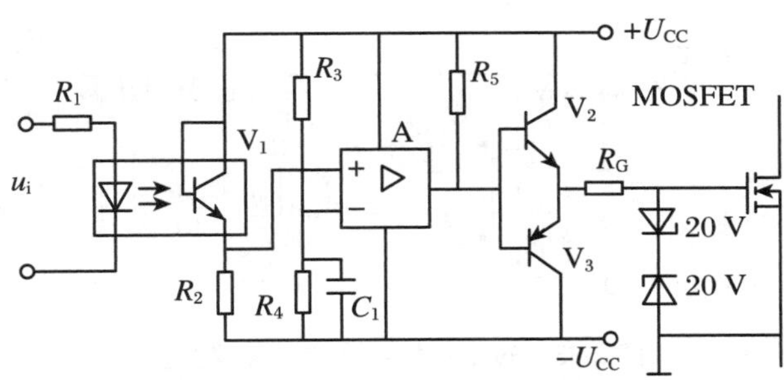

图 2-32　功率 MOSFET 的一种驱动电路

常见的专为驱动功率 MOSFET 而设计的混合集成电路有三菱公司的 M57918L，其输入信号电流幅值为 16 mA，输出最大脉冲电流为 +2 A 和 −3 A，输出驱动电压 +15 V 和 −10 V。

IGBT 的驱动多采用专用的混合集成驱动器。常用的有三菱公司的 M579 系列（如 M57962L 和 M57959L）和富士公司的 EXB 系列（如 EXB840、EXB841、EXB850 和 EXB851）。对于同一系列的不同型号，其引脚和接线基本相同，只是适用被驱动器件的容量和开关频率以及输入电流幅值等参数有所不同。

2.8.3　保护电路

在电力电子电路中，除了电力电子器件参数选择合适、驱动电路设计良好外，采用合适的过电压保护、过电流保护、$\mathrm{d}u/\mathrm{d}t$ 保护和 $\mathrm{d}i/\mathrm{d}t$ 保护也是必要的。

1. 过电压的产生及过电压保护

电力电子装置中可能发生的过电压分为外因过电压和内因过电压两类。外因过电压主要来自雷击和系统中的操作过程等外部原因。

(1) 操作过电压。操作过电压是由分闸、合闸等开关操作引起的过电压。电网侧的操作过电压会由供电变压器电磁感应耦合，或由变压器绕组之间存在的分布电容静电感应耦合过来。

(2) 雷击过电压。雷击过电压是由雷击引起的过电压。

内因过电压主要来自电力电子装置内部器件的开关过程，包括换相过电压和关断过电压。

(1) 换相过电压。晶闸管或者与全控型器件反并联的续流二极管在换相结束后不能立刻恢复阻断能力，因而有较大的反向电流流过，使残存的载流子恢复。而当其恢复了阻断能力时，反向电流急剧减小，这样的电流突变会因线路电感而在晶闸管阴阳极之间或与续流二极管反并联的全控型器件两端产生过电压。

(2) 关断过电压。关断过电压是全控型器件在较高频率下工作，当器件关断时，因正向电流的迅速降低而由线路电感在器件两端感应的过电压。

图 2-33 示出了各种电压抑制措施及其配置位置，各电力电子装置可视具体情况只采用其中的几种。其中 RC_3 和 RCD 为抑制内因过电压的措施。采用 RC 过电压抑制电路是抑制外因过电压的措施，其典型连接方式见图 2-34。RC 过电压抑制电路可接于供电变压器的两侧（通常供电网一侧称网侧，电力电子电路一侧称阀侧），或电力电子电路的直流侧。对大容量的电力电子装置，可采用图 2-35 所示的反向阻断式 RC 电路。

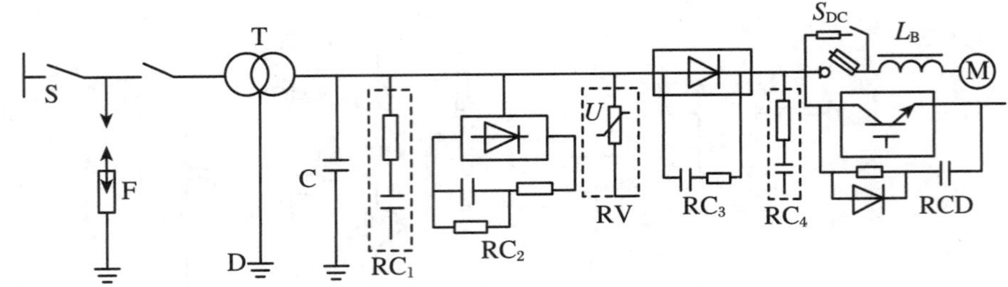

图 2-33　过电压抑制措施及配置位置

F 表示避雷器；D 表示变压器静电屏蔽层；C 表示静电感应过电压抑制电路；RC_1 表示阀侧浪涌过电压抑制用 RC 电路；RC_2 表示阀侧浪涌过电压抑制用反向阻断式 RC 电路；RV 表示压敏电阻过电压抑制器；RC_3 表示阀器件换相过电压抑制用 RC 电路；RC_4 表示直流侧 RC 抑制电路；RCD 表示阀器件关断过电压抑制用 RCD 电路

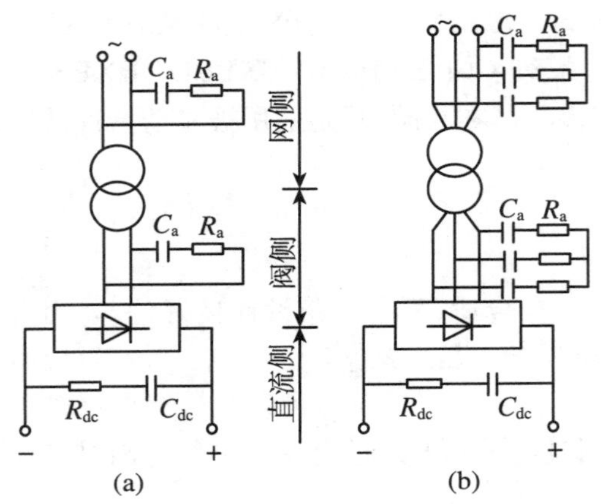

图 2-34　RC 过电压抑制电路连接方式

(a)单相；(b)三相

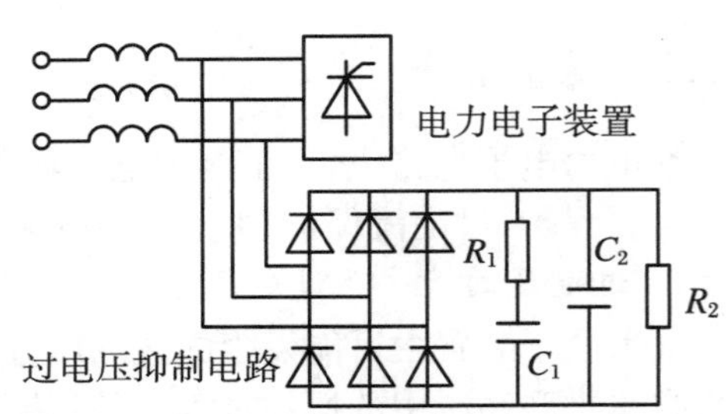

图 2-35　反向阻断式过电压抑制用 RC 电路

2．过电流保护

电力电子电路运行不正常或者发生故障时，可能会发生过电流。过电流分过载和短路两种情况。图 2-36 给出了各种过电流保护措施及其配置位置，其中采用快速熔断器、直流快速断路器和过电流继电器是较为常用的措施。一般电力电子装置均同时采用几种过电流

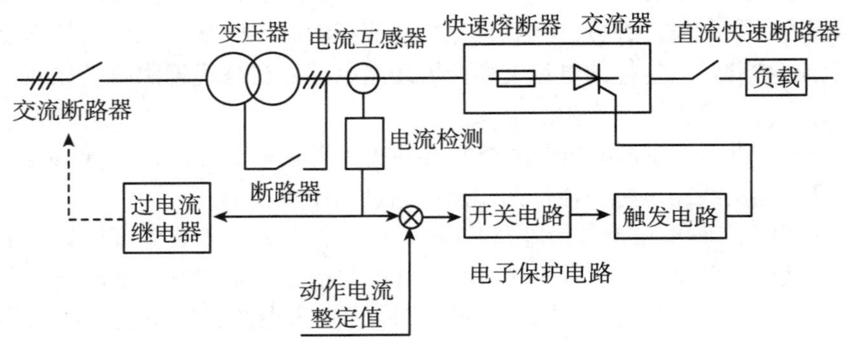

图 2-36　过电流保护措施及配置位置

保护措施,以提高保护的可靠性和合理性。在选择各种保护措施时应注意相互协调。通常,电子电路作为第一保护措施,快速熔断器仅作为短路时的部分区段的保护,直流快速断路器整定在电子电路动作之后实现保护,过电流继电器整定在过载时动作。

采用快速熔断器(简称快熔)是电力电子装置中最有效、应用最广泛的一种过电流保护措施。对一些重要的且易发生短路的晶闸管设备,或者工作频率较高、很难用快速熔断器保护的全控型器件,需要采用电子电路进行过电流保护。

2.8.4　缓冲电路

缓冲电路(Snubber Circuit)又称为吸收电路。其作用是抑制电力电子器件的内因过电压、du/dt 或者过电流和 di/dt,减小器件的开关损耗。缓冲电路可分为关断缓冲电路和开通缓冲电路。关断缓冲电路又称为 du/dt 抑制电路,用于吸收器件的关断过电压和换相过电压,抑制 du/dt,减小关断损耗。开通缓冲电路又称为 di/dt 抑制电路,用于抑制器件开通时的电流过冲和 di/dt,减小器件的开通损耗。可将关断缓冲电路和开通缓冲电路结合在一起,称其为复合缓冲电路。

如无特别说明,通常缓冲电路专指关断缓冲电路,而将开通缓冲电路叫 di/dt 抑制路。缓冲电路和 di/dt 抑制电路如图 2-37(a)所示,开关过程集电极电压 u_{CE}和集电极电流 i_C的波形如图 2-37(b)所示。

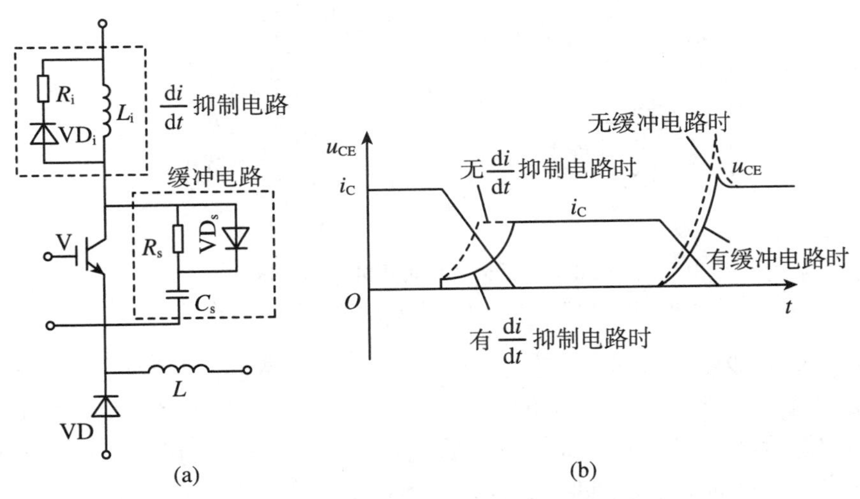

图 2-37　缓冲电路和 di/dt 抑制电路及波形

(a) 电路;(b) 波形

在无缓冲电路的情况下,绝缘栅双极晶体管 V 开通时电流迅速上升,di/dt 很大,关断时 du/dt 很大,并出现很高的过电压。在有缓冲电路的情况下,V 开通时缓冲电容 C_s先通过 R_s向 V 放电,使电流 i_C先上一个台阶,以后因为有 di/dt 抑制电路的 L_i,i_C的上升速度减慢。R_i、VD_i是在 V 关断时为 L_i中的磁场能量提供放电回路而设置的。在 V 关断时,负载电流通过 VD_s向 C_s分流,减轻了 V 的负担,抑制了 du/dt 和过电压。

关断时的负载曲线如图 2-38 所示。关断前的工作点在 A 点。无缓冲电路时,u_{CE}迅速上升,在负载 L 上的感应电压使续流二极管 VD 开始导通,负载线从 A 移动到B,之后 i_C才下降到漏电流的大小,负载线随之移动到 C。有缓冲电路时,C_s的分流使 i_C在 u_{CE}开始上升的同时就下降，因此负载线经过 D 到达 C。可以看出，负载线在到达 B 时很可能超出安全区，使 V 受到损坏，而负载线 ADC 是很安全的。而且 ADC 经过的都是小电流、小电压区域，器件的关断损耗也比无缓冲电路时大大降低。

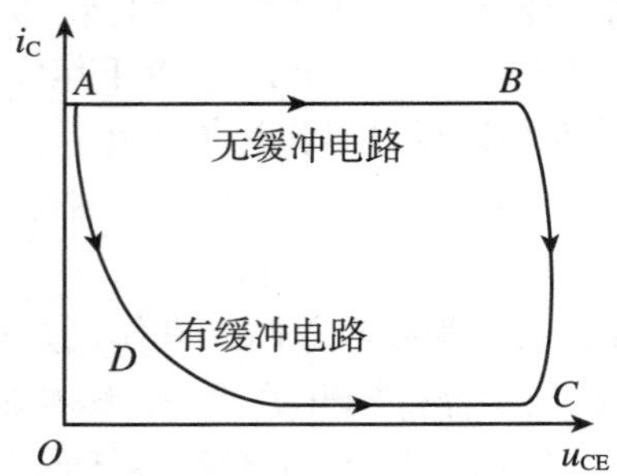

图 2-38　关断时的负载曲线

图 2-37 中所示的缓冲电路被称为充放电型 RCD 缓冲电路，适用于中等容量的场合。图 2-39 示出了另外两种常用的缓冲电路形式。其中 RC 缓冲电路主要用于小容量器件，而放电阻止型 RCD 缓冲电路用于中或大容量容器件。

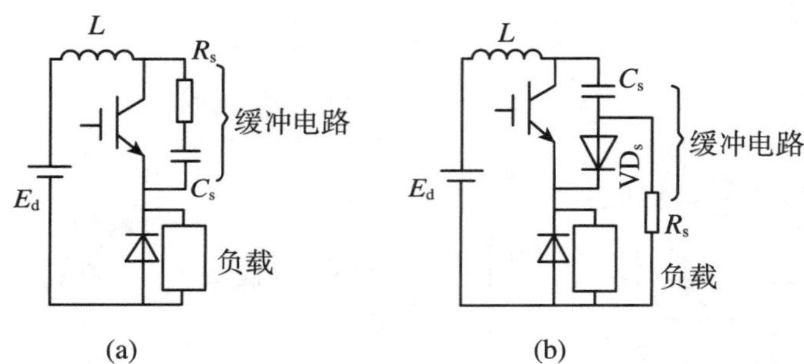

图 2-39　另外两种常用的缓冲电路

(a) RC 缓冲电路；(b) 放电阻止型 RCD 缓冲电路

缓冲电容 C_s和吸收电阻 R_s的取值可用实验方法确定，或参考有关的工程手册。吸收二极管 VD_s必须选用快恢复二极管，其额定电流应不小于主电路器件额定电流的 1/10。应尽量减小线路电感，且应选用内部电感小的吸收电容。在中小容量场合，若线路电感较小，可只在直流侧设一个总的 du/dt 抑制电路，对 IGBT 甚至可以仅并联一个吸收电容。

晶闸管在实际应用中一般只承受换相过电压，没有关断过电压问题，关断时也没有较大的 du/dt，因此一般采用 RC 缓冲电路即可。

习　题

2-1　使晶闸管导通的条件是什么？怎样才能使晶闸管由导通变为关断？

2-2　GTO 和普通晶闸管同时为 PNPN 结构，为什么 GTO 能够自关断，而普通晶闸管不能？

2-3　如何防止功率 MOSFET 因静电感应引起的损耗？

2-4　IGBT、GTR、GTO 和功率 MOSFET 的驱动电路各有什么特点？

2-5　什么叫二次击穿？试论述其产生的原因。

2-6　参照题图2-1回答下列问题：

(1) 若负载 L 上不接续流二极管时，当 $i_C = 100$ A，$L = 1$ mH，$U_{CC} = 100$ V，GTR关断时的下降时间 $t_f = 1$ μs，请计算GTR关断时GTR承受的最高反电压。

(2) 接上续流二极管后，GTR上承受的最高反电压又是多少？

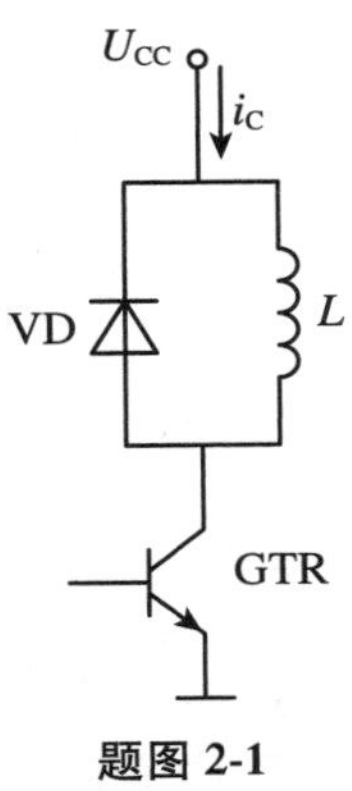

题图 2-1

2-7　全控型器件的缓冲电路的主要作用是什么？试分析RCD缓冲电路中各元件的作用。

2-8　试说明IGBT、GTR、GTO和功率MOSFET各自的优缺点。

第3章　交流-直流变换电路

将工频交流电流变换为直流电流称为整流。整流变换电路的种类很多：按电路的接线形式可分为半波电路和全波电路；按电路的控制方式可分为不可控、半控、全控三种；按交流输入相数可分为单相电路和多相电路。本章结合最常用的可控整流电路，分析和研究其基本工作原理、基本数量关系以及负载性质对整流电路的影响，分析相控有源逆变状态原理和PWM整流电路原理。

3.1　可控整流电路

3.1.1　单相可控整流电路

单相可控整流电路的交流侧接单相电源。典型的可控整流电路有单相半波可控整流电路、单相桥式全控整流电路、单相全波可控整流电路和单相桥式半控整流电路。在实际应用中，整流电源的负载有电阻、电感以及反电势等不同性质，负载性质不同对整流电源的要求和影响也不同。下面分别对其工作原理、定量计算等进行讨论，并重点讲述不同负载对电路工作的影响。

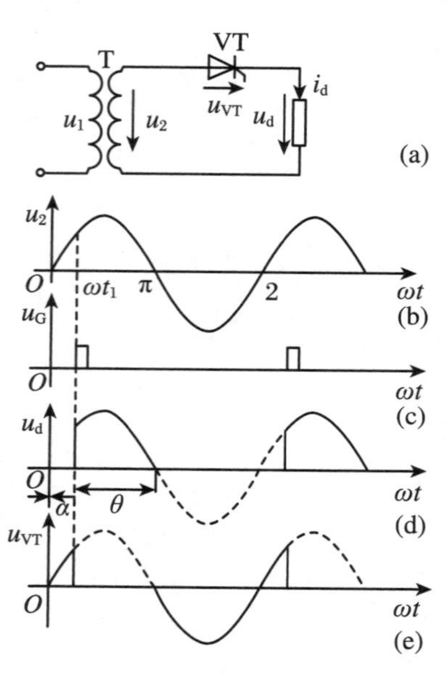

图3-1　单相半波可控整流电路及波形(电阻负载)

1. 单相半波可控整流电路

(1) 带电阻负载的工作情况。单相半波可控整流电路(Single Phase Halt Wave Controlled Rectifier)及带电阻负载时的工作波形，如图3-1所示。图3-1(a)中，变压器T起变电压和隔离的作用，其一次和二次电压瞬时值分别用u_1和u_2表示，有效值分别用U_1和U_2表示，其中U_2的大小根据需要的直流输出电压u_d的平均值U_d确定。

在晶闸管VT处于断态时，电路中无电流，负载电阻两端电压为零，u_2全部施加于VT两端。如在u_2正半周VT承受正向阳极电压期间的ωt_1时刻给VT门极加触发脉冲，如图3-1(c)所示，则VT开通。若忽略晶闸管通态压降,则直流输出电压瞬时值 u_d与 u_2相等。在 $\omega t=\pi$ 即 u_2降为零时,电路中电流亦降为零,VT 关断,之后 u_d、i_d均为零。图 3-1(d)、(e)分别给出了 u_d和晶闸管两端电压 u_{VT}的波形,i_d的波形与 u_d波形相同。

从晶闸管开始承受正向阳极电压起,到施加触发脉冲止的电角度称为触发延迟角,用 α 表示,也称触发角或控制角。晶闸管在一个电源周期中处于通态的电角度称为导通角,用 θ 表示,$\theta=\pi-\alpha$。直角输出电压平均值为

$$U_d=\frac{1}{2\pi}\int_{\alpha}^{\pi}\sqrt{2}U_2\sin\omega t\,d(\omega t)=\frac{\sqrt{2}U_2}{2\pi}(1+\cos\alpha)=0.45U_2\frac{1+\cos\alpha}{2}\tag{3-1}$$

当 $\alpha=0$ 时,整流输出电压平均值最大,用 U_{d0}表示,$U_d=U_{d0}=0.45U_2$。随着 α 增大,U_d减小,当 $\alpha=\pi$ 时,$U_d=0$,该电路中 VT 的 α 移相范围为 0～180°。可见,调节 α 角即可控制 U_d的大小。这种通过控制触发脉冲的相位来控制直流输出电压大小的方式称为相位控制方式,简称相控方式。

(2) 带阻感负载的工作情况。当负载中感抗 ωL 与电阻 R 相比不可忽略时即为阻感负载。若 $\omega L\gg R$,则负载主要呈现为电感,称为电感负载,例如电动机的励磁绕组。

阻感负载的特点是流过电感的电流不能发生突变,带阻感负载的单相半波可控整流电路及其波形如图 3-2 所示。

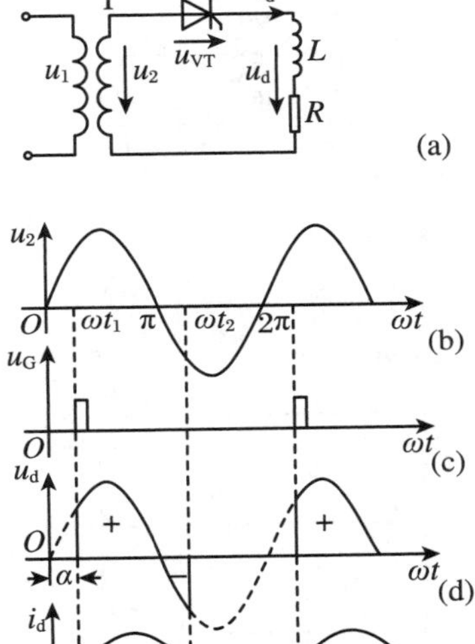

图 3-2　单相半波可控整流电路及波形(阻感负载)

当晶闸管 VT 处于断态时,电路中电流 $i_d=0$,负载上电压为 0,u_2全部加在 VT 两端。在 ωt_1时刻,触发 VT 使其开通,u_2加于负载两端,因电感 L 的存在 i_d不能突变,i_d从零开始增加,如图 3-2(e)所示,同时 L 的感应电动势试图阻止 i_d增加。这时,交流电源一方面供给电阻 R 消耗能量,另一方面供给电感 L 吸收的磁场能量。到 u_2由正变负的过零点处,i_d已经处于减小的过程中,但尚未降到零,因此 VT 仍处于通态。此后,L 中储存的能量逐渐释放,一方面供给电阻消耗的能量,另一方面供给变压器二次绕组吸收的能量,从而维持 i_d流动。至 ωt_2时刻,电感能量释放完毕,i_d降至零,VT 关断并立即承受反压,如图 3-2(f)晶闸管 VT 两端电压 u_{VT}波形所示。由图 3-2(d)的 u_d波形还可看出,由于电感的存在延迟了 VT 的关断时刻,u_d波形出现负的部分,与带电阻负载时相比其平均值 U_d下降。

上述单相半波电路中只有晶闸管 VT 一个电力电子器件,当 VT 处于断态时,相当于电路在 VT 处断开,$i_d=0$。当 VT 处于通态时,相当于 VT 短路。

VT 处于通态时,根据 KVL 定律可得

$$L\frac{di_d}{dt}+Ri_d=\sqrt{2}U_2\sin\omega t\tag{3-2}$$

在 VT 导通时刻:$\omega t=\alpha$,$i_d=0$,作为式(3-2)的初始条件。求解式(3-2)得

$$i_d = -\frac{\sqrt{2}U_2}{Z}\sin(\alpha - \varphi)e^{-\frac{R}{\omega L}(\omega t - \alpha)} + \frac{\sqrt{2}U_2}{Z}\sin(\omega t - \varphi) \tag{3-3}$$

式中，$Z = \sqrt{R^2 + (\omega L)^2}$，$\varphi = \arctan\frac{\omega L}{R}$。由此式可得出图 3-2(e)所示的 i_d波形。

当 $\omega t = \theta + \alpha$ 时，$i_d = 0$，代入式(3-3)并整理得

$$\sin(\alpha - \varphi)e^{-\frac{\theta}{\tan\varphi}} = \sin(\theta + \alpha - \varphi) \tag{3-4}$$

当 α、φ 均已知时可由式(3-4)求出 θ。式(3-4)为超越方程，可采用迭代法借助计算机进行求解。

当负载阻抗角 φ 或触发角 α 不同时，晶闸管的导通也不同。若 φ 为定值，α 角越大，在 u_2正半周电感 L 储能越少，维持导电的能力就越弱，θ 越小。若 α 为定值，φ 越大，则 L 储能越多，θ 越大，且 φ 越大，在 u_2负半周 L 维持晶闸管导通的时间就越接近晶闸管在 u_2正半周导通的时间，u_d中负的部分越接近正的部分，其平均值 U_d越接近零，输出的直流电流平均值也越小。

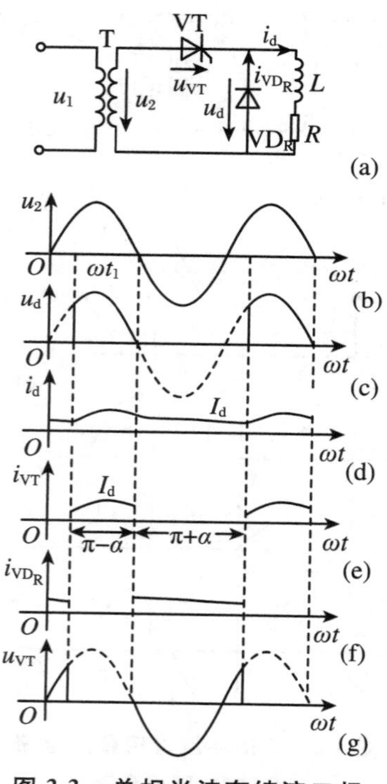

图 3-3　单相半波有续流二极管的电路及波形(阻感负载)

为解决上述矛盾，在整流电路的负载两端并联一个二极管，称为续流二极管，用 VD_R表示，如图 3-3(a)所示。图 3-3(b)～(g)是该电路的典型工作波形。

与没有续流二极管时的情况相比，在 u_2正半周时两者工作情况是一样的。当 u_2过零变负时，VD_R导通，u_d为零。此时为负的 u_2通过 VD_R向 VT 施加反压使其关断，L 储存的能量保证了电流 i_d在 L—R—VD_R回路中流通，此过程通常称为续流。u_d波形如图 3-3(c)所示，如忽略二极管的通态电压，则在续流期间 u_d为 0，u_d中不再出现负的部分，这与电阻负载时基本相同。但与电阻负载相比，i_d的波形是不一样的。若 L 足够大，$\omega L \gg R$，即负载为电感负载，在 VT 关断期间，VD_R可持续导通，使 i_d连续，且 i_d波形接近一条水平线，如图 3-3(d)所示。

在一个周期内，$\omega t = \alpha \sim \pi$ 期间，VT 导通，其导通角为 $\pi - \alpha$，i_d流过 VT，晶闸管电流 i_{VT}的波形如图 3-3(e)所示，其余时间 i_d流过 VD_R，续流二极管电流 i_{VD_R} 的波形如图 3-3(f)所示，VD_R的导通角为 $\pi + \alpha$。若近似认为 i_d为一条水平线，恒为 I_d，则流过晶闸管的电流平均值 I_{dVT}和有效值 I_{VT}分别为

$$I_{dVT} = \frac{\pi - \alpha}{2\pi}I_d \tag{3-5}$$

$$I_{VT} = \sqrt{\frac{1}{2\pi}\int_{\alpha}^{\pi}I_d^2 d(\omega t)} = \sqrt{\frac{\pi - \alpha}{2\pi}}I_d \tag{3-6}$$

续流二极管的电流平均值 I_{dVD_R} 和有效值 I_{VD_R} 分别为

$$I_{dVD_R} = \frac{\pi + \alpha}{2\pi}I_d \tag{3-7}$$

$$I_{VD_R} = \sqrt{\frac{1}{2\pi}\int_{\pi}^{2\pi+\alpha}I_d^2 d(\omega t)} = \sqrt{\frac{\pi + \alpha}{2\pi}}I_d \tag{3-8}$$

晶闸管两端电压波形 u_{VT}如图 3-3(g)所示，其移相范围为 0～180°，其承受的最大正反向电压均为 u_2的峰值即$\sqrt{2}U_2$。续流二极管承受的电压为 $-u_d$，其最大反向电压为$\sqrt{2}U_2$，亦为 u_2的峰值。

单相半波可控整流电路的特点是简单，但输出脉动大，变压器二次侧电流中含直流分量，造成变压器铁芯直流磁化。为使变压器铁芯不饱和，需增大铁芯截面积，增大了设备的容量。

2. 单相桥式全控整流电路

单相可控整流电路中应用较多的是单相桥式全控整流电路(Single Phase Bridge Controlled Rectifier)，如图 3-4(a)所示，下面先分析接电阻负载时的情况。

(1) 带电阻负载的工作情况。在单相桥式全控整流电路中，晶闸管 VT_1和 VT_4组成一对桥臂，VT_2和 VT_3组成另一对桥臂。在 u_2正半周，若 4 个晶闸管均不导通，负载电流 i_d为零，u_d也为零，VT_1、VT_4串联承受电压 u_2，设 VT_1和 VT_4的漏电阻相等，则各承受 u_2的一半。若在触发角 α 处给 VT_1和 VT_4加触发脉冲，VT_1和 VT_4导通，电流从电源经 VT_1、R、VT_4流回电源端。当 u_2过零时，流经晶闸管的电流也降到零，VT_1和 VT_4关断。

在 u_2负半周，仍在触发角 α 处触发 VT_2和 VT_3(VT_2和 VT_3的 $\alpha=0$ 位于 $\omega t=\pi$ 处)，VT_2和 VT_3导通，电流从电源流出，经 VT_3、R、VT_2流回电源端。到 u_2过零时，电流又降为零，VT_2和 VT_3关断。此后又是 VT_1和 VT_4导通，如此循环地工作下去，整流电压 u_d和晶闸管 VT_1、VT_4两端电压波形分别如图 3-4(b)和(c)所示。晶闸管承受的最大正向电压和反向电压分别为$\frac{\sqrt{2}}{2}U_2$和$\sqrt{2}U_2$。

由于在交流电源的正负半周都有整流输出电流流过负载，故该电路为全波整流。在 u_2一个周期内，整流电压波形脉动 2 次，脉动次数多于半波整流电路，该电路属于双脉波整流电路。变压器二次绕组中，正负两个半周电流方向相反且波形对称，平均值为零，即直流分量为零，如图 3-4(d)所示，不存在变压器直流磁化问题，变压器绕组的利用率也高。

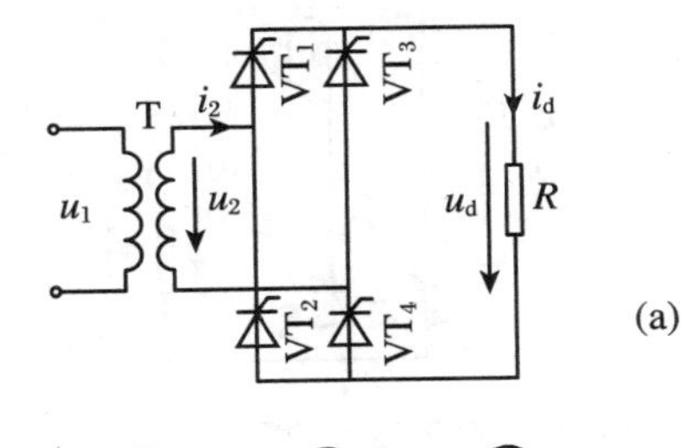

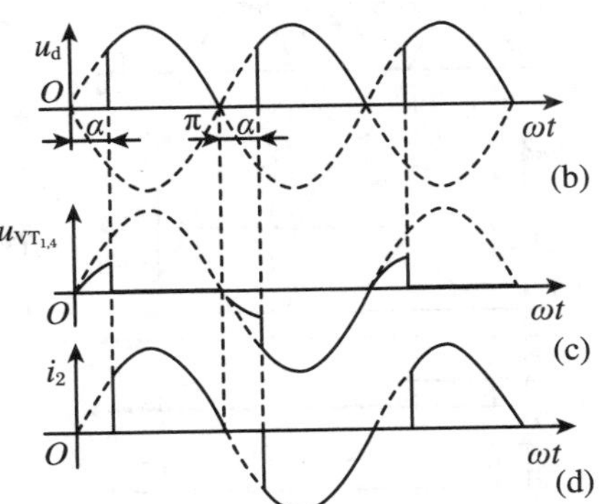

图 3-4　单相桥式全控整流电路及波形(电阻负载)

整流电压平均值为

$$U_d=\frac{1}{\pi}\int_{\alpha}^{\pi}\sqrt{2}U_2\sin\omega t\,\mathrm{d}(\omega t)=\frac{2\sqrt{2}U_2}{\pi}\frac{1+\cos\alpha}{2}=0.9U_2\frac{1+\cos\alpha}{2}\tag{3-9}$$

$\alpha=0$ 时，$U_d=U_{d0}=0.9U_2$；$\alpha=180°$时，$U_d=0$。可见，α 角的移相范围为 0～180°。

向负载输出的直流电流平均值为

$$I_d=\frac{U_d}{R}=\frac{2\sqrt{2}U_2}{\pi R}\frac{1+\cos\alpha}{2}=0.9\frac{U_2}{R}\frac{1+\cos\alpha}{2}\tag{3-10}$$

晶闸管 VT_1、VT_4和 VT_2、VT_3轮流导通，流过晶闸管的电流平均值只有输出直流平均值的一半，即

$$I_{dVT} = \frac{1}{2}I_d = 0.45\frac{U_2}{R}\frac{1+\cos\alpha}{2} \tag{3-11}$$

为选择晶闸管、变压器容量、导线截面积等定额，需考虑发热问题，为此需计算电流有效值。流过晶闸管的电流有效值为

$$I_{VT} = \sqrt{\frac{1}{2\pi}\int_{\alpha}^{\pi}\left(\frac{\sqrt{2}U_2}{R}\sin\omega t\right)^2 d(\omega t)} = \frac{U_2}{\sqrt{2}R}\sqrt{\frac{1}{2\pi}\sin 2\alpha + \frac{\pi-\alpha}{\pi}} \tag{3-12}$$

变压器二次电流有效值 I_2 与输出直流电流有效值 I 相等，为

$$I = I_2 = \sqrt{\frac{1}{\pi}\int_{\alpha}^{\pi}\left(\frac{\sqrt{2}U_2}{R}\sin\omega t\right)^2 d(\omega t)} = \frac{U_2}{R}\sqrt{\frac{1}{2\pi}\sin 2\alpha + \frac{\pi-\alpha}{\pi}} \tag{3-13}$$

由式(3-12)和式(3-13)可见

$$I_{VT} = \frac{1}{\sqrt{2}}I \tag{3-14}$$

不考虑变压器的损耗时，要求变压器的容量为 $S = U_2 I_2$。

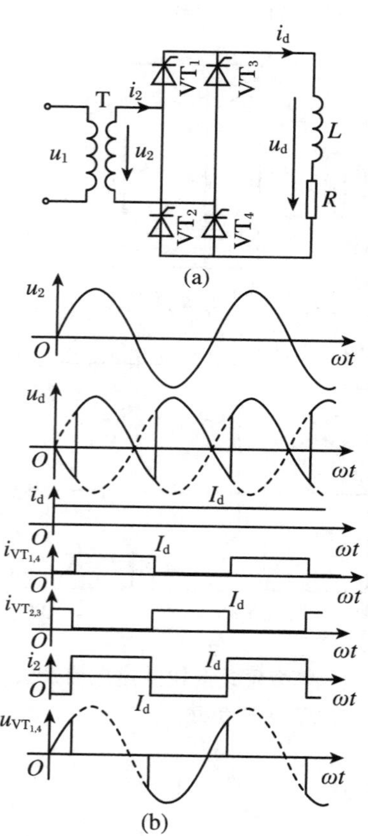

图 3-5　单相桥式全控整流电路及波形(阻感负载)

(2) 带阻感负载的工作情况。电路如图 3-5(a)所示。在 u_2 正半周期，触发角 α 处给晶闸管 VT_1 和 VT_4 加触发脉冲使其开通，$u_d = u_2$。负载中有电感存在使负载电流不能突变，电感对负载电流起平波作用，假设负载电感很大，负载电流 i_d 连续且波形近似为一水平线，其波形如图 3-5(b)所示。u_2 过零变负时，由于电感的作用晶闸管 VT_1 和 VT_4 中仍流过电流 i_d，并不关断。至 $\omega t = \pi + \alpha$ 时刻，给 VT_2 和 VT_3 加触发脉冲，因 VT_2 和 VT_3 本已承受正电压，故两管导通。VT_2 和 VT_3 导通后，u_2 通过 VT_2 和 VT_3 分别向 VT_1 和 VT_4 施加反压使 VT_1 和 VT_4 关断，流过 VT_1 和 VT_4 的电流迅速转移到 VT_2 和 VT_3 上，此过程称为换相，亦称换流。至下一周期重复上述过程，如此循环下去，u_d 波形如图 3-5(b)所示，其平均值为

$$U_d = \frac{1}{\pi}\int_{\alpha}^{\alpha+\pi}\sqrt{2}U_2\sin\omega t\, d(\omega t) = \frac{2\sqrt{2}}{\pi}U_2\cos\alpha = 0.9U_2\cos\alpha \tag{3-15}$$

当 $\alpha = 0$ 时，$U_{d0} = 0.9U_2$；$\alpha = 90^\circ$ 时，$U_d = 0$。α 角的移相范围为 $0\sim90^\circ$。

单相桥式全控整流电路带阻感负载时，晶闸管 VT_1、VT_4 两端的电压波形如图 3-5(b)所示，晶闸管承受的最大正反向电压均为 $\sqrt{2}U_2$。

晶闸管导通角 θ 与 α 无关，均为 180°，其电流波形如图 3-5(b)所示，平均值和有效值分别为

$$I_{dVT} = \frac{1}{2}I_d$$

$$I_{VT} = \frac{1}{\sqrt{2}} I_d = 0.707 I_d$$

(3) 带反电动势负载时的工作情况。当负载为蓄电池、直流电动机的电枢(忽略其中的电感)等时,负载可看成一个直流电压源,对于整流电路,它们就是反电动势负载。如图 3-6(a)所示,下面着重分析反电动势-电阻时的情况。

当忽略主电路各部分的电感时,只有在 u_2 瞬时值的绝对值大于反电动势即 $|u_2| > E$ 时,才有晶闸管承受正电压,有导通的可能。晶闸管导通后,$u_d = u_2$,$i_d = \frac{u_d - E}{R}$,直至 $|u_2| = E$,i_d即降为0,晶闸管关断,此后 $u_d = E$。与电阻负载时相比,晶闸管提前了电角度 δ 停止导电,u_d和 i_d的波形如图 3-6(b)所示,δ 称为停止导电角:

$$\delta = \arcsin \frac{E}{\sqrt{2} U_2} \tag{3-16}$$

在 α 角相同时,整流输出电压比电阻负载时大。

如图 3-6(b)所示,i_d波形在一周内有部分时间为零的情况,称为电流断续。与此对应,若 i_d波形不出现为零的情况,称为电流连续。当 $\alpha < \delta$ 时,触发脉冲到来时,晶闸管承受负电压,不可能导通。为了使晶闸管可靠导通,要求触发脉冲有足够的宽度,保证当 $\omega t = \delta$ 时刻晶闸管开始承受正电压时,触发脉冲仍然存在。这样,相当于触发角被推迟为 δ,即 $\alpha = \delta$。

负载为直流电动机时,如果出现电流断续,则电动机的机械特性会很软。由图 3-6(b)可看出,导通角 θ 越小,则电流波形的底部就越窄。电流平均值是与电流波形的面积成比例的,因而为了增大电流平均值,必须增大电流峰值,这要求较多地降低反电动势。因此,当电流断续时,随着 I_d的增大,转速 n(与反电动势成比例)降落较大,机械特性较软,相当于整流电源的内阻增大。较大的电流峰值在电动机换向时容易产生火花。同时,对于相等的电流平均值,若电流波形底部越窄,则其有效值越大,要求电源的容量也大。

为了克服以上缺点,一般在主电路中直流输出侧串联一个平波电抗器,用来减少电流的脉动和延长晶闸管导通的时间。有了电感,当 u_2小于 E 甚至 u_2值变负时,晶闸管仍可导通。只要电感量足够大,就能使电流连续,晶闸管每次导通 180°,这时整流电压 u_d的波形和负载电流 i_d的波形与电感负载电流连续时的波形相同,u_d的计算公式亦相同。针对电动机在低速轻载运行时电流连续的临界情况,给出 u_d和 i_d波形如图 3-7 所示。

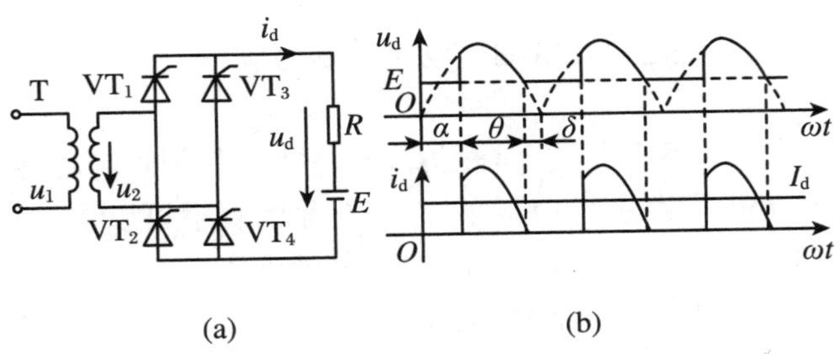

图 3-6　单相桥式全控整流电路及波形(接反电动势-电阻负载)

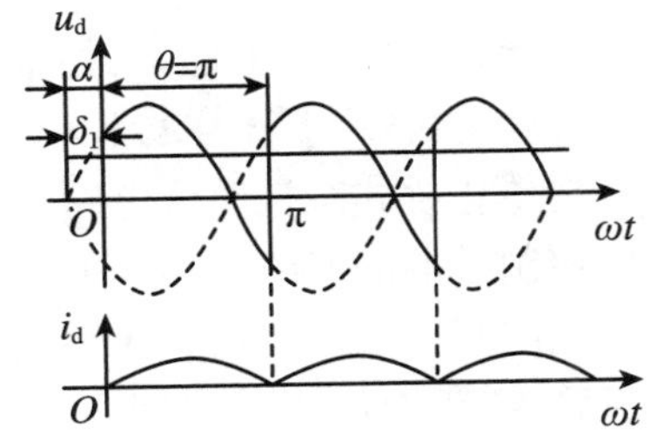

图 3-7　单相桥式全控整流电路带反电动势负载串联平波电抗器(电流连续的临界情况)

为保证电流连续所需的电感量 L 可由下式求出：

$$L = \frac{2\sqrt{2}U_2}{\pi\omega I_{\mathrm{dmin}}} = 2.87 \times 10^{-3}\ \frac{U_2}{I_{\mathrm{dmin}}} \tag{3-17}$$

式中，U_2单位为 V；I_{dmin}单位为 A；ω 是工频角速度；L 为主电路总电感量，其单位为 H。

3. 单相全波可控整流电路

单相全波可控整流电路(Single Phase Wave Controlled Rectifier)也是一种实用的单相可控整流电路，又称单相双半波可控整流电路。其带电阻负载时的电路如图 3-8(a)所示。

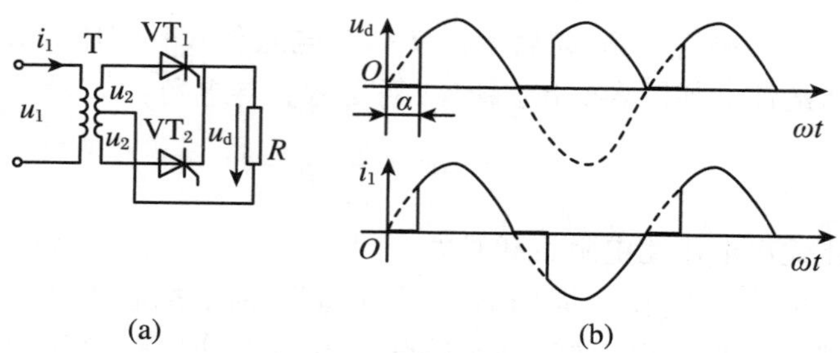

图 3-8　单相全波可控整流电路及波形

单相全波可控整流电路中，变压器 T 带中心抽头，在 u_2正半周，VT_1工作，变压器二次绕组上半部分流过电流。在 u_2负半周，VT_2工作，变压器二次绕组下半部分流过反向电流。图 3-8(b)给出了 u_d和变压器一次侧的电流 i_1的波形。由波形可知，单相全波可控整流电路的 u_d波形与单相桥式全控整流电路的一样，交流输入端电流波形一样，变压器也不存在直流磁化问题。当接其他负载时，也有相同的结论。因此，单相全波可控整流电路与单相桥式全控整流电路从直流输出端或从交流输入端看均是基本一致的。两者的区别如下：

(1) 单相全波可控整流电路中变压器的二次绕组带中心抽头，结构较复杂。绕组及铁芯对铜、铁等材料的消耗比单相桥式全控整流电路多，在有色金属资源有限的情况下，这是不利的。

(2) 单相全波可控整流电路中只用两个晶闸管，比单相桥式全控整流电路少两个，相应地，晶闸管的门极驱动电路也少两个；但是在单相全波可控整流电路中，晶闸管承受的最大电压为 $2\sqrt{2}U_2$，是单相桥式全控整流电路的两倍。

(3) 单相全波可控整流电路中，导电回路只含一个晶闸管，比单相桥式全控整流电路少一个，因而也少了一次管压降。

从上述(2)、(3)考虑，单相全波可控整流电路适宜在低输出电压的场合应用。

4. 单相桥式半控整流电路

在单相桥式全控整流电路中，每一个导电回路中有两个晶闸管，即用两个晶闸管同时导通以控制导电的回路。实际上为了对每个导电回路进行控制，只需一个晶闸管就可以了，另一个晶闸管可以用二极管代替，从而简化整个电路。把图 3-5(a)中的晶闸管 VT_2、VT_4换成二极管 VD_2、VD_4即成为图 3-9(a)的单相桥式半控整流电路(先不考虑 VD_R)。

在 u_2正半周，触发角 α 处给晶闸管 VT_1加触发脉冲，u_2过零变负时，因电感作用使电流连续，VT_1继续导通。但 a 点电位低于 b 点电位，使得电流从 VD_4转移至 VD_2，VD_4关断，电流不再流经变压器二次绕组，而是由 VT_1和 VD_2续流。此阶段，忽略器件的通态压降，则 $u_d=0$。

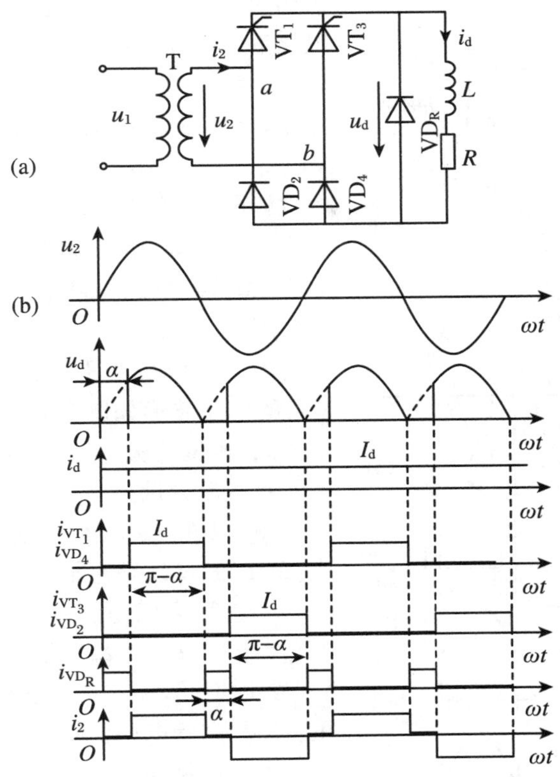

图 3-9　单相桥式半控整流电路及波形(电阻负载,有续流二极管)

在 u_2负半周,触发角 α 时刻触发 VT_3,VT_3导通,则向 VT_1加反压使其关断,u_2经 VT_3和 VD_2向负载供电。u_2过零变正时,VD_4导通,VD_2关断。VT_3和 VD_4续流,u_d又为零。此后重复以上过程。

有续流二极管时电路中各部分的波形如图 3-9(b)所示。有续流二极管 VD_R时,续流过程由 VD_R完成,在续流阶段晶闸管关断,这就避免了某一个晶闸管持续导通从而导致失控的现象。同时,续流期间导电回路中只有一个管压降,少了一次管压降,有利于降低损耗。

3.1.2　三相可控整流电路

当整流负载容量较大,或要求直流电压脉动较小时,应采用三相整流电路,其交流侧由三相电源供电。三相可控整流电路中,最基本的是三相半波可控整流电路,应用最为广泛的是三相桥式全控整流电路、双反星形可控整流电路、十二脉波可控整流电路等,均可在三相半波的基础上进行分析。

1. 三相半波可控整流电路

(1) 电阻负载。三相半波可控整流电路如图 3-10(a)所示。为得到零线,变压器二次侧必须接成星形,而一次侧接成三角形,避免三次谐波电流流入电网。三个晶闸管分别接入 a、b、c 三相电源,并采用共阴极接法,这种接法触发电路有公共端,连线方便。

假设将电路中的晶闸管换成二极管,并用 VD 表示,该电路就成为三相半波不可控整流电路,首先分析其工作情况。此时,三个二极管对应的相电压中哪一个的值大,则该相所对应的二极管导通,并使另两相的二极管承受反压关断,输出整流电压即为该相的相电压,波

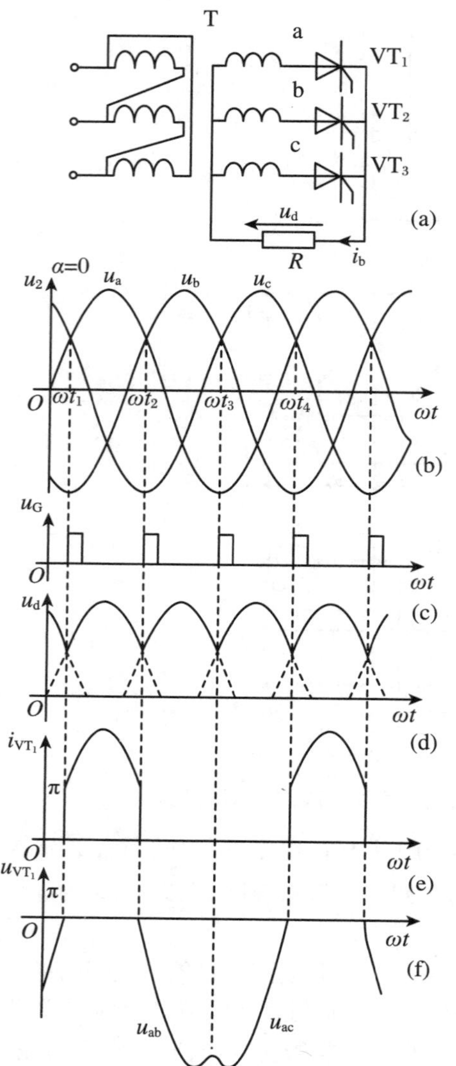

图 3-10　三相半波可控整流电路及 $\alpha=0$ 时的波形(电阻负载)

形如图 3-10(d)所示。在一个周期中，器件工作情况如下：在 $\omega t_1 \sim \omega t_2$ 期间，a 相电压最高，VD_1 导通，$u_d = u_a$；在 $\omega t_2 \sim \omega t_3$ 期间，b 相电压最高，VD_2 导通，$u_d = u_b$；在 $\omega t_3 \sim \omega t_4$ 期间，c 相电压最高，VD_3 导通，$u_d = u_c$。此后，在下一周期相当于 ωt_1 的位置即 ωt_4 时刻，VD_1 又导通，重复前一周期的工作情况。如此，一周期中 VD_1、VD_2、VD_3 轮流导通，每管各导通 120°。u_d 波形为三个相电压在正半周期的包络线。

当 $\alpha = 0$ 时，变压器二次侧 a 相绕组和晶闸管 VT_1 的电流波形如图 3-10(e)所示，另两相电流波形相同，相位依次滞后 120°，可见变压器二次绕组电流有直流分量。

图 3-10(f)是 VT_1 两端的电压波形，由三段组成：第 1 段，VT_1 导通期间，为一管压降，可近似为 $u_{VT_1} = 0$；第 2 段，在 VT_1 关断后，VT_2 导通期间，$u_{VT_1} = u_a - u_b = u_{ab}$，为一段线电压；第 3 段，在 VT_3 导通期间，$u_{VT_1} = u_a - u_c = u_{ac}$，为另一段线电压。即晶闸管电压由一段管压降和两端线电压组成。由图可见，$\alpha = 0$ 时，晶闸管承受的两段线电压均为负值，随着 α 增大，晶闸管承受的电压中正的部分逐渐增多。其他两管上的电压波形形状相同，相位依次差 120°。增大 α 值，将脉冲后移，整流电路的工作情况相应地发生变化。

图 3-11(a)是 $\alpha = 30°$ 时的波形。从输出电压、电流的波形可看出，这时负载电流处于连续和断续的临界状态，各相仍导电 120°。

如果 $\alpha > 30°$，例如 $\alpha = 60°$ 时，整流电压的波形如图 3-11(b)所示，当导通一相的相电压过零变负时，该相晶闸管关断。此时下一相晶闸管虽承受正电压，但它的触发脉冲还未到，不会导通，因此输出电压电流均为零，直到触发脉冲出现为止。这种情况下，负载电流断续，各晶闸管导通角为 90°，小于 120°。

若 α 角继续增大，整流电压将越来越小，$\alpha = 150°$ 时，整流输出电压为零。故电阻负载时 α 角移相范围为 0～150°。

整流电压平均值的计算分以下两种情况：

① $\alpha \leqslant 30°$ 时，负载电流连续，有

$$U_d = \frac{3}{2\pi}\int_{\frac{\pi}{6}+\alpha}^{\frac{5\pi}{6}+\alpha} \sqrt{2}U_2 \sin \omega t \, d(\omega t) = \frac{3\sqrt{6}}{2\pi}U_2 \cos \alpha = 1.17 U_2 \cos \alpha \tag{3-18}$$

当 $\alpha = 0$ 时，U_d 最大，为 $U_d = U_{d0} = 1.17U_2$。

② $\alpha > 30°$ 时，负载电流断续，晶闸管导通角减小，此时有

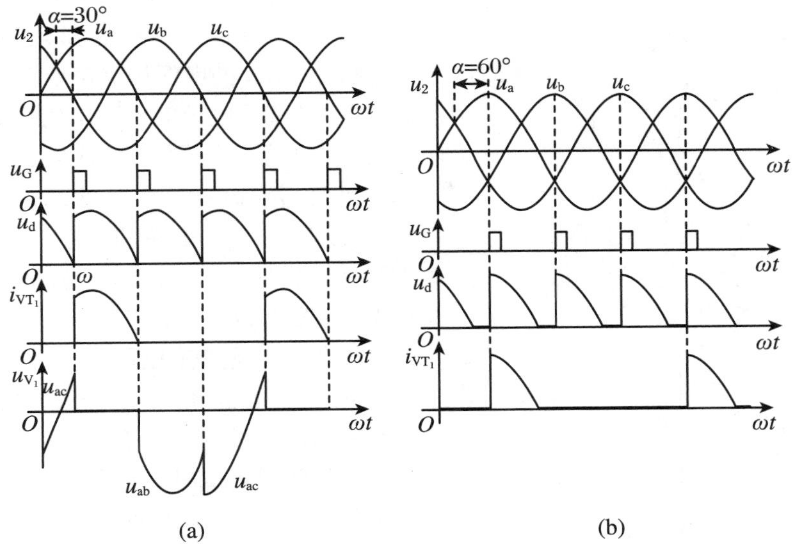

图 3-11　三相半波可控整流电路带电阻负载时的波形

(a) $\alpha=30^\circ$;(b) $\alpha=60^\circ$

$$U_d=\frac{3}{2\pi}\int_{\frac{\pi}{6}+\alpha}^{\pi}\sqrt{2}U_2\sin\omega t\,\mathrm{d}(\omega t)=\frac{3\sqrt{2}}{2\pi}U_2\left[1+\cos\left(\frac{\pi}{6}+\alpha\right)\right]$$

$$=0.675U_2\left[1+\cos\left(\frac{\pi}{6}+\alpha\right)\right] \tag{3-19}$$

U_d/U_2随 α 变化的规律如图 3-12 中的曲线 1 所示。

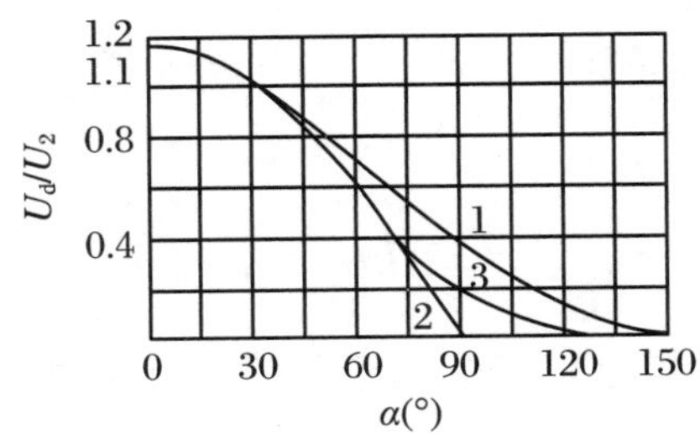

图 3-12　三相半波可控整流电路 U_d/U_2与 α 的关系

1 表示电阻负载;2 表示电感负载;3 表示阻感负载

负载电流平均值为

$$I_d=\frac{U_d}{R} \tag{3-20}$$

由图 3-11(a)不难看出,晶闸管承受的最大反向电压为变压器二次线电压峰值,即

$$U_{RM}=\sqrt{2}\times\sqrt{3}U_2=\sqrt{6}U_2 \tag{3-21}$$

由于晶闸管阴极与零线间的电压即为整流输出电压 u_d,其最小值为零,而晶闸管阳极与零线间的最高电压等于变压器二次相电压的峰值,因此晶闸管阳极与阴极间的最大正向电压等于变压器二次相电压的峰值,即

$$U_{FM}=\sqrt{2}U_2 \tag{3-22}$$

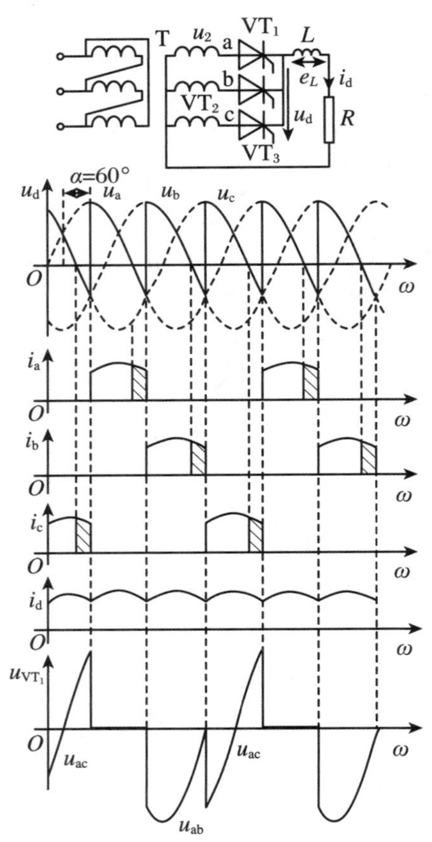

图 3-13　三相半波可控整流电路及 $\alpha = 60°$ 时的波形(阻感负载)

(2) 阻感负载。如果负载为阻感负载，且 L 值很大，则如图 3-13 所示，整流电流 i_d 的波形基本是平直的，流过晶闸管的电流接近矩形波。

$\alpha \leqslant 30°$ 时，整流电压波形与电阻负载时相同，因为两种负载情况下，负载电流均连续。

$\alpha > 30°$ 时，例如 $\alpha = 60°$ 时的波形如图 3-13 所示。当 u_2 过零时，由于电感的存在，阻止电流下降，因而 $\mathrm{VT_1}$ 继续导通，直到下一相晶闸管 $\mathrm{VT_2}$ 的触发脉冲到来，才发生换流，由 $\mathrm{VT_2}$ 导通向负载供电，同时向 $\mathrm{VT_1}$ 施加反压使其关断。这种情况下 u_d 波形中出现负的部分，若 α 增大，u_d 波形中负的部分将增多，至 $\alpha = 90°$ 时，u_d 波形中正负面积相等，u_d 的平均值为零。可见阻感负载时 α 的移相范围为 0～90°。

由于负载电流连续，U_d 可由式(3-18)求出，即

$$U_d = 1.17 U_2 \cos \alpha$$

U_d / U_2 与 α 成余弦关系，如图 3-12 中曲线 2 所示。如果负载中的电感量不是很大，则当 $\alpha > 30°$ 后，与电感量足够大的情况相比较，u_d 中负的部分将会减少，整流电压平均值 U_d 略为增加，U_d / U_2 与 α 的关系将介于图 3-12 中的曲线 1 和曲线 2 之间，曲线 3 给出了这种情况的一个例子。

变压器二次电流即晶闸管电流的有效值为

$$I_2 = I_{\mathrm{VT}} = \frac{1}{\sqrt{3}} I_d = 0.577 I_d \tag{3-23}$$

由此可求出晶闸管的额定电流为

$$I_{\mathrm{VT(AV)}} = \frac{I_{\mathrm{VT}}}{1.57} = 0.368 I_d \tag{3-24}$$

晶闸管两端电压波形如图 3-13 所示，由于负载电流连续，因此晶闸管最大正反向电压峰值均为变压器二次线电压峰值，即

$$U_{\mathrm{FM}} = U_{\mathrm{RM}} = 2.45 U_2 \tag{3-25}$$

图 3-13 中所给 i_d 波形有一定的脉动，与分析单相整流电路阻感负载时图 3-5 所示的 i_d 波形有所不同。这是电路工作的实际情况，因为负载中电感不可能也不必非常大，往往只要能保证负载电流连续即可，这样 i_d 实际上是波动的，不是完全平直的水平线。通常，为简化分析及定量计算，可以将 i_d 近似为一条水平线，这样的近似对分析和计算的准确性并不产生很大影响。

2. 三相桥式全控整流电路

目前在各种整流电路中，应用最为广泛的是三相桥式全控整流电路，其原理图如图 3-14 所示，习惯将其中阴极连接在一起的三个晶闸管（$\mathrm{VT_1}$、$\mathrm{VT_3}$、$\mathrm{VT_5}$）称为共阴极组；阳极连接在一起的三个晶闸管（$\mathrm{VT_4}$、$\mathrm{VT_6}$、$\mathrm{VT_2}$）称为共阳极组。此外，习惯上希望晶闸管按从 1 至 6 的顺序导通，为此将晶闸管按图示的顺序编号。从后面的分析可知，按此编号，晶闸管的导

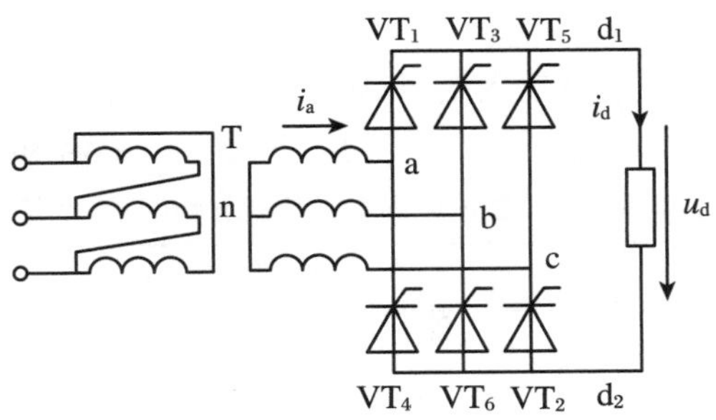

图 3-14　三相桥式全控整流电路原理图

通顺序为 VT_1—VT_2—VT_3—VT_4—VT_5—VT_6。以下首先分析带电阻负载时的工作情况。

(1) 带电阻负载时的工作情况。可以采用与分析三相半波可控整流电路时类似的方法，假设将电路中的晶闸管换成二极管，这种情况也就相当于晶闸管触发角 $\alpha=0$ 时的情况。此时，对于共阴极组的三个晶闸管，阳极所接交流电压值最高的一个导通。而对于共阳极组的三个晶闸管，则是阴极所接交流电压值最低(或者说负得最多)的一个导通。这样，任意时刻共阳极和共阴极组中各有一个晶闸管处于导通状态，施加于负载上的电压为某一线电压。此时电路工作波形如 3-15 所示。

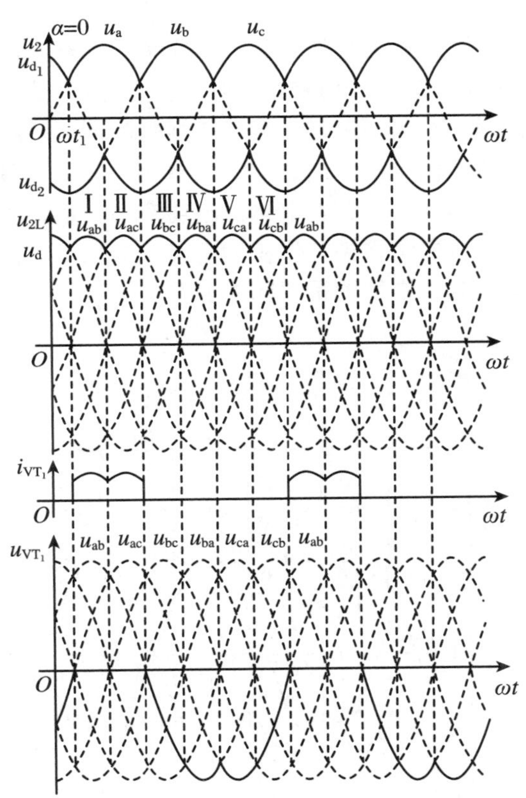

图 3-15　三相桥式全控整流电路 $\alpha=0$ 时的波形(电阻负载)

$\alpha=0$ 时，各晶闸管均在自然换相点处换相。由图中变压器二次绕组相电压与线电压波形的对应关系看出，各自然换相点既是相电压的交点，同时也是线电压的交点。在分析 u_d 的波形时，既可从相电压波形分析，也可以从线电压波形分析。

为了说明各晶闸管的工作情况，将波形中的一个周期等分为六段，每段为 60°，如图 3-15所示，每一段中导通的晶闸管及输出整流电压的情况如表 3-1 所示。由该表可见，六个晶闸管的导通顺序为 VT_1—VT_2—VT_3—VT_4—VT_5—VT_6。

从触发角 $\alpha=0$ 时的情况可以总结出三相桥式全控整流电路的如下一些特点：

① 每个时刻均需两个晶闸管同时导通，形成向负载供电的回路，其中一个晶闸管是共阴极组的，一个是共阳极组的，且不能为同一相的晶闸管。

② 对触发脉冲的要求：六个晶闸管的脉冲按 VT_1—VT_2—VT_3—VT_4—VT_5—VT_6 的顺序，相位依次差 60°；共阴极组 VT_1、VT_3、VT_5 的脉冲依次差 120°，共阳极组 VT_4、VT_6、VT_2 也依次差 120°；同一相的上下两个桥臂，即 VT_1 与 VT_4，VT_3 与 VT_6，VT_5 与 VT_2，脉冲相

差 180°。

③ 整流输出电压 u_d一周期脉动六次，每次脉动的波形都一样，故该电路为六脉波整流电路。

表 3-1　三相桥式全控整流电路电阻负载 $\alpha=0$ 时晶闸管工作情况

时　　段	Ⅰ	Ⅱ	Ⅲ	Ⅳ	Ⅴ	Ⅵ
共阴极组中导通的晶闸管	VT_1	VT_1	VT_3	VT_3	VT_5	VT_5
共阳极组中导通的晶闸管	VT_6	VT_2	VT_2	VT_4	VT_4	VT_6
整流输出电压 u_d	$u_a-u_b=u_{ab}$	$u_a-u_c=u_{ac}$	$u_b-u_c=u_{bc}$	$u_b-u_a=u_{ba}$	$u_c-u_a=u_{ca}$	$u_c-u_b=u_{cb}$

④ 在整流电路合闸启动过程中或电流断续时，为确保电路的正常工作，需保证同时导通的两个晶闸管均有触发脉冲。为此，可采用两种方法：一种是使脉冲宽度大于 60°，称为宽脉冲触发；另一种是在触发晶闸管的同时，给前一个晶闸管补发脉冲，即用两个窄脉冲代替宽脉冲，两个窄脉冲的前沿相差 60°，脉宽一般为 20°～30°，称为双脉冲触发。双脉冲电路较复杂，但要求的触发电路输出功率小。宽脉冲触发电路虽可少输出一个脉冲，但为了不使变压器饱和，需将铁芯体积做得较大，绕组匝数较多，导致漏感增大，脉冲前沿触发电路复杂化。因此，常用的是双脉冲触发。

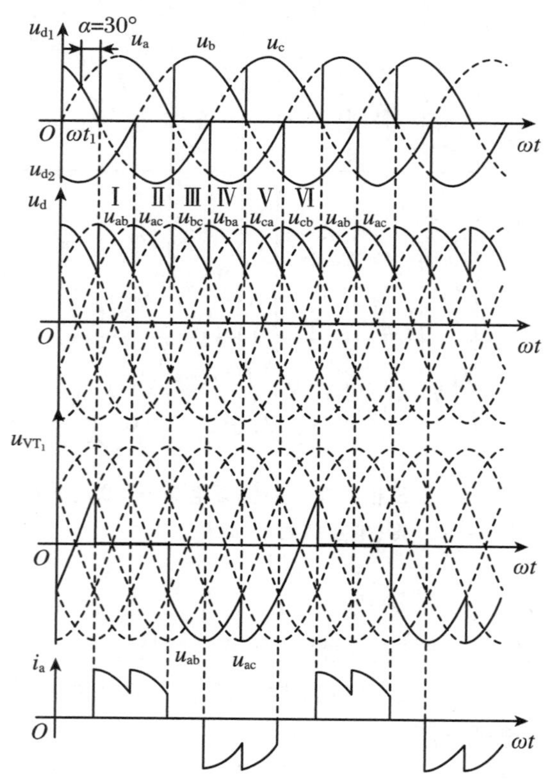

图 3-16　三相桥式全控整流电路 $\alpha=30°$ 时波形（电阻负载）

⑤ $\alpha=0$ 时晶闸管承受的电压波形如图 3-15 所示。图中仅给出 VT_1 的电压波形。将此波形与三相半波时图 3-10 中的 VT_1 电压波形比较可见，两者是相同的，晶闸管承受最大正、反向电压的关系也与三相半波时一样。

图 3-15 中还给出了晶闸管 VT_1 流过电流 i_{VT_1} 的波形，由波形可以看出，晶闸管一周期中有 120°处于通态，240°处于断态，由于负载为电阻，故晶闸管处于通态时的电流波形与相应时段的 u_d波形相同。

当触发角 α 改变时，电路的工作情况将发生变化。图 3-16 给出了 $\alpha=30°$时的波形。从 ωt_1角开始把一个周期等分为六段，每段 60°。与 $\alpha=0$ 时的情况相比，一周期中 u_d波形由六段线电压构成，每一段导通晶闸管的编号等仍符合表 3-1 的规律。区别在于，晶闸管起始导通时刻推迟了 30°，组成 u_d 的每一段线电压因此推迟 30°，u_d平均值降低。晶闸管电压波形也相应发生变化，如图 3-16 所示。图中同时给出了变压器二次侧 a 相电流 i_a的波形，该波形的特点是，在 VT_1处于通态的 120°期间，i_a为正，i_a波形的形状与同时段的 u_d波形相同，在 VT_4处于通态的 120°期间，i_a波形的形状也与同时段的 u_d波形相同，但为负值。

图 3-17 给出了 $\alpha = 60°$时的波形，电路工作情况仍可对照表 3-1 分析。u_d波形中每段线电压的波形继续向后移，u_d平均值继续降低。$\alpha = 60°$时 u_d出现了为零的点。

由以上分析可见，当 $\alpha \leqslant 60°$时，u_d波形均连续，对于电阻负载，i_d波形与 u_d波形的形状一样，也是连续的。

当 $\alpha > 60°$，如 $\alpha = 90°$时电阻负载情况下的工作波形如图 3-18 所示，此时 u_d波形每 60°中有 30°为零，这是因为电阻负载时 i_d波形与 u_d波形一致，一旦 u_d降至零，i_d也降至零，流过晶闸管的电流即降至零，晶闸管关断，输出整流电压 u_d为零，因此 u_d波形不会出现负值。图 3-18中还给出了晶闸管电流和变压器二次电流的波形。

如果继续增大至 120°，整流输出电压 u_d波形将全为零，其平均值也为零，可见带电阻负载时三相桥式全控整流电路 α 角的移相范围是 0～120°。

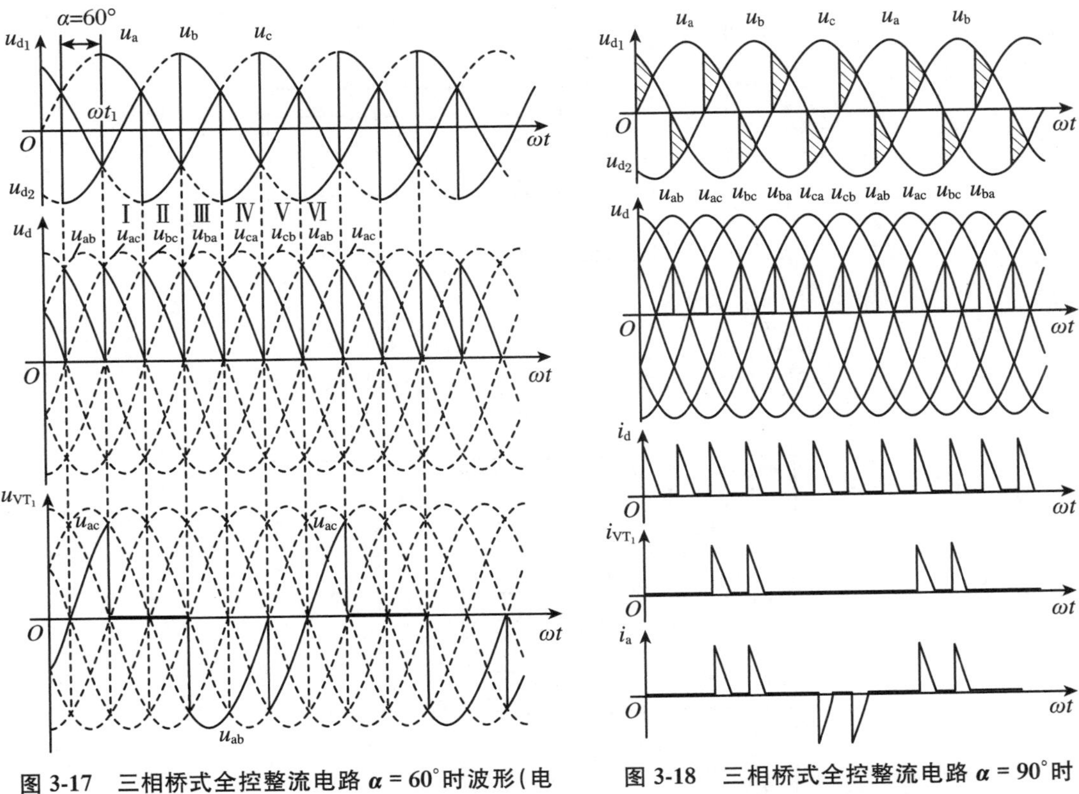

图 3-17　三相桥式全控整流电路 α = 60°时波形(电阻负载)

图 3-18　三相桥式全控整流电路 α = 90°时波形(电阻负载)

(2) 阻感负载时的工作情况。三相桥式全控整流电路大多用于向阻感负载和反电动势阻感负载供电(即用于直流电动机传动)，下面主要分析阻感负载时的情况。

当 $\alpha \leqslant 60°$时，u_d波形连续，电路的工作情况与带电阻负载时十分相似，各晶闸管的通断情况、输出整流电压 u_d波形、晶闸管承受的电压波形等都一样。区别在于负载不同时，同样的整流输出电压加到负载上，得到的负载电流 i_d波形不同，阻感负载电流波形变得平直，当电感足够大的时候，负载电流的波形可近似为一条水平线。图 3-19 和图 3-20 分别给出了三相桥式全控整流电路带阻感负载 $\alpha=0$ 和 $\alpha=30^\circ$时的波形。

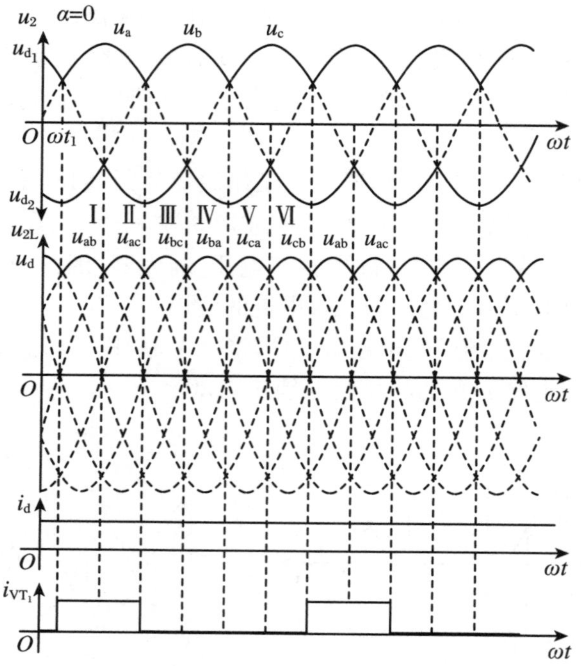

图 3-19 三相桥式全控整流电路 $\alpha=0$(阻感负载)

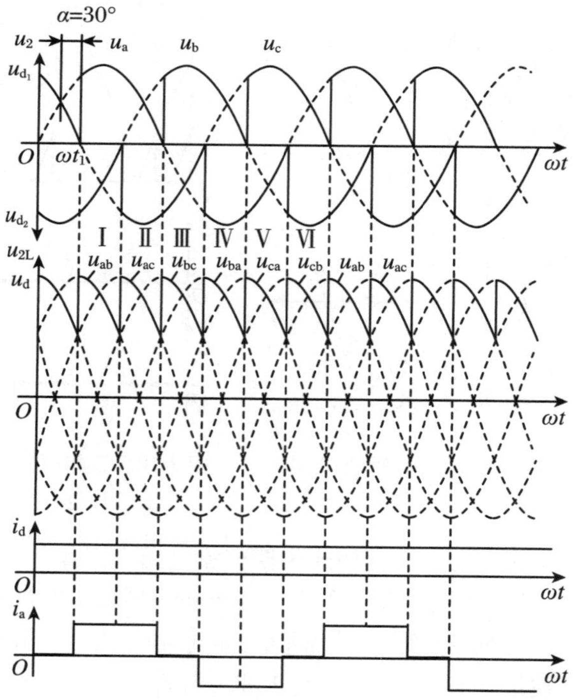

图 3-20 三相桥式全控整流电路 $\alpha=30^\circ$(阻感负载)

图 3-19 中除给出 u_d和 i_d波形外，还给出了晶闸管 VT_1电流 i_{VT_1}的波形，可与图 3-15 带电阻负载时的情况进行比较。由波形图可见，在晶闸管 VT_1导通段，i_{VT_1}波形由负载电流 i_d波形决定，和 u_d波形不同。

图 3-20 中除给出 u_d和 i_d波形外，还给出了变压器二次侧 a 相电流 i_a的波形，可与图 3-16 带电阻负载时的情况进行比较。

当 $\alpha>60^\circ$时，阻感负载时的工作情况与电阻负载时不同，电阻负载时 u_d波形不会出现负的部分，而阻感负载时，由于电感 L 的作用，u_d波形会出现负的部分。图 3-21 给出了 $\alpha=90^\circ$时的波形。若电感 L 值足够大，u_d中正负面积将基本相等，u_d平均值近似为零。这表明，带阻感负载时，三相桥式全控整流电路的 α 角的移相范围是 0～90°。

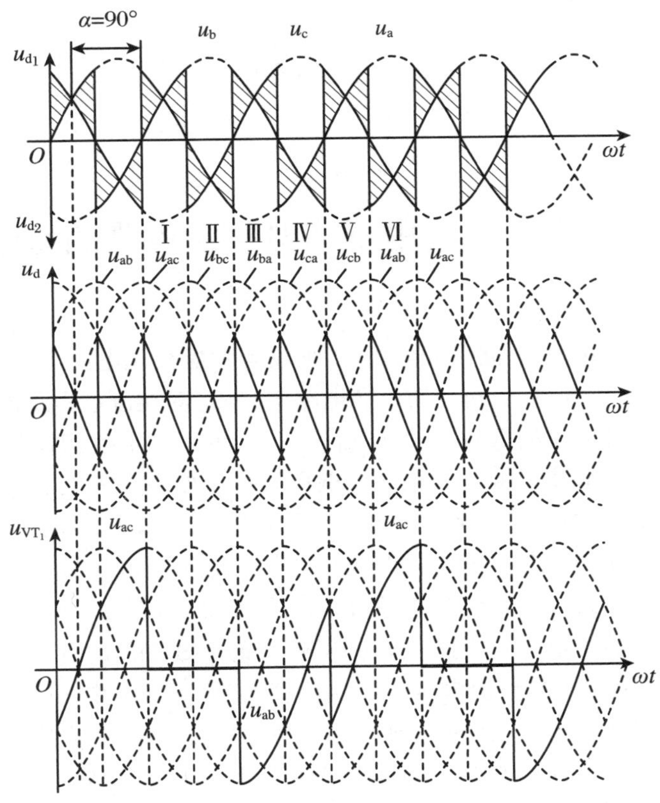

图 3-21　三相桥式全控整流电路 $\alpha=90^\circ$时波形(阻感负载)

(3) 定量分析。在以上的分析中已经说明，整流输出电压 u_d的波形在一周期内脉动六次，且每次脉动的波形相同，因此在计算其平均值时，只需对一个脉波(即 1/6 周期)进行计算即可。此外，以线电压的过零点为时间坐标的零点，于是可得当整流输出电压连续时(即带阻感负载，或带电阻负载 $\alpha\leqslant60^\circ$时)的平均值为

$$U_d=\frac{1}{\frac{\pi}{3}}\int_{\frac{\pi}{3}+\alpha}^{\frac{2\pi}{3}+\alpha}\sqrt{6}U_2\sin\omega t\,d(\omega t)=2.34U_2\cos\alpha \tag{3-26}$$

带电阻负载且 $\alpha>60^\circ$时，整流电压平均值为

$$U_d=\frac{3}{\pi}\int_{\frac{\pi}{3}+\alpha}^{\pi}\sqrt{6}U_2\sin\omega t\,d(\omega t)=2.34U_2\left[1+\cos\left(\frac{\pi}{3}+\alpha\right)\right] \tag{3-27}$$

输出电流平均值为 $I_d = U_d/R$。

当整流变压器为图 3-14 中所示采用星形连接，带阻感负载时，变压器二次侧电流波形如图 3-20 中所示，为正负半周各宽 120°、前沿相差 180°的矩形波，其有效值为

$$I_2 = \sqrt{\frac{1}{2\pi}\left[I_d^2 \times \frac{2}{3}\pi + (-I_d)^2 \times \frac{2}{3}\pi\right]} = \sqrt{\frac{2}{3}} I_d = 0.816 I_d \tag{3-28}$$

晶闸管电压、电流等的定量分析与三相半波时一致。

三相桥式全控整流电路接反电动势阻感负载时，在负载电感足够大以使负载电流连续的情况下，电路工作情况与电感负载时相似，电路中各处电压、电流波形均相同，仅在计算 I_d 时有所不同，接反电动势阻感负载时的 I_d为

$$I_d = \frac{U_d - E}{R} \tag{3-29}$$

式中，R 和 E 分别为负载中的电阻值和反电动势的值。

3.2　交流电路中电感对整流电路的影响

前面在对整流输出电压 u_d波形的分析中，都没有考虑交流电源电路电感 L_s的影响，本节以 m 相半波整流电路为例，分析交流电源电路电感 L_s 对换流过程及输出电压平均值 U_d 的影响。考虑交流电源电路的等效电感 L_s后的三相（$m=3$）半波相控整流电路，如图 3-22(a)所示。图 3-22(b)中画出了 a、b 两相交流电压波形。如果交流电源一个周期 2π 中整流电压 u_d有 m 个脉波（单相桥式整流和两相半波整流时 $m=2$，三相半波整流时 $m=3$，三相桥式整流时 $m=6$），则每个脉波宽度为 $2\pi/m$。图中 E 点为 a、b 两相电压的自然换相点。在自然换相点 E 之前 $u_a > u_b$，a 相 VT_a导通。在 E 点之后，即 $\omega t > 0$，则 $u_b > u_a$。如果是感性负载，电流连续，触发角为 α，则在 $\omega t = \alpha$，VT_b被触发之前 a 相 VT_a一直导通，VT_b截止。这时，$i_a = I_d$（负载电流），整流电压 $u_d = u_a$，直到图 3-22(b)中 $\omega t = \alpha$ 的 F 点 VT_b被触发导通时为止。如果 $L_s = 0$，一旦 VT_b导通，$u_d = u_b > u_a$，VT_a立即受反压截止，负载电流 I_d立即从 a 相的 VT_a转到 b 相的 VT_b，换相（或换流）过程瞬时完成。这时整流电压 u_d应是图中的 *PEFQHME′*曲线。如果 $L_s \neq 0$，由于电感的储能不能突变为零，原来导通的 a 相电流 i_a不能从 I_d突降为零而必须经历一个瞬态过程，历时 t_γ（对应的相位角 $\gamma = \omega t_\gamma$称为换相重叠角）使 I_d降为零。在此过程中，a 相 VT_a、b 相 VT_b同时导通，$i_a + i_b = I_d$。i_a从 I_d降为零，$i_b = I_d - i_a$从零上升到 I_d，如图 3-22(c)所示。t_γ 时，由于 VT_a、VT_b同时导通故称为换相重叠期。在换相重叠期 t_γ中假定负载电流 I_d恒定不变，i_a、i_b以及整流电压 u_d可求得如下：

$$i_a + i_b = I_d$$

$$L_s \frac{di_a}{dt} = -L_s \frac{di_b}{dt} \tag{3-30}$$

又

$$u_d = u_b - L_s \frac{di_b}{dt} = u_a - L_s \frac{di_a}{dt} \tag{3-31}$$

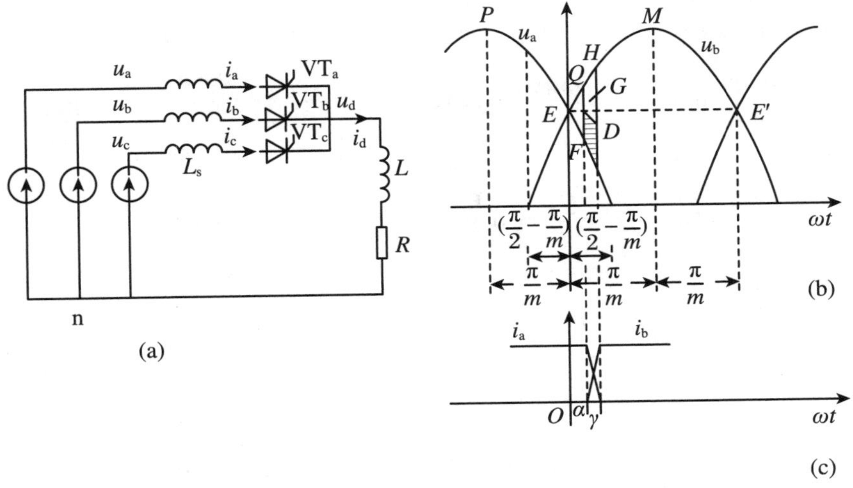

图 3-22　$L_s \neq 0$ 时整流电路及其换相时电压电流波形

(a) 电路；(b) 电压波形；(c) 电流换相波形

$$u_b - u_a = L_s \frac{di_b}{dt} - L_s \frac{di_a}{dt} = 2L_s \frac{di_b}{dt}$$

$$L_s \frac{di_b}{dt} = \frac{1}{2}(u_b - u_a) \tag{3-32}$$

由式(3-31)、式(3-32)有

$$u_d = u_b - \frac{1}{2}(u_b - u_a) = \frac{1}{2}(u_a + u_b) \tag{3-33}$$

换相前整流电压 $u_d = u_a$，换相结束后 $u_d = u_b$，由式(3-33)可知，在换相期间，整流电压 u_d是 u_a和 u_b的平均值，即图 3-22(b)中的 GD 线段。由于 $L_s \neq 0$，换相期间整流电压 $u_d < u_b$，因此 $L_s \neq 0$，使输出电压平均值减小了一些。

如果在交流电源一个周期中，整流电压 u_d有 m 个脉波，相邻脉波电压的相位差 $2\pi/m$，电流连续，每个脉波对应的导电角 $\theta = 2\pi/m$。换相前 a 相的 VT_a 导电，换相后 b 相的 VT_b 导电。图 3-22(b)中令 U 表示交流电源电压的有效值(在单相和三相半波整流 $m=2$、$m=3$ 时，U 为相电压有效值 U_s；在三相全桥整流 $m=6$ 时，U 应为线电压有效值 U_l)，在图 3-22(b)所取时间坐标情况下，有

$$u_b = \sqrt{2}U\cos\left(\omega t - \frac{\pi}{m}\right) \tag{3-34}$$

$$u_a = \sqrt{2}U\cos\left(\omega t + \frac{\pi}{m}\right) \tag{3-35}$$

因此

$$u_b - u_a = 2\sqrt{2}U\sin\frac{\pi}{m} \cdot \sin\omega t \tag{3-36}$$

$$u_d = \frac{1}{2}(u_a + u_b) = \sqrt{2}U\cos\frac{\pi}{m} \cdot \cos\omega t \tag{3-37}$$

在换相期间，整流电压 u_d是式(3-33)所示的 u_a和 u_b平均值，即图 3-22(b)中的曲线 GD 段。因此考虑换流重叠情况后，在一个脉波期 $2\pi/m$ 中整流电压应是图 3-22(b)中的

$EFGDHME'$。整流电压平均值 u_d 可计算如下：

(1) 若为不可控整流或 $\alpha=0$，且 $L_s=0$，则整流电压为曲线 $EQHME'$ 的面积平均值：

$$U_{d0}=\frac{m}{2\pi}\int_0^{\frac{2\pi}{m}}u_b\mathrm{d}(\omega t)=\frac{m}{2\pi}\int_0^{\frac{2\pi}{m}}\sqrt{2}U\cos\left(\omega t-\frac{\pi}{m}\right)\mathrm{d}(\omega t)=\frac{\sqrt{2}U}{\pi}m\sin\frac{\pi}{m}\tag{3-38}$$

$m=2$：

$$U_{d0}=\frac{2\sqrt{2}U_s}{\pi}=0.9U_s\quad(U_s\text{ 为相电压有效值})\tag{3-39}$$

$m=3$：

$$U_{d0}=\frac{3\sqrt{6}U_s}{2\pi}=1.17U_s\quad(U_s\text{ 为相电压有效值})\tag{3-40}$$

$m=6$：

$$U_{d0}=\frac{3\sqrt{2}U_l}{\pi}=1.35U_l\quad(U_l\text{ 为线电压有效值})\tag{3-41}$$

(2) 如果换相起始点不在自然换相点 E 而推迟了一个触发角 α，但 $L_s=0$，则整流电压为曲线 $EFQHME'$，损失的整流电压 ΔU_a 为图 3-22(b)中的面积 EFQ。

利用式(3-36)可得

$$\begin{aligned}\Delta U_a&=\frac{1}{2\pi/m}\int_0^{\alpha}(u_b-u_a)\mathrm{d}(\omega t)=\frac{m}{2\pi}\int_0^{\alpha}2\sqrt{2}U\sin\frac{\pi}{m}\sin\omega t\mathrm{d}(\omega t)\\&=\frac{m}{\pi}\sqrt{2}U\sin\frac{\pi}{m}(1-\cos\alpha)=U_{d0}(1-\cos\alpha)\end{aligned}\tag{3-42}$$

因此 $L_s=0$、$\alpha\neq0$ 时，整流电压 $U_{da}=U_{d0}-\Delta U_a$。由式(3-38)、式(3-42)得到

$$U_{da}=U_{d0}-\Delta U_a=\frac{\sqrt{2}U}{\pi}m\sin\frac{\pi}{m}\cos\alpha=U_{d0}\cos\alpha\tag{3-43}$$

(3) 当 $L_s\neq0$ 时，由换相重叠引起的整流电压损失 ΔU_s 又称为换相压降，ΔU_s 为图 3-22(b)中的面积 $QGDH$，利用式(3-36)可得

$$\begin{aligned}\Delta U_s&=\frac{1}{2\pi/m}\int_{\alpha}^{\alpha+\gamma}\frac{1}{2}(u_b-u_a)\mathrm{d}(\omega t)=\frac{m}{2\pi}\times\sqrt{2}U\int_{\alpha}^{\alpha+\gamma}\sin\frac{\pi}{m}\sin\omega t\mathrm{d}(\omega t)\\&=\frac{\sqrt{2}U}{\pi}m\sin\frac{\pi}{m}\cdot\frac{\cos\alpha-\cos(\alpha+\gamma)}{2}\end{aligned}\tag{3-44}$$

所以 $\alpha\neq0$(相控整流)，且 $L_s\neq0$(换相重叠角 $\gamma\neq0$)时的整流电压 $U_d=U_{d0}-\Delta U_a-\Delta U_s$，由式(3-43)、式(3-44)相减得到

$$\begin{aligned}U_d&=\frac{\sqrt{2}U}{\pi}m\sin\frac{\pi}{m}\left[\cos\alpha-\frac{\cos\alpha-\cos(\alpha+\gamma)}{2}\right]\\&=\frac{\sqrt{2}U}{\pi}m\sin\frac{\pi}{m}\left[\frac{\cos\alpha+\cos(\alpha+\gamma)}{2}\right]\\&=\frac{\sqrt{2}U}{\pi}m\sin\frac{\pi}{m}\cos\frac{\gamma}{2}\cos\left(\alpha+\frac{\gamma}{2}\right)\end{aligned}\tag{3-45}$$

又由式(3-32)可得

$$\mathrm{d}i_b=\frac{1}{2L_s}(u_b-u_a)\mathrm{d}t=\frac{1}{2\omega L_s}(u_b-u_a)\mathrm{d}(\omega t)$$

$\omega t=\alpha$ 时，$i_b=0$；$\omega t=\alpha+\gamma$ 时，$i_b=I_d$。故由上式得到

$$I_d=\int_0^{I_d}\mathrm{d}i_b=\int_\alpha^{\alpha+\gamma}\frac{1}{2\omega L_s}(u_b-u_a)\mathrm{d}(\omega t)=\frac{1}{\omega L_s}\int_\alpha^{\alpha+\gamma}\frac{1}{2}(u_b-u_a)\mathrm{d}(\omega t)$$

$$=\frac{1}{\omega L_s}2\sqrt{2}U\sin\frac{\pi}{m}\cdot\frac{\cos\alpha-\cos(\alpha+\gamma)}{2} \tag{3-46}$$

利用式(3-44),上式变为

$$I_d=\frac{2\pi}{\omega L_s m}\Delta U_s \tag{3-47}$$

$$\Delta U_s=m\frac{\omega L_s}{2\pi}I_d \tag{3-48}$$

换相重叠所引起的电压降 ΔU_s 与 I_d 的比值称为换相电阻 R_s,故有

$$R_s=\frac{\Delta U_s}{I_d}=\frac{m\omega L_s}{2\pi} \tag{3-49}$$

$$\Delta U_s=\frac{m\omega L_s}{2\pi}I_d=R_sI_d \tag{3-50}$$

由式(3-44)、式(3-48)得到由于换相重叠所引起的整流电压损失:

$$\Delta U_s=\frac{\sqrt{2}U}{\pi}m\sin\frac{\pi}{m}\frac{\cos\alpha-\cos(\alpha+\gamma)}{2}=\frac{m\omega L_s}{2\pi}I_d \tag{3-51}$$

$$\cos\alpha-\cos(\alpha+\gamma)=2\sin\left(\alpha+\frac{\gamma}{2}\right)\sin\frac{\gamma}{2}=\frac{\omega L_s}{\sqrt{2}U\sin\frac{\pi}{m}}I_d \tag{3-52}$$

已知负载电流 I_d,可由式(3-47)求出换相压降 ΔU_s,由式(3-46)求出不同触发角 α 时的换相重叠角。换相压降 ΔU_s只与 R_s、I_d有关而与 α 角无关,但换相重叠角 $\gamma=\frac{\pi}{2}$与 α 有关。

整流电压平均值 U_d可由式(3-45)、式(3-48)改写为

$$U_d=\frac{\sqrt{2}U}{\pi}m\sin\frac{\pi}{m}\left[\frac{\cos\alpha+\cos(\alpha+\gamma)}{2}\right]$$

$$=\frac{\sqrt{2}U}{\pi}m\sin\frac{\pi}{m}\cos\frac{\gamma}{2}\cos\left(\alpha+\frac{\gamma}{2}\right)$$

$$=\frac{\sqrt{2}U}{\pi}m\sin\frac{\pi}{m}\cos\alpha-\frac{m\omega L_s}{2\pi}I_d \tag{3-53}$$

已知 U、m、ωL_s、负载电流 I_d以及触发角 α,可由式(3-53)求出整流电压平均值 U_d。三相桥式相控整流($m=6$)应用最为广泛。当 $m=6$ 时,有

$$U_d=\frac{3\sqrt{2}U_1}{\pi}\cos\frac{\gamma}{2}\cos\left(\alpha+\frac{\gamma}{2}\right) \tag{3-54}$$

$$U_d=\frac{3\sqrt{2}U_1}{\pi}\cos\alpha-\frac{3\omega L_s}{\pi}I_d \tag{3-55}$$

$$\cos\alpha-\cos(\alpha+\gamma)=2\sin\left(\alpha+\frac{\gamma}{2}\right)\sin\frac{\gamma}{2}=\frac{2\omega L_s}{\sqrt{2}U_1}I_d \tag{3-56}$$

式中,U_1为交流电源线电压有效值。

3.3 相控有源逆变电路

3.3.1 有源逆变原理

把直流电能变为交流电能输出给交流电网被称为有源(有交流电源)逆变。图 3-23(a)是一个三相半波相控整流电路,若触发角(从自然换相点 E_1、E_2、E_3算起的触发滞后角)为 α,则整流电压平均值

$$U_d = \frac{3\sqrt{6}}{2\pi}U_s\cos\alpha = U_{d0}\cos\alpha$$

图 3-23(b)和(c)示出了 $\alpha = 60^\circ$、$\alpha = 120^\circ$两种触发角时整流电压瞬时值波形。

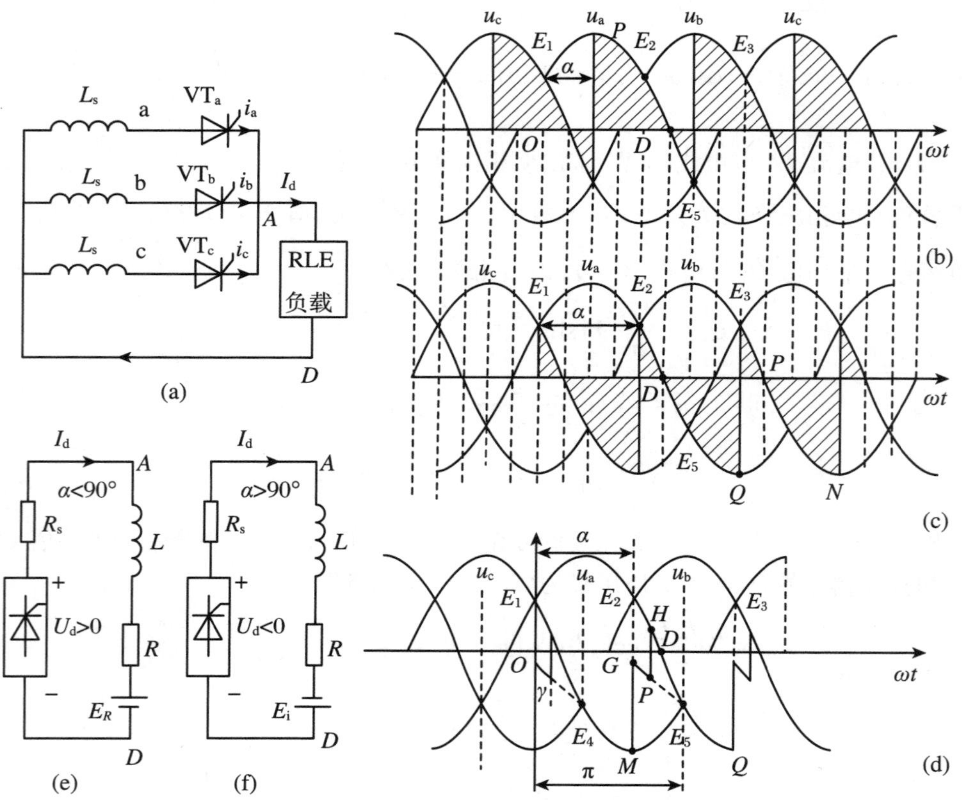

图 3-23 三相半波整流-有源逆变电路原理图

(a) 电路;(b) $\alpha = 60^\circ$,$U_d > 0$;(c) $\alpha = 120^\circ$,$U_d < 0$;(d) 换相重叠时整流电压波形;(e) 相控整流;(f) 有源逆变

三相半波相控整流时的自然换相点为图 3-23 中的 E_1、E_2、E_3,在 $E_3 \to E_1$期间 u_c瞬时正值最高,故图 3-23(a)中 VT_c 可以被触发导通;在 $E_1 \to E_2$期间,u_a瞬时正值最高,故 VT_a

被触发导通。图3-23(b)、(c)分别示出换相重叠角 $\gamma=0$ 时的整流电压波形。在一个脉波时期中($2\pi/m=120^\circ$)，图3-23(b)中，$\alpha<90^\circ$，整流电压 $u_d(t)$ 为 PE_2DE_5 曲线电压。图3-23(c)中，$\alpha=120^\circ$，$\alpha>90^\circ$ 时，整流电压 $u_d(t)$ 为 PDE_5Q 曲线电压。显而易见，图3-23(b)中($\alpha<90^\circ$)，整流电压 $u_d(t)$ 的正面积大于负面积，如果负载电流为恒定直流 I_d，则功率平均值 $P_d=U_dI_d=I_dU_{d0}\cos\alpha$ 为正值，变换器将交流电能变为直流电能，向直流负载供电，实现整流变换。而图3-23(c)中($\alpha>90^\circ$)，整流电压 $u_d(t)$ 的负面积大于正面积，故直流平均电压 U_d 和功率平均值均为负值，变换器将直流电能变为交流电能送至交流电源，实现有源逆变。因此：

(1) 在 $0\leqslant\alpha\leqslant\pi/2$ 范围内改变触发角 α，即可控制正值电压 U_d 和正值功率 P_d 的大小。

(2) 在 $\pi/2\leqslant\alpha\leqslant\pi$ 范围内改变触发角 α，即可控制负值电压 U_d 和负值功率 P_d 的大小。

在 $\alpha>\pi/2$，图3-23(c)中，大部分时区 $u_d(t)$ 为负值，即图3-23(a)中 D 点为正，A 点为负，为了维持电流 I_d，直流侧必须有图3-23(f)中所示的直流电源 E_i 才能向交流电源输送功率实现有源逆变。因此，实现有源逆变的条件是：① 图3-23(f)中的"负载"应是一个直流电源，且其电压 E_i 极性必须具有图3-23(f)中的方向；② 桥式变化器电路中开关器件的触发角 $\alpha>\pi/2$。

3.3.2 有源逆变安全工作条件

相控整流电路中以自然换相点的触发角 $\alpha>\pi/2$ 时，可以实现有源逆变。α 越接近 π (180°)时整流电压负值越大，有源逆变功率越大。但在 $\alpha>\pi/2$ 有源逆变状态下工作时，由于实际电路中交流电源电路中电感 $L_s\neq0$，存在换相重叠过程。如果换相重叠期为 γ，在 γ 时期内 VT_a、VT_c 同时导电，$i_a+i_c=I_d$，i_c 从 I_d 降为零，而 i_a 从0上升到 I_d。整流电压 u_d 曲线为图3-23(d)中 $E_4MGPHDE_5$，在换相重叠角 γ 期间电压 $u_d(GP\text{段})=(u_c+u_a)/2$。如果整流电压为 m 脉波电压，对三相半波电路 $m=3$，则

$$\cos\alpha-\cos(\alpha+\gamma)=2\sin\left(\alpha+\frac{\gamma}{2}\right)\sin\frac{\gamma}{2}=\frac{\omega L_s}{\sqrt{2}U_s\cdot\sin\dfrac{\pi}{m}}I_d=\frac{2\omega L_s}{\sqrt{6}U_s}I_d \tag{3-57}$$

$$\cos\alpha=\frac{2\omega L_s}{\sqrt{6}U_s}I_d+\cos(\alpha+\gamma) \tag{3-58}$$

对于三相桥式电路 $m=6$，则

$$\cos\alpha-\cos(\alpha+\gamma)=\frac{2\omega L_s}{\sqrt{2}U_1}I_d \tag{3-59}$$

$$\cos\alpha=\frac{2\omega L_s}{\sqrt{2}U_1}I_d+\cos(\alpha+\gamma) \tag{3-60}$$

式中，U_1 为线电压有效值，$2\omega L_s$ 为换相电路总电抗。

由图3-23(a)、(d)可知在换相期间 VT_a、VT_c 同时导通，电压差 $u_{ac}>0$，迫使 i_c 下降、i_a 上升。只要 $u_{ac}>0$，则 i_c 下降、i_a 上升一直进行下去直到 $i_c=0$，$i_a=I_d$，换相过程在 $\omega t=\alpha+\gamma$ 时结束。换相重叠期间的 $u_d(t)=\frac{1}{2}[u_c(t)+u_a(t)]$，如图3-23(d)中曲线 GP，G 点为 ME_2 线的中点。如果 $\alpha+\gamma$ 不大，换相过程在 P 点结束，则整流电压 $u_d(t)$ 将是图中 $MGPHDE_5Q$。如果 $\alpha+\gamma=180^\circ$，则换相结束时正好是图3-23(d)中的 E_5 点，$u_{ac}=0$，$u_a=u_c$，这种情况称为处于临界换相情况。如果 α 很大，接近 180°，电感 L_s 又大，负载电流 I_d 也

大，在 $\alpha+\gamma=180^{\circ}$ 时，i_c 尚未降到零，i_a 尚未上升到 I_d，则一旦 $\alpha+\gamma>180^{\circ}$，由于 $u_{ac}<0$，$u_c>u_a$，则在电压差 u_{ac} 作用下 VT_c 承受正向电压继续导电，i_c 又开始上升，i_a 反而下降，这时负载电流不可能从 VT_c 换到 VT_a，逆变器失控，换相失败。因此，相控有源逆变的临界换相条件是：$\alpha+\gamma=180^{\circ}$，即 $\gamma=180^{\circ}-\alpha=\pi-\alpha$。

α 是整流器触发角，如果定义 $\beta=\pi-\alpha$ 为逆变角，则临界有源逆变时触发角 α_c、逆变角 β_c 和换相重叠角的关系式为 $\beta_c=\pi-\alpha_c=\gamma_c$。

临界有源逆变时，$\alpha_c+\gamma_c=\pi$，$\alpha_c=\pi-\gamma_c$，由式(3-52)可得到

$$\cos(\pi-\gamma_c)-\cos\pi=\frac{\omega L_s}{\sqrt{2}U\sin\frac{\pi}{m}}I_d \tag{3-61}$$

故有

$$\cos\gamma_c=1-\frac{\omega L_s}{\sqrt{2}U\sin\frac{\pi}{m}}I_d \tag{3-62}$$

对于一定的 I_d、L_s 及 U，有一个确定的临界换相重叠角 γ_c。为了确保相控有源逆变的安全可靠运行，α 不能太大，逆变角 $\beta=\pi-\alpha$ 不能太小。α 越小，$\beta=\pi-\alpha$ 越大，换相结束后图 3-23 中的 u_{ac} 还较大，u_{ac} 还要经历一段较长时间后才降到零，在这段时期中 $u_{ac}>0$，可以确保晶闸管 VT_c 受反压作用可靠地关断。

为了确保晶闸管的安全关断，需要在其电流下降为零后仍在其两端再施加一段时间的反向电压，以恢复其阻断正向电压的能力，这段时间称为晶闸管关断时间 t_{off}。对于普通高压大功率晶闸管，t_{off} 一般不超过 300 μs。这段时间相对应的（频率 $f=50$ Hz 时）角度 θ_0（$\theta_0=\omega t_{off}$）为 4°～5°。θ_0（4°～5°）称为关断角。实际换相重叠角 γ 的大小与负载电流 I_d、电感 L_s、电路交流电压角频率 ω 及电压有效值 U 等有关。在额定负载时通常 γ 为 10°～20°。因此，如果触发角为 α，则在换相结束时 ωt 已达到 $\alpha+\gamma$，在经过 θ_0 角度到 $\omega t=\alpha+\gamma+\theta_0$ 时，晶闸管才能恢复阻断电压的能力。如果再留一个剩余安全角 φ_r，则

$$\begin{aligned}\pi&=\alpha+\gamma+\theta_0+\varphi_r\\ \alpha+\gamma&=\pi-(\theta_0+\varphi_r)\\ \cos(\alpha+\gamma)&=\cos[\pi-(\theta_0+\varphi_r)]=-\cos(\theta_0+\varphi_r)\end{aligned} \tag{3-63}$$

对三相桥式电路 $m=6$，由式(3-60)得到

$$\cos\alpha=\frac{2\omega L_s}{\sqrt{2}U_1}I_d-\cos(\theta_0+\varphi_r) \tag{3-64}$$

对于设定的剩余安全角 φ_r（例如 5°～10°）及关断角 θ_0（θ_0 由晶闸管关断时间 t_{off} 决定），根据负载电流 I_d 及 L_s、ω、U_1 值可由式(3-64)得到最大允许的触发角 α_{max} 为

$$\alpha_{max}=\arccos\left[\frac{2\omega L_s}{\sqrt{2}U_1}I_d-\cos(\theta_0+\varphi_r)\right] \tag{3-65}$$

最小允许的逆变角为

$$\beta_{min}=\pi-\alpha_{max}=\pi-\arccos\left[\frac{2\omega L_s}{\sqrt{2}U_1}I_d-\cos(\theta_0+\varphi_r)\right] \tag{3-66}$$

如果实际运行中，$\alpha>\alpha_{max}$（或 $\beta<\beta_{min}$），则剩余安全角 $\varphi<\varphi_r$，有源逆变运行的安全性就比较差。α 超过 α_{max} 很多时，很可能使剩余安全角 $\varphi_r\to 0$，甚至为负值，那时相控有源逆变就会换相失败，导致变换器故障、损坏。

3.3.3　三相全桥相控整流和有源逆变的控制特性

图 3-24(a)示出两个三相全桥相控整流-有源逆变电力反并联对直流电动机 M 供电。若电动机的等效电阻、电感、电动势分别为 R、L、E，图中三相全桥相控电路Ⅰ相控运行，则其工作在相控整流和有源逆变时的等值电路如图 3-24 (b)、(c)所示。

若交流电源线电压有效值为 U_1，三相全桥六脉波相控整流时的直流输出电压为 U_d，负载电流连续，电流平均值为 I_d，直流负载电阻为 R，电感为 L，电动势为 E_R，如图 3-24(b)、(c)所示，则整流输出的直流电压平均值可由式(3-67)得到，即

$$U_d = \frac{3\sqrt{2}}{\pi}U_1\cos\alpha - \frac{3\omega L_s}{\pi}I_d = RI_d + E_R \tag{3-67}$$

$$I_d = \left(\frac{3\sqrt{2}}{\pi}U_1\cos\alpha - E_R\right)\Big/\left(R + \frac{3\omega L_s}{\pi}\right) \tag{3-68}$$

式中，由于换相重叠而引起的直流电压损失：

$$\Delta U_s = \frac{3\omega L_s}{\pi}I_d = R_s I_d$$

换相重叠角由下式确定：

$$\cos\alpha - \cos(\alpha+\gamma) = \frac{2\omega L_s}{\sqrt{2}U_1}I_d \tag{3-69}$$

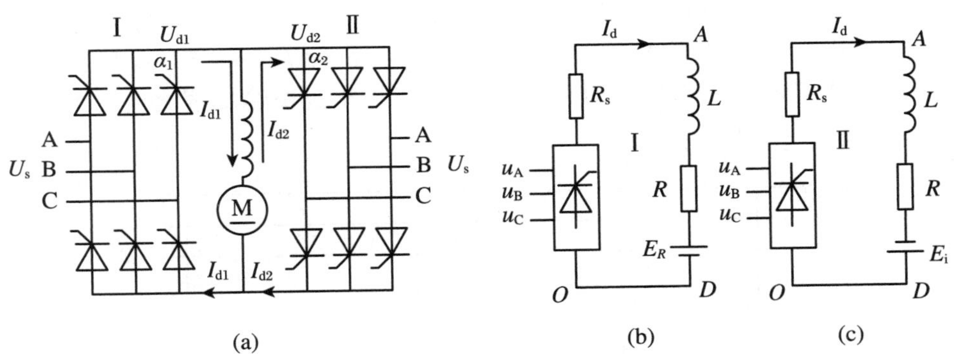

图 3-24　直流电动机的可逆传动系统

(a) 电路结构；(b) 相控整流；(c) 有源逆变

工作在有源逆变情况时，$\alpha > \frac{\pi}{2}$，$\alpha + \beta = \pi$，$\alpha = \pi - \beta$，逆变角 $\beta = \pi - \alpha$，则

$$U_d = \frac{3\sqrt{2}}{\pi}U_1\cos(\pi-\beta) - \frac{3\omega L_s}{\pi}I_d = -\frac{3\sqrt{2}}{\pi}U_1\cos\beta - \frac{3\omega L_s}{\pi}I_d \tag{3-70}$$

若直流侧电源为 E_i，如图 3-24(c)所示，则

$$U_d = -\frac{3\sqrt{2}}{\pi}U_1\cos\beta - \frac{3\omega L_s}{\pi}I_d = RI_d - E_i$$

因此

$$I_d = \frac{E_i - \frac{3\sqrt{2}}{\pi}U_1\cos\beta}{R + \frac{3\omega L_s}{\pi}} \tag{3-71}$$

式(3-67)~式(3-71)是三相全桥相控 AC-DC 变换器工作在相控整流和有源逆变两种工作情况时的电流控制方程。通过改变晶闸管的触发角 α 或逆变角 β,可以调节整流或逆变电压 U_d,控制直流电流平均值 I_d,控制交流电源-直流负载之间交换的功率 P 的大小和流向。

3.3.4 晶闸管相控有源逆变的应用

1. 直流电动机四象限传动系统

直流电动机的转矩 T_e 正比于电枢电流 I_d,转速 N 正比于电枢电压 U_d,改变 U_d、I_d 的大小和方向即可使电动机在 $+N$、$+T_e$,$+N$、$-T_e$,$-N$、$+T_e$,$-N$、$-T_e$ 四种工作情况下运行,即四象限运行。图 3-24(a)中控制三相全控桥型晶闸管相控整流电路Ⅰ,改变触发角 α_1 可以输出单方向电流 I_{d1},但 U_{d1} 为可正、可负的直流电压。再用另一个同样的三相全控桥型晶闸管相控整流电路Ⅱ,改变其触发角 α_2 又可输出一个单方向的电流 I_{d2},输出电压 U_{d2} 为可正、可负的直流电压。将两个三相桥电路反并联,如图 3-24(a)所示,即可对直流电动机提供($+I_{d1}$、$+U_{d1}$;$+I_{d1}$、$-U_{d1}$;$-I_{d2}$、$+U_{d2}$;$-I_{d2}$、$-U_{d2}$)四象限电源,实现直流电动机的四象限($+T_e$、$+N$;$+T_e$、$-N$;$-T_e$、$+N$;$-T_e$、$-N$)运行。

2. 交流绕线转子异步电动机调速系统

图 3-25 中交流绕线转子异步电动机的最高转速是定子旋转磁场的同步转速 $N_0=\dfrac{60f_1}{N_p}$(f_1 为定子电源频率,N_p 为电动机绕组的磁极对数),电动机运行时的实际转速 $N<N_0$,转子绕组的感应相电动势 E_2 与转差(N_0-N)成正比,$E_2=K(N_0-N)$,K 为比例常数。图 3-25中转子绕组的三相交流电动势 E_2 经三相不控整流桥输出直流电压平均值 $U_d\approx 3\sqrt{6}E_2/\pi$($E_2$ 为相电压有效值)。

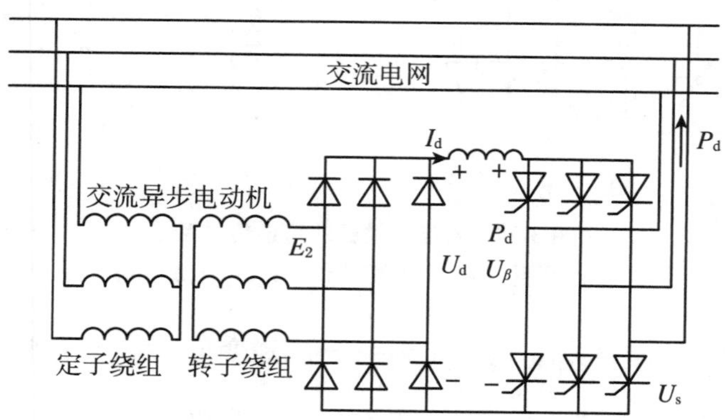

图 3-25 交流绕线转子异步电动机调速系统

令图 3-25 中三相全控桥工作在有源逆变状态,逆变角为 β,交流电网线电压为 U_1,则

$$U_\beta\approx\frac{3\sqrt{2}}{\pi}U_1\cos\beta$$

图 3-25 中相控整流桥输出的平均直流电压 U_β 应等于三相不控整流桥输出的电压 U_d,(不考虑换流电压损失时),因此

$$U_\beta=U_d=\frac{3\sqrt{6}}{\pi}E_2=\frac{3\sqrt{6}}{\pi}K(N_0-N)=\frac{3\sqrt{2}}{\pi}U_1\cos\beta$$

由此得到电动机运行时的转速为

$$N = N_0 - \frac{U_1}{\sqrt{3}K}\cos\beta \tag{3-72}$$

图 3-25 中，绕线转子异步电动机在交流供电电源频率不变、电动机同步转速 N_0不变的情况下，通过将转子绕组感应的交流转差电动势 E_2经不控整流变成直流电源电压 U_d，输出直流功率 $P_d = U_d I_d$，再经晶闸管有源逆变器将直流功率 P_d有源逆变后送至交流电网，改变逆变角 β 的大小，即可改变 U_β、I_d、P_d的大小，同时调控了交流电动机的转速 N。

3.4　PWM 整流电路

前面 3 节主要介绍了晶闸管相控整流电路，其结构简单，控制方便，技术成熟，使用较早，价格便宜，应用广泛，是一种低频整流电路，但存在以下缺点：

(1) 网侧功率因数低。网侧功率因数为

$$\lambda = \frac{\sum_{n=1}^{\infty} P_n}{S} = \frac{P_1 + \sum_{n=2}^{\infty} P_n}{S} \tag{3-73}$$

式中，P_1是基波有功功率，S 是网侧视在功率。

当网侧谐波有功功率，即 $\sum_{n=2}^{\infty} P_n = 0$ 时，则网侧功率因数为 $\lambda = \frac{P_1}{S}$。

对于单相电路：

$$\begin{cases} P_1 = U_1 I_1 \cos\varphi_1 \\ S = UI = U_1 I \end{cases}$$

对于三相电路：

$$\begin{cases} P_1 = 3U_1 I_1 \cos\varphi_1 \\ S = 3U_1 I \end{cases}$$

而网侧功率因数：

$$\lambda = \frac{P_1}{S} = \frac{I_1}{I}\cos\varphi_1 \mid_{U=U_1} \tag{3-74}$$

式中，令$\frac{I_1}{I} = \mu$，μ 为电流畸变系数，表示 I 含有高次谐波的程度；I 为相电流有效值；I_1为基波电流有效值。μ 愈大，说明 I_1愈接近 I，谐波电流愈小。如单相整流 $\mu = 0.9$，三相桥式整流 $\mu = 0.955$。$\cos\varphi_1$ 为基波电压与基波电流间的功率因数。

由相控晶闸管整流原理可知，在输出电流 i_d 连续，且忽略换相重叠角的影响时，可以认为

$$\cos\varphi_1 = \cos\alpha \tag{3-75}$$

式(3-75)说明晶闸管相控触发角 α 愈小(导通角愈大)，则 $\cos\varphi_1$愈大。深控时，α 大，$\cos\varphi_1$ 就很低。

(2) 网侧谐波电流对电网产生谐波污染。由于晶闸管开关的非线性特性，即使网侧电

压是正弦的，网侧电流也含谐波电流。谐波电流占用电网容量，引起电网电压波形畸变。由于电流、电压波形畸变，同一供电线路上的其他设备必然受到影响，引起其他设备过热、噪声、振动甚至误动作。而半导体整流器应用日广、容量日增，对电网的污染问题不可忽视。

(3) 晶闸管换相时引起网侧电压波形畸变。由于供电设备存在漏电感，晶闸管又采用相位控制，就必然存在换相重叠，引起电网电压产生缺口的或尖脉冲的电压波形，破坏网侧电压的正弦性，给同一供电线路上其他设备带来影响，如共振、误动作、失真等。

(4) 动态响应相对较慢。相位控制晶闸管整流电路，是一个惯性环节，其传递函数为

$$G(S) = \frac{K_s}{T_s S + 1}$$

式中，K_s为电压放大系数；T_s为迟滞时间，如三相桥式整流电路，$T_s = 1/2T_{smax} = 0.167$ s。由于 T_s存在，就必然实现不了快速响应。

针对相控晶闸管整流电路存在的缺点，人们曾采用各种措施，但均没获得满意的效果。其根本原因是晶闸管开关频率低且是相位控制，又不能控制其关断(除非另加关断电路)，难以满足高频开关频率控制。随着高频开关、全控型功率器件相继出现，又将 PWM(Pulse Width Modulation)控制技术引入电力电子变流电路，出现了 PWM 整流电路、逆变电路、直流斩波电路和交流调压及变频电路。

PWM 整流电路是指采用 PWM 控制方式和全控型功率器件如 IGBT 组成的整流电路，也称高频斩控整流电路。PWM 整流电路具有优越性能，主要表现在以下几个方面：

(1) 网侧电压、电流均为正弦波。网侧电压 $u_N = U_{NM}\sin \omega t$，控制网侧电流 $i_N = I_{NM}\sin \omega t$，减少了网侧电压、电流低频谐波。

(2) 网侧功率因数可控，实现单位功率因数 $\lambda \approx 1$。如图 3-26(a)的 B 点所示，控制 $\dot{I}_N$ 与 $\dot{U}_N$ 同相位，$\varphi_1 = 0$，$\cos \varphi_1 = 1$，实现 $\lambda \approx 1$，整流运行。还可以控制 $\dot{I}_N$ 与 $\dot{U}_N$ 反向，$\varphi_1 = \pi$，$\cos \varphi_1 = -1$，实现 $\lambda \approx -1$ 逆变运行，如图 3-26(b)的 D 点所示。

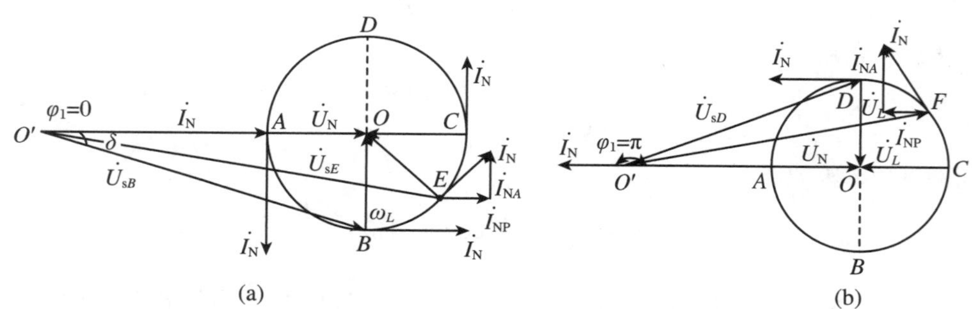

图 3-26 运行相量图

(a) PWM 整流电路整流运行相量图；(b) PWM 电路逆变运行相量图

(3) PWM 整流电路可实现能量双向传输。当 PWM 整流运行时，电网向负载传输能量；当 PWM 有源逆变运行时，又从负载(如交流电动机降频调速时)向电网回馈电能。

(4) 较快的动态响应。因为采用几十千赫兹高频 PWM 控制，其滞后时间远远小于晶闸管迟滞时间 T_s。故比相控晶闸管整流电路动态响应快。

由上可见，PWM 整路电路实际上是交、直流侧均可以控制的整流器。

3.4.1　PWM 控制原理

3.4.1.1　PWM 控制基本概念

PWM 控制技术就是控制器件在开关周期时间（T_s）一定时，改变器件的通（t_{on}）与断时间，即调制脉冲宽度（从 t_{on}变为 t'_{on}），获得等效的所需要的波形和幅值的控制技术。如图 3-27 所示 u 的波形，幅值没变，但宽度改变。

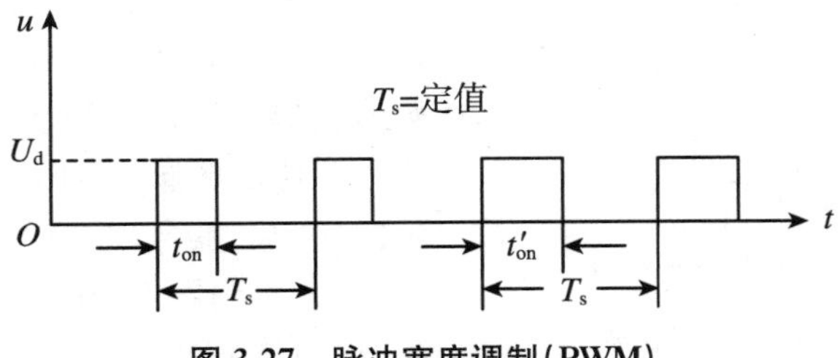

图 3-27　脉冲宽度调制（PWM）

普通晶闸管（SCR）是只能控制其导通，但不能控制其关断的电力电子半控型器件。虽然在 SCR 的逆变电路中用过 PWM 控制技术，但是 PWM 控制技术的优越性并没有发挥出来。究其原因是：

其一，PWM 控制技术是在高频开关环境下，控制器件反复通、断的技术。而 SCR 的上限频率仅为 1 kHz 左右，关断时间受限，又不能控制其关断，因此 SCR 半控型器件的开、关频率满足不了 PWM 控制技术的条件。

其二，SCR 相位控制方式，具有技术成熟、价格低廉和可靠性高等优点，是所有变流电路应用最早的可控电路。但是，由于采用相位控制方式，因此存在网侧功率因数低、谐波含量高、响应慢、公共电网受污染等严重问题。在半导体变流容量日增、应用日广的今天，根治这种电网受“污染”的措施，就是使变流装置实现电压、电流正弦化，且高功率因数运行。因此，当今 PWM 控制的全控型功率器件变流技术，就成为变流技术发展中的热点和亮点。

依据采样控制理论，冲量相等而形状不同的窄脉冲加在具有惯性的环节上时，其输出响应基本相同。冲量即指窄脉冲的面积。输出响应基本相同是指环节的响应波形基本相同。如果把各输出波形用傅里叶变换分析，则其低频段非常接近，仅在高频段略有差异。且脉冲越窄，输出的差异越小。这个重要结论，表明了惯性环节的输出响应主要取决于加在环节上的冲量，而与窄脉冲的形状无关。图 3-28 给出了几种典型的形状不同而冲量相同（即窄脉冲的面积都等于 1）的窄脉冲。

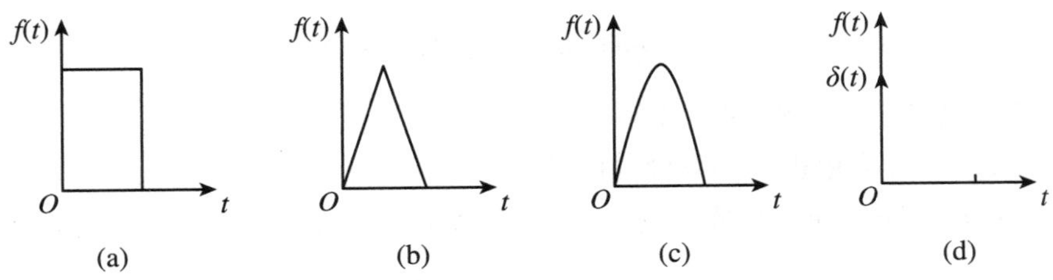

图 3-28　形状不同而冲量相同的各种窄脉冲

图 3-28(a)为矩形脉冲，(b)为三角形脉冲，(c)为正弦半波脉冲，虽然它们的形状不同，但它们的窄脉冲面积都等于 1，那么当它们分别加在具有惯性的同一个环节上时，其输出响应

应基本相同。当窄脉冲变为图 3-28(d)的单位脉冲函数 $\delta(t)$时,环节的响应即为该环节的脉冲过渡函数。上述原理称为面积等效原理,它是 PWM 控制技术的重要理论基础。

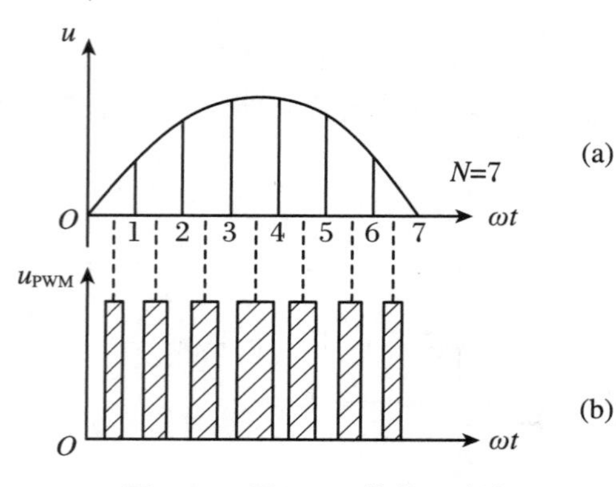

图 3-29 用 PWM 替代正弦波
(a) 正弦波的正半波波形;(b) PWM 波形

把图 3-29(a)的正弦半波分成 N 等份(如 $N=7$),就可以把正弦半波看成是由 N 个彼此相连的脉冲序列所组成的波形。这些脉冲宽度相等,都等于 π/N,但幅值不等,即脉冲顶部不是水平直线,而是正弦半波曲线。这个宽度相等、幅值不等的有序脉冲列,要用数量相同、幅值相等(等幅)、宽度不等的矩形脉冲列替代。并使矩形脉冲列的中点和正弦半波有序脉冲列中点重合,对应的脉冲列的面积(冲量)相等,就得到图 3-29(b)所示的有序矩形脉冲列,这便是 PWM 波形。

从图 3-29 中可知,这个 PWM 波形,是等幅、不等宽(中间宽,两边窄),即宽度按正弦半波规律变化的 N 个矩形有序脉冲列的面积,等于 N 个等宽、不等幅(中间高,两边低)即幅值按正弦半波规律变化的相连脉冲列的面积。

而 N 个相连有序脉冲面积又等于正弦半波的面积。依面积等效原理,PWM 波形与正弦半波是等效的。对于正弦波的负半周,可以用同样的方法得到负半周的 PWM 波形。这样一个完整的正、负半周的正弦波就可以用 PWM 波形等效,如图 3-30 所示。

这种等幅、不等宽(宽度按正弦波规律变化)的 PWM 波形就称为正弦波脉宽调制(Sinusoidal PWM,SPWM)。

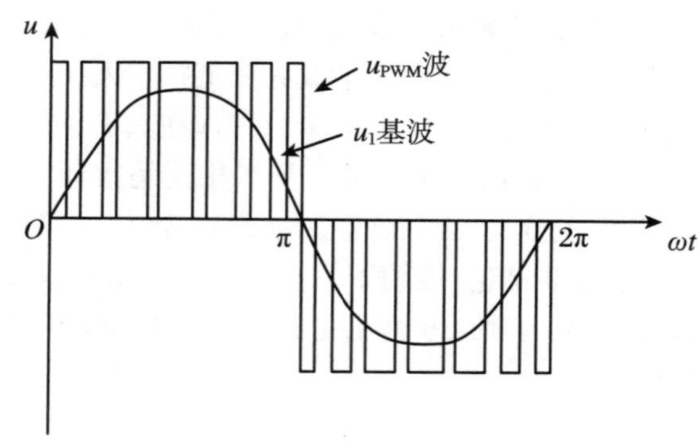

图 3-30 SPWM 原理波形

3.4.1.2 调制法生成 SPWM 波形

SPWM 波形可分为单极性和双极性两种类型。

单极性:在正弦波任何半个周期内,u_{PWM}波形始终为一个极性的 SPWM 波形,如图 3-30 所示。

双极性:在正弦波任何半个周期内,u_{PWM}波形始终有正、负两种极性的 SPWM 波形,如图 3-31 所示。

生成 SPWM 波形的方法分为调制法和软件法。可以用模拟电子电路和数字电子电路或专用集成电路芯片等硬件实现；也可以用微处理器，通过软件生成 SPWM 波形。如 DSP 内部就有专用 PWM 模块，输出六路 PWM 波形。

从图 3-29 可看出，只要给出正弦波半个周期的幅值和脉冲数就能计算出脉冲宽度和间隔时间，即可得到 SPWM 波形。但太烦琐，而且正弦波频率、幅值或相位发生变化时，则计算结果就要发生变化。然而可引用通信技术中的“调制”概念。以所期望的波形（这里是正弦波）作为调制波，以接受这个调制波的信号作为载波，利用二者的交点，来确定 SPWM 各段波形的宽度与间隔，就得到与正弦波等效面积的 PWM 波形。这种方法生成 SPWM 波形称为调制法生成 SPWM 波形。

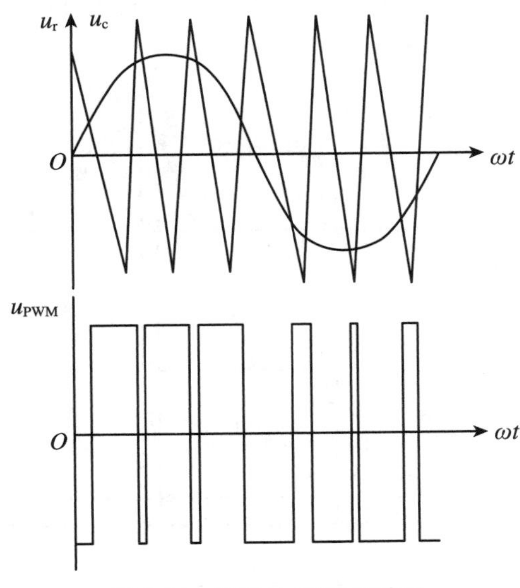

图 3-31　双极性 SPWM 波形

1. 单极性 SPWM 波形的生成

正弦波为调制波，单极性等腰三角形为载波。因为等腰三角形上任何一点的水平宽度与高度是线性关系，且左右对称，它与正弦波曲线相交时，如果在两个交点区间，调制波的值大于三角波的值，则比较器输出高电平，小于三角波值时，比较器输出零电平。图 3-32 为调制框图。

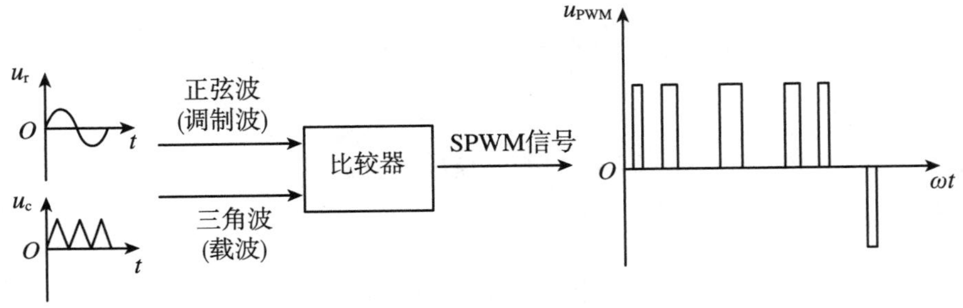

图 3-32　调制框图

以调制波与载波的交点时刻，作为功率器件的开、关控制时刻，就得到一系列有序的等幅、宽度按正弦波规律变化的 SPWM 波形。图 3-30 为单极性 SPWM 波形。

2. 双极性 SPWM 波形的生成

单极性 SPWM 波的生成是利用正弦波的调制波与单极性三角波的载波交点。双极性 SPWM 波的生成，则是利用正弦波的调制波与双极性三角波的载波的交点，在两交点区间，若调制波的值大于三角波的值，比较器输出高电平，小于三角波的值，比较器输出低电平，如图 3-31 所示。

从图 3-31 中可见，u_{PWM}波为正、负双极性变化，故称双极性 SPWM。

3.4.1.3　软件法生成 SPWM 波形

3.4.1.2 小节讲述了调制法生成 SPWM 波的控制，它的缺点是模拟电路结构复杂，难以实现精确控制。然而 SPWM 波的产生和控制，还可用微型计算机来完成。下面主要讲述几种常用软件生成 SPWM 波形的基本算法：

1. 自然采样法

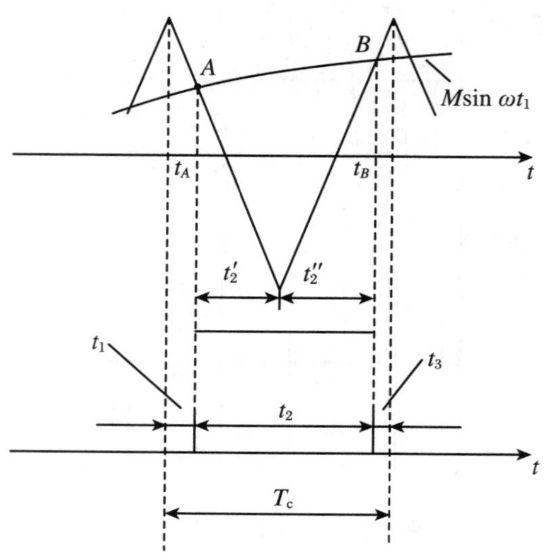

图 3-33 自然采样法生成 SPWM 波形

依据 SPWM 控制原理，可在正弦调制波与三角载波自然交点的时刻控制功率器件的通断。这种利用自然交点作为 SPWM 波形的采样时刻的方法称为自然采样法。图 3-33 给出了自然采样法生成 SPWM 波形的方法。

图 3-33 中三角载波相邻正峰值间隔时间为 SPWM 脉冲周期 T_c，并设幅值为 1。正弦调制波 $u_r = M\sin \omega t$。式中，M 为调制比，$0 \leqslant M < 1$。

在三角载波 u_c 的一个周期 T_c 内，下降段和上升段各与正弦调制波 u_r 有一个自然交点，分别为 A 点和 B 点。并以 u_r 上升段的过零点为时间起始点。A 点和 B 点对应时间分别为 t_A 和 t_B。A 点是发生脉冲时刻，B 点是结束脉冲时刻。AB 两点之间的时间设为 t_2（脉宽时间）。由于是自然交点，所以 t_2 的中点时刻不能与三角载波中点（即负峰点）重合。即 $t_2' \neq t_2''$，这是自然采样法的主要特征。这样就把脉宽时间 t_2 分成 t_2' 和 t_2'' 时间，就要分别求解 t_2' 和 t_2''。

按相似直角三角形的几何关系，有

$$2\Big/\left(\frac{T_c}{2}\right) = \frac{1 + M\sin \omega t_A}{t_2'}, \quad t_2' = \frac{T_c}{4}(1 + M\sin \omega t_A)$$

同理

$$t_2'' = \frac{T_c}{4}(1 + M\sin \omega t_B)$$

则脉宽时间

$$t_2 = t_2' + t_2'' = \frac{T_c}{2}\left[1 + \frac{1}{2}M(\sin \omega t_A + \sin \omega t_B)\right]$$

式中，T_c、M、ω 为已知数，而 t_A、t_B 均是未知数，这是一个超越方程，难以求解。

另外，由于是三角载波与正弦调制波自然交点，故 t_1 与 t_3 不相等。这就又增加实时计算的困难，因此在实际工程中此法很少应用。

2. 规则采样法

规则采样法生成 SPWM 波形如图 3-34 所示。

图 3-34 中，由三角载波负峰点时刻 t_e，向上作直线交正弦调制波于 E 点，再过 E 点作一水平直线分别交三角载波于 A 点和 B 点，用 A 点的时刻 t_A 控制功率器件的导通；用 B 点时刻 t_B 控制功率器件的关断。从图中也可见知，AB 不是弧线，而是水平直线。且在正弦波两侧，由三角载波负峰点作用而得，脉宽时间为

$$t_2 = t_2' + t_2'' = 2t_2'' = 2t_2'$$

即 $t_2' = t_2''$。这是规则采样法主要特征。

依相似直角三角形的关系可得脉宽时间，即

$$t_2 = \frac{T_c}{2}(1 + M\sin \omega t_e) \tag{3-76}$$

T_c 两边与脉宽时间 t_2 两边的间隙时间 t_1 与 t_3 也是相等的，且

$$t_1 = t_3 = \frac{1}{2}(T_c - t_2) \tag{3-77}$$

从上述分析，显见，规则采样法计算量比自然采样法计算量少多了。

3．三相 SPWM 波形软件生成法

三相正弦调制波（相位差为 120°）分别为 A、B、C，公用一个三角载波，如图 3-35 所示。用规则采样作图法，由三角载波负峰点向上作直线交于 D 点，对应时间为 t_D。各相对应时间如图 3-35 所示分别为 t_{a1}、t_{b1} 和 t_{c1} 及 t_{a3}、t_{b3} 和 t_{c3}。

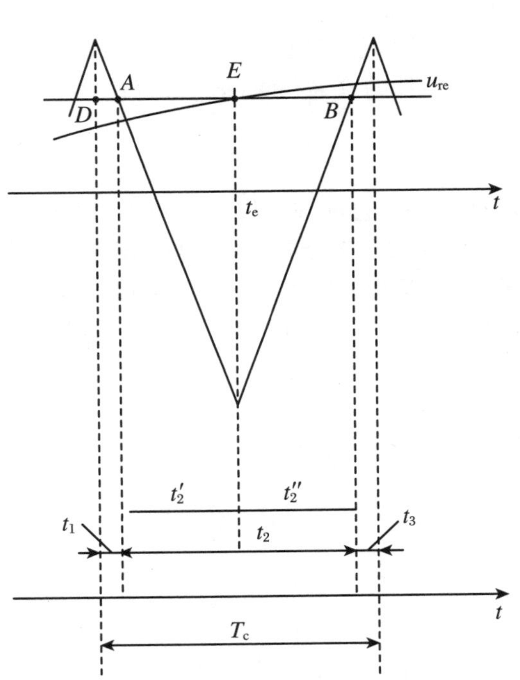

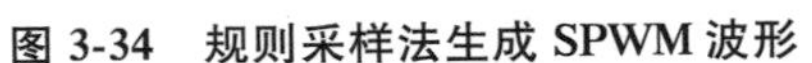
图 3-34　规则采样法生成 SPWM 波形

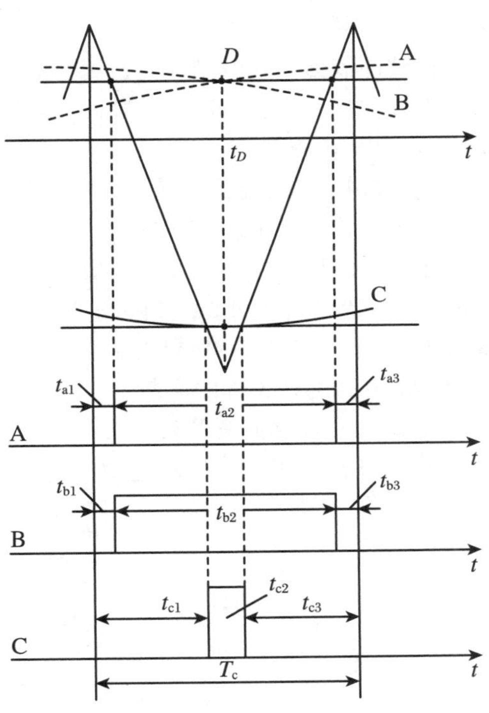

图 3-35　三相规则采样 SPWM 波形

脉宽时间分别为 t_{a2}、t_{b2} 和 t_{c2}，但 SPWM 周期时间均是 T_c，这是因为公用一个三角载波。

用式(3-76)计算 t_{a2}、t_{b2} 和 t_{c2} 脉宽时间，再求三相脉宽时间总和。按式(3-76)有

$$t_{a2} + t_{b2} + t_{c2} = \frac{T_c}{2}[(1 + M\sin \omega t_D) + 1 + M\sin(\omega t_D - 120^\circ) + 1 + M\sin(\omega t_D + 120^\circ)]$$

则

$$t_{a2} + t_{b2} + t_{c2} = \frac{3}{2}T_c \tag{3-78}$$

因为上述求和式子中，左边第一项相同，加起来为 3 倍；对于第二项，由于同一时刻，三相正弦波电压之和为零，故由式(3-76)可得式(3-78)。从图 3-35 可见，脉宽时间 t_{a2}、t_{b2} 和 t_{c2} 是不相等的。

脉冲两侧的间隙时间相等，即

$$t_{a1}+t_{b1}+t_{c1}=t_{a3}+t_{b3}+t_{c3}=\frac{3}{4}T_c \tag{3-79}$$

三相间隙时间总和为

$$t_{a1}+t_{b1}+t_{c1}+t_{a3}+t_{b3}+t_{c3}=3T_c-(t_{a2}+t_{b2}+t_{c2})=\frac{3}{2}T_c$$

在数字控制中，用计算机实时产生SPWM波形，正是基于上述的采样定理和计算公式。

在微型计算机实时SPWM控制时，先在内存中，存储正弦函数和$\frac{T_c}{2}$值。控制时取出正弦值与所需的调制比M进行乘法运算，再根据给定的载波频率取出对应的$\frac{T_c}{2}$值，与$M\sin\omega t_D$进行乘法运算，然后运用加、减、移位即可算出脉宽时间t_2及间隙时间t_1和t_3。将上述运算所得脉冲数据送入微型计算机定时器中，利用定时的中断接口电路，送出相应的高电平和低电平，产生一系列的SPWM脉冲波，从而控制功率器件的开通与关断。这就是微型计算机实时SPWM控制。

3.4.1.4　电压空间矢量PWM控制

前述的软件法生成SPWM波形，其实质上均是以一组经过调制的幅值相等、宽度不等的有序脉冲信号替代正弦波调制信号，用开关量取代模拟量，来控制功率器件的通断。电压空间矢量PWM（Voltage Space Vector PWM，SVPWM）控制是1988年由Holtz和Stadefld提出的。与SPWM控制不同，它是依据三相电压空间矢量切换的要求，直接控制三相变换电路的开关管的通断。

1. 三相电压空间矢量的概念

图3-36给出了三相异步电动机定子三相绕组，三相空间互差120°示意分布图。

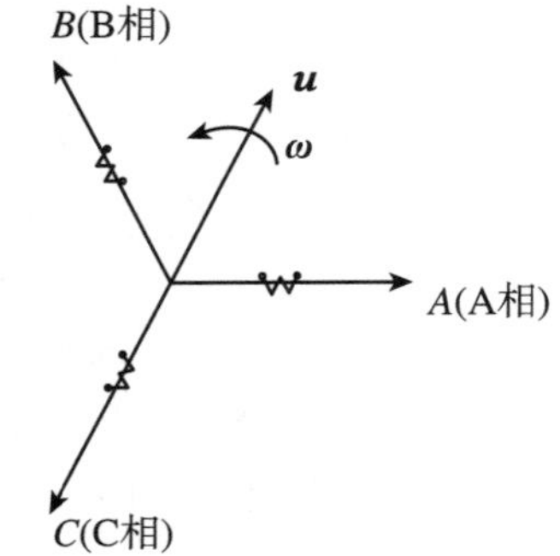

图3-36　三相空间互差120°示意分布图

三相绕组又同时施加时间互差120°的交流电压。即

$$\left.\begin{aligned}u_A&=U_m\cos\omega t\\u_B&=U_m\cos(\omega t-120^\circ)\\u_C&=U_m\cos(\omega t-240^\circ)=U_m\cos(\omega t+120^\circ)\end{aligned}\right\} \tag{3-80}$$

式中，U_m为相电压幅值，则三相电压空间矢量按下式加以定义：

$$\boldsymbol{u}=u_A+\alpha u_B+\alpha^2u_C \tag{3-81}$$

式中，$\alpha=e^{j120^\circ}$。将相电压表达式(3-80)代入式(3-81)，整理可得

$$u = \frac{3}{2} U_m e^{j\omega t} \tag{3-82}$$

由式(3-82)可知，三相电压空间矢量 $\boldsymbol{u}$ 是以 ω 角速度旋转的矢量，对应不同时刻它处在空间不同位置，如图 3-36 中三相电压空间矢量 $\boldsymbol{u}$ 的位置，是由三相绕组的轴线电压矢量合成的三相电压空间矢量。

2. 电压空间矢量对功率器件的控制

图 3-37 给出了三相 SVPWM 控制电路图。

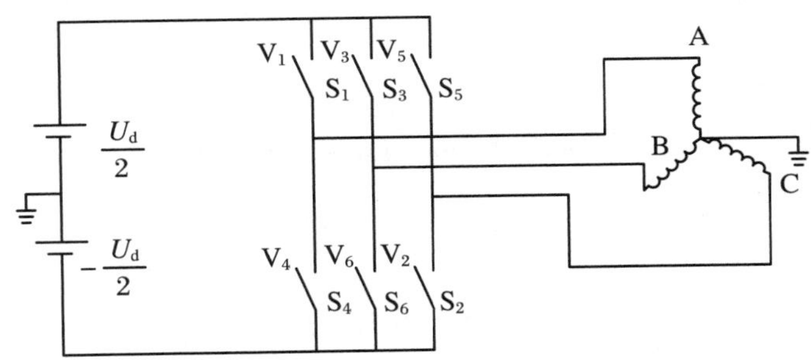

图 3-37　三相 SVPWM 控制电路图

从图 3-37 可知，三相空间互差 120°的绕组是星形连接，由六个开关通断，将直流电压 $\pm\frac{U_d}{2}$ 变为交流电压。

为了简单起见，六个功率开关器件（$V_1 \sim V_6$）都用开关符号表示。为使三相绕组对称工作，必须三相同时供电；即在任一时刻一定有处于不同桥臂下的三个器件同时导通，而相应桥臂的另三个功率器件则处于关断状态。这样，从电路图 3-37 可知，功率器件共有八种工作状态，即 V_1、V_2、V_6 通，V_1、V_3、V_2 通，V_2、V_3、V_4 通，V_4、V_3、V_5 通，V_4、V_6、V_5 通，V_5、V_6、V_1 通，V_1、V_3、V_5 通及 V_4、V_6、V_2 通。

如果把上桥臂器件导通用“1”表示；下桥臂器件导通用“0”表示，并依 ABC 相序依次排列，则上述八种状态可相应表示为 100、110、010、011、001、101、111 及 000 八个数字，或称八组开关模式。其中开关模式 111 表示图 3-37 三个上桥臂器件（V_1、V_3、V_5）同时导通，A、B、C 三相线组短接，电压为零；开关模式 000，表示图 3-37 三个下桥臂器件（V_4、V_6、V_2）同时导通，A、B、C 三相绕组也短接，电压也为零。故称 111 和 000 模式为零电压空间矢量模式，用 $\boldsymbol{u}_7$ 和 $\boldsymbol{u}_0$ 表示电压空间矢量。其余六个开关模式分别对应 $\boldsymbol{u}_1$(100)、$\boldsymbol{u}_2$(110)、$\boldsymbol{u}_3$(010)、$\boldsymbol{u}_4$(011)、$\boldsymbol{u}_5$(001)和 $\boldsymbol{u}_6$(101)，称为非零电压空间矢量。

下面，求六个非零电压空间矢量。图 3-38(a)为(100)开关模式，即开关管（V_1、V_2、V_6 导通），求电压空间矢量 $\boldsymbol{u}_1$，如图 3-38(b)所示。

此模式下，$u_A = \frac{U_d}{2}$，$u_B = u_C = -\frac{U_d}{2}$。绕组空间位置相差 120°，由矢量合成法，得三相合成电压空间矢量 $\boldsymbol{u}_1$，$\boldsymbol{u}_1$ 方向与 A 轴一致，幅值为 U_d。

因为

$$u_1 = u_A + u_B \cos 60^\circ + u_C \cos 60^\circ = \frac{U_d}{2} + 2 \cdot \frac{U_d}{4} = U_d$$

又因为

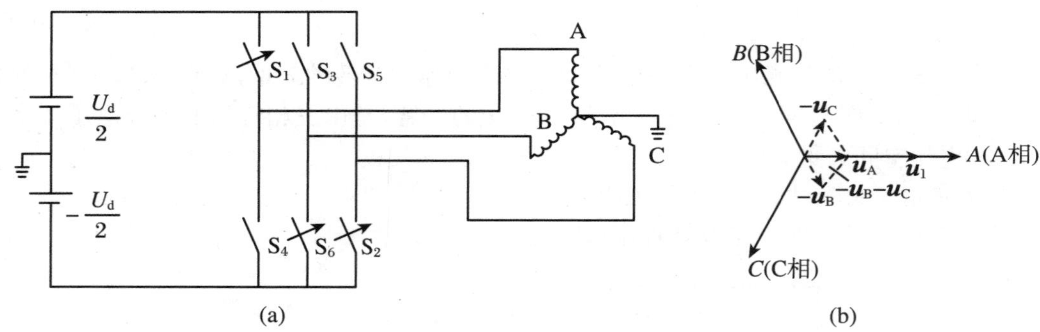

图 3-38　电压空间矢量

(a) 100 模式;(b) 100 模式 u_1 电压空间矢量

$$
\begin{aligned}
u_1(100) &= \frac{U_d}{2}(1 - e^{j120^\circ} - e^{j240^\circ}) \\
&= \frac{U_d}{2}[1 - (\cos 120^\circ + j\sin 120^\circ) - (\cos 240^\circ + j\sin 240^\circ)] \\
&= \frac{U_d}{2}\left[1 - \left(-\frac{1}{2} + j\frac{\sqrt{3}}{2}\right) - \left(-\frac{1}{2} - j\frac{\sqrt{3}}{2}\right)\right] \\
&= \frac{U_d}{2}\left(1 + \frac{1}{2} - j\frac{\sqrt{3}}{2} + \frac{1}{2} + j\frac{\sqrt{3}}{2}\right) \\
&= U_d e^{j0}
\end{aligned}
$$

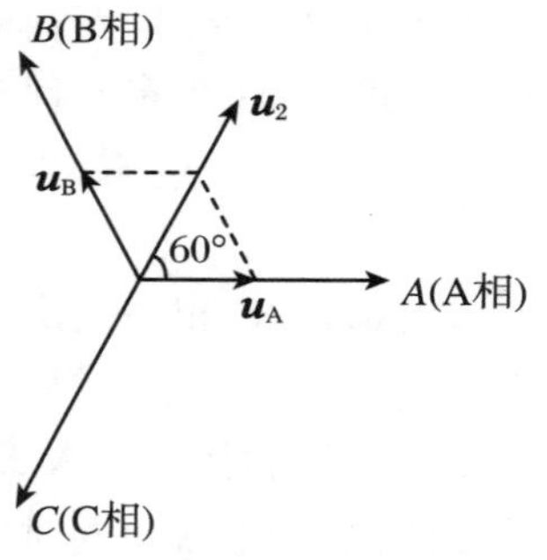

图 3-39　110 模式 u_2 矢量图

可见电压空间矢量 u_1 幅值为 U_d,相位角为 0,与 A 轴重合。对于电压空间矢量 u_2,其开关模式为 110,开关管 V_1、V_3、V_2 导通,三相合成电压空间矢量 u_2 如图 3-39 所示。

对于 110 模式,

$$
u_A = u_B = \frac{U_d}{2}, \quad u_C = -\frac{U_d}{2}
$$

$$
u_2(110) = \frac{U_d}{2}(1 + e^{j120^\circ} - e^{j240^\circ}) = U_d e^{j60^\circ}
$$

电压空间矢量 u_2 的幅值为 U_d,相位为 60°,即距 A 轴旋转 60°的方向。

同理可求出 u_3,开关 010 模式,开关管 V_2、V_3、V_4 通,三相合成电压空间矢量为 $u_3 = U_d e^{j120^\circ}$,其方向与 B 轴方向一致。依次类推,八种开关模式,八个电压空间矢量 u_1、u_2、…、u_6 和 u_7 及 u_0 汇总于表 3-2 中。从表 3-2 可见,在 2π 周期内,六个电压空间矢量 $u_1 \sim u_6$ 依次相差 60°电角度,幅值均为 U_d,按开关模式依次经历一次。若每一个电压空间矢量的起点都定在原点 O,则 $u_1 \sim u_6$ 呈放射状,就把 2π 圆周分成六个扇区,如图 3-40(a)所示。

若将 $u_1 \sim u_6$ 首尾相接,则矢量就是如图 3-40(b)所示的封闭的正六边形,零矢量 u_0 及 u_7 位于原点 O。又依三相异步电动机,当转速不是很低时,定子绕阻电阻压降较小可以略去。

则有

$$u = iR + \frac{d\boldsymbol{\Psi}}{dt} \approx \frac{d\boldsymbol{\Psi}}{dt} \quad 或 \quad \boldsymbol{\Psi} = \int u dt$$

写成磁链增量形式：

$$u\Delta t = \Delta\boldsymbol{\Psi}$$

如图 3-40(b)所示。

它表明，在任一个开关模式期间(60°期间)合成的电压空间矢量 $\boldsymbol{u}$ 的作用下，会产生磁链增量 $\Delta\boldsymbol{\Psi}$。$\Delta\boldsymbol{\Psi}$ 的幅值与 $\boldsymbol{u}$ 的作用时间 Δt 成正比；其方向与 $\boldsymbol{u}$ 一致，且沿电压空间矢量 $\boldsymbol{u}_1 \sim \boldsymbol{u}_6$ 的六边形以 ω 匀速旋转。此磁链是六边形轨迹，不是圆形磁链轨迹。如何使变流器产生的磁链，能无限逼近圆形旋转轨迹呢？如果在 2π 输出周期中，电压空间矢量数从 6 个增为 $6k$ 个($k = 1、2、3、\cdots$)，则相应的磁链增量 $\Delta\boldsymbol{\Psi}$ 的轨迹，就是一个 $6k$ 条折线的多边形。当 k 值很大时，$\Delta\boldsymbol{\Psi}$ 轨迹就将趋近于圆形。

表 3-2　三相电压空间矢量

开关模式	导通代码	导通开关管	u_A	u_B	u_C	电压空间矢量 $\boldsymbol{U}$
100	S_1、S_2、S_6	V_1、V_2、V_6	$U_d/2$	$-U_d/2$	$-U_d/2$	$\boldsymbol{u}_1 = U_d e^{j0}$
110	S_1、S_3、S_2	V_1、V_3、V_2	$U_d/2$	$U_d/2$	$-U_d/2$	$\boldsymbol{u}_2 = U_d e^{j60^\circ}$
010	S_2、S_3、S_4	V_2、V_3、V_4	$-U_d/2$	$U_d/2$	$-U_d/2$	$\boldsymbol{u}_3 = U_d e^{j120^\circ}$
011	S_4、S_3、S_5	V_4、V_3、V_5	$-U_d/2$	$U_d/2$	$U_d/2$	$\boldsymbol{u}_4 = U_d e^{j180^\circ}$
001	S_4、S_6、S_5	V_4、V_6、V_5	$-U_d/2$	$-U_d/2$	$U_d/2$	$\boldsymbol{u}_5 = U_d e^{j240^\circ}$
101	S_5、S_6、S_1	V_5、V_6、V_1	$U_d/2$	$-U_d/2$	$U_d/2$	$\boldsymbol{u}_6 = U_d e^{j300^\circ}$
111	S_1、S_3、S_5	V_1、V_3、V_5	0	0	0	$\boldsymbol{u}_7 = 0$(原点)
000	S_4、S_6、S_2	V_4、V_6、V_2	0	0	0	$\boldsymbol{u}_0 = 0$(原点)

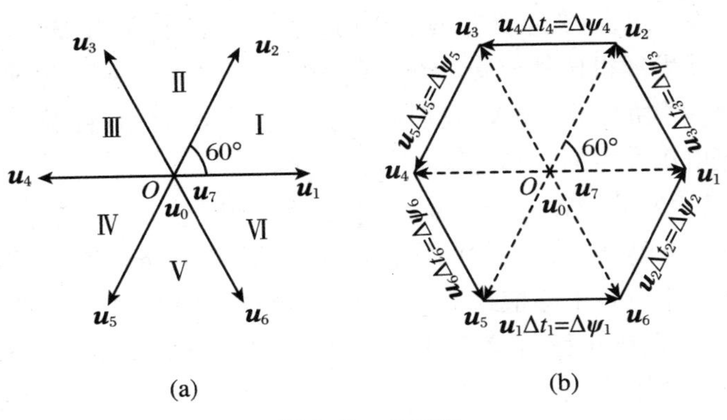

图 3-40　矢量图

(a) 六扇区矢量；(b) 六边形电压矢量

3.4.1.5　PWM 波形的分类

PWM 控制技术用于电力电子变流电路中，就是对功率开关管通断控制的技术。类似于晶闸管采用正弦波或锯齿波同步的触发电路控制晶闸管导通技术。

PWM 控制技术用于电力电子变流电路中，可分为如下几种类型：

1. DC-DC 直流斩波电路中 PWM 是等幅、等宽的 PWM 波形

在这种电路中，是将直流电压“斩”成一系列脉冲，改变脉冲的占空比，获得所需的输出电压。改变脉冲占空比就是对脉冲宽度进行调制，只是因为输入电压和所需要的输出电压都是直流电压，所以脉冲既是等幅的，也是等宽的。仅仅是对脉冲的占空比进行控制，如图 3-41 所示。

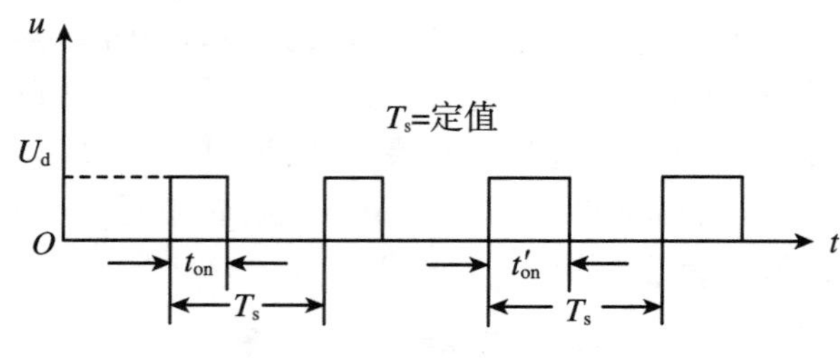

图 3-41　脉冲宽度调制

2. AC-AC 交流变压变频电路中的 PWM 波形

(1) 电路中 PWM 是等宽、不等幅 SPWM 波形。在斩控式交流调压电路中，是采用 PWM 控制技术进行交流调压。因为该调压电路输入电压和输出电压都是正弦波交流电压，且二者频率相同，只是输出电压的幅值要根据需要来调节。因此，斩控后得到的 PWM 脉冲的幅值是按正弦波规律变化的，但各脉冲的宽度是相等的，脉冲的占空比根据所需要的输出输入电压比来调节。

(2) 矩阵式变频电路中 PWM 是不等幅、不等宽的 PWM 波形。在矩阵式变频电路中，其输入电压和输出电压都是正弦波交流电压，但二者频率不同，而且输出电压是由不同的输入线电压组合而成的，因此 PWM 脉冲既不等幅，也不等宽。

3. DC-AC 逆变电路中 PWM 是等幅、不等宽的 SPWM 波形

PWM 控制技术在 DC-AC 逆变电路中应用最为广泛。正是有赖于在逆变电路中的应用，PWM 控制技术才发展得比较成熟。在 DC-AC 逆变电路中采用各脉冲的幅值相等，而宽度是按正弦规律变化的，即 PWM 波形和正弦半波是等效的，称为 SPWM 波形。这时 SPWM 波是由直流电源产生的，所以 PWM 波是等幅的。

4. AC-DC 整流电路中 PWM 是等幅、不等宽的 PWM 波形

把逆变电路中的 SPWM 控制技术用于 AC-DC 整流电路就是 PWM 整流电路，也是 SPWM 控制技术从逆变电路中移植到整流电路中而形成 PWM 整流电路，所以也是电压型整流电路采用等幅、脉宽按正弦规律变化的电压型 SPWM 波形；对电流型整流电路采用 SPWM 电流波形。上述不管是等幅 PWM 波，还是不等幅 PWM 波，都是基于窄脉冲面积相等(等效)原理进行控制的，其本质是相同的。

3.4.2　PWM 整流主电路

3.4.2.1　电压型 PWM 整流主电路

电压型(Voltage Source Rectifier，VSR)PWM 整流主电路最显著的特征就是直流侧并联储能、滤波、缓冲无功能量的电容 C_d，因而具有低阻抗的恒压源性质。它分为单相半桥、单相全桥和三相半桥、三相全桥等主电路。

1. 单相 VSR 主电路

(1) 单相半桥 VSR 主电路。单相半桥 VSR 主电路如图 3-42(a)所示。半桥电路的一半桥由功率器件 V_1(VD_1)和 V_2(VD_2)组成,另一半桥由两个串联电容 C_{d_1} 和 C_{d_2} 构成。其优点是简单、使用器件少。输出直流电压是全桥电路(图 3-42 (b))的两倍,因此功率器件耐压要求高。为使半桥电路电容中点电位(图 3-42(a)的 b 点)基本不变,需引入电容均压控制。可见单相半桥 VSR 的控制相对复杂,适用于几千瓦以下的小功率整流电源。

(2) 单相全桥 VSR 主电路。如图 3-42(b)所示,它由两个桥臂、四个功率器件组成,全控器件 IGBT 必须反并联功率二极管 VD(半桥也如此,见图 3-42(a)),保证当全控器件 IGBT 关断时,由反并联功率二极管 VD 导通,PWM 进行整流工作。单相全桥 VSR 主电路是应用比较多的电路。

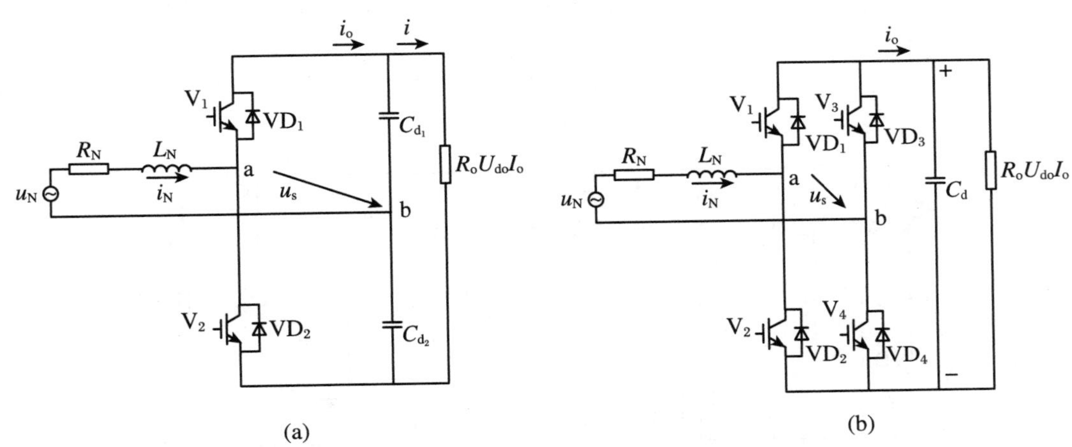

图 3-42　单相 VSR 主电路

(a) 单相半桥 VSR 主电路;(b) 单相全桥 VSR 主电路

2. 三相 VSR 主电路

图 3-43(a)和(b)分别给出了三相半桥和三相全桥 VSR 主电路。

(1) 三相半桥 VSR 主电路。如图 3-43(a)所示,交流电网电源 u_{AO}、u_{BO}、u_{CO}为三相对称互差 120°的正弦电压,星形连接。且三相交流回路的等效电阻 R_N 和电感 L_N 相同,等效负载为 R_o,平均直流电压为 U_{do},平均直流电流为 I_o。此电路适用于三相电网平衡系统,是通常所称的三相桥式电路,是应用最多的电路。

(2) 三相全桥 VSR 主电路。当三相电网电压不平衡时,可采用三相全桥 VSR 主电路,如图 3-43(b)所示。其特点是公共直流母线上连接三个独立控制的单相全桥式 VSR 电路,并通过变压器(T_A、T_B、T_C)连接在三相四线制电网上。因此,当电网不平衡时,不会严重影响 PWM 整流电路控制性能。但该电路所需功率器件比三相半桥功率器件多一倍。因此,该电路应用较少。

3.4.2.2　电流型 PWM 整流主电路

电流型(Current Source Rectifier,CSR)整流主电路最显著特征是该电路直流侧串联电感 L_d 进行储能、滤波缓冲能量,从而使 CSR 直流侧呈高阻抗的恒流源属性。常用的 CSR 主电路有单相桥式、三相桥式主电路。

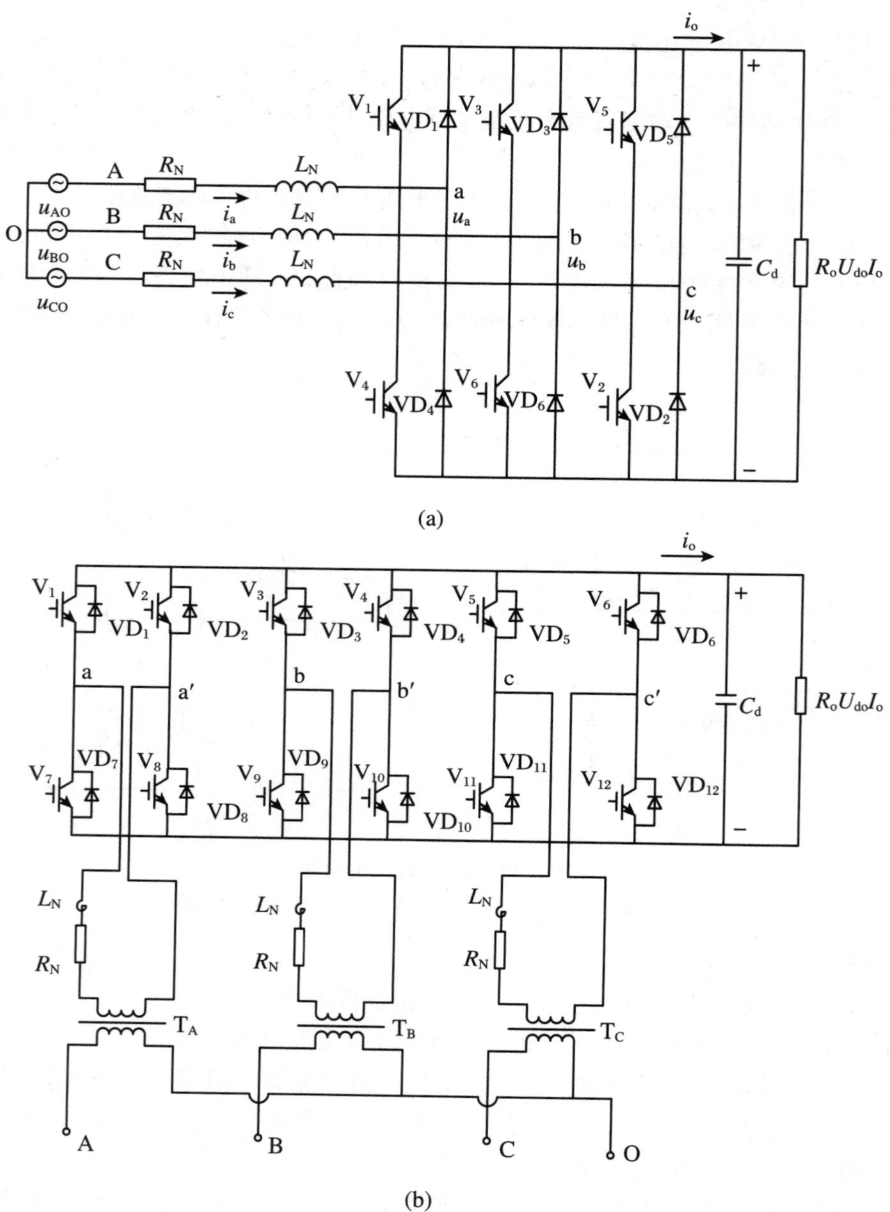

图 3-43　三相半桥 VSR 主电路和三相全桥 VSR 主电路

1. 单相桥式 CSR 主电路

如图 3-44 所示，在单相桥式 CSR 主电路交流回路中，由 L_N、C_N 组成二阶滤波器，这与单相桥式 VSR 主电路不同。二阶滤波器滤去 CSR 网侧谐波电流，并抑制 CSR 交流谐波电压。

值得关注的是 CSR 功率开关管 $V_1 \sim V_4$ 支路上均顺向串联功率二极管 $VD_1 \sim VD_4$，提高了功率器件 $V_1 \sim V_4$ 反向耐压能力。

2. 三相桥式 CSR 主电路

如图 3-45 所示，该电路三相对称互差 120°正弦电网电压 u_{AO}、u_{BO}、u_{CO}，交流回路 L_N、R_N、C_N 构成二阶滤波器。直流侧串联电感 L_d 储能、滤波，L_N 缓冲能量是电流型变换电路不可缺少的元件。

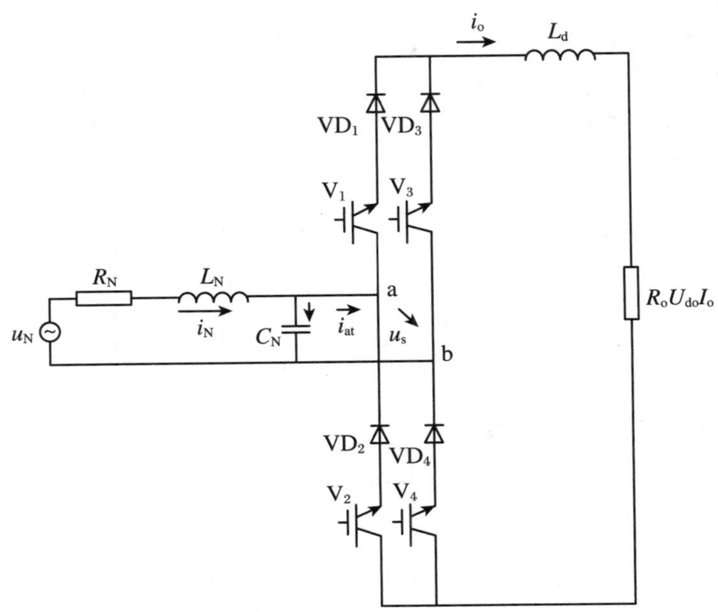

图 3-44　单相桥式 CSR 主电路

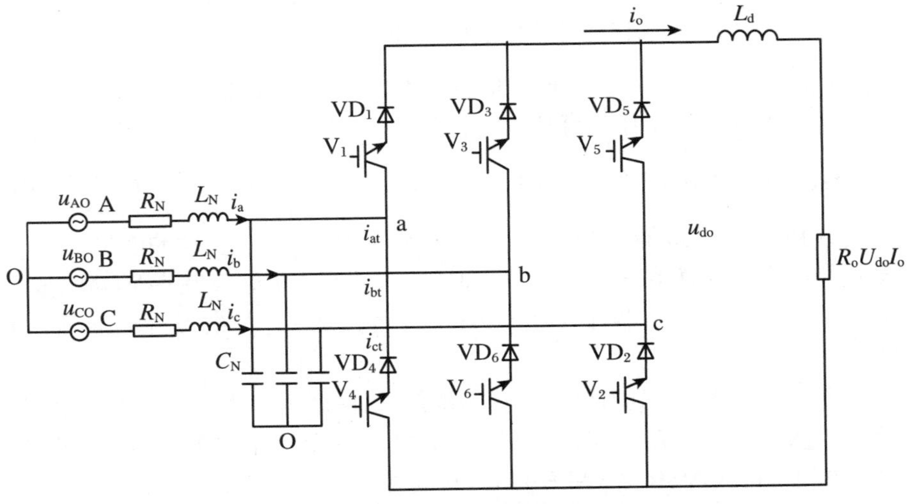

图 3-45　三相桥式 CSR 主电路

3.4.3　桥式电压型 PWM 整流电路

桥式电压型(VSR)PWM 整流电路也是最常用的 PWM 整流电路。本小节重点学习单相全桥式 VSR 和三相桥式 VSR 的 PWM 整流电路组成元件的作用、工作原理、开关模式和运行状态分析。

3.4.3.1 单相全桥式电压型 PWM 整流主电路

单相全桥式 VSR PWM 整流主电路，应用于牵引电源、交流电动机变频电源和 UPS 电源等领域。如动车组用的变频器中，中间直流环节的直流电源，采用单相 PWM 整流电路可节省输电线用材，大大降低投资。

1. 单相全桥式 VSR 主电路元件的作用

从图 3-46 可见，单相全桥式 VSR 主电路由交流回路 u_N、R_N、L_N，全桥电路 $V_1 \sim V_4$ 和 $VD_1 \sim VD_4$ 功率器件及直流回路并联电容 C_d、等效负载 R_o 组成。

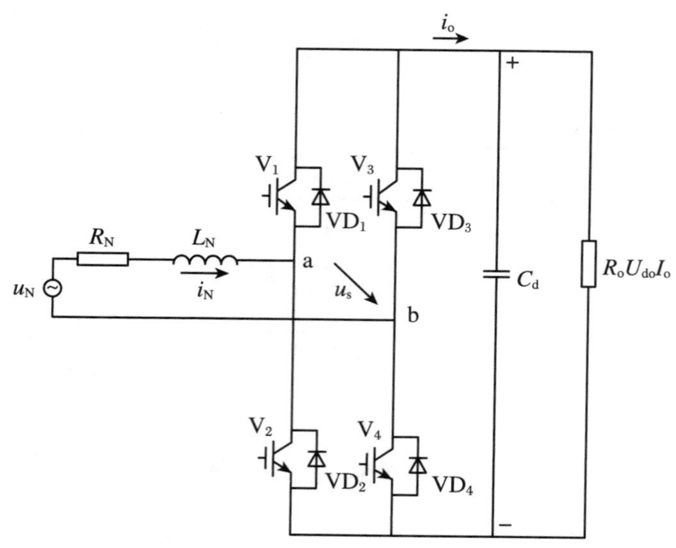

图 3-46 单相全桥式 VSR 整流主电路

(1) 交流回路：电网单相正弦交流电压 $u_N = U_{NM}\sin \omega t$，交流回路等效电阻 R_N、交流电感 L_N 是该电路 PWM 整流工作不可缺少的元件。L_N 包含电源内部电感和外接电感。L_N 的作用有三个：① 平衡交流回路电压，即 $u_N = u_s + u_L + i_N \cdot R_N$，$u_L = L_N \dfrac{di_N}{dt}$；② 储能、滤波，由 R_N、L_N 构成一阶滤波器，滤去高次谐波电流，使 i_N 平稳；③ 缓冲能量。

(2) 整流桥由全控器件 IGBT $V_1 \sim V_4$ 和反并联功率二极管 $VD_1 \sim VD_4$ 构成。当 $V_1 \sim V_4$ 关断状态时，只有不可控型器件 $VD_1 \sim VD_4$ 导通就是一个不控功率二极管单相全波整流桥电路。

(3) 直流侧并联电容 C_d 具有低阻抗恒压源属性，瞬时电流为 i_o，平均直流电流（负载电流）为 I_o，平均直流电压为 U_{do}。又因为采用 PWM 控制全控器件 $V_1 \sim V_4$ 通断工作的开关模式，故称为单相全桥式 VSR PWM 整流（或称斩控）电路。

2. 单相全桥式 VSR PWM 整流电路开关模式

当采用 SPWM 单极性控制时，VSR 整流桥交流侧 u_{s1} 正半周 $u_s(t)$ 将在 $+U_{do}$ 及零之间切换；u_{s1} 负半周，$u_s(t)$ 将在零及 $-U_{do}$ 之间切换。可见，单相全桥式 VSR 工作过程，具有三种开关模式，即 $u_s = 0$，$u_s = +U_{do}$ 和 $u_s = -U_{do}$。同一开关模式，具有不同的电流回路，将由网侧交流电流 i_N 的方向而定。如图 3-47～图 3-49 所示。

(1) 模式Ⅰ（$u_s = 0$ 模式）。① $i_N > 0$：有两条电流回路，如图 3-47(a)和(b)所示。

② $i_N<0$：有两条电流回路，如图 3-47(c)和(d)所示。

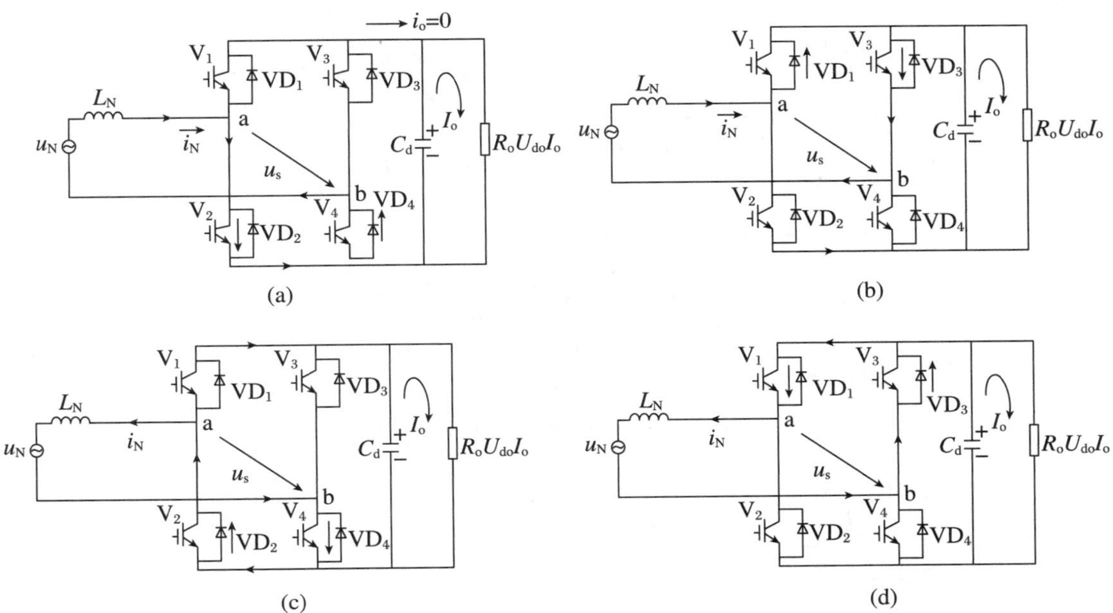

图 3-47　PWM 整流主电路模式Ⅰ电流回路

(a) V_2、VD_4通：$u_s=0$，$i_N>0$，$i_o=0$，L_N储能，C_d支撑 U_{do}；(b) VD_1、V_3通：$u_s=0$，$i_N>0$，$i_o=0$，L_N储能，C_d支撑 U_{do}；(c) V_4、VD_2通：$u_s=0$，$i_N<0$，$i_o=0$，L_N储能，C_d支撑 U_{do}；(d) VD_3、V_1通：$u_s=0$，$i_N<0$，$i_o=0$，L_N储能，C_d支撑 U_{do}

(2) 模式Ⅱ($u_s=+U_{do}$模式)。① $i_N>0$：有一条电流回路，如图 3-48(a)所示。

② $i_N<0$：有一条电流回路，如图 3-48(b)所示。

(3) 模式Ⅲ($u_s=-U_{do}$模式)。① $i_N>0$：有一条电流回路，如图 3-49(a)所示。

② $i_N<0$：有一条电流回路，如图 3-49 (b)所示。

单相全桥式 VSR 整流电路，采用单极性 PWM 控制，开关模式共有三种。电流回路共八条，工作时，每一瞬时，只能是八条电流回路中的一条回路。

由上述可知，两个 VD 管导通整流；两个 V 管导通回馈；一个 VD 管一个 V 管导通，电源短路。

3.4.3.2　三相桥式电压型 PWM 整流主电路

前述图 3-43(a)为三相半桥式 VSR 整流主电路。它是当前应用最多的 PWM 整流主电路。而图 3-43(b) 为三相全桥式 VSR 整流主电路，实质上是由三个独立的单相 VSR 整流主电路构成的。其 PWM 控制过程与单相 VSR PWM 控制过程基本相同。故下面只分析图 3-43(a)三相半桥式 VSR 整流主电路工作情况。一般通称该电路为三相桥式 VSR 整流主电路。

1. 三相桥式 VSR 整流主电路元件的作用

图 3-50 为三相桥式 VSR 整流主电路。从图中可见，该电路由三相交流回路、三相桥式电路和直流回路构成。它与单相全桥 VSR 整流主电路的不同之处如下：

① 三相正弦对称互差 120°的交流电网电压，即

$$u_{AO}=U_{Nm}\sin\omega t$$

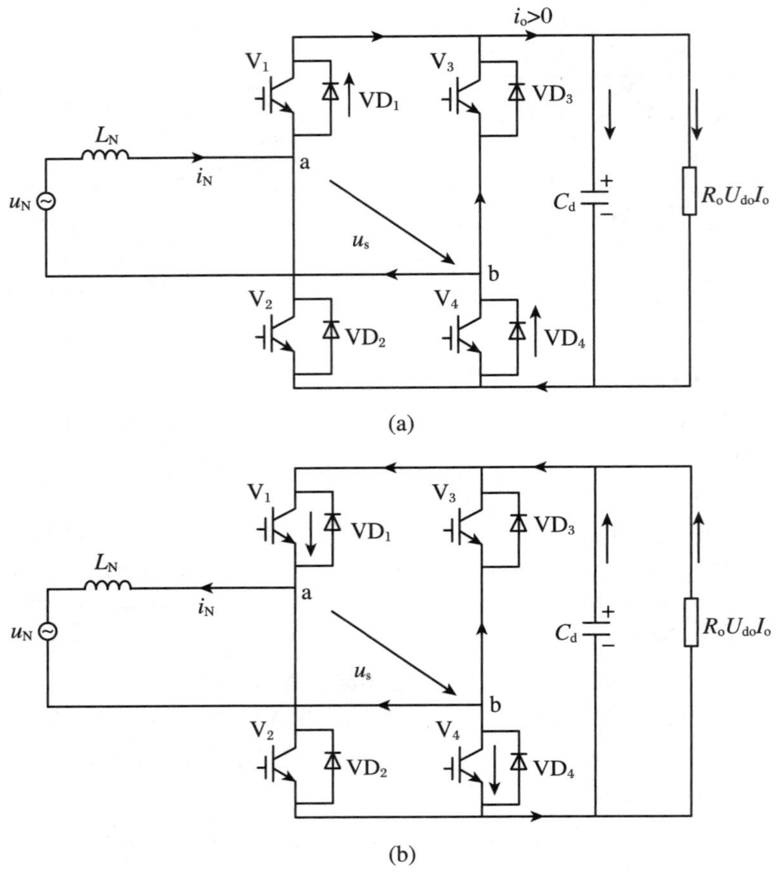

图 3-48 PWM 整流主电路模式Ⅱ电路回路

(a) VD_1、VD_4 通：$u_s=+U_{do}$，$i_N>0$，$i_o>0$，工作于整流状态，电网向负载供电；

(b) V_1、V_4 通：$u_s=+U_{do}$，$i_N<0$，$i_o<0$，工作于有源逆变状态，负载反馈电网能量

$$u_{BO}=U_{Nm}\sin\left(\omega t-\frac{2\pi}{3}\right)$$

$$u_{CO}=U_{Nm}\sin\left(\omega t+\frac{2\pi}{3}\right)$$

三相交流电感 L_N 均相等。其作用与单相全桥式 VSR 整流主电路中 L_N 作用相同。

② 整流桥比单相整流桥多了一个桥臂。若全控型功率器件 $V_1\sim V_6$ 不通，仅是功率二极管 $VD_1\sim VD_6$ 导通就是三相桥式整流电路。

③ 直流回路有两组电容 $\left(\frac{C_d}{2}\right)$ 串联，电路中，中点为 O′，等效负载为 R_o，平均直流电压为 U_{do}，平均直流电流为 I_o，瞬时电流为 i_o。因是直流侧并联电容 C_d，所以具有低阻抗恒压源属性，C_d 的作用是储能、滤波和缓冲能量。

2. 工作原理

三相桥式 VSR 整流电路工作原理同单相桥式 VSR 整流电路工作原理，通过控制整流桥交流侧输入电压的幅值和相位获得控制网侧电流 i_a、i_b、i_c 与网侧电压 u_{AO}、u_{BO}和 u_{CO}功率因数角 φ 的大小，从而控制该电路获得网侧功率因数近似为 1 或任意的工作情况。但是

三相 VSR 任意一相的相电压、相电流由于三相耦合的关系，要受到其他两相制约。

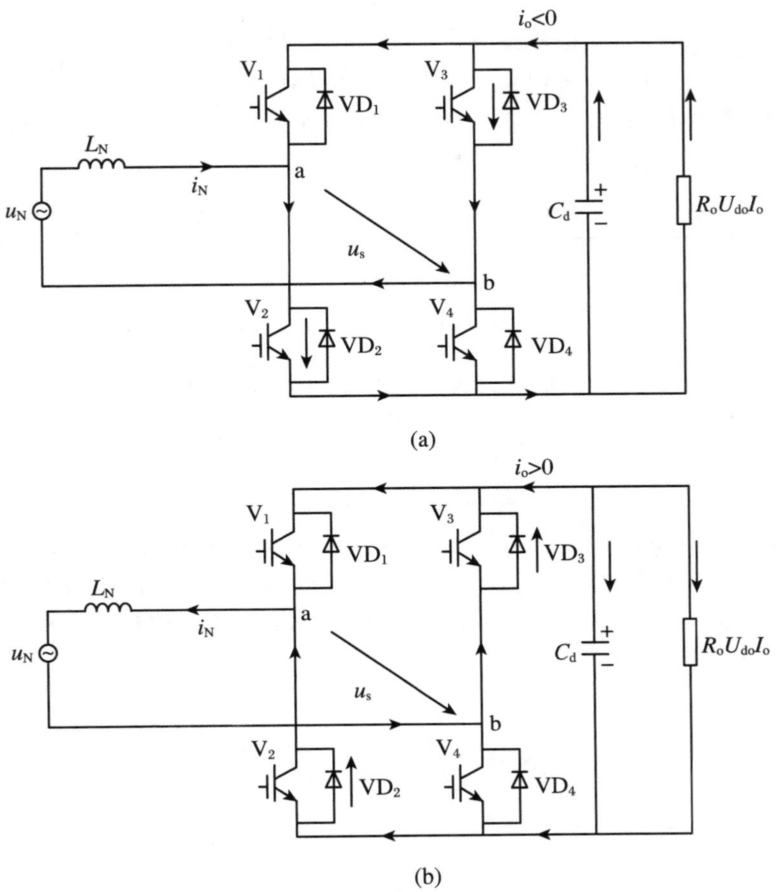

图 3-49　PWM 整流主电路模式Ⅲ电流回路

(a) V_3、V_2通：$u_s=-U_{do}$，$i_N>0$，$i_o<0$，工作于有源逆变状态，负载反馈电网能量；

(b) VD_3、VD_2通：$u_s=-U_{do}$，$i_N<0$，$i_o>0$，工作于整流状态，电网向负载供电

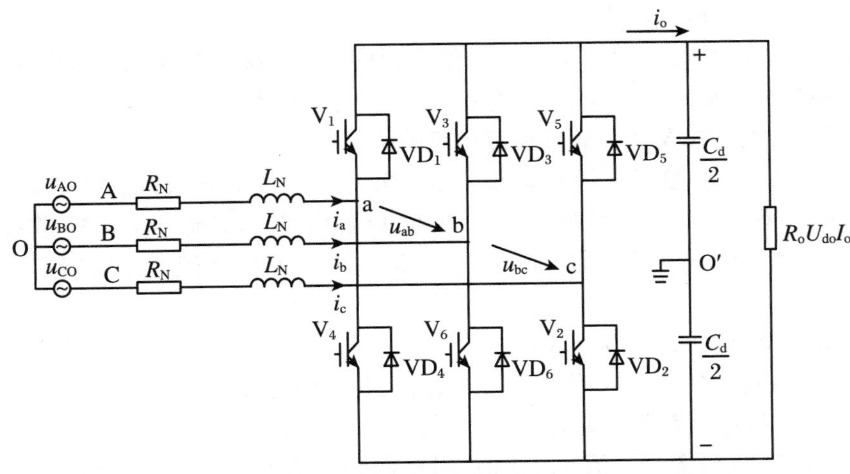

图 3-50　三相桥式 VSR 整流主电路

3．三相桥式 VSR PWM 整流电路开关模式

为分析方便，定义二值逻辑开关函数 S_k 为

$$S_k = \begin{cases} 1 & \text{上桥臂器件导通，下桥臂器件关断} \\ 0 & \text{下桥臂器件导通，上桥臂器件关断} \end{cases} \quad (k = \text{a、b、c}) \tag{3-83}$$

由于每相桥臂器件，只有导通或关断两种开关模式，因此三相桥式 VSR PWM 整流电路开关模式就有 $2^3=8$ 种开关模式，如表 3-3 所示。

表 3-3　三相桥式 VSR PWM 开关模式

开关模式	1	2	3	4	5	6	7	8
开关函数 S_a、S_b、S_c	100	110	010	011	001	101	000	111
导通器件	V_1、V_6、V_2 (VD_1) (VD_6) (VD_2)	V_1、V_3、V_2 (VD_1) (VD_3) (VD_2)	V_4、V_3、V_2 (VD_4) (VD_3) (VD_2)	V_4、V_3、V_5 (VD_4) (VD_3) (VD_5)	V_4、V_6、V_5 (VD_4) (VD_6) (VD_5)	V_1、V_6、V_5 (VD_1) (VD_6) (VD_5)	V_4、V_6、V_2 (VD_4) (VD_6) (VD_2)	V_1、V_3、V_5 (VD_1) (VD_3) (VD_5)

模式 7 和模式 8，使三相桥式 VSR PWM 整流桥交流侧输入电压为零，故称为“零模式”。同一开关模式，由于网侧电流 i_a、i_b、i_c 方向不同，就存在不同的电流回路，每条电流回路是全控型器件 V_1～V_6 导通，还是功率二极管导通，取决于 PWM 脉冲状态和器件承受电压极性。如 a 相器件：

$$\begin{cases} S_a = 1\begin{cases} i_a > 0, & VD_1\text{ 通} \\ i_a < 0, & V_1\text{ 通} \end{cases} \\ S_a = 0\begin{cases} i_a > 0, & V_4\text{ 通} \\ i_a < 0, & VD_4\text{ 通} \end{cases} \end{cases}$$

b 相器件和 c 相器件的导通情况也可同理分析。

如三相网侧电流 $i_a>0$，$i_b<0$，$i_c>0$ 时，PWM 控制对应 8 种开关模式下的电流回路如图 3-51 所示。

(1) 三相桥式 VSR PWM 整流电路，每一瞬时，只能一条电流回路工作。当 i_a、i_b、i_c 方向改变时，又构成新的电流回路。

(2) 从电流电路可见，模式 7 和模式 8 使三相输入点短接。在其他工作模式中，必定有两相输入点短接。电路出现三种情况：整流、回馈和电源短接。

3.4.3.3　三相桥式 VSR PWM 整流电路的控制电路

为了使 VSR PWM 整流电路工作在单位功率因数即 $\lambda\approx1$，就要控制网侧交流电流与网侧交流电压同频率、同相位（或反相位）。依据有没有引入网侧交流电流反馈，将控制分为两种：没有引入网侧交流电流反馈称为间接电流控制；引入网侧交流电流反馈称为直接电流控制。

1．PWM 整流电路间接电流控制

间接电流控制也称相位和幅值控制。这种控制就是依据图 3-26 相量图，控制整流桥输入端交流电压，间接控制网侧交流电流。如单相 VSR 整流桥对交流输入电压 u_s 幅值和相位控制，进而控制网侧交流电流 i_N 与 u_N 间相位和幅值或三相桥式 VSR 整流桥对输入

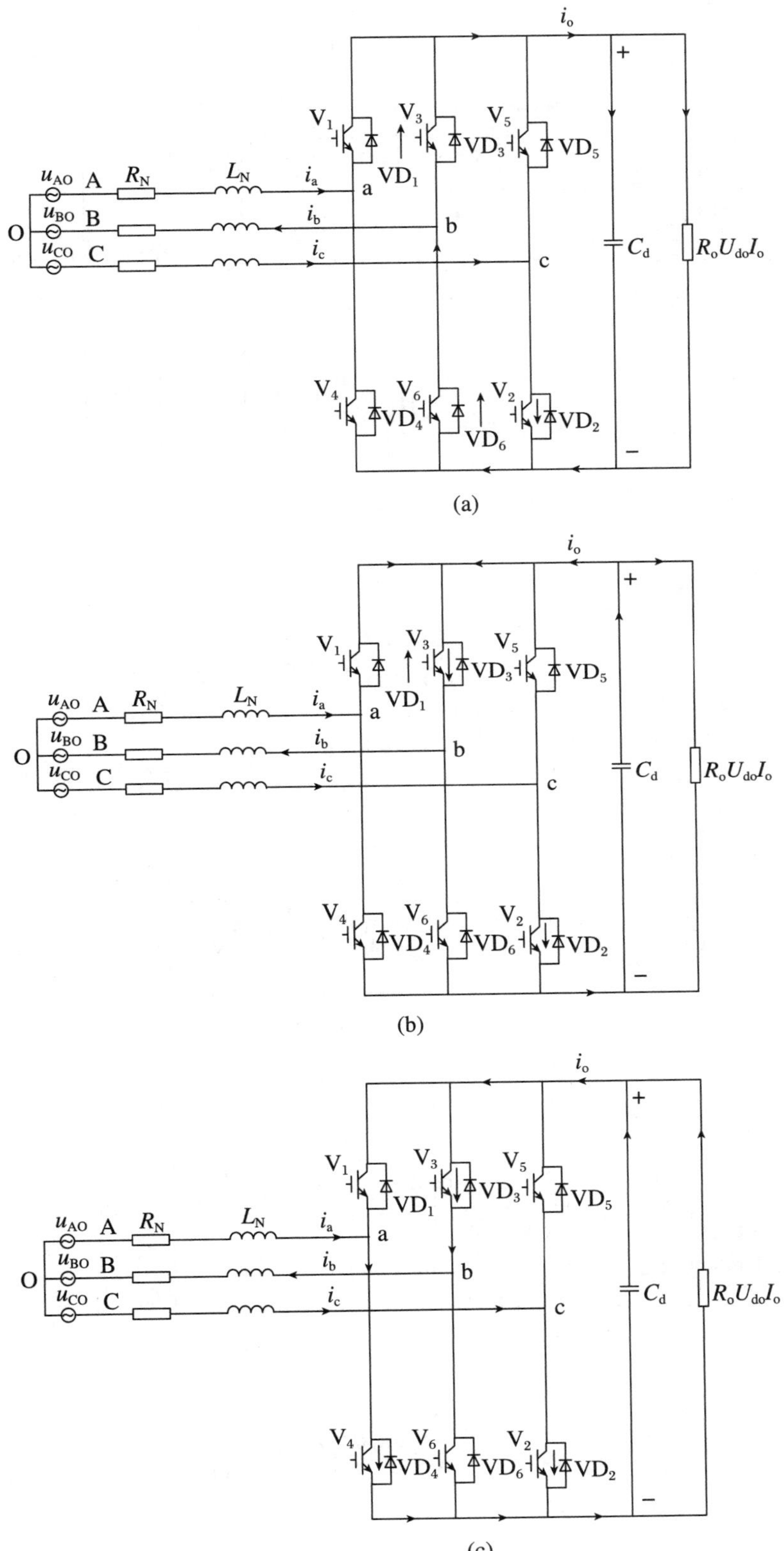

图 3-51　三相桥式 VSR 整流主电路

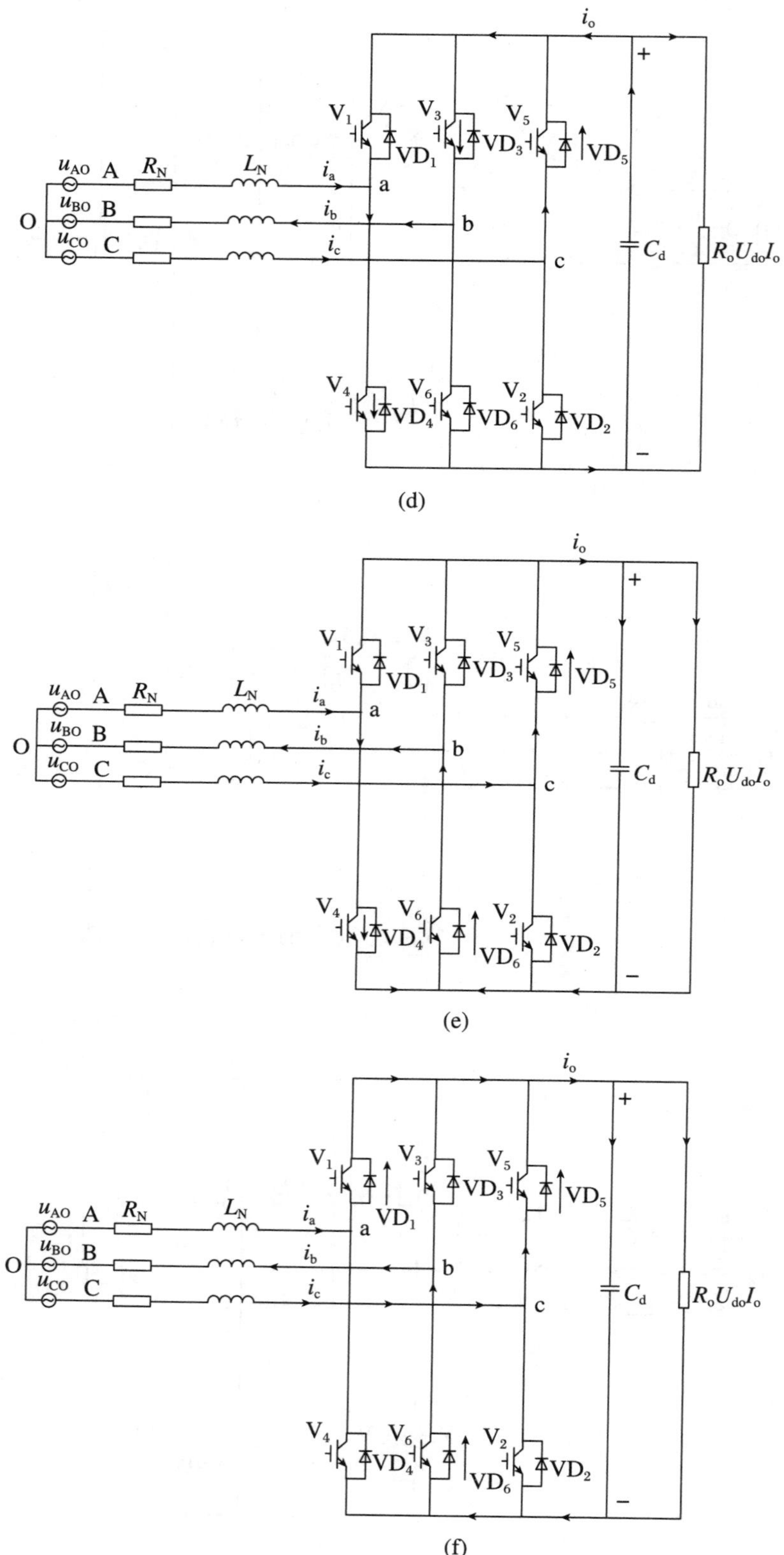

图 3-51　三相桥式 VSR 整流主电路(续)

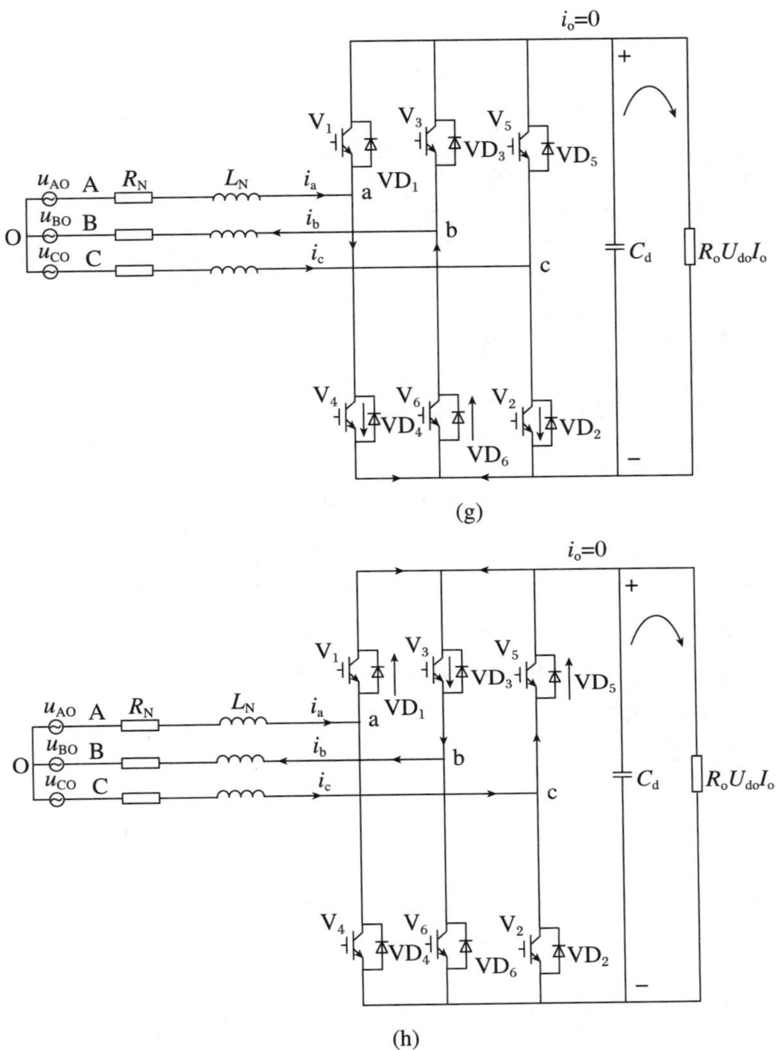

(g)

(h)

图 3-51　三相桥式 VSR 整流主电路(续)

(a) 开关模式 1:100;VD_1、VD_6、V_2 导通:$i_o>0$,$u_{bc}=0$;(b) 开关模式 2:110;VD_1、V_3、V_2 导通:$i_o<0$,$u_{ab}=0$;(c) 开关模式 3:010;V_4、V_3、V_2 导通:$i_o<0$, 逆变状态;(d) 开关模式 4:011;V_4、V_3、VD_5 导通:$i_o<0$,$u_{bc}=0$;(e) 开关模式 5:001;V_4、VD_6、VD_5 导通:$i_o>0$,$u_{ab}=0$;(f) 开关模式 6:101;VD_1、VD_6、VD_5 导通:$i_o>0$, 整流状态;(g) 开关模式 7:000;V_4、VD_6、V_2 导通:$i_o=0$,$u_{ab}=0$,$u_{bc}=0$;(h) 开关模式 8:111;VD_1、V_3、VD_5 导通:$i_o=0$,$u_{ab}=0$,$u_{bc}=0$

电流 i_a、i_b、i_c 与网侧交流电压 u_{AO}、u_{BO}、u_{CO} 间相位和幅值的控制,实现 PWM 整流电路网侧功率因数近似为 1 或任意功率因数值。

图 3-52 为间接电流控制系统结构图。该控制电路是控制三相桥式 VSR PWM 整流主电路,如图 3-50 所示。它由直流电压闭环和交流电压闭环组成。图中直流给定电压 u_{do}^* 与直流反馈电压 u_{dof},其偏差 $\Delta u=u_{do}^*-u_{dof}$,作为直流电压(PI)调节器输入,其输出为直流电流给定 i_o^*,i_o^* 的大小与整流桥输入交流电流的幅值成正比。

直流电压调节器 AVR 采用 PI 算法,实现直流电压 U_{do} 无静差。稳态时 $\Delta u=u_{do}^*-u_{dof}=0$,$u_{do}^*=u_{dof}=U_{do}$,$i_o=I_o$。当 $\Delta u=u_{do}^*-u_{dof}>0$ 时,AVR 输出 i_o^* 增加,整流桥输入的网侧

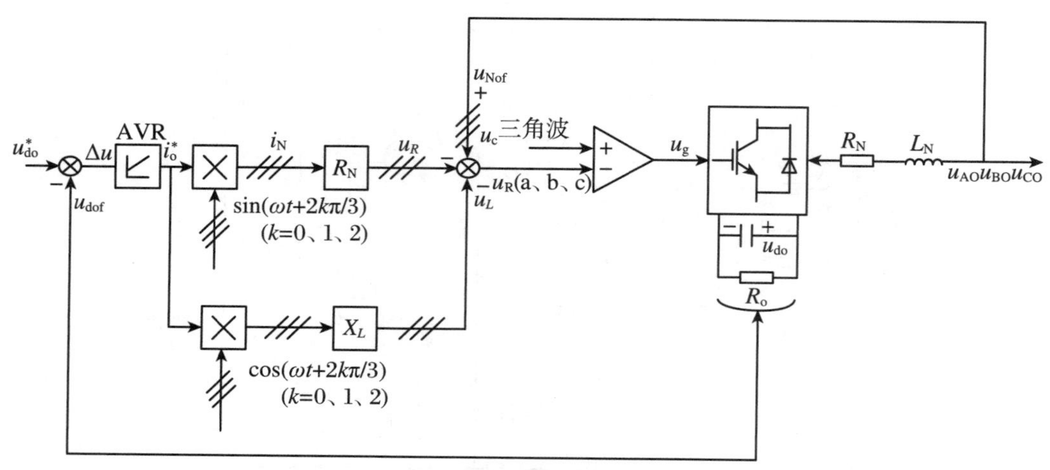

图 3-52　间接电流控制系统结构

交流电流 i_N 增大，进而使 u_{Ra}、u_{Rb}、u_{Rc} 幅值增大脉宽增大，u_{do} 上升，u_{dof} 增大。使 $\Delta u = u_{do}^* - u_{dof} = 0$。使 i_o^* 重新达到稳态值，与较大负载电流 I_o 和较大的交流输入电流相对应。

当负载电流 I_o 减小时，调节过程与上述过程相反。

若整流桥从整流运行变为回馈逆变运行时，首先是负载电流 I_o（i_o）反向，直流电容 C_d 释放能量，使 U_{do} 升高，u_{dof} 增大，出现 $\Delta u = u_{do}^* - u_{dof} < 0$ 负偏差，使 i_o^* 减小后再变为负值。如图 3-26(b)的 D 点运行，$\lambda \approx 1$。当 $\Delta u = 0$ 时，其输出 i_o^* 反向为负值（$i_o < 0$），并与负载电流 I_o 大小相对应。

图 3-52 上面的乘法器是由三个单相乘法器组成的。i_o^* 分别乘以 i_N 正弦信号 $\sin\left(\omega t + \frac{2k\pi}{3}\right)$（$k = 0$、1、2），再乘以等效电阻 R_N，得到各相电流在 R_N 上的压降 $u_{aR} = i_a \cdot R_N$，$u_{bR} = i_b \cdot R_N$，$u_{cR} = i_c \cdot R_N$。

图 3-52 下面的乘法器也是由三个单相乘法器构成。i_o^* 分别乘以 i_N 余弦信号 $\cos\left(\omega t + \frac{2k\pi}{3}\right)$（$k = 0$、1、2），再乘以电抗 $X_L = \omega L_N$，得到各相电流在 L_N 上电感电压 u_{aL}、u_{bL}、u_{cL}。这样 $\dot{U}_{aO} = \dot{U}_{AO} - \dot{U}_{aR} - \dot{U}_{aL}$，$\dot{U}_{bO} = \dot{U}_{BO} - \dot{U}_{bR} - \dot{U}_{bL}$ 和 $\dot{U}_{cO} = \dot{U}_{CO} - \dot{U}_{cR} - \dot{U}_{cL}$。即得到 a、b、c 三相的正弦调制波 u_{Ra}、u_{Rb} 和 u_{Rc}。再与三角波的载波 u_c 相比较，决定功率器件的脉冲符号 U_g 高、低电平。去控制整流桥功率器件的通断，实现三相桥式 VSR PWM 整流工作。

这种间接控制电流 i_a、i_b 和 i_c 的方法，要用到电路参数 R_N 和 L_N，当 R_N 和 L_N 的运算值和实际值有误差时，必然会影响到控制效果。此外，它是基于系统静态相量图 3-26 设计的，动态特性较差。

2. PWM 整流电路直接电流控制

这种控制方法中，是通过运算求出整流桥网侧输入的交流电流给定值 i_k^*（$k = a$、b、c），如图 3-53 所示。

再引入交流电流反馈 i_{kf}（$k = a$、b、c），对交流电流直接控制，让 i_a、i_b、i_c 跟踪 $i_{a,b,c}^*$ 交流电流给定值。

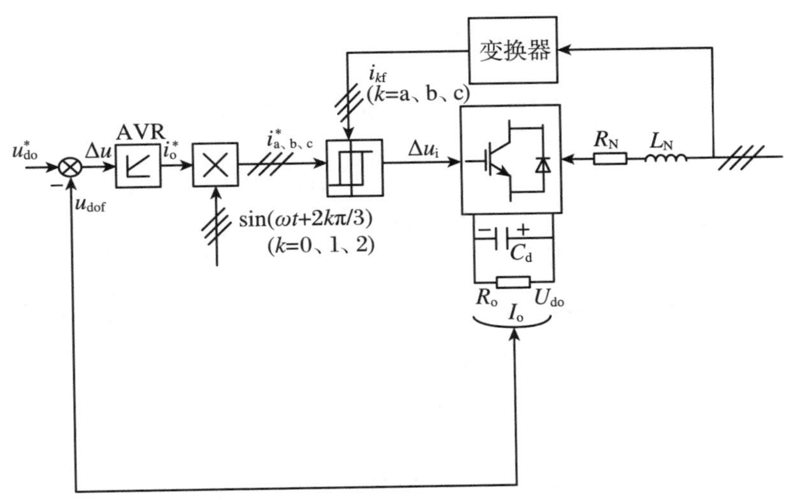

图 3-53　直接电流控制系统结构图

这种交流电流直接控制系统，是以直流电压 U_{do} 为外环，以交流电流 i_a、i_b 和 i_c 为电流内环的双闭环控制 PWM 整流系统。

直流电压 U_{do} 外环结构，同间接电流控制的直流电压环，这里不再重复。交流电流内环最常用的是电流滞环控制结构，如图 3-53 所示。

该法控制结构简单，电流响应速度快，控制运算中没有使用电路参数。系统鲁棒性好，因而获得较多的使用。

3.4.4　桥式电流型 PWM 整流电路

电流型(CSR)PWM 整流电路可分为单相桥式 CSR 和三相桥式 CSR 结构，如图 3-44 和图 3-45 所示。

3.4.4.1　单相桥式电流型 PWM 整流电路

1．单相桥式 CSR 整流主电路主要元件的作用

如图 3-54 所示单相桥式 CSR PWM 整流主电路。在该电路中，交流回路的 L_N 和 C_N 构成二阶滤波器，这一点与电压型整流电路交流回路不同。滤除网侧谐波电流并抑制网侧谐波电压，缓冲能量，平衡电压 u_L 和电流 $i_C = i_N - i_s$。

整流桥路由全控型器件 $V_1 \sim V_4$ 与顺向串联功率二极管 $VD_1 \sim VD_4$ 构成。功率二极管顺向串联可阻断反向电流和提高全控型器件 $V_1 \sim V_4$ 耐压能力。

直流电感 L_d 是起平衡直流电压、滤波和缓冲能量的作用，呈现高阻抗具有恒流源属性。等效负载为 R_o，直流平均电压为 U_{do} 和直流平均负载电流为 I_o(其瞬时直流电流为 i_o)。

2．单相桥式 CSR PWM 整流电路工作原理

CSR PWM 整流运行的关键在于对 CSR 交流侧电流 i_s 的控制。i_s 与单相桥式 VSR 交流侧电压 u_s 具有对偶性，单相 VSR 通过控制交流侧电压 u_s 幅值和相位，去控制交流侧电流 i_N 与 u_N 间相位 φ_1，实现功率因数近似为 1 整流工作。而单相 CSR 是控制交流侧电流 i_s 的幅值和相位，维持功率因数近似为 1 整流工作。

从图 3-54 可见，有 $\dot{I}_N = \dot{I}_C + \dot{I}_s$。$\dot{I}_C$ 是 C_N 中的超前电容电流。因而 CSR 单相功率因

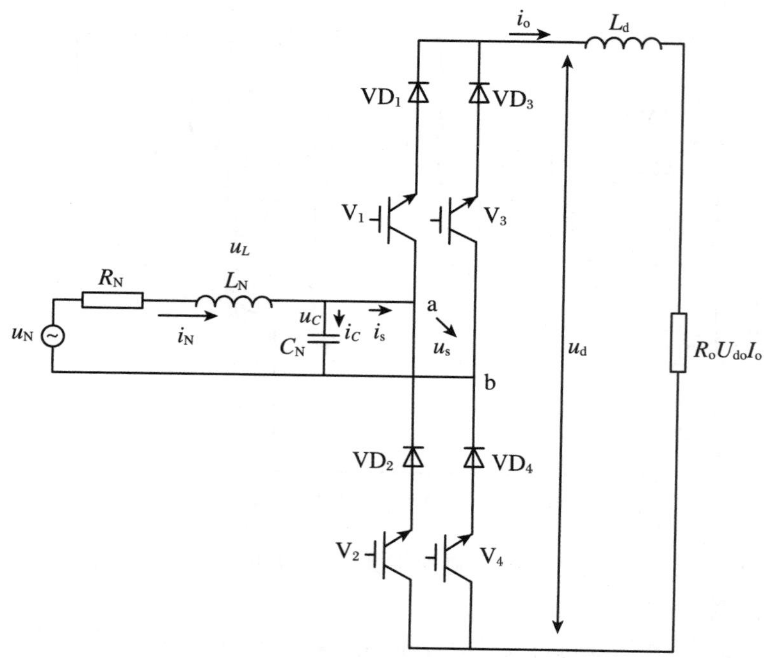

图 3-54　单相桥式 CSR 整流主电路

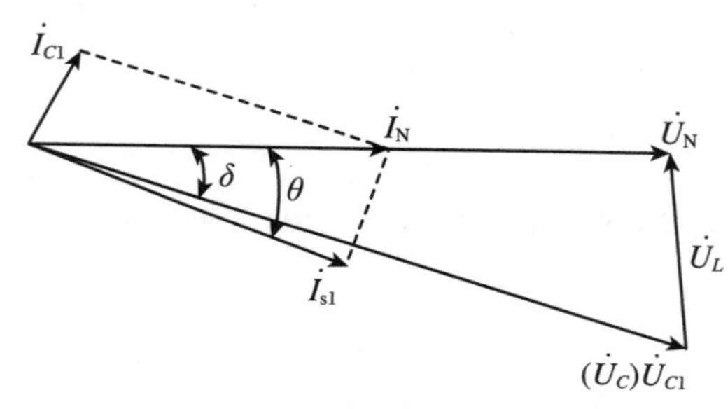

图 3-55　CSR PWM 相量图

数整流运行时，CSR 交流侧需要提供滞后电流。其 $\dot{I}_{C1}=\mathrm{j}\omega C_N\dot{U}_{C1}$（$\dot{I}_{C1}$ 为 $\dot{I}_C$ 的基波分量）。$\dot{U}_{C1}=\dot{U}_N-\dot{U}_L$。$\dot{I}_{s1}$为 $\dot{I}_s$ 的基波分量。$\dot{U}_{C1}$是 $\dot{U}_C$ 的基波分量。$u_{C1}=U_{C1m}\sin(\omega t-\delta)$，$i_{s1}=I_{s1m}\sin(\omega t-\theta)$。用相量图表示上述关系如图 3-55 所示。

3. 单相桥式 CSR PWM 整流电路开关模式

对图 3-54 采用单极性调制时，当交流侧基波电流 i_{s1}正半周时，在上桥臂器件导通，i_s 在 I_o 和 0 之间切换；在 i_{s1}负半周时，在下桥臂器件导通，则 i_s 是在 0 和 $-I_o$ 之间切换。因此，单相桥式 CSR 开关函数可用三值逻辑开关函数来描述：

$$\sigma=\begin{cases}1 & V_1、VD_1 \text{ 与 } V_4、VD_4 \text{ 导通}\\ 0 & V_1、VD_1，V_2、VD_2 \text{ 或 } V_3、VD_3，V_4、VD_4 \text{ 导通}\\ -1 & V_3、VD_3 \text{ 与 } V_2、VD_2 \text{ 导通}\end{cases}$$

可见，单相桥式 CSR 共有四种开关模式，如表 3-4 所示。

表 3-4　单相桥式 CSR 单极性调制开关模式

开关模式	1	2	3	4
导通器件	V_1、VD_1 与 V_4、VD_4	V_1、VD_1 与 V_2、VD_2	V_3、VD_3 与 V_4、VD_4	V_3、VD_3 与 V_2、VD_2
开关函数	$\sigma=1$	$\sigma=0$	$\sigma=0$	$\sigma=-1$

从表中可见，开关模式 2 及开关模式 3，是同一桥臂功率器件导通，所以交流侧电流 $i_s=0$，故将模式 2 和模式 3 称为零模式。零模式选择应以功率器件切换次数最少的原则去选。其不同开关模式下的电流回路如图 3-56 所示。

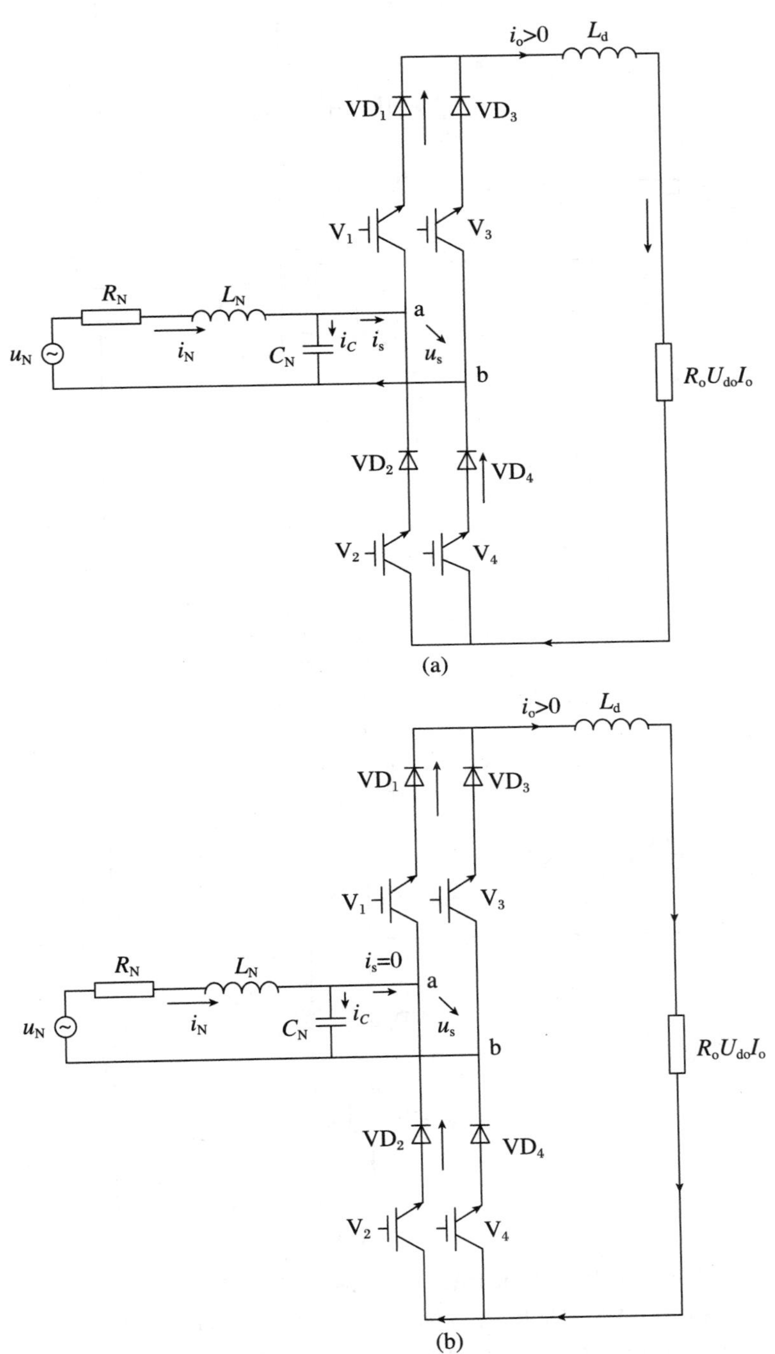

图 3-56　单相桥式 CSR PWM 整流电路不同开关模式电路图

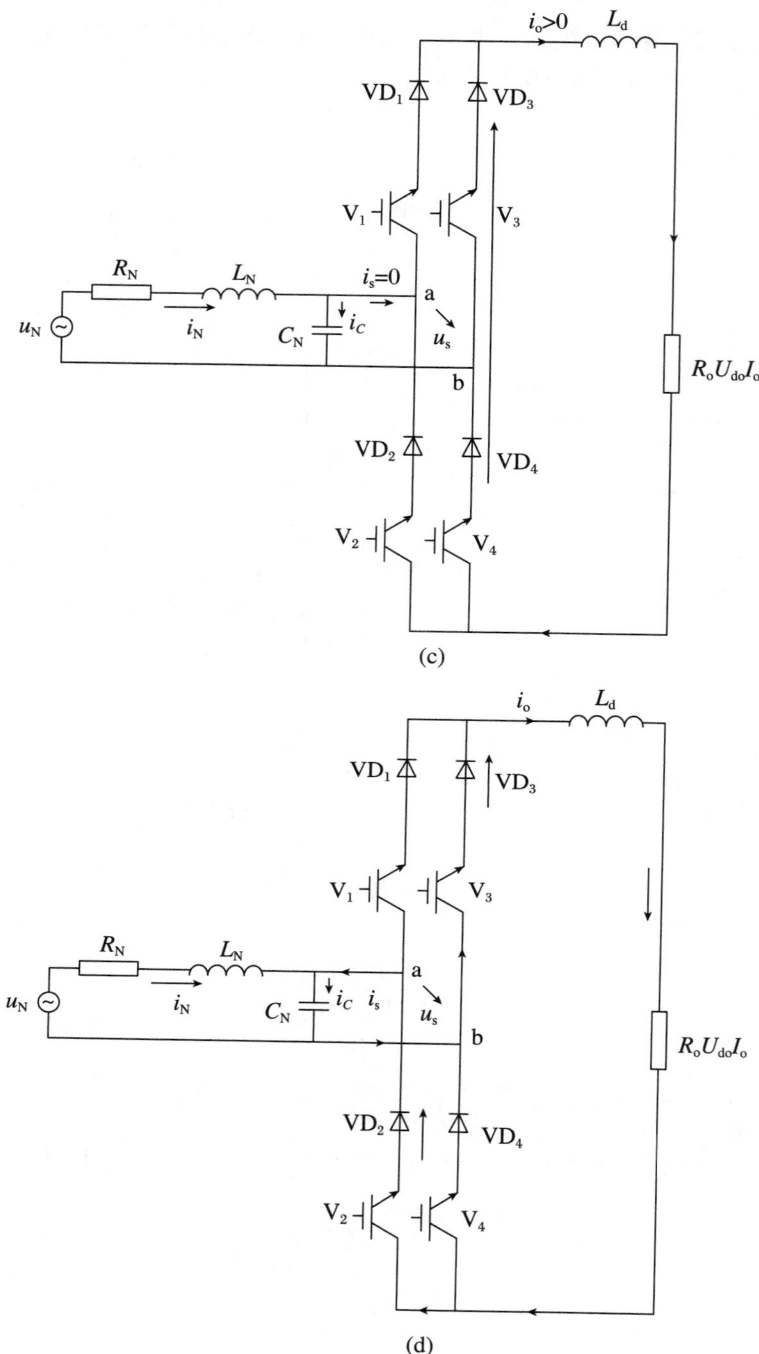

图 3-56　单相桥式 CSR PWM 整流电路不同开关模式电路图(续)

(a) 开关模式 1($\sigma=1$)：V_1、VD_1 与 V_4、VD_4 导通，$i_s>0$，$i_o>0$，L_d 释放能量，维持 $i_o>0$，L_NC_N 储能；(b) 开关模式 2($\sigma=0$)：V_1、VD_1 与 V_2、VD_2 导通，$i_s=0$，$i_o>0$ 整流运行，电网向负载供电；(c) 开关模式 3($\sigma=0$)：V_3、VD_3 与 V_4、VD_4 导通，$i_s=0$，L_d 释放能量，维持 $i_o>0$，L_NC_N 储能；(d) 开关模式 4($\sigma=-1$)：V_3、VD_3 与 V_2、VD_2 导通，$i_s<0$，$i_o>0$，逆变运行，负载向电网回馈能量

3.4.4.2　三相桥式电流型 PWM 整流电路

作为 VSR PWM 整流电路的对偶形式的 CSR PWM 整流电路，在中高功率交流电动机传动、直流输电、无功补偿、功率因数校正等方面已有应用。图 3-57 为三相桥式 CSR PWM 整流主电路。

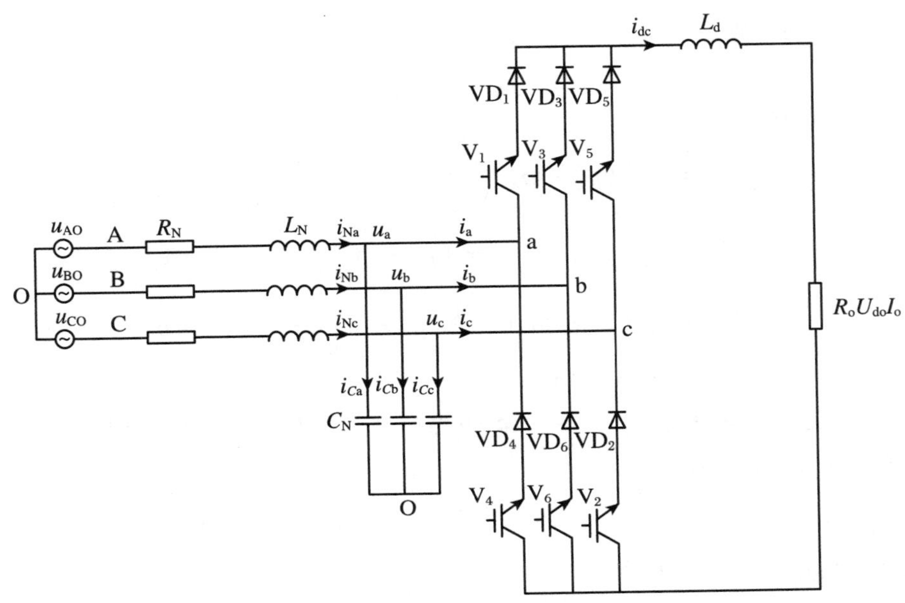

图 3-57　三相桥式 CSR PWM 整流主电路

1．主电路主要元件的作用

交流回路：u_{AO}、u_{BO}、u_{CO}三相电网对称互差 120°的电压。L_N 与 C_N 构成二阶滤波器，滤去高次谐波电流并抑制谐波电压。C_N 为星形连接。

其中，$i_{Na}=i_{Ca}+i_a$；$i_{Nb}=i_{Cb}+i_b$；$i_{Nc}=i_{Cc}+i_c$。

整流桥由全控型器件 V_1～V_6 与顺向串联功率二极管 VD_1～VD_6 构成。顺向串联 VD_1～VD_6 可提高全控型器件 IGBT（V_1～V_6）反向阻断能力。

直流侧串联电感 L_d 起平衡电压、滤波和缓冲能量作用。呈高阻抗恒流源属性。等效负载为 R_o，平均直流电压为 U_{do}，平均负载电流为 I_o，瞬时电流为 i_{dc}。

2．开关模式

对交流侧电流 i_a、i_b、i_c 的 PWM 控制，其幅值和相位需要采用三值逻辑 PWM 信号发生技术。即三值逻辑开关函数 σ_j（j = a、b、c）来表述：

$$\sigma_j=\begin{cases}1 & \text{上桥臂器件导通，下桥臂器件关断}\\0 & \text{同一桥臂器件导通或关断}\\-1 & \text{下桥臂器件导通，上桥臂器件关断}\end{cases}$$

三值逻辑开关函数 σ_j（j = a、b、c）控制 i_a、i_b、i_c 必须满足

$$\sum_{j=a,b,c}\sigma_j = 0 \tag{3-84}$$

为了用于三相 CSR 的三值逻辑 PWM 信号简单，若在三角载波 PWM 二值逻辑信号基础上，产生三值逻辑 PWM 信号需要二值与三值逻辑信号的转换关系。

将(1，－1)双极性二值开关函数 p_j（j = a、b、c）与三值(1、0、－1)逻辑开关函数 σ_j（j =

a、b、c)联系起来，并满足式(3-84)。

则可令

$$\sum_{j=\mathrm{a,b,c}} \sigma_j = \frac{1}{2}\sum_{k=\mathrm{a',b',c'}}(p_j - p_k) = 0$$

$$\begin{cases} k \neq j \\ k = \mathrm{a',b',c'}\text{均为二值。} \\ j = \mathrm{a,b,c} \end{cases}$$

将此式展开，则

$$\begin{aligned} \sum_{j=\mathrm{a,b,c}} \sigma_j &= \frac{1}{2}[(p_\mathrm{a} - p_{\mathrm{a'}}) + (p_\mathrm{b} - p_{\mathrm{b'}}) + (p_\mathrm{c} - p_{\mathrm{c'}})] \\ &= \frac{1}{2}[(p_\mathrm{a} - p_{\mathrm{b'}}) + (p_\mathrm{b} - p_{\mathrm{c'}}) + (p_\mathrm{c} - p_{\mathrm{a'}})] \\ &= \frac{1}{2}(p_\mathrm{a} - p_{\mathrm{b'}}) + \frac{1}{2}(p_\mathrm{b} - p_{\mathrm{c'}}) + \frac{1}{2}(p_\mathrm{c} - p_{\mathrm{a'}}) \\ &= \sigma_\mathrm{a} + \sigma_\mathrm{b} + \sigma_\mathrm{c} \end{aligned}$$

显然，三值逻辑开关函数 σ_j（$j=\mathrm{a,b,c}$）可由（1、−1）双极性二值逻辑开关函数 p_j（$j=\mathrm{a,b,c}$）的线性组合来表达，即

$$\sigma_\mathrm{a} = \frac{1}{2}(p_\mathrm{a} - p_{\mathrm{b'}}); \quad \sigma_\mathrm{b} = \frac{1}{2}(p_\mathrm{b} - p_{\mathrm{c'}}); \quad \sigma_\mathrm{c} = \frac{1}{2}(p_\mathrm{c} - p_{\mathrm{a'}}) \tag{3-85}$$

将式(3-85)写成矩阵形式，即

$$\begin{bmatrix} \sigma_\mathrm{a} \\ \sigma_\mathrm{b} \\ \sigma_\mathrm{c} \end{bmatrix} = \frac{1}{2}\begin{bmatrix} 1 & -1 & 0 \\ 0 & 1 & -1 \\ -1 & 0 & 1 \end{bmatrix}\begin{bmatrix} p_\mathrm{a} \\ p_\mathrm{b} \\ p_\mathrm{c} \end{bmatrix} \tag{3-86}$$

表 3-5 给出了二、三值逻辑关系及其相关状态值。

表 3-5　二、三值逻辑转换及状态(开关模式)

(1、−1)二值 p_a、p_b、p_c	(1,0、−1)三值 σ_a、σ_b、σ_c	上桥臂器件 V_1、V_3、V_5	上桥臂器件 V_4、V_6、V_2	三值逻辑状态序号	线电压
1、−1、1	1、−1、0	⊘○○	○⊘○	模式 1	u_{ab}
1、−1、−1	1、0、−1	⊘○○	○○⊘	模式 2	u_{ac}
1、1、−1	0、1、−1	○⊘○	○○⊘	模式 3	u_{bc}
−1、1、−1	−1、1、0	○⊘○	⊘○○	模式 4	u_{ba}
−1、1、1	−1、0、1	○○⊘	⊘○○	模式 5	u_{ca}
−1、−1、1	0、−1、1	○○⊘	○⊘○	模式 6	u_{cb}
−1、−1、−1	0、0、0	⊘○○	⊘○○	模式 7(a 臂通)	0
1、1、1		○⊘○	○⊘○	模式 8(b 臂通)	0
		○○⊘	○○⊘	模式 9(c 臂通)	0

注：⊘ 表示器件导通；○ 表示器件关断。

例如，表 3-5 中模式 5 转换关系为 $p_\mathrm{a}=-1$，$p_\mathrm{b}=1$，$p_\mathrm{c}=1$，转为三值为

$$\sigma_a = \frac{1}{2}(p_a - p_b) = \frac{1}{2}(-1-1) = -\frac{2}{2} = -1$$

$$\sigma_b = \frac{1}{2}(p_b - p_c) = \frac{1}{2}(1-1) = 0$$

$$\sigma_c = \frac{1}{2}(p_c - p_a) = \frac{1}{2}[1-(-1)] = 1$$

该结果即表 3-5 中模式 5 所示状态。

从表 3-5 可见，任何开关模式下，三相桥式电流型 PWM 整流电路上下桥臂只有一个，也只需一个功率器件导通，就构成 i_{dc} 的闭合电路。要确保直流侧电感 L_d 电流回路不能开路。三相 CSR PWM 整流电路共有九种开关模式。其中模式 7～模式 9，是使三相桥式 CSR 交流侧电流为零的模式，故称“零模式”。与三相桥式 VSR PWM 整流电路“零模式”相似，从桥路输出特性而言，“零模式”可任选，但从开关损耗而言，应以开关器件切换次数最少为“零模式”选择准则。

3．波形分析

三相桥式 CSR PWM 整流主电路，按图 3-57 所示进行分析。因三相电网平衡，则将三相电网电压 u_{AO}、u_{BO}、u_{CO} 的中性点 O 与三相 CSR 网侧 L_N、C_N 滤波器电容 C_N 中性点 O 同电位点。这样三相 CSR 交流侧可分解成三个单项 CSR，因此三相 CSR 交流侧波形分析可简化成单相 CSR 交流侧波形分析。而对于三相 CSR 直流侧波形，则只需将三个单相 CSR 直流侧波形叠加即可。但三个单相 CSR PWM 各自的调制信号相位应互差120°。三相 CSR PWM 相关波形如图 3-58 所示。以 a 相波形为例进行波形分析：

（1）电网 A 相电压波形 $u_{AO} = U_{Nm}\sin \omega t$。

（2）三值（1、0、－1）逻辑开关函数 σ_a 波形，如图 3-58(a)所示。其 a 相单极性调制电流 $i_{at}(t)$ 波形如图 3-58(b)所示。

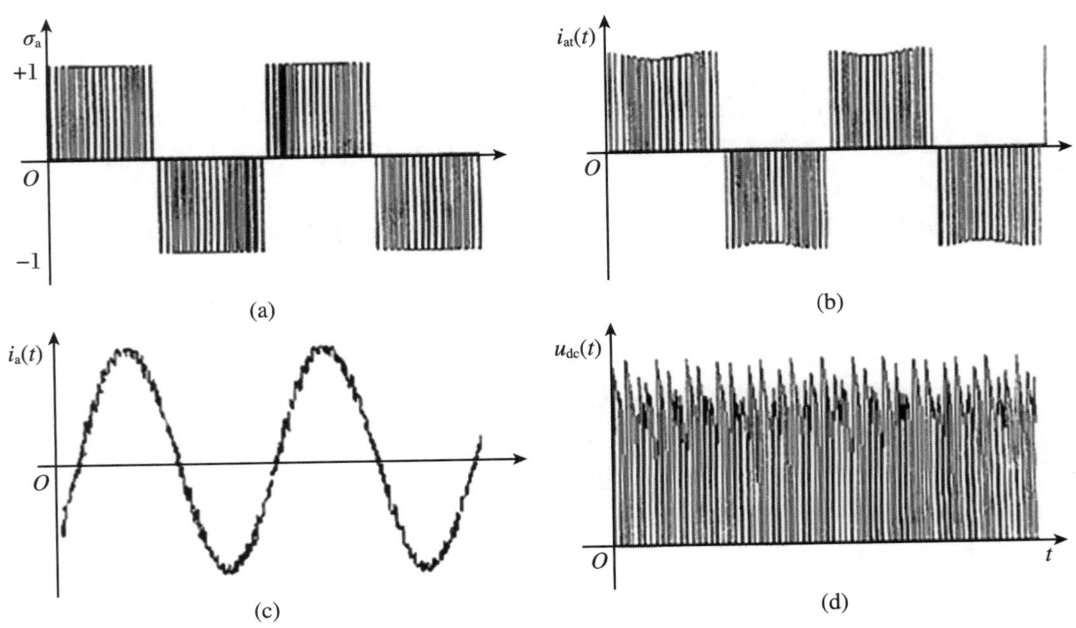

图 3-58　三相 CSR PWM 相关波形

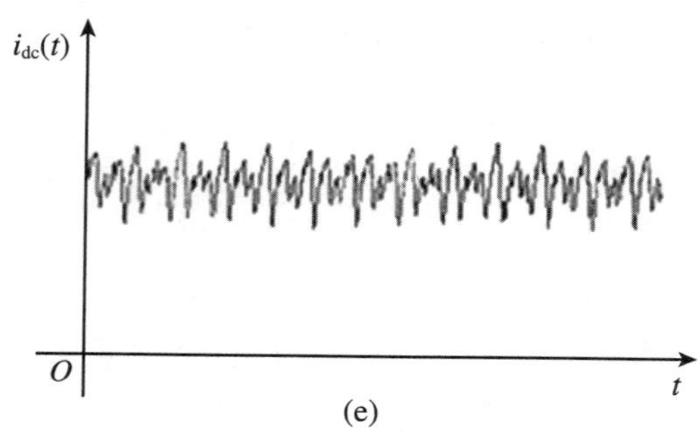

(e)

图 3-58　三相 CSR PWM 相关波形(续)

(3) 交流侧电流 i_a 波形,如图 3-58(c)所示。

图 3-58(c)为三相 CSR a 相交流侧电流。其 b 相、c 相电流 i_b 和 i_c 均可用三值逻辑开关函数 σ_j(j=a、b、c)描述,即 $i_j=\sigma_j \cdot i_o \approx \sigma_j \cdot I_o$。

显然,对于三相 CSR 任一相交流侧电流 i_j,其波形为单极性调制的电流 PWM 波形。在电网电压正半周(a 相),其 i_a 在 I_o 及 0 间切换,在负半周(a 相),其 i_a 在 0 及 $-I_o$ 间切换。即 i_j 为 PWM 三电平波形。i_b 和 i_c 也是在 I_o 及 0 或 $-I_o$ 及 0 之间切换。

习　题

3-1　单相桥式全控整流电路和单相桥式半控整流电路接大电感负载,负载两端并接续流二极管的作用是什么?两者的作用是否相同?

3-2　在单相桥式全控整流电路中有电阻性负载。如果一个晶闸管不能导通,此时整流波形如何?如果有一个晶闸管被击穿(短路),对其他晶闸管有什么影响?

3-3　在三相半波整流电路中,如果 a 相的触发脉冲消失,试绘出在电阻性负载和电感性负载下的整流电压波形。

3-4　一个单相桥式全控整流电路的 $\alpha=60^\circ$,$U_s=220$ V,求在电阻负载 $R=10\ \Omega$ 和阻感负载 $R=10\ \Omega$、$L=\infty$ 情况下的整流电压 U_o、负载电流 I_o 与电源输入电流 I_s,并作出 u_o、i_o 与 i_s 的波形。

3-5　单相桥式全控整流电路中,$U_2=100$ V,负载 $R=2\ \Omega$,L 值极大,反电动势 $E=60$ V,当 $\alpha=30^\circ$时,要求:

① 作出 u_d、i_d 和 i_2 的波形;

② 求整流输出平均电压 U_d、电流 I_d,变压器二次电流有效值 I_2;

③ 考虑安全裕量,确定晶闸管的额定电压和额定电流。

3-6　三相半波整流电路的共阴极接法与共阳极接法中,a、b 两相的自然换相点是同一点吗?如果不是,它们在相位上差多少度?

3-7　三相半波可控整流电路中,$U_2=100$ V,带阻感负载,$R=5\ \Omega$,L 值极大,当 $\alpha=60^\circ$时,要求:

① 作出 u_d、i_d 和 i_{VT}的波形;

② 计算 U_d、I_d、I_{dVT}和 I_{VT}。

3-8　单相桥式全控整流电路,反电动势阻感负载,$R=1\ \Omega$,$L=\infty$,$E=40$ V,$U_2=$

100 V，$L_B=0.5$ mH，当 $\alpha=60°$时，求 U_d、I_d 与 γ 的数值，并画出整流电压 u_d 的波形。

3-9　在单相桥式全控整流电路中，其整流输出电压中含有哪些次数的谐波？其中幅值最大的是哪一次？变压器二次电流中含有哪些次数的谐波？其中主要的是哪几次？

3-10　使变流器工作在有源逆变状态的条件是什么？

3-11　三相全控桥变流器，反电动势阻感负载，$R=1\ \Omega$，$L=\infty$，$U_2=220$ V，$L_B=1$ mH，当 $E_M=-400$ V，$\beta=60°$时，求 U_d、I_d 与 γ 的数值，此时送回电网的有功功率是多少？

3-12　什么是逆变失败？如何防止逆变失败？

3-13　单相桥式全控整流电路、三相桥式全控整流电路中，当负载分别为电阻负载或电感负载时，晶闸管的 α 角移相范围分别是多少？

3-14　何谓 PWM、SPWM、SVPWM 控制？其各有什么特点？

3-15　单极性和双极性 SPWM 波形主要特点是什么？

3-16　画出正弦波半个周期脉冲数 $N=5$ 的单极性 SPWM 调制波形。

3-17　为什么较多地采用三角波作为载波？

3-18　调制比 $M\geqslant 1$ 为什么不能采用？

3-19　载波比 $N>1$ 是否愈大愈好？

3-20　SPWM 波生成有哪些方法？

3-21　什么是自然采样法和规则采样法？

3-22　何谓低次谐波消去法？如何用低次谐波法消去指定的谐波？

3-23　什么是电流滞环跟踪型 SPWM 法？

3-24　何谓电压空间矢量？变流器输出端电压空间矢量轨迹（即磁链轨迹）是圆形，还是 SPWM 波形？

3-25　六边形电压空间矢量轨迹中电压空间矢量 $\boldsymbol{u}_3$ 为什么是 $\boldsymbol{u}_3=U_d e^{j\pi}$？相邻电压空间矢量相位角是多少电角度？

3-26　三相桥 6 个开关管将直流 $\pm\dfrac{U_d}{2}$ 变为三相交流供电的变流器，按上桥臂导通为“1”，下桥臂导通为“0”设计开关函数，有几种开关组合模式？试写出开关模式（110）和（001）的特征。

3-27　设图 3-29 中，半周期的脉冲数为 5，脉冲幅值为相应正弦波幅值的 2 倍，试按面积等效原理来计算各脉冲的宽度。

3-28　什么是 PWM 整流电路？其优点是什么？

3-29　按直流侧储能元件分为几类 PWM 整流电路？其属性是什么？

3-30　PWM 整流电路的交流回路中 L_N 作用是什么？

3-31　VSR PWM 整流电路与 CSR PWM 整流电路，主电路结构有什么不同？

3-32　PWM 整流电路基本工作原理是什么？为实现网侧功率因数近似为 1 运行，应在电压相量交流侧电压端点轨迹圆上哪一点？为什么？

3-33　PWM 整流电路 u_N、u_{s1}和 u_R 的正弦表达式是什么？为什么？

3-34　单相全桥式 VSR PWM 整流电路有几种开关模式？其电流回路受什么参数制约？

3-35　如何调节单相全桥式 VSR PWN 整流电路的直流电压 U_{do}？

3-36　PWM 整流电路的交流回路中 L_N 计算与选择应考虑哪两个因素？

3-37　三相桥式 VSR PWM 整流电路，有几种开关模式？当交流侧相电流 $i_a>0$，$i_b<0$，$i_c>0$ 时画出 VD_1、VD_5、VD_6 导通时电流回路图。

3-38　三相桥式 VSR PWM 整流电路采用单极性二值逻辑开关控制时线电压、相电压各为几种电平？为什么？

3-39　三相桥式 VSR PWM 整流电路的控制电路，控制网侧电流与网侧电压相位关系，依有没有网侧交流电流反馈分为几种控制方法？并说明直接电流控制原理。

3-40　桥式 CSR PWM 整流电路中，交流回路 L_N、C_N 和直流侧电感 L_d 的作用是什么？

3-41　单相桥式 CSR 和三相 CSR PWM 整流电路各自有几种开关模式？为什么直流侧 L_d 回路不能开路？

第 4 章　直流-交流变换电路

将直流电变成交流电称为逆变。若交流侧接在电网上，即交流侧接有电源时，称为有源逆变；若交流侧直接和负载连接时，称为无源逆变。在不加说明时，逆变电路一般多指无源逆变电路。在已有的各种电源中，蓄电池、干电池、太阳能电池等都是直流电源，当需要这些电源向交流负载供电时，就需要逆变电路。另外，交流电动机调速用变频器、不间断电源、感应加热电源等电力电子装置使用非常广泛，其电路的核心部分都是逆变电路。

换流就是交流电电路工作过程中不断发生电流从一个支路向另一个支路的转移。换流方式在逆变电路中占有突出的地位。逆变电路可以从不同的角度进行分类。如可以按换流方式分，按输出的相数分，也可按直流电源的性质分。若按直流电源的性质分，可分为电压型和电流型两大类。本章将介绍电压型逆变和电流型逆变电路的结构和基本原理以及逆变电路的多重化和多电平逆变电路。

4.1　概　　述

4.1.1　逆变电路的基本原理

逆变电路的输入是直流电压（或电流），而输出则是幅值和频率可调的交流电压（或电流），逆变电路的结构形式如图 4-1 所示。

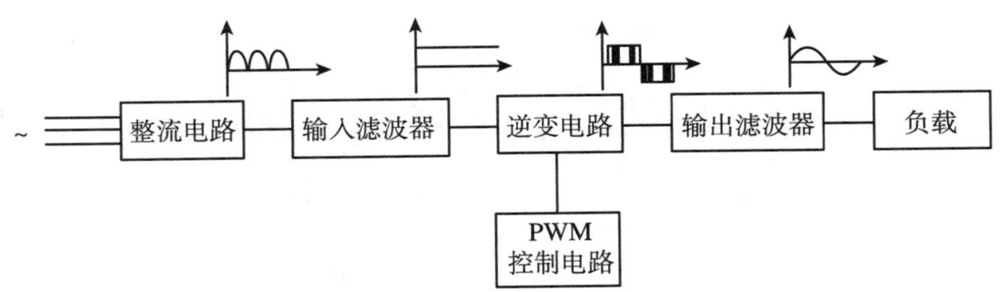

图 4-1　逆变电路的结构形式

图 4-1 中所示的变换电路实际上是交流-直流-交流变换电路。其中的中心环节是由直流变为交流的逆变电路。此外，图中输入滤波器的作用是降低直流端电压脉动并吸收逆变负载端的无功功率；输出滤波器的作用是降低负载端的谐波分量，保证负载电压的波形失真

度达到设计要求。

若按直流电源的性质来分类，逆变电路可分为电压型逆变电路和电流型逆变电路。

在电压型逆变电路中，它们的直流电源是交流整流后由大电容滤波后形成的电压源。此电压源的交流内阻近似为零，它吸收负载端的谐波无功功率。逆变电路工作时，输出电压是幅值等于输入电压的方波电压。为使电感性负载的无功能量能回馈到电源，电压型逆变电路必须在功率开关两端反并联能量回馈二极管。

电流型逆变电路的直流输入是交流整流后经大电感滤波后形成的电流源。此电流源的交流内阻抗近似无穷大，它吸收负载端的谐波无功功率。在工作时，逆变电路输出电流是幅值等于输入电流的方波电流。为适应电感性负载的要求，必须在功率开关上串联二极管，以承受负载感应电势加在功率开关上的反向压降。

电压型和电流型逆变电路的结构不同，应用场合也有区别，具体比较如表 4-1 所示。

表 4-1　电压型和电流型逆变电路的比较

项　　目	电压型逆变器	电流型逆变器
中间滤波环节	电容器 C	电抗器 L
电源阻抗	小	大
负载电压波形	矩形波	近似正弦波
负载电流波形	近似正弦波	矩形波
二极管位置	与功率开关并联	与功率开关串联
再生运行	由于电压极性不能变，难以实现再生运行	便于改变电压极性，容易实现再生运行
常用制动方式	能耗制动	再生制动
使用场合	向多电动机供电，不可逆传动或调速系统以及对快速性要求不高的场合	单机传动，加、减速频繁运行或需要经常反向的场合

现以单相桥式逆变电路为例说明其最基本的工作原理，如图 4-2(a)所示。图中 $S_1 \sim S_4$ 是桥式电路的 4 个臂，它们由电力电子器件及其辅助电路组成。当开关 S_1、S_4 闭合，S_2、S_3 断开时，负载电压 u_o 为正；当开关 S_1、S_4 断开，S_2、S_3 闭合时，u_o 为负，其波形如图 4-2(b)所示。这样，就把直流电变成了交流电，改变两组开关的切换频率，即可改变输出交流电的频率。这就是逆变电路最基本的工作原理。

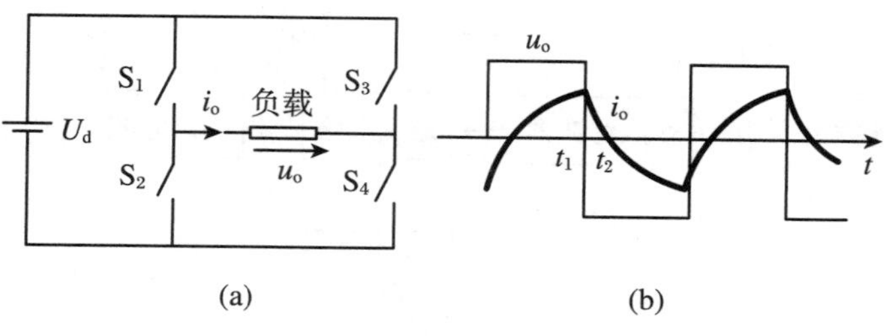

图 4-2　逆变电路及其波形

(a) 电路；(b) 波形

4.1.2　换流方式分类

在图 4-2 的逆变电路工作过程中，在 t_1时刻出现了电流从 S_1到 S_2以及从 S_4到 S_3的转移。电流从一个支路向另一个支路转移的过程称为换流，换流也常称为换相。在换流过程中，有的支路要从通态转移到断态，有的支路要从断态转移到通态。从断态向通态转移时，无论支路是由全控型还是半控型电力电子器件组成，只要给门极适当的驱动信号，就可以使其开通。但从通态向断态转移的情况就不同。全控型器件可以通过门极的控制使其关断，而对于半控型器件的晶闸管来说，就不能通过对门极的控制使其关断，必须利用外部条件或采取其他措施才能使其关断。一般来说，要在晶闸管电流为零后再施加一定时间的反向电压，才能使其关断。因为使器件关断（主要是使晶闸管关断）要比使其开通复杂得多，因此研究换流方式主要是研究如何使器件关断。

一般来说，换流方式可分为以下几种：

1. 器件换流

利用全控型器件的自关断能力进行换流称为器件换流（Device Commutation）。在采用 IGBT、功率 MOSFET、GTO、GTR 等全控型器件的电路中，其换流方式即为器件换流。

2. 电网换流

由电网提供换流电压称为电网换流（Line Commutation）。在换流时，只要把负的电网电压施加在欲关断的晶闸管上即可使其关断。这种换流方式不需要器件具有门极可关断能力，也不需要为换流附加任何元件，但是不适用于没有交流电网的无源逆变电路。

3. 负载换流

由负载提供换流电压称为负载换流（Load Commutation）。凡是负载电流的相位超前于负载电压的场合，都可以实现负载换流。当负载为电容性负载时，即可实现负载换流。另外，当负载为同步电动机时，可以控制励磁电流使负载呈现为容性，因而也可以实现负载换流。

图 4-3(a)是基本的负载换流逆变电路，四个桥臂均由晶闸管组成。其负载是电阻电感串联后再和电容并联，整个负载工作在接近并联谐振状态而略呈容性。在实际电路中，电容往往是为改善负载功率因数，使其略呈容性而接入的。在直流侧串入一个很大的电感 L_d，因而在工作过程中可以认为 i_d基本没有脉动。

电路的工作波形如图 4-3(b)所示。因为直流电流近似为恒值，四个臂开关的切换仅使电流流通路径改变，所以负载电流基本呈矩形波。又因负载工作在对基波电流接近并联谐振的状态，故对基波的阻抗很大而对谐波的阻抗很小，因此负载电压 u_o波形接近正弦波。设在 t_1时刻前 VT_1、VT_4为通态，VT_2、VT_3为断态，u_o、i_o均为正，VT_2、VT_3上施加的电压即为 u_o。在 t_1时刻触发 VT_2、VT_3使其开通，负载电压 u_o就通过 VT_2、VT_3分别加到 VT_4、VT_1上，使其承受反向电压而关断，电流从 VT_1、VT_4转移到 VT_3、VT_2。触发 VT_2、VT_3的时刻 t_1必须在 u_o过零前并留有足够的裕量，才能使换流顺利完成。从 VT_2、VT_3到 VT_4、VT_1的换流过程和上述情况类似。

4. 强迫换流

设置附加的换流电路，给欲关断的晶闸管强迫施加反向电压或反向电流的换流方式称为强迫换流（Forced Commutation）。强迫换流通常利用附加电容上所储存的能量来实现，因此也称为电容换流。

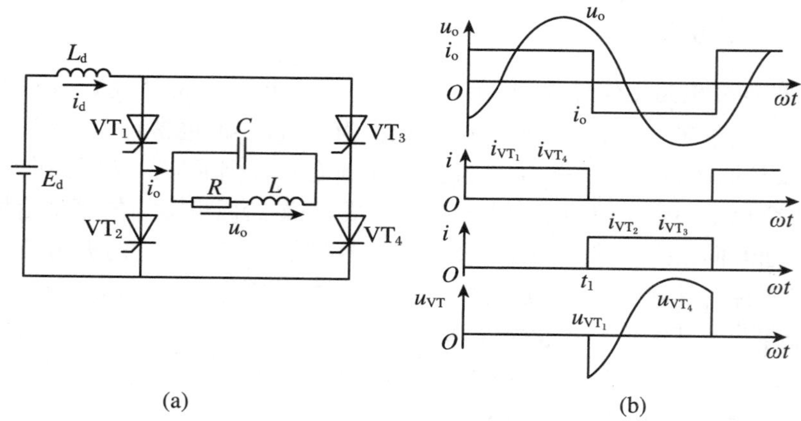

图 4-3　负载换流电路及其工作波形

(a) 电路;(b) 波形

在强迫换流方式中,由换流电路内电容直接提供换流电压的方式称为直接耦合式强迫换流。其原理如图 4-4 所示,图中,在晶闸管 VT 处于通态时,预先给电容 C 按图中所示极性充电。如果合上开关 S,就可以使晶闸管施加反向电压而关断。

如果通过换流电路内的电容和电感的耦合来提供换流电压或换流电流,则称为电感耦合式强迫换流。图 4-5(a)和(b)是两种不同的电感耦合式强迫换流原理图。图 4-5(a)中晶闸管在 LC 振荡第一个半周期内关断,图 4-5(b)中晶闸管在 LC 振荡第二个半周期内关断。因为在晶闸管导通期间,两图中电容所充的电压极性不同。在图 4-5(a)中,接通开关 S 后,LC 振荡电流将反向流过晶闸管 VT,与 VT 的负载电流相减,直到 VT 的合成正向电流减至零后,再流过二极管 VD。在图 4-5(b)中,接通 S 后,LC 振荡电流先正向流过 VT 并和 VT 中原有负载电流叠加,经半个振荡周期 $\pi\sqrt{LC}$ 后,振荡电流反向流过 VT,直到 VT 的合成正向电流减至零后再流过二极管 VD。在这两种情况下,晶闸管都是在正向电流减至零且二极管开始流过电流时关断。二极管上的管压降就是加在晶闸管上的反向电压。

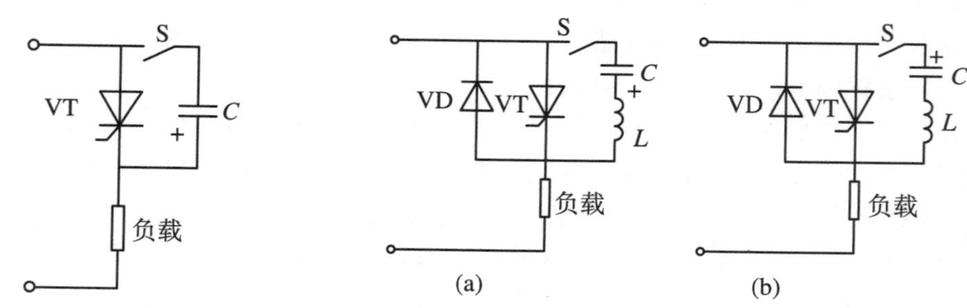

图 4-4　直接耦合式强迫换流原理图

图 4-5　电感耦合式强迫换流原理图

通过给晶闸管加上反向电压而使其关断的换流也叫电压换流(图 4-4 属于此类);若先使晶闸管电流减为零,然后通过反并联二极管使其加上反向电压的换流也叫电流换流(图 4-5 属于此类)。

上述四种换流方式中,器件换流只适用于全控型器件,其余三种方式主要是针对晶闸管而言的。器件换流和强迫换流都是因为器件或变流器自身的原因而实现换流的,二者都属于自换流；电网换流和负载换流不是依靠变流器自身原因，而是借助于外部手段（电网电压或负载电压）来实现换流的，它们属于外部换流。采用自换流方式的逆变电路称为自换流逆变电路，采用外部换流方式的逆变电路称为外部换流逆变电路。

4.2　单相逆变电路

4.2.1　180°导通电压型单相逆变电路

1. 电压型半桥逆变电路

电压型单相半桥逆变电路原理图如图 4-6(a)所示，它有两个桥臂，每个桥臂由一个可控型器件和一个反并联二极管组成。在直流侧接有两个相互串联的足够大的电容，两个电容的连接点便成为直流电源的中点。负载连接在直流电源中点和两个桥臂连接点之间。

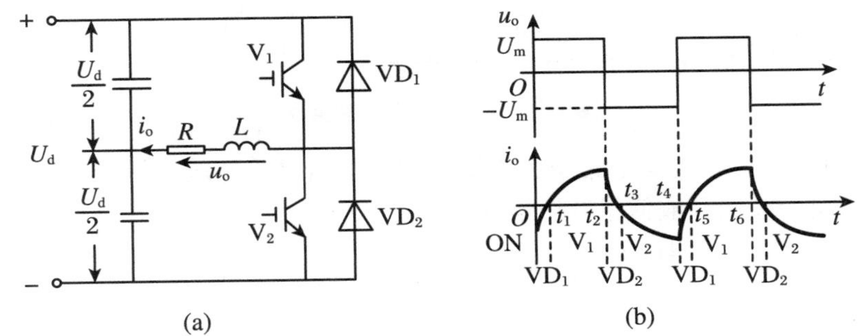

图 4-6　电压型单相半桥逆变电路及其工作波形

(a) 电路；(b) 波形

设开关器件 V_1 和 V_2 的栅极信号在一个周期内各有半周正偏，半周反偏，且二者互补。当负载为感性时，其工作波形如图 4-6(b)所示。输出电压 u_o 为矩形波，其幅值为 $U_m = U_d/2$。输出电流 i_o 波形随负载情况而异。设 t_2 时刻以前 V_1 为通态，V_2 为断态。t_2 时刻给 V_1 关断信号，给 V_2 导通信号，则 V_1 关断，但感性负载中的电流 i_o 不能立即改变方向，于是 VD_2 导通续流。当 t_3 时刻 i_o 降为零时，VD_2 截止，V_2 导通，i_o 开始反向。同样，在 t_4 时刻给 V_2 关断信号，给 V_1 导通信号后，V_2 关断，VD_1 先导通续流，t_5 时刻 V_1 才导通。各段时间内导通器件的名称标于图 4-6(b)的下部。

当 V_1 或 V_2 为通态时，负载电流和电压同方向，直流侧向负载提供能量；而当 VD_1 或 VD_2 为通态时，负载电流和电压反向，负载电感中储藏的能量向直流侧反馈，即负载电感将其吸收的无功能量反馈回直流侧。反馈回的能量暂时储存在直流侧电容器中，直流侧的电容器起着缓冲这种无功能量的作用。因为二极管 VD_1、VD_2 是负载向直流侧反馈能量的通道，故称为反馈二极管；又因为 VD_1、VD_2 起着使负载电流连续的作用，因此又称为续流二极管。当可控型器件是不具有门极可关断能力的晶闸管时，必须附加强迫换流电路才能正常工作。半桥逆变电路的优点是简单，使用器件少。其缺点是输出交流电压的幅值 U_m 仅为

$U_d/2$,且直流侧需要两个电容器串联,工作时还要控制两个电容器电压的均衡。因此,半桥逆变电路常用于几千瓦以下的小功率逆变电源。

2. 电压型全桥逆变电路

电压型全桥逆变电路的原理如图4-7所示,它共有四个桥臂,可以看成由两个半桥电路组合而成。把桥臂1和桥臂4作为一对,桥臂2和桥臂3作为另一对,成对的两个桥臂同时导通,两对交替各导通180°。其输出电压 u_o 的波形和图4-6(b)的半桥逆变电路的波形 u_o 形状相同,也是矩形波,但其幅值高出一倍,$U_m = U_d$。在直流电压和负载都相同的情况下,其输出电流 i_o 的波形也和图4-6(b)中的 i_o 形状相同,仅幅值增加一倍。图4-6中的 VD_1、V_1、VD_2、V_2 相继导通的区间,分别对应于图4-7中的 VD_1 和 VD_4、V_1 和 V_4、VD_2 和 VD_3、V_2 和 V_3 相继导通的区间。关于无功能量的交换,对于半桥逆变电路的分析也完全适用于全桥逆变电路。

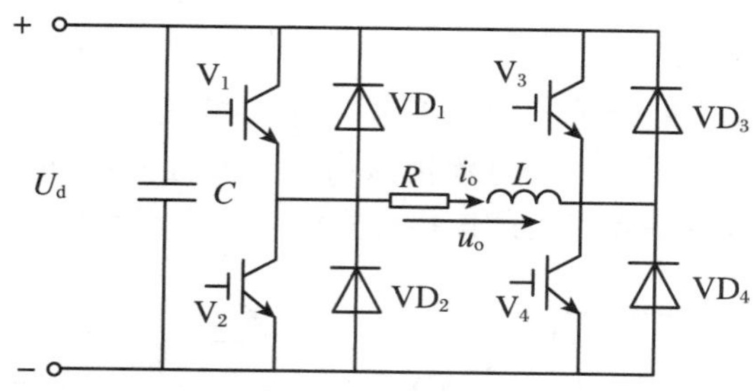

图4-7 电压型全桥逆变电路

全桥逆变电路是单相逆变电路中应用最多的。下面对其电压波形进行定量分析。把幅值为 U_d 的矩形波 u_o 展开成傅里叶级数得

$$u_o = \frac{4U_d}{\pi}\left(\sin \omega t + \frac{1}{3}\sin 3\omega t + \frac{1}{5}\sin 5\omega t + \cdots\right) \tag{4-1}$$

其中基波的幅值 U_{o1m}、基波有效值 U_{o1} 分别为

$$U_{o1m} = \frac{4U_d}{\pi} = 1.27U_d \tag{4-2}$$

$$U_{o1} = \frac{2\sqrt{2}U_d}{\pi} = 0.9U_d \tag{4-3}$$

上述公式对于半桥逆变电路也是适用的,只是式中的 U_d 要换成 $U_d/2$。

前面分析的都是 u_o 为正负电压各为180°的脉冲时的情况,故称为180°导通电压型单相逆变电路。在这种情况下,要改变输出交流电压的有效值只能通过改变直流电压 U_d 来实现。

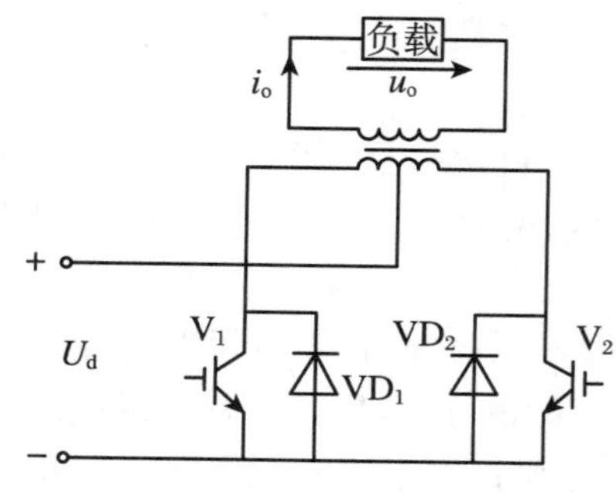

图4-8 带中心抽头变压器的逆变电路

3. 带中心抽头变压器的逆变电路

带中心抽头变压器的逆变电路,如图4-8所示。交替驱动两个IGBT,通过变压器的耦合给负载加上矩形波交流电压。两个二极管的作用也是给负载电感中储藏的无功能量提供反馈通道。在 U_d 和负载参数相同,且变压器一次侧两个绕组和二次侧绕组的匝数比为1∶1∶1的情况下,该电路的输出电压 u_o 和输出电流的波形及幅值与全桥逆变电路完全相同。因此,式(4-1)～式(4-3)也适用于该电路。

图 4-8 的电路虽然比全桥电路少用了一个开关器件，但器件承受的电压却为 $2U_d$，比全桥电路略高一倍，且必须有一个变压器。

4.2.2　120°导通电流型单相逆变电路

图 4-9 是一种单相桥式电流型逆变电路的原理图。电路由四个桥臂构成，每个桥臂的晶闸管各串联一个电抗器 L_T。L_T用来限制晶闸管开通时的 di/dt，各桥臂的 L_T之间不存在互感。使桥臂 1、4 和 2、3 以 1000～2500 Hz 的中频轮流导通，就可以在负载上得到中频交流电。

该电路是采用负载换流方式工作的，要求负载电流略超前于负载电压，即负载略呈容性。图 4-9 中 R 和 L 串联即为感应线圈的等效电路。因为功率因数很低，故并联补偿电容器 C。电容 C 和 L、R 构成并联谐振电路，故这种逆变电路也称为并联谐振式逆变电路。负载换流方式要求负载电流超前于电压，因此补偿电容应使负载过补偿，使负载电路总体上工作在容性小失谐的情况下。

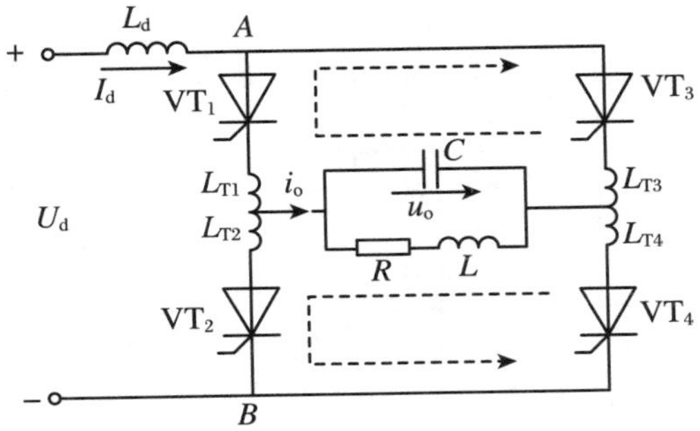

图 4-9　单相桥式电流型逆变电路(并联谐振式)

因为是电流型逆变电路，故其交流输出电流波形接近矩形波，其中包含基波和各奇次谐波，且谐波幅值远小于基波。因基波频率接近负载电路谐振频率，故负载电路对基波呈现高阻抗，而对谐波呈现低阻抗，谐波在负载电路上产生的压降很小，因此负载电压的波形接近正弦波。

图 4-10 是该逆变电路的工作波形。在交流电流的一个周期中，有两个稳定导通阶段和两个换流阶段。

t_1～t_2 之间为晶闸管 VT_1和 VT_4稳定导通阶段，负载电流 $i_o = I_d$，近似为恒值，t_2 时刻之前在电容 C 上，即负载上建立了左正右负的电压。

在 t_2 时刻触发晶闸管 VT_2和 VT_3，因在 t_2 前 VT_2和 VT_3的阳极电压等于负载电压，为正值，故 VT_2和 VT_3导通，开始进入换流阶段。由于每个晶闸管都串有换流电抗器 L_T，故 VT_1和 VT_4在 t_2 时刻不能立刻关断，其电流有一个减小过程。同样，VT_2和 VT_3的电流也有一个增大过程。t_2 时刻后，四个晶闸管全部导通，负载电容电压经两个并联的放电回路同时放电。其中一个回路是经 L_{T1}、VT_1、VT_3、L_{T3}回到电容 C；另一个回路是经 L_{T2}、VT_2、VT_4、L_{T4}回到电容 C，如图 4-9 中虚线所示。在这个过程中，VT_1、VT_4电流逐渐减小，VT_2、VT_3电流逐渐增大。当 $t = t_4$ 时，VT_1、VT_4电流减至零而关断，直流侧电流 I_d 全部从 VT_1、VT_4转移到 VT_2、VT_3，换流阶段结束。$t_4 - t_2 = t_\gamma$ 称为换流时间。因为负载电流 $i_o = i_{VT_1} - i_{VT_2}$，所以 i_o 在 t_3 时刻，即 $i_{VT_1} = i_{VT_2}$过零，t_3时刻大致位于 t_2 和 t_4 的中点。

晶闸管在电流减小到零后，尚需一段时间才能恢复正向阻断能力。因此，在 t_4 时刻换流结束后，还要使 VT_1、VT_4承受一段反压时间 t_β 才能保证其可靠关断。$t_\beta = t_5 - t_4$ 应大于晶闸管的关断时间 t_q。如果 VT_1、VT_4尚未恢复阻断能力就被加上正向电压，将会重新导通，使逆变失败。

为了保证可靠换流，应在负载电压 u_o过零前 $t_\delta = t_5 - t_2$ 时刻去触发 VT_2、VT_3。t_δ 称为触发引前时间，从图 4-10 可得

$$t_\delta = t_\gamma + t_\beta \tag{4-4}$$

从图 4-10 还可以看出，负载电流 i_o 超前于负载电压 u_o 的时间 t_φ 为

$$t_\varphi = \frac{t_\gamma}{2} + t_\beta \tag{4-5}$$

把 t_φ 表示为电角度 φ(弧度)可得

$$\varphi = \omega\left(\frac{t_\gamma}{2} + t_\beta\right) = \frac{\gamma}{2} + \beta \tag{4-6}$$

式中，ω 为电路工作角频率，γ、β 分别是 t_γ、t_β 对应的电角度。φ 也就是负载的功率因数角。

图 4-10 中 $t_4 \sim t_6$ 是 VT_2、VT_3 的稳定导通阶段。t_6 以后又进入从 VT_2、VT_3 导通向 VT_1、VT_4 导通的换流阶段，其过程和前面的分析类似。

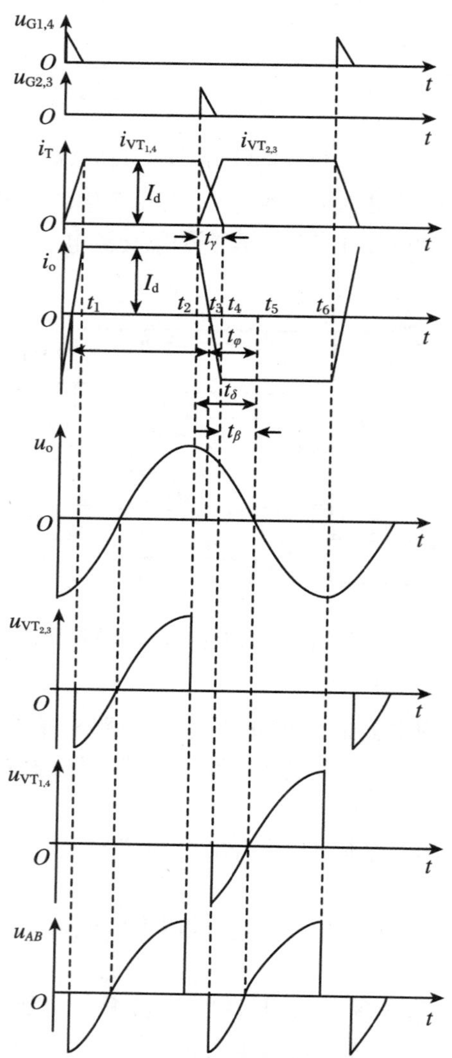

图 4-10　并联谐振式逆变电路工作波形

晶闸管的触发脉冲 $u_{G1} \sim u_{G2}$，晶闸管承受的电压 $u_{VT_1} \sim u_{VT_4}$ 以及 A、B 间的电压 u_{AB} 也都示于图 4-10 中。在换流过程中，上下桥臂的 L_T 上的电压极性相反，如果不考虑晶闸管压降，则 $u_{AB}=0$。可以看出，u_{AB} 的脉动频率为交流输出电压频率的两倍。在 u_{AB} 为负的部分，逆变电路从直流电源吸收的能量为负，即补偿电容 C 的能量向直流电源反馈。这实际上反映了负载和直流电源之间无功能量的交换。在直流侧，L_d 起缓冲这种无功能量的作用。

如果忽略换流过程，i_o 可近似看成矩形波。展开成傅里叶级数可得

$$i_o = \frac{4I_d}{\pi}\left(\sin \omega t + \frac{1}{3}\sin 3\omega t + \frac{1}{5}\sin 5\omega t + \cdots\right) \tag{4-7}$$

其基波电流有效值 I_{o1} 为

$$I_{o1} = \frac{4I_d}{\sqrt{2}\pi} = 0.9I_d \tag{4-8}$$

下面来看一下负载电压有效值 U_o 和直流电压 U_d 的关系，如果忽略电抗器 L_d 的损耗，则 u_{AB} 的平均值应等于 U_d。忽略晶闸管管压降，则从图 4-10 的 u_{AB} 波形可得

$$\begin{aligned} U_d &= \frac{1}{\pi}\int_{-\beta}^{\pi-(\gamma+\beta)} u_{AB}\,\mathrm{d}(\omega t) \\ &= \frac{1}{\pi}\int_{-\beta}^{\pi-(\gamma+\beta)} \sqrt{2}U_o \sin \omega t\,\mathrm{d}(\omega t) \\ &= \frac{\sqrt{2}U_o}{\pi}[\cos(\beta+\gamma) + \cos\beta] \\ &= \frac{2\sqrt{2}U_o}{\pi}\cos\left(\beta + \frac{\gamma}{2}\right)\cos\frac{\gamma}{2} \end{aligned}$$

一般情况下 γ 值较小，可近似认为 $\cos\frac{\gamma}{2}\approx 1$，再考虑到式(4-6)可得

$$U_{\mathrm{d}} = \frac{2\sqrt{2}}{\pi}U_{\mathrm{o}}\cos\varphi$$

或

$$U_{\mathrm{o}} = \frac{\pi U_{\mathrm{d}}}{2\sqrt{2}\cos\varphi} = 1.11\frac{U_{\mathrm{d}}}{\cos\varphi} \tag{4-9}$$

为简化分析，认为负载参数不变，逆变电路的工作频率也是固定的。通常感应线圈的参数是随时间而变化的，固定的工作频率无法保证晶闸管的反压时间 t_β 大于关断时间 t_{q}，可能导致逆变失败。为了保证电路正常工作，必须使工作频率适应负载的变化而自动调整。这种控制方式称为自励方式，即逆变电路的触发信号取自负载端，其工作频率受负载谐振频率的控制而比后者高一个适当的值。与自励式相对应，固定工作频率的控制方式称为他励方式。自励方式存在着启动的问题，因为在系统未投入运行时，负载端没有输出，无法取出信号。解决这一问题的方法之一是先用他励方式，系统开始工作后再转入自励方式。另一种方法是附加预充电启动电路，即预先给电容器充电，启动时将电容能量释放到负载上，形成衰减振荡，检测出振荡信号实现自励。

4.3　三相逆变电路

当负载为中、大功率的三相负载时，需要采用三相逆变电路。三相逆变电路可用三个单相逆变器组成。单相逆变电路可以是半桥式，也可以是全桥式。三个单相逆变器的激励脉冲间彼此相差 120°(超前或滞后)，以便获得三相平衡(基波)的输出。输出变压器二次绕组可以接成星形或三角形。

在三相逆变电路中，实际应用中广泛采用的是三相桥式逆变电路，它可分为电压型和电流型三相桥式逆变电路。

4.3.1　180°导通电压型三相逆变电路

用三个单相逆变电路可以组合成一个三相逆变电路，采用 IGBT 作为开关器件的电压型三相桥式逆变电路如图 4-11 所示，可以看成由三个半桥逆变电路组成。

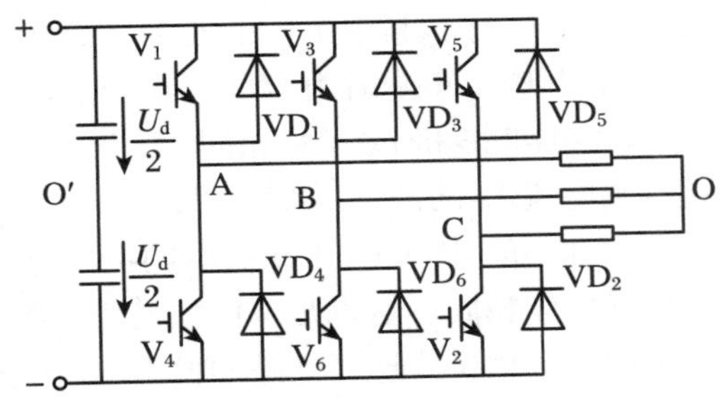

图 4-11　电压型三相桥式逆变电路

图 4-11 电路的直流侧通常只要一个电容器就可以了，但为了分析方便，画作串联的两个电容器并标出了假想中点 O′。和单相半桥、全桥逆变电路相同，电压型三相桥式逆变电路的基本工作方式也是 180°导电方式，即每个桥臂的导电角度为 180°，同一相(即同一

半桥）上下两个臂交替导电，各相开始导电的角度依次相差 120°。这样，在任一瞬间，将有三个桥臂同时导通。可能是上面一个臂下面两个臂，也可能是上面两个臂下面一个臂同时导通。因为每次换流都是在同一相上下两个桥臂之间进行的，因此也称为纵向换流。

下面来分析电压型三相桥式逆变电路的工作波形。对于 A 相输出来说，当桥臂 1 导通时，$u_{AO'} = U_d/2$，当桥臂 4 导通时，$u_{AO'} = -U_d/2$。因此，$u_{AO'}$ 的波形是幅值为 $U_d/2$ 的矩形波。B、C 两相的情况和 A 相类似，$u_{BO'}$、$u_{CO'}$ 的波形形状和 $u_{AO'}$ 相同，只是相位依次差 120°。$u_{AO'}$、$u_{BO'}$、$u_{CO'}$ 的波形如图 4-12 的(a)、(b)、(c)所示。负载线电压 u_{AB}、u_{BC}、u_{CA} 可由下式求出：

$$\begin{aligned} u_{AB} &= u_{AO'} - u_{BO'} \\ u_{BC} &= u_{BO'} - u_{CO'} \\ u_{CA} &= u_{CO'} - u_{AO'} \end{aligned} \tag{4-10}$$

图 4-12(d)是依照上式画出的 u_{AB} 波形。设负载中点 O 与直流电源假想中点 O′之间的电压为 $u_{OO'}$，则负载各相的相电压分别为

$$\begin{aligned} u_{AO} &= u_{AO'} - u_{OO'} \\ u_{BO} &= u_{BO'} - u_{OO'} \\ u_{CO} &= u_{CO'} - u_{OO'} \end{aligned} \tag{4-11}$$

把上面各式相加并整理可求得

$$u_{OO'} = \frac{1}{3}(u_{AO'} + u_{BO'} + u_{CO'}) - \frac{1}{3}(u_{AO} + u_{BO} + u_{CO}) \tag{4-12}$$

设负载为三相对称负载，则有 $u_{AO} + u_{BO} + u_{CO} = 0$，故可得

$$u_{OO'} = \frac{1}{3}(u_{AO'} + u_{BO'} + u_{CO'}) \tag{4-13}$$

$u_{OO'}$ 的波形如图 4-12(e)所示，它也是矩形波，但其频率为 $u_{AO'}$ 频率的 3 倍，幅值为其 1/3，即为 $U_d/6$。

图 4-12(f)给出了利用式(4-11)和式(4-13)绘出的 u_{AO} 的波形，u_{BO}、u_{CO} 的波形和 u_{AO} 相同，仅相位依次相差 120°。

负载参数已知时，可以由 u_{AO} 的波形求出 A 相电流 i_A 的波形。负载的阻抗角 φ 不同，i_A 的波形形状和相位都有所不同。图 4-12(g)给出的是阻感负载下 $\varphi < 60°$ 时 i_A 的波形。桥臂 1 和桥臂 4 之间的换流过程和半桥电路相似。上桥臂 1 中的 V_1 从通态转换到断态时，因负载电感中的电流不能突变，下桥臂 4 中的 VD_4 先导通续流，待负载电流降到零，桥臂 4 中电流反向时，V_4 才开始导通。负载阻抗角 φ 越大，VD_4 导通时间就越长。在 $u_{OO'} > 0$ 时为桥臂 1 导电的区间，其中 $i_A < 0$ 时为 VD_1 导通，$i_A > 0$ 时为 V_1 导通；$u_{OO'} < 0$ 时为桥臂 4 导电的区间，其中 $i_A > 0$ 时为 VD_4 导通，$i_A < 0$ 时为 V_4 导通。

i_B、i_C 的波形和 i_A 形状相同，相位依次相差 120°。把桥臂 1、3、5 的电流加起来，就可得到直流侧电流 i_d 的波形，如图 4-12(h)所示。可以看出，i_d 每隔 60°脉动一次，而直流侧电压是基本无脉动的，因此逆变器从电网侧向直流侧传送的功率是脉动的，且脉动的情况和 i_d 脉动情况大体相同。这也是电压型逆变电路的一个特点。

下面对三相桥式逆变电路的输出电压进行定量分析。把输出线电压 u_{AB} 展开成傅里叶级数得

$$u_{AB} = \frac{2\sqrt{3}U_d}{\pi}\left(\sin \omega t - \frac{1}{5}\sin 5\omega t - \frac{1}{7}\sin 7\omega t + \frac{1}{11}\sin 11\omega t + \frac{1}{13}\sin 13\omega t - \cdots\right)$$

$$= \frac{2\sqrt{3}U_d}{\pi}\left[\sin\omega t + \sum_n \frac{1}{n}(-1)^k \sin n\omega t\right]$$

式中，$n = 6k \pm 1$（k 为自然数）。

输出线电压有效值 U_{AB} 为

$$U_{AB} = \sqrt{\frac{1}{2\pi}\int_0^{2\pi} u_{AB}^2 d(\omega t)} = 0.816U_d \quad (4\text{-}14)$$

其中基波幅值 U_{AB1m} 和基波有效值 U_{AB1} 分别为

$$U_{AB1m} = \frac{2\sqrt{3}U_d}{\pi} = 1.1U_d \quad (4\text{-}15)$$

$$U_{AB1} = \frac{U_{AB1m}}{\sqrt{2}} = \frac{\sqrt{6}}{\pi}U_d = 0.78U_d \quad (4\text{-}16)$$

下面再来对负载相电压 u_{AO} 进行分析。把 u_{AO} 展开成傅里叶级数得

$$u_{AO} = \frac{2U_d}{\pi}\left(\sin\omega t + \frac{1}{5}\sin 5\omega t + \frac{1}{7}\sin 7\omega t + \frac{1}{11}\sin 11\omega t + \frac{1}{13}\sin 13\omega t + \cdots\right)$$

$$= \frac{2U_d}{\pi}\left(\sin\omega t + \sum_n \frac{1}{n}\sin n\omega t\right)$$

式中，$n = 6k \pm 1$（k 为自然数）。

负载相电压有效值 U_{AO} 为

$$U_{AO} = \sqrt{\frac{1}{2\pi}\int_0^{2\pi} u_{AO}^2 d(\omega t)} = 0.471U_d \quad (4\text{-}17)$$

其中基波幅值 U_{AO1m} 和基波有效值 U_{AO1} 分别为

$$U_{AO1m} = \frac{2U_d}{\pi} = 0.637U_d \quad (4\text{-}18)$$

$$U_{AO1} = \frac{U_{AO1m}}{\sqrt{2}} = 0.45U_d \quad (4\text{-}19)$$

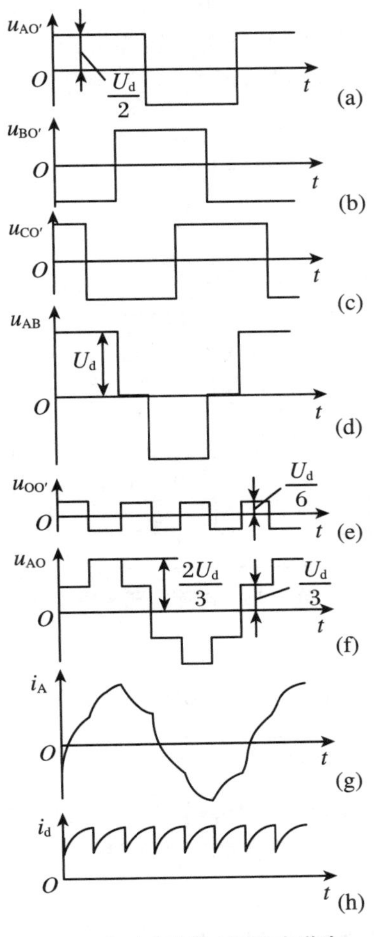

图 4-12　电压型三相桥式逆变电路的工作波形

在上述 180°导电方式逆变器中，为了防止同一相上下两桥臂的开关器件同时导通而引起直流侧电源的短路，要采取“先断后通”的方法。即先给应关断的器件关断信号，待其关断后留一定的时间裕量，然后再给应导通的器件发出导通信号，即在两者之间留一个短暂的死区时间。死区时间的长短要视器件的开关速度而定，器件的开关速度越快，所留的死区时间就可以越短。这一“先断后通”的方法对于工作在上下桥臂通断互补方式下的其他电路也是适用的。显然，前述的单相半桥和全桥逆变电路也必须采取这一方法。

4.3.2　120°导通电流型三相逆变电路

图 4-13 是典型的电流型三相桥式逆变电路，这种电路的基本工作方式是 120°导电方式。即每个臂一周期内导电 120°，按 VT_1 到 VT_6 的顺序每隔 60°依次导通。这样，每个时刻上桥臂组的三个臂和下桥臂组在组内依次换流，为横向换流。

因输出交流电流波形和负载性质无关，是正负脉冲宽度各为 120°的矩形波，所以先画电流波形。图 4-14 给出了三相桥式逆变电路的输出交流电流波形及线电压 u_{AB} 的波形。输出

电流波形和三相桥式可控整流电路在大电感负载下的交流输入电流波形形状相同。因此，它们的谐波分析表达式也相同。输出线电压波形和负载性质有关，图 4-14 中给出的波形大体为正弦波，但叠加了一些脉冲，这是由于逆变器中的换流过程而产生的。

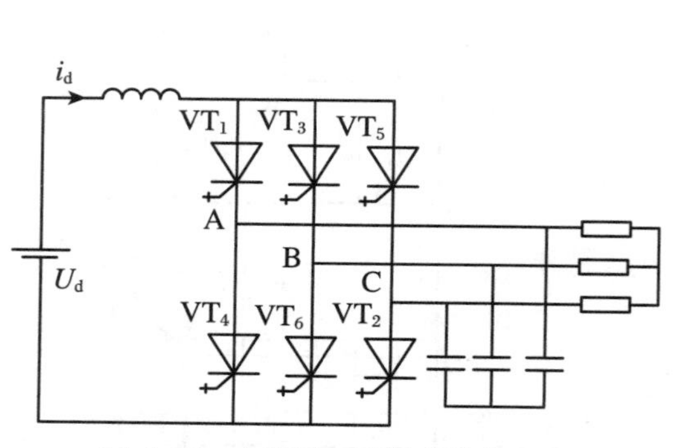

图 4-13　电流型三相桥式逆变电路

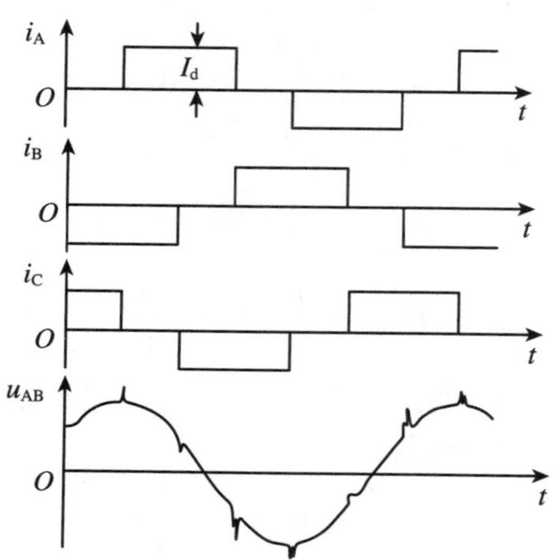

图 4-14　电流型三相桥式逆变电路的输出波形

输出交流电流的基波有效值 I_{A1} 和直流电流 I_d 的关系为

$$I_{A1} = \frac{\sqrt{6}}{\pi} I_d = 0.78 I_d \tag{4-20}$$

和电压型三相桥式逆变电路中求输出线电压有效值的式(4-16)相比，因两者波形形状相同，所以两个公式的系数相同。

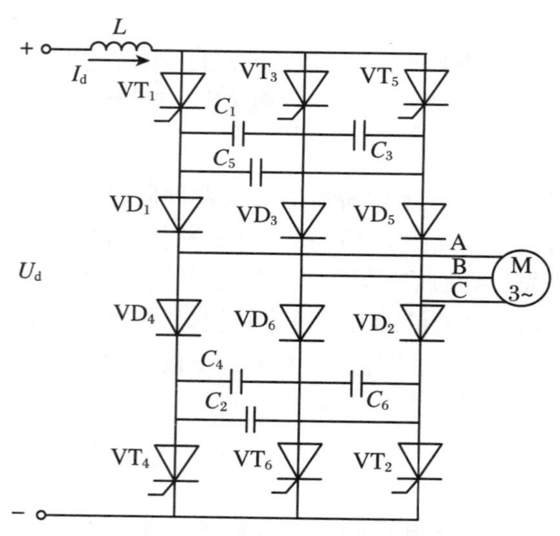

图 4-15　串联二极管式晶闸管逆变电路

随着全控型器件的不断进步，晶闸管逆变电路的应用已越来越少，但图 4-15 的串联二极管式晶闸管逆变电路仍应用较多。这种电路主要用于中大功率交流电动机调速系统。

可以看出，这是一个电流型三相桥式逆变电路，因为各桥臂的晶闸管和二极管串联使用而得名串联二极管式晶闸管逆变电路。电路仍为前述的 120°导电工作方式，输出波形和图 4-14 的波形大体相同。各桥臂之间换流采用强迫换流方式，连接于各臂之间的电容 $C_1 \sim C_6$ 即为换流电容。下面主要对其换流过程进行分析。

下面分析从 VT_1 向 VT_3 换流的过程。假设换流前 VT_1 和 VT_2 导通，C_{13} 电压 U_{C_0} 左正右负，如图 4-16(a)所示。换流过程可分为恒流放电和二极管换流两个阶段。

在 t_1 时刻给 VT_3 以触发脉冲，由于 C_{13} 电压的作用，使 VT_3 导通，而 VT_1 被施以反向电压而关断。直流电流 I_d 从 VT_1 换到 VT_3 上，C_{13} 通过 VD_1、A 相负载、B 相负载、VD_2、VT_2、

直流电源和 VT_3 放电，如图 4-16(b)所示。因放电电流恒为 I_d，故称恒流放电阶段。在 C_{13} 电压 $u_{C_{13}}$ 下降到零之前，VT_1 一直承受反压，只要反压时间大于晶闸管关断时间 t_q，就能保证可靠关断。

设 t_2 时刻 $u_{C_{13}}$ 降到零，之后在 A 相负载电感的作用下，开始对 C_{13} 反向充电。如忽略负载中电阻的压降，则在 t_2 时刻 $u_{C_{13}}=0$ 后，二极管 VD_3 受到正向偏置而导通，开始流过电流 i_B，而 VD_1 流过的充电电流为 $i_A=I_d-i_B$，两个二极管同时导通，进入二极管换流阶段，如图 4-16(c)所示。随着 C_{13} 充电电压不断增高，充电电流逐渐减小，i_B 逐渐增大，到 t_3 时刻充电电流 i_A 减到零，$i_B=I_d$，VD_1 承受反压而关断，二极管换流阶段结束。t_3 以后，进入 VT_2、VT_3 稳定导通阶段，电流路径如图 4-16(d)所示。

如果负载为交流电动机，则在 t_2 时刻 $u_{C_{13}}$ 降至零时，如电动机反电动势 $e_{BA}>0$，则 VD_3 仍承受反向电压而不能导通。直到 $u_{C_{13}}$ 升高与 e_{BA} 相等后，VD_3 才承受正向电压而导通，进入 VD_3 和 VD_1 同时导通的二极管换流阶段。此后的过程与前面分析的完全相同。

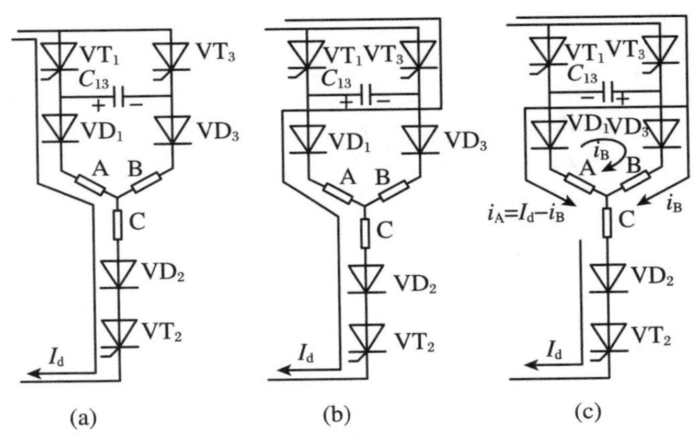

图 4-16　换流过程各阶段的电流路径

图 4-17 给出了电感负载时 $u_{C_{13}}$、i_A 和 i_B 的波形图。图中还给出了各换流电容电压 u_{C_1}、u_{C_3} 和 u_{C_5} 的波形。u_{C_1} 的波形当然和 $u_{C_{13}}$ 完全相同，在换流过程，u_{C_1} 从 U_{C_0} 降为 $-U_{C_0}$。C_3 和 C_5 是串联后再和 C_1 并联的，因它们的充放电电流均为 C_1 的一半，故换相过程电压变化的幅度也是 C_1 的一半。换流过程中，u_{C_3} 从零变到 $-U_{C_0}$，u_{C_5} 从 U_{C_0} 变到零。这些电压恰好符合相隔 120°后从 VT_3 到 VT_5 换流时的要求，为下次换流准备好了条件。

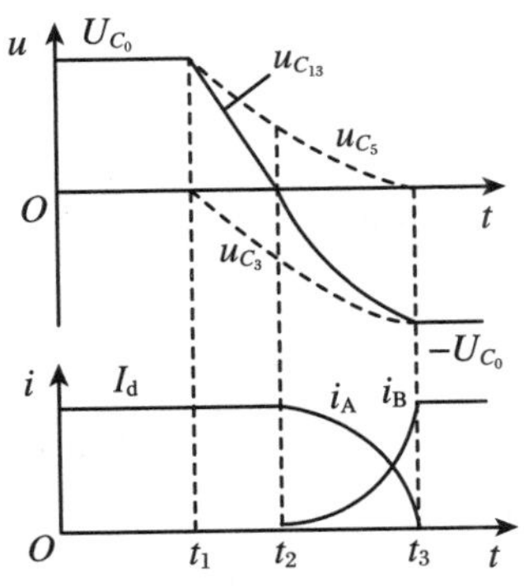

图 4-17　串联二极管晶闸管逆变电路换流过程波形

用电流型三相桥式逆变器还可以驱动同步电动机，利用滞后于电流相位的反电动势可以实现换流。因为同步电动机是逆变器的负载，因此这种换流方式也属于负载换流。

用逆变器驱动同步电动机时，其工作特性和调速方式都和直流电动机相似，但没有换向器，因此称为无换向器电动机。

图 4-18 是无换向器电动机的基本电路，由三相可控整流电路为逆变电路提供直流电源。逆变电路采用 120°导电方式，利用电动机反电动势实现换流。例如从 VT_1 向 VT_3 换流

时，因B相电压高于A相，VT_3导通时VT_1就被关断，这和有源逆变电路的工作情况十分相似。图4-18中BQ是转子位置检测器，用来检测磁极位置以决定什么时候给哪个晶闸管触发出触发脉冲。图4-19给出了在电动状态下电路的工作波形。

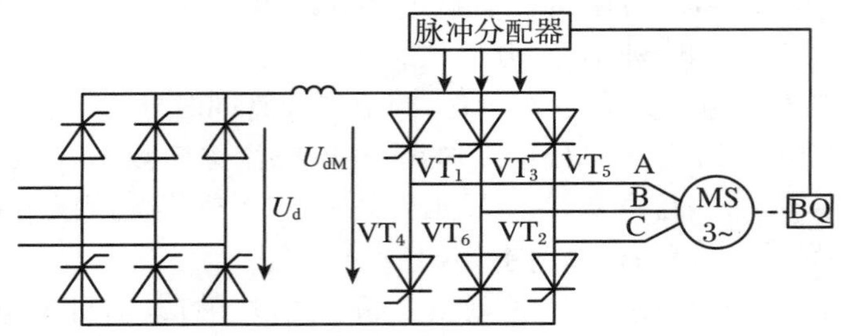

图4-18　无换向器电动机的基本电路

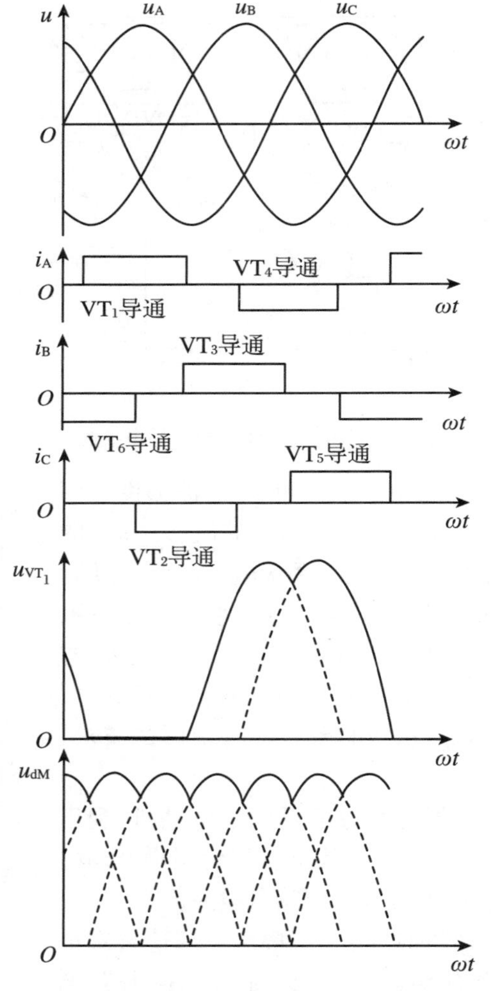

图4-19　无换相器电动机电路工作波形

4.4　电压型 PWM 无源逆变电路

4.4.1　单相电压型 PWM 逆变电路

单相电压型逆变电路又分为单相半桥式和全桥式两类。

1. *单相电压型半桥逆变电路*

单相电压型半桥逆变电路如图 4-20 所示。

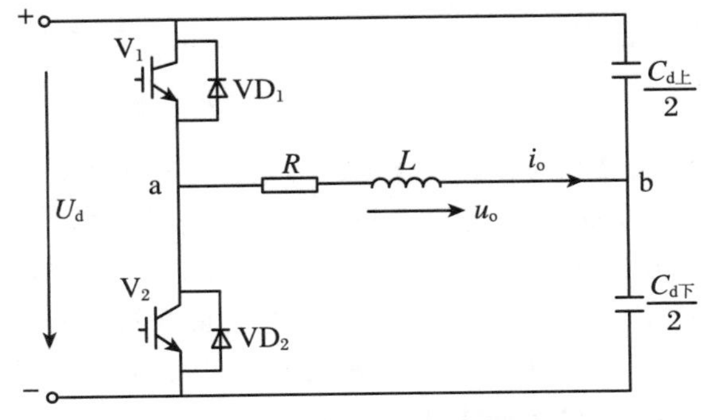

图 4-20　单相电压型半桥逆变电路图

(1) 电路结构。直流电源为 U_d；一半桥路是$\dfrac{C_d}{2}$电容串联后并联直流母线的两端。每个$\dfrac{C_d}{2}$电容两端电压为$\dfrac{U_d}{2}$。电容 C_d 中点为 b，另一半桥路由 V_1（VD_1）和 V_2（VD_2）构成；负载为 R、L，其交流电压为 u_o，电流为 i_o，半桥路全控型器件 V_1、V_2均反并联功率二极管 VD_1、VD_2，又称续流（回馈）二极管。

(2) 开关模式。桥臂功率器件在任何时刻不允许同时导通，以避免直流电源 U_d 短路。为此在上、下桥臂器件换流时人为加入一个死区时间，保证器件先关断后导通。

上、下桥臂功率器件采用 PWM 通断控制，实现直流电变换交流电的任务。

依功率器件通断时，半桥逆变电路输出情况，可有 2 种不同开关模式，4 条电流回路：

① 模式Ⅰ：

$$\begin{cases} i_o>0, V_1\text{ 通}, u_o=\dfrac{U_d}{2}, V_1\text{、}\dfrac{C_{d下}}{2}\text{回路} \\ i_o<0, VD_1\text{ 通}, u_o=\dfrac{U_d}{2}, VD_1\text{、}\dfrac{C_{d下}}{2}\text{续流回路} \end{cases}$$

② 模式Ⅱ：

$$\begin{cases} i_o<0, V_2\text{ 通}, u_o=-\dfrac{U_d}{2}, \dfrac{C_{d上}}{2}\text{、}V_2\text{ 回路} \\ i_o>0, VD_2\text{ 通}, u_o=-\dfrac{U_d}{2}, \dfrac{C_{d上}}{2}\text{、}VD_2\text{ 续流回路} \end{cases}$$

2. 单相电压型全桥逆变电路

单相电压型全桥逆变电路如图 4-21 所示。

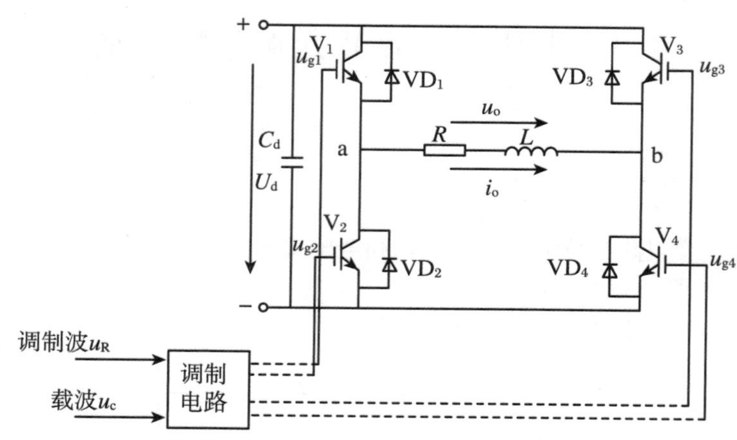

图 4-21　单相电压型全桥逆变电路

(1) 主电路结构。直流电源为 U_d;在正、负母线并联大电容 C_d。C_d 起储能、滤波和缓冲无功能量作用,具有恒压源属性,是电压型逆变电路标志性元件。逆变桥由 4 个全控型功率器件 $V_1 \sim V_4$,并反向并联续流功率器件 $VD_1 \sim VD_4$构成。负载电压为 u_o,电流为 i_o。

(2) 开关模式。采用 PWM 控制桥路的功率器件通断情况及负载上电压 u_o 有 3 种值,单相电压型桥式逆变电路可有 3 种开关模式,8 条电流回路:

① 模式Ⅰ($u_0 = 0$,1V、1VD 导通模式):

$$\begin{cases} V_1、VD_3\ 通, i_o > 0, u_o = u_{ab} = 0 \\ V_3、VD_1\ 通, i_o < 0, u_o = u_{ba} = 0 \\ V_2、VD_4\ 通, i_o < 0, u_o = u_{ab} = 0 \\ V_4、VD_2\ 通, i_o > 0, u_o = u_{ba} = 0 \end{cases}$$

② 模式Ⅱ($u_o = U_d$,V_1、V_4(或 VD_1、VD_4)导通模式):

$$\begin{cases} V_1、V_4\ 通, i_o > 0, u_o = u_{ab} = U_d \\ VD_1、VD_4\ 通, i_o < 0, u_o = u_{ab} = U_d \end{cases}$$

③ 模式Ⅲ($u_o = -U_d$,V_2、V_3(或 VD_2、VD_3)导通模式):

$$\begin{cases} V_3、V_2\ 通, i_o < 0, u_o = u_{ab} = -U_d \\ VD_3、VD_2\ 通, i_o > 0, u_o = u_{ab} = -U_d \end{cases}$$

对于以上 3 种模式,8 条回路,逆变电路工作时,只能处于 8 条回路中的一种导通状态,然而处于哪种导通状态要由 IGBT 的栅极驱动脉冲及承受电压的极性而定。

4.4.2　三相电压型 PWM 逆变电路

三相电压型 PWM 逆变电路输出电压的幅值、频率均可控制的交流电,十分广泛地应用在异步机变频调速、不停电的电源(UPS)、直流输电终端、无功补偿等场合。

三相电压型逆变电路可分为三相半桥逆变电路和三相桥式逆变电路。三相半桥逆变电路如图 4-22 所示。

图 4-22 可以看成由三个电压型单相逆变电路组合而成。其控制方式可以是三相独立

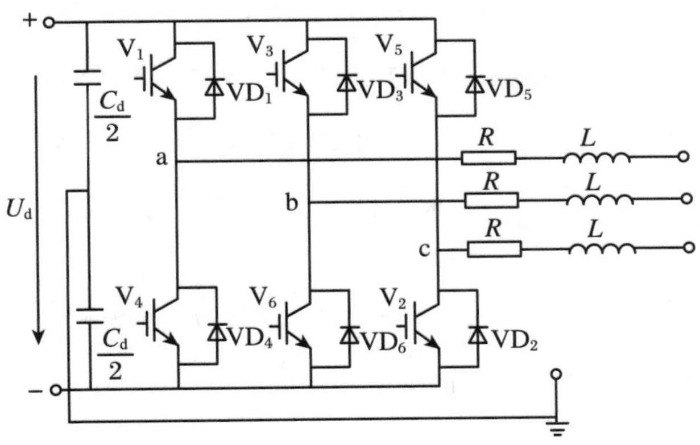

图 4-22　三相半桥逆变电路

控制。最常用的是三相桥式逆变电路，如图 4-23 所示。

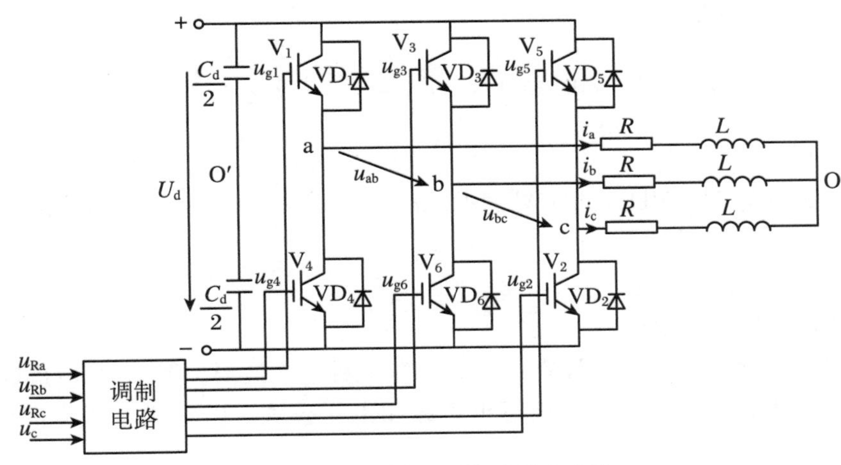

图 4-23　三相电压型桥式逆变电路

1．三相电压型桥式逆变电路结构

图 4-23 为三相电压型桥式逆变电路结构图。从图中可见，由直流电源 U_d 及并联在直流母线两个$\frac{C_d}{2}$串联构成逆变电路直流回路。两个串联的$\frac{C_d}{2}$并联入直流母线上，电容 C_d 具有储能、滤波和缓冲无功能量的作用，是三相电压型逆变电路标志性元件，还具有恒压源属性。$\frac{C_d}{2}$中点设为 O′点。

逆变桥路由全控型功率器件 IGBT（V_1～V_6）和反并联功率二极管 VD_1～VD_6 构成。

负载为星形连接的 R、L 负载。负载的中点设为 O 点。调制电路输入为调制波 u_{Ra}、u_{Rb}、u_{Rc}和载波 u_c，输出有序脉冲信号 u_{g1}～u_{g6}分别去驱动 V_1～V_6。

2．三相电压型桥式逆变电路 PWM 控制规律

（1）从图 4-24(a)中可见，三相正弦调制波为 u_{Ra}、u_{Rb}和 u_{Rc}，共用一个三角载波 u_c。而

$$u_{Ra} = U_{Rm}\sin \omega t$$

$$u_{Rb} = U_{Rm}\sin\left(\omega t - \frac{2\pi}{3}\right)$$

$$u_{Rc} = U_{Rm}\sin\left(\omega t + \frac{2\pi}{3}\right)$$

(2) 若 a、b、c 三相逆变桥路上桥臂功率器件 $V_1(VD_1)$、$V_3(VD_3)$和 $V_5(VD_5)$导通，则 $u_{aO'} = \frac{U_d}{2}$，$u_{bO'} = \frac{U_d}{2}$，$u_{cO'} = \frac{U_d}{2}$；若 a、b、c 三相逆变桥下桥臂功率器件 $V_4(VD_4)$、$V_6(VD_6)$和 $V_2(VD_2)$通，则 $u_{aO'} = -\frac{U_d}{2}$，$u_{bO'} = -\frac{U_d}{2}$，$u_{cO'} = -\frac{U_d}{2}$。如图 4-24(b)、(c)、(d)所示，并从(b)、(c)、(d)图中可知，只要 $u_R > u_c$ 就为高电平$\left(\frac{U_d}{2}\right)$；反之就为低电平$\left(-\frac{U_d}{2}\right)$。即 $u_{aO'}$、$u_{bO'}$和 $u_{cO'}$的 PWM 波形为$\pm\frac{U_d}{2}$两种电平波形。

图 4-24(e)为线电压 u_{ab}波形。$u_{ab} = u_{aO'} - u_{bO'}$。

当图 4-23 电路图中 $V_1(VD_1)$与 $V_6(VD_6)$同时导通时，则 $u_{aO'} = \frac{U_d}{2}$；$u_{bO'} = -\frac{U_d}{2}$，求出 $u_{ab} = \frac{U_d}{2} - \left(-\frac{U_d}{2}\right) = U_d$。

若 $V_4(VD_4)$与 $V_3(VD_3)$同时导通时，$u_{aO'} = -\frac{U_d}{2}$，$u_{bO'} = \frac{U_d}{2}$，则 $u_{ab} = -\frac{U_d}{2} - \frac{U_d}{2} = -U_d$。

若 $V_4(VD_4)$与 $V_6(VD_6)$同时导通时，$u_{aO'} = -\frac{U_d}{2}$，$u_{bO'} = -\frac{U_d}{2}$，则 $u_{ab} = -\frac{U_d}{2} - \left(-\frac{U_d}{2}\right) = 0$。

其他线电压同理可求出。

逆变电路输出线电压 PWM 波有($\pm U_d$)和零三种电平波形。图 4-24(f)是负载相电压 PWM 波形，这里不再推导而是直接写出负载相电压公式。以 a 相电压为例(其他两相同理)：

$$u_{aO} = u_{aO'} - \frac{u_{aO'} + u_{bO'} + u_{cO'}}{3}$$

如

$$\begin{cases} u_{aO} = \dfrac{U_d}{2} - \dfrac{\dfrac{U_d}{2} + \dfrac{U_d}{2} + \dfrac{U_d}{2}}{3} = 0 \\ u_{aO} = \dfrac{U_d}{2} - \dfrac{\dfrac{U_d}{2} + \left(-\dfrac{U_d}{2}\right) + \dfrac{U_d}{2}}{3} = \dfrac{U_d}{2} - \dfrac{U_d}{6} = \dfrac{U_d}{3} \\ u_{aO} = \dfrac{U_d}{2} - \dfrac{\dfrac{U_d}{2} - \dfrac{U_d}{2} - \dfrac{U_d}{2}}{3} = \dfrac{2U_d}{3} \end{cases}$$

依此类推，可求得逆变电路输出的(负载上的)相电压 u_{aO}为$\left(\pm\frac{2U_d}{3}\right)$、$\left(\pm\frac{U_d}{3}\right)$和零共五种电平的 PWM 波形。

三相电压型桥式逆变电路采用 SPWM 控制，波形如图 4-24(a)所示。其载波比 $N = \frac{f_c}{f}$。

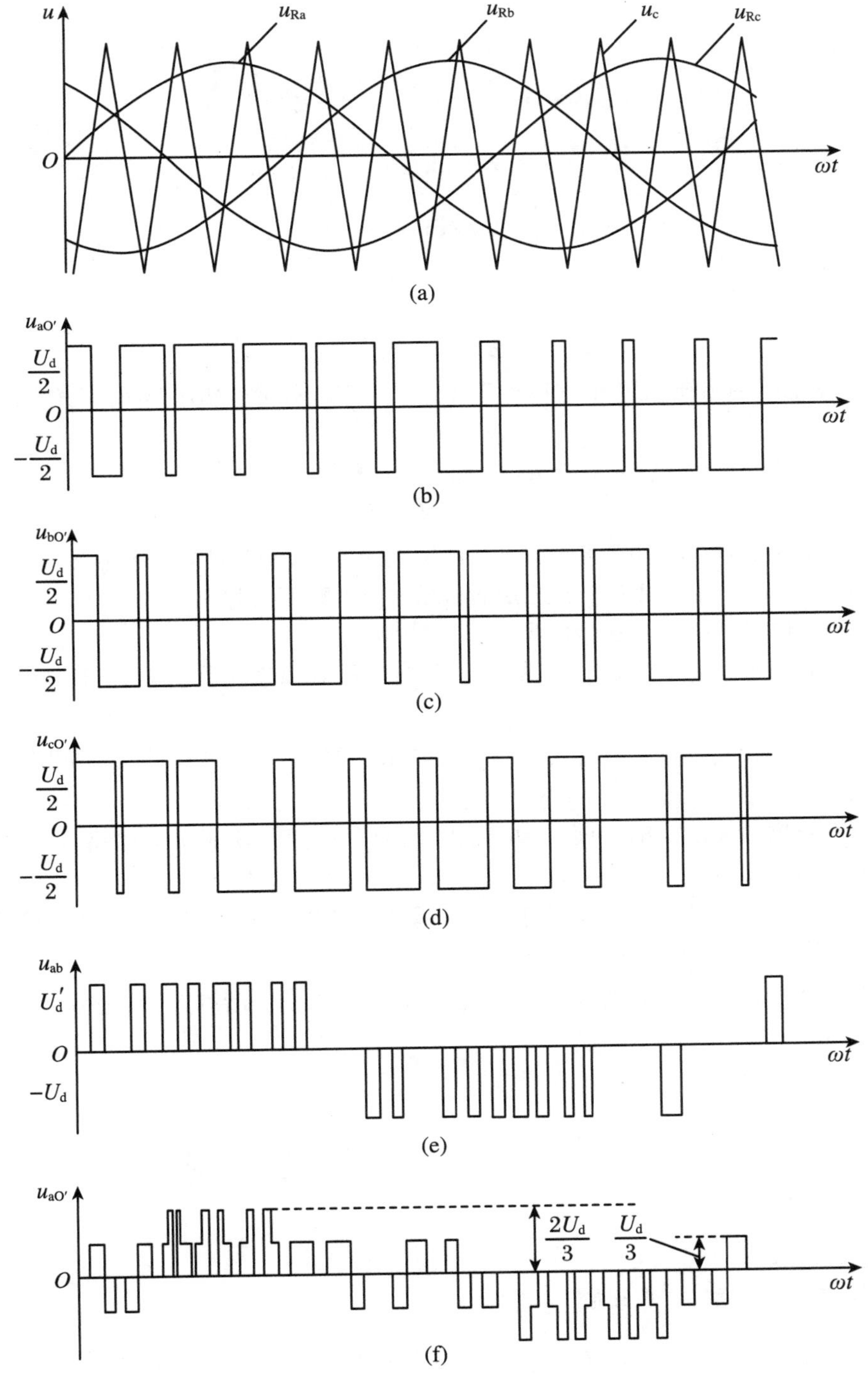

图 4-24　三相 SPWM 逆变电路的波形

式中，$f_c=\frac{1}{T_c}$为载波 u_c 频率，$f=\frac{1}{T}$为调制波 u_R 的频率。

为了使逆变电路输出相电压 u_{aO}、u_{bO}和 u_{cO}不含偶次谐波，并具有输出三相相电压幅值相等、频率相同、相位互差120°正弦波交流电压，一般取 $N=3$ 的奇数倍。以 $N=9$ 为例，假

设 a 相输出电压中有 9 次谐波。即

$$u_{aO9}(t) = U_{9m}\sin 9\omega t$$

$$\begin{aligned} u_{bO9}(t) &= U_{9m}\sin\left[9\left(\omega t - \frac{2\pi}{3}\right)\right] \\ &= U_{9m}\sin\left(9\omega t - 9\times\frac{2\pi}{3}\right) \\ &= U_{9m}\sin(9\omega t - 6\pi) \\ &= U_{9m}\sin 9\omega t \end{aligned}$$

则有

$$u_{aO9} = u_{bO9}$$

因而三相逆变电路输出线电压 u_{ab}中，不含有 9 次谐波。对于频率比 N 的选择，可按下式：

$$N = 6k - 3$$

式中，k 为整奇数，于是 N 也为整奇数，且是 3 的整数倍。当 N 为奇数时，电压谐波将聚集在以 N(及其整数倍)次谐波为中心所形成的双边频带上。如 u_{aO}和 u_{bO}的 N 次谐波，其相位差是 $N\cdot 120^\circ$，若 N 为 3 的整数倍，则该相位差为零(或360°的整数倍)，这样线电压中就无 N 次谐波。这对提高输出电压的正弦度和减少波形畸变大为有利。

3. 电压型 PWM 逆变电路主要特点

(1) 直流侧并联大电容 C_d，呈现低阻抗，具有恒压源属性，直流侧 U_d 基本无脉动。C_d 起着储能、滤波和缓冲无功能量作用。

(2) 交流侧输出电流波形和相位因负载阻抗情况的不同而有所不同。PWM 反复通断，将 U_d 斩成 PWM 电压波形。

(3) 具有双向传输能量的功能。为提供负载向直流侧回馈能量的通路，而反并联功率二极管 $VD_1 \sim VD_6$。

(4) 集交流侧电压及其频率调节于一身，调制比越接近 1，脉宽越宽，交流输出电压越高；改变调制波 u_R 的频率，则输出交流电压的频率也随之改变。

(5) 由于采用高频功率器件，PWM 控制其通断，所以低次谐波大为减少。

4.5 电流型 PWM 无源逆变电路

4.5.1 电流型 PWM 逆变电路主要特点

(1) 直流侧串接大电感 L_d，呈现高阻抗，具有恒流源属性，直流侧电流 I_d 基本无脉动。L_d 起储能、滤波和缓和无功能量的作用。

(2) PWM 反复通断，将 I_d 斩成 PWM 波形，输出电压的波形和相位因负载阻抗不同而有所不同。

(3) 为提高电流型 PWM 逆变电路功率器件反向耐压能力而顺向串联功率二极管。

(4) 电流型逆变电路交流侧并联的电容 C 是不可缺的元件。是为了换相时吸收负载电

感 L 的释放能量而必须设置的。

(5) 由于 PWM 反复通断控制，可减少低次谐波。

(6) 电路运行时，任一时刻直流侧 L_d 回路不允许断路。

4.5.2 单相电流型桥式逆变电路

图 4-25 为单相电流型桥式逆变电路。其输入是直流电流 I_d。通过高频 PWM 反复通断的功率器件 $V_1 \sim V_4$（$VD_1 \sim VD_4$）将 I_d 斩成中频或高频交流电流的 PWM 波，供给交流阻感性负载 L、R。其输出是交流电，输入是直流电，恰与单相电流型桥式 PWM 整流电路相反。并联电容 C 是在换流时吸收负载电感 L 的能量，可构成谐振电路。如目前已有由各种全控型器件如 GTR、MOSFET 和 IGBT 等功率器件组成的感应加热装置，如表 4-2 所示。

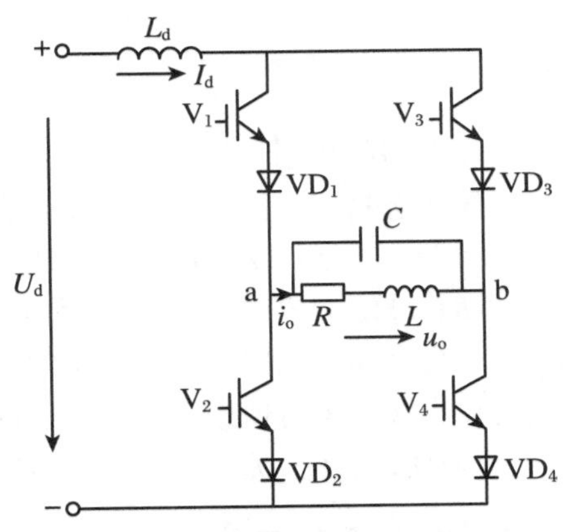

图 4-25　单相电流型桥式逆变电路

表 4-2　感应加热装置采用的全控型器件

采用的电力电子器件	GTR	IGBT	MOSFET
逆变频率(kHz)	1～10	10～100	100～500
功率等级(kW)	5000	600	600
用　　途	熔炼、淬火、加热	淬火、热处理	淬火、焊接、热封

4.5.3 三相电流型桥式逆变电路

图 4-26 所示为三相电流型桥式 PWM 逆变电路。其输入为直流电流 I_d，通过 PWM 控制功率器件 $V_1 \sim V_6$（$VD_1 \sim VD_6$）将 I_d 斩成 PWM 波形。三相调制波 u_{Ra}、u_{Rb} 和 u_{Rc} 也是幅值相等、频率相同、互差120°的正弦波，再与载波 u_c 交点，控制功率器件通断。输出的三相交流电流的基波也是互差120°、频率相同、幅值相等的交流电流。同样换相时为吸收负载电感 L 的能量，而设置星形连接的电容 C。

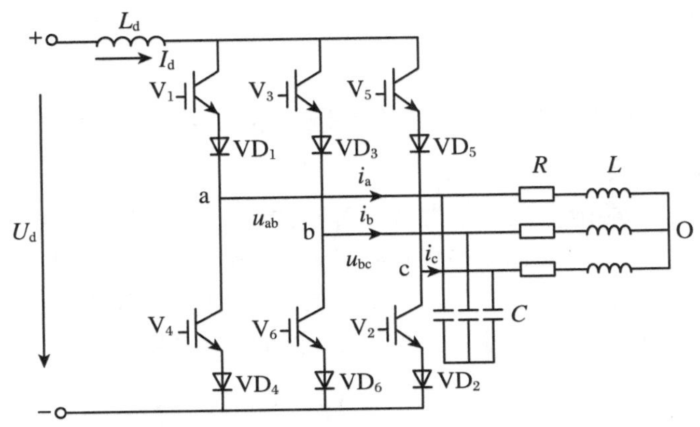

图 4-26　三相电流型桥式 PWM 逆变电路

4.6 PWM逆变电路的控制

逆变电路的控制目标是提高逆变电路输出电压的稳态和动态性能。稳态性能主要是指输出电压稳态精度和提高带不平衡负载的能力;动态性能主要是指输出电压的总谐波畸变率(Totol Harmonic Distortion,THD)和负载突变时的动态响应时间。一般要求带阻性负载,满载时THD小于2%,非线性负载时THD小于5%。

为了提高逆变电路输出的动态响应速度,采用瞬时值反馈闭环控制方法,它是依据当前误差对输出波形瞬时值进行实时控制的。可分为电压瞬时值单闭环控制,电压滞环控制,电压、电流双闭环控制,无差拍控制和滑膜控制等。

4.6.1 电压瞬时值单闭环控制

1. 系统框图

图4-27为PID控制逆变电路电压闭环控制框图。

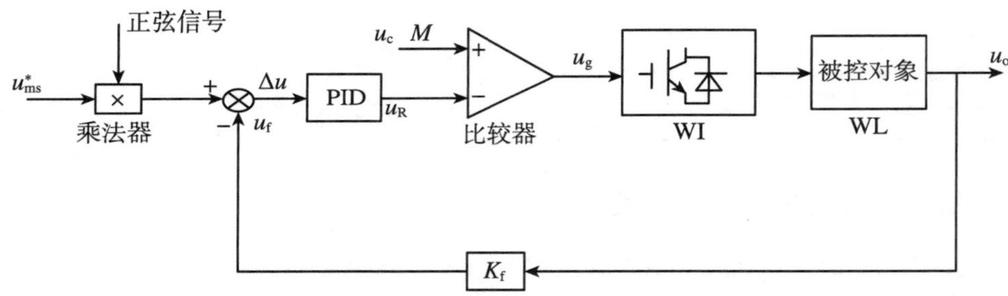

图4-27 PID控制逆变电路电压闭环控制框图

图4-27中,PID调节器输出$u_R(t)$表达式为

$$u_R(t)=K_p\left[\Delta u(t)+\frac{1}{T_i}\int_0^t\Delta u(t)\mathrm{d}t+T_d\frac{\mathrm{d}\Delta u(t)}{\mathrm{d}t}\right]\tag{4-21}$$

式中,K_p为比例系数。K_p越大,响应时间越短,稳态误差越小,稳态精度越高,但也易振荡,稳定性降低。

令$K_i=\dfrac{K_p}{T_i}$为积分系数。K_i越大,响应速度越慢,也会使系统不稳定,但可以消除静态误差。T_i为积分时间常数。

令$K_d=K_p\cdot T_d$为微分系数,T_d为微分时间常数。引入微分的调节,可以在误差Δu出现或变化瞬间,按偏差Δu变化的趋向进行控制,起到一个提前修正的作用,有利于增强系统的稳定性,加速系统的动态响应。但微分会放大系统的噪声,降低系统抗干扰能力。

依PID调节器的输出输入之间关系可求调节器的传递函数为

$$G_c(S)=\frac{U_g(S)}{\Delta U(S)}=K_p+K_i\frac{1}{S}+K_d\cdot S\tag{4-22}$$

式(4-22)是式(4-21)的拉氏变换求出的$G_c(S)$。

若采用计算机控制，为数字 PID 调节器，就要对式(4-21)离散化。即令

$$u_g(t)\approx u_g(KT)$$
$$\Delta u(t)\approx \Delta u(KT)$$

则

$$u_g(KT)\approx K_p\left\{\Delta u(KT)+\frac{T}{T_i}\sum_{j=0}^{K}\Delta u(jT)+\frac{T_d}{T}[\Delta u(KT)-\Delta u(KT-T)]\right\} \tag{4-23}$$

式中，T 为采样周期。

2. 系统动态结构图

图 4-28 中 PT 为电压互感器，其输出 u_f 取出作为反馈电压。L_0、C_0 为输出滤波器，负载电阻为 R_0，负载电压为 u_o。

图 4-29 中 $G_L(S)$为包含负载电阻 R_0 在内的输出滤波器传递函数，$G_I(S)$为逆变桥传递函数，$G_c(S)$为误差电压 Δu 与调制信号 u_g 间的传递函数。$u_{o1}(S)$为逆变桥输出基波信号，$u_n(S)$为扰动信号。

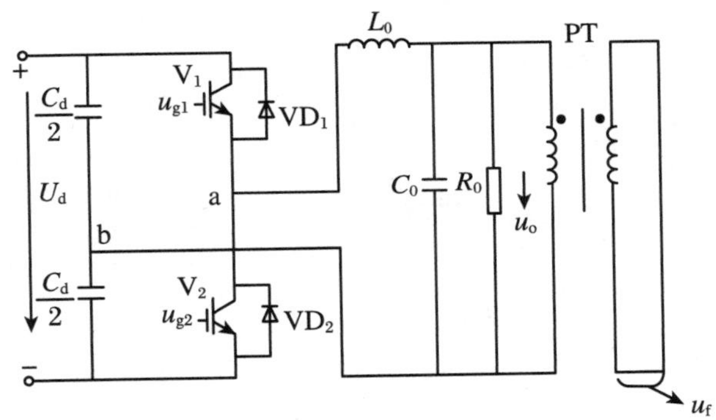

图 4-28　单相半桥电压型逆变电路

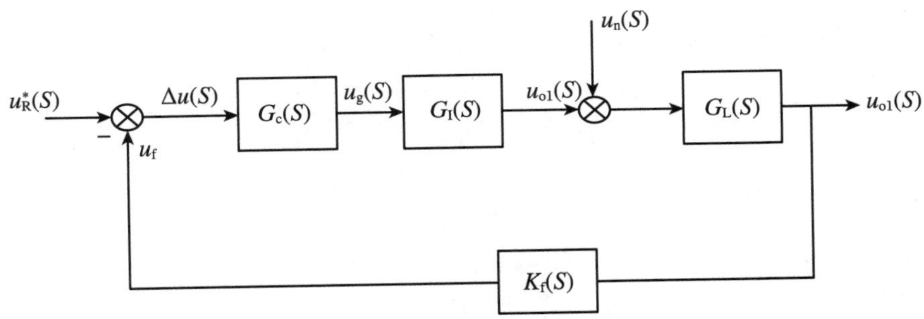

图 4-29　系统动态结构图

$G_L(S)$为控制对象传递函数：

$$G_L(S)=\frac{1}{a^2S^2+bS+1}$$

$G_I(S)$为半桥逆变桥的传递函数：

$$G_I(S)=\frac{K_{PWM}}{T_s+1}$$

此式中，$K_{PWM}=\dfrac{U_{o1}(S)}{U_g(S)}$。

脉宽调制和PWM逆变器间的传递函数可近似为一阶惯性环节。T为采样周期即载波周期。

$G_c(S)$为PID调节器的传递函数：

$$G_c(S)=\frac{U_g(S)}{\Delta u(S)}=K_v$$

对$u_R^*(S)$的闭环传递函数可表示为

$$G_R(S)=\frac{u_o(S)}{u_R^*(S)}=\frac{K}{a^2S^2+bS+K_0+1}$$

式中，$a=\sqrt{L_0C_0}$，$b=\dfrac{\sqrt{L_0C_0}}{2R_0}$，$\Delta u=u_R^*-u_f$

系统对扰动量$u_n(S)$的闭环传递函数可表示为

$$G_n(S)=\frac{u_o(S)}{u_n(S)}=\frac{1}{a^2S^2+bS+K_0+1}$$

式中，$K_0=K_f\cdot K_v\cdot K_{PWM}$，$K=K_v\cdot K_{PWM}=\dfrac{K_0}{K_f}$。

相应地，开环传递函数为

$$G_{OR}(S)=\frac{K_0}{a^2S^2+bS+1}=\frac{K_0}{a^2}\cdot\frac{1}{S^2+\dfrac{b}{a^2}S+\dfrac{1}{a^2}} \tag{4-24}$$

式中，$\dfrac{b}{a^2}=\dfrac{1}{2R_0C_0}\cdot\dfrac{1}{\sqrt{L_0C_0}}$，$\dfrac{1}{a^2}=\dfrac{1}{L_0C_0}$。

式(4-24)的特征根为

$$S_{P1,2}=\frac{1}{2}\left[-\frac{1}{R_0C_0}\pm\sqrt{\left(\frac{1}{R_0C_0}\right)^2-\frac{4}{L_0C_0}}\right]$$

当$R_0>\dfrac{1}{2}\sqrt{\dfrac{L_0}{C_0}}$时，$S_{P1,2}$为共轭复根，一般系统是能满足的，于是上式改写成

$$S_{P1,2}=-\frac{1}{2R_0C_0}\pm j\sqrt{\frac{1}{L_0C_0}-\left(\frac{1}{2R_0C_0}\right)^2}$$

上式表明，系统开环极点位于半径$r=\sqrt{\dfrac{1}{L_0C_0}}$的圆周上，系统闭环根轨迹是平行于纵轴并自圆周向外的射线，负载越轻，射线越靠近纵轴。当空载时则与纵轴重叠。由此可见，系统动态性能与负载情况有关，负载越轻，动态性能越差。

这种控制是瞬时值反馈控制方法，依当前电压瞬时值与正弦波电压进行比较所产生误差Δu信号并与载波信号u_c互相比较而得到SPWM控制信号，实现对逆变电路输出电压的波形控制，降低输出电压波形总畸变率THD。

4.6.2 电压滞环控制

滞环控制是逆变电路比较常用的一种控制技术，其框图如图4-30所示。

图4-30中$G_c(S)$为控制器，$G_L(S)$为被控对象。逆变电路输出电压u_o取回反馈电压u_f与参考正弦波电压比较，产生误差信号Δu经$G_c(S)$控制器进行运算，其输出再与滞环

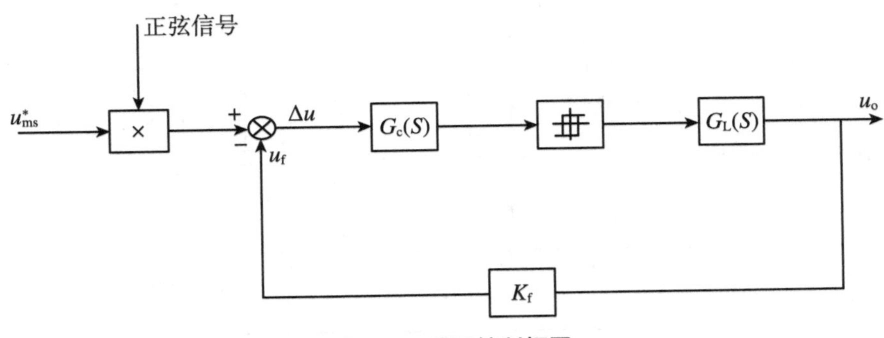

图 4-30　滞环控制框图

宽度相比较，输出信号绝对值大于滞环宽度时，改变功率器件控制极 u_g 信号，这样就可以使得输出和参考给定的正弦信号在一定误差范围内。当滞环宽度越小，输出和参考给定也就越靠近，但开关频率也就越高。滞环控制实现起来比较简单，不需要建立精确的主电路模型，稳定性好。其主要缺点是开关频率随主电路参数和负载参数变化。

4.6.3　电压、电流双闭环控制

1．系统框图

图 4-31(a)为具有 u_o 外环 AVR 电压调节，又有电感 L_0 电流 i_L 瞬时值内环 ACR 电流调节的双闭环电压型半桥逆变电路。

外环调节器 AVR：

输入：$\Delta u = u_R^* - u_f$，u_f 取自 PT 二次电压作为 u_o 的反馈信号。

输出：i^* 作为电流控制给定信号。

调节器通常采用比例积分运算(PI)。

内环调节器 ACR：

输入：$\Delta i = i^* - i_f$，i_f 取自电流互感器 CT，是电感 L_0 的电流 i_L 瞬时值反馈信号。

输出：i_R 作为正弦调制波信号。

调节器 5 采用比例运算，其放大倍数为 K_p。

2．SPWM 控制原理

i_R 与 i_c 进行比较，合成 $i_r = i_R + i_c$ 决定 SPWM 周期 T_s。i_R 为正弦调制电流信号，i_c 为高频载波电流(对应载波电压 u_c)。i_R 与 i_c 合成电流 i_r 作为等效给定电流。

当 $i_f < i_r$ 时，$u_g > 0$，对应 $u_{g1} > 0$，$u_{g2} = 0$，V_1 导通(V_2 关断)，i_f 上升(对应 L_0 中电流 i_L 上升)；当 $i_f > i_r$ 时，$u_g = 0$，对应 $u_{g1} = 0$，$u_{g2} > 0$，V_1 关断，VD_2 导通，i_f 下降(对应 i_L 下降)，直至 $i_f < i_r$，u_g 重新转为高位，完成一个载波周期 T_s。由图 4-31(b)可见，i_f(i_L)围绕正弦调制信号 i_R 上下波动。

3．动态结构图

电压、电流双闭环系统动态结构图如图 4-32 所示。

图 4-33 中 $G_L(S)$ 传递函数是逆变电路输出滤波，电感 L_0、电容 C_0 及电阻性负载 R_0 闭环简化后的传递函数，即控制对象的传递函数。

图 4-33 开环传递函数为

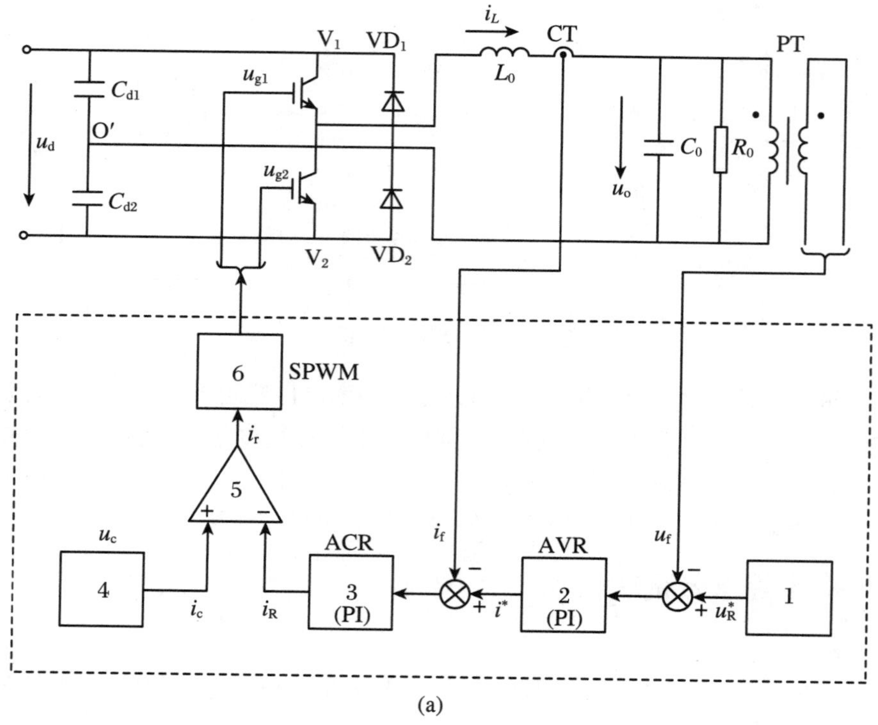

(a)

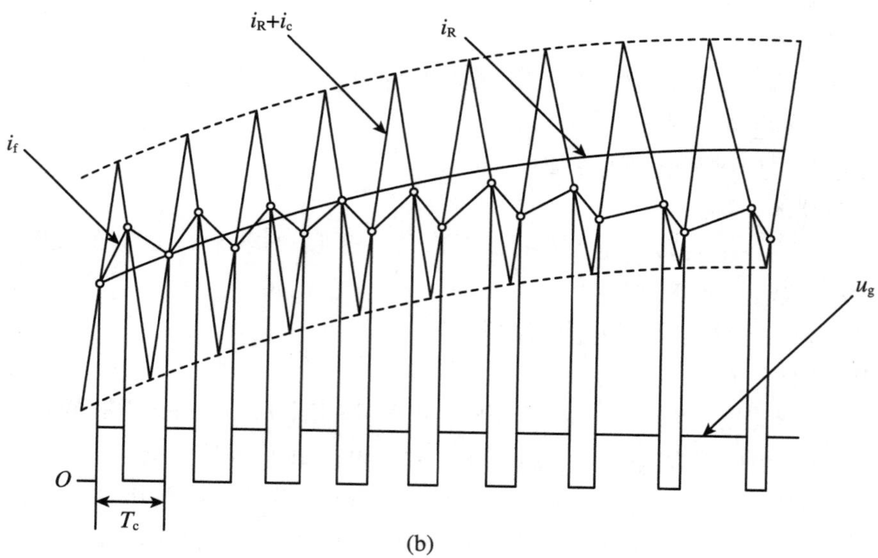

(b)

图 4-31　电压、电流双闭环控制半桥逆变电路及 SPWM 信号形成

$$G_{io}(S)=\frac{K_1K_pK_{PWM}(R_0C_0S+1)}{L_0R_0C_0S^2+L_0S+R}$$

加入比例(P)调节器后，i_L 闭环传递函数为

$$G_{ic}(S)=\frac{K_pK_{PWM}(R_0C_0S+1)}{L_0R_0C_0S^2+(L_0+K_1K_pK_{PWM}R_0C_0)S+K_1K_pK_{PWM}+R_0}$$

把电感电流 i_L 闭环传递函数 $G_{ic}(S)$ 代入(简化后)图 4-32 系统动态图中，可得到输出

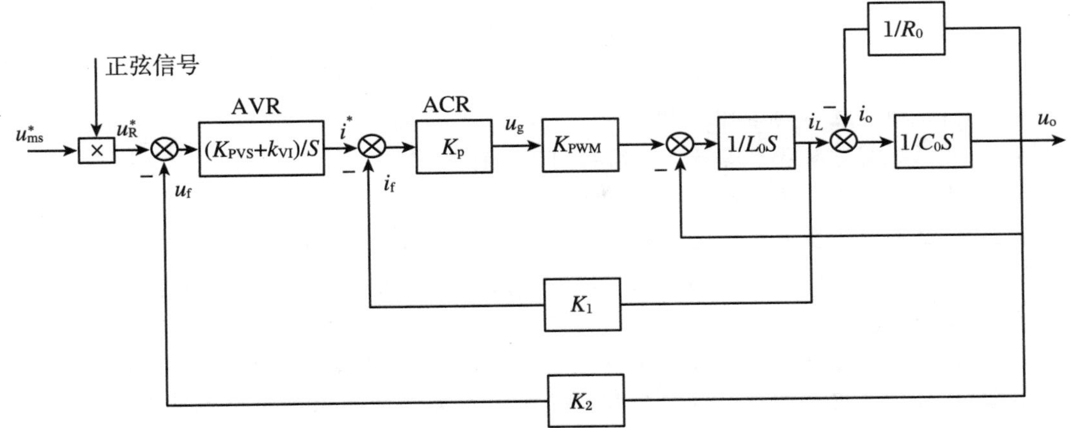

图 4-32　系统动态结构图

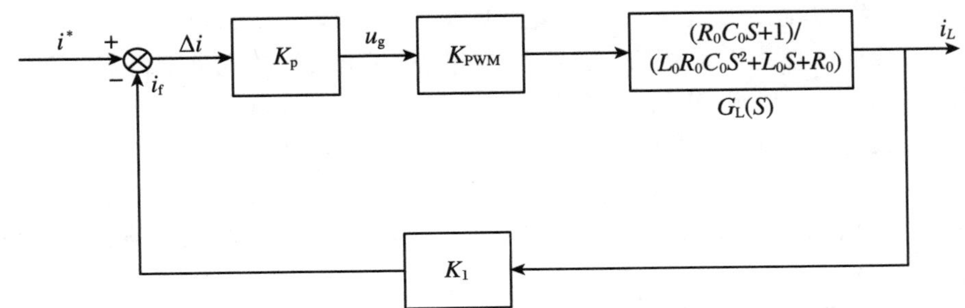

图 4-33　逆变电路电感电流 i_L 动态图

电压 u_o。传递函数及动态图 4-34。

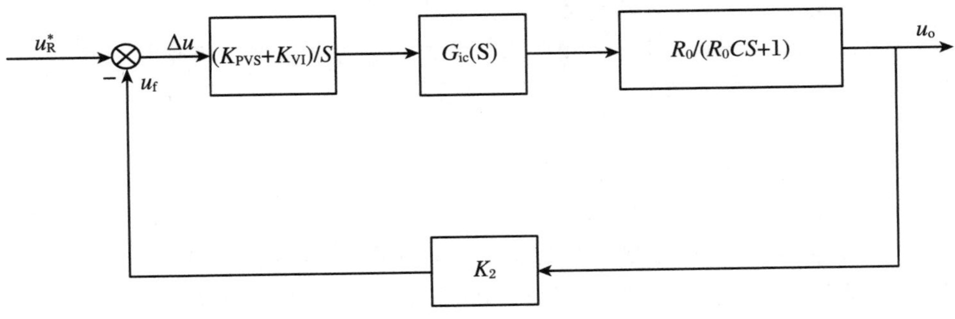

图 4-34　电压闭环动态图

开环传递函数为

$$G_{vo}(S)=\frac{K_2K_pK_{PWM}R_0(K_{PVS}+K_{VI})}{L_0R_0C_0S^3+(L_0+K_1K_pK_{PWM}R_0C_0)S^2+(K_1K_pK_{PWM}+R)S}$$

加入 PI 电压调节器后闭环传递函数为

$$G_{vc}(S)=\frac{K_pK_{PWM}R_0(K_{PVS}+K_{VI})}{L_0R_0C_0S^3+(L_0+K_1K_pK_{PWM}R_0C_0)S^2+(K_2K_pK_{PWM}K_{PV}R_0+K_1K_pK_{PWM}+R_0)S+K_pK_2K_{PWM}K_{VI}R_0}$$

上述诸控制方式,也适用于三相逆变电路,前述图中主电路可视为三相逆变电路中的一相。显然,在三相条件下,电压、电流给定均应为三相正弦电压和电流信号。

习　题

4-1　简述逆变电路的工作原理。

4-2　无源逆变电路和有源逆变电路有何不同？

4-3　换流方式有哪几种？各有什么特点？

4-4　什么是电压型逆变电路？什么是电流型逆变电路？二者各有什么特点？

4-5　电压型逆变电路中反馈二极管的作用是什么？为什么电流型逆变电路的可控器件上要串联二极管？

4-6　三相桥式电压型逆变电路，180°导电方式，$U_d=100$ V。试求输出相电压的基波幅值和有效值、输出线电压的基波幅值和有效值、输出线电压中5次谐波的有效值。

4-7　逆变电路多重化的目的是什么？如何实现？

4-8　无源逆变电路与有源逆变电路有何不同？

4-9　什么是电压型逆变电路？什么是电流型逆变电路？二者有何特点？

4-10　单相电压型全桥式PWM逆变电路开关模式有几种？电流回路有几条？

4-11　三相电压型桥式PWM逆变电路开关模式有几种？对应开关函数是什么？

4-12　三相电压型桥式PWM逆变电路输出线电压PWM波形有几种电平波形？

4-13　三相电压型桥式PWM逆变电路输出相电压PWM波形有几种电平波形？

4-14　采用SPWM调制时，其三相调制波u_{Ra}、u_{Rb}、u_{Rc}有何特点？为什么采用等腰三角波为载波？

4-15　三相电压型桥式PWM逆变电路中全控型器件IGBT控制极脉冲$u_{g1}\sim u_{g6}$有何特点？

4-16　电压型PWM逆变电路的主要特点是什么？

4-17　电流型PWM逆变电路的主要特点是什么？

4-18　全控型器件PWM控制三相电压型桥式电路与半控型晶闸管相位控制三相电压型桥式电路在主电路结构上有什么不同？对逆变电路输出电压及其频率在控制上又有何不同？

4-19　SPWM控制逆变电路欲改变输出电压的大小应改变什么参数？改变输出电压频率应改变什么参数？

4-20　如图4-26所示，电流型逆变电路交流端为什么要并联电容？

4-21　SPWM基于什么原理？何谓调制比、载波比？画出半周期脉冲数$N=7$的单极性调制波形？

4-22　电压型逆变电路每个IGBT器件均要反并联功率二极管($VD_1\sim VD_6$)，其起什么作用？在电感性负载，若二极管损坏会出现什么现象，电阻性负载是否也并联此二极管？

4-23　逆变电路稳态、动态控制主要目标是什么？试画出单相电压型半桥式主电路电压、电流双闭环控制框图。

第 5 章　交流-交流变换电路

交流-交流变换电路就是将一种形式的交流变成另一种形式交流的电路。在进行交流-交流变换时，可以调整电压、电流、频率和相数等。

只改变电压、电流或对电路的通断进行控制，而不改变频率的电路称为交流电力控制电路。改变频率的电路称为变频电路。变频电路有交交变频电路和交-直-交变频电路两种形式。前者直接把一种频率的交流变成另一种频率的交流，也称为直接变频电路。

5.1　交流调压电路

把两个晶闸管反并联后串联在交流电路中，通过对晶闸管的控制就可以控制交流电力。这种电路不改变交流电的频率，称为交流电力控制电路。在每半个周波内通过对晶闸管开通相位的控制，可以方便地调节输出电压的有效值，这种电路称为交流调压电路。以交流电的周期为单位控制晶闸管的通断，改变通态周期数和断态周期数的比，可以方便地调节输出功率的平均值，这种电路称为交流调节电路。如果并不着意调节输出平均功率，而只是根据需要接通或断开电路，则称串入电路中的晶闸管为交流电力电子开关。

交流调压电路可分为单相交流调压电路和三相交流调压电路。

5.1.1　单相交流调压电路

和整流电路一样，交流调压电路的工作情况也和负载性质有很大的关系，因此分别予以讨论。

1. 电阻负载

图 5-1 为电阻负载单相交流调压电路及波形。图中的晶闸管 VT_1 和 VT_2 也可以用一个双向晶闸管代替。在交流电源 u_1 的正半周和负半周，分别对 VT_1 和 VT_2 的开通角 α 进行控制就可以调节输出电压。正负半周 α 起始时刻（$\alpha = 0$）均为电压过零时刻。在稳态情况下，应使正负半周的 α 相等。可以看出，负载电压波形是电源电压波形的一部分，负载电流（也即电源电流）和负载电压的波形相同。

上述电路在开通角为 α 时，负载电压有效值 U_o、负载电流有效值 I_o、晶闸管电流有效值 I_{VT} 和电路的功率因数 λ 分别为

$$U_o = \sqrt{\frac{1}{\pi}\int_{\alpha}^{\pi}(\sqrt{2}U_1\sin\omega t)^2\mathrm{d}(\omega t)} = U_1\sqrt{\frac{1}{2\pi}\sin 2\alpha + \frac{\pi-\alpha}{\pi}} \tag{5-1}$$

$$I_o = \frac{U_o}{R} \tag{5-2}$$

$$I_{VT} = \sqrt{\frac{1}{2\pi}\int_\alpha^\pi \left(\frac{\sqrt{2}U_1\sin\ \omega t}{R}\right)^2 \mathrm{d}(\omega t)} = \frac{U_1}{R}\sqrt{\frac{1}{2}\left(1 - \frac{\alpha}{\pi} + \frac{\sin 2\alpha}{2\pi}\right)} \tag{5-3}$$

$$\lambda = \frac{P}{S} = \frac{U_o I_o}{U_1 I_o} = \frac{U_o}{U_1} = \sqrt{\frac{1}{2\pi}\sin 2\alpha + \frac{\pi - \alpha}{\pi}} \tag{5-4}$$

从图 5-1 及以上各式可以看出，α 的移相范围为 $0 \leqslant \alpha \leqslant \pi$。$\alpha = 0$ 时，相当于晶闸管一直接通，输出电压为最大值，$U_o = U_1$。随着 α 的增大，U_o逐渐降低。直到 $\alpha = \pi$ 时，$U_o = 0$。此外，$\alpha = 0$ 时，功率因数 $\lambda = 1$，随着 α 的增大，输入电流滞后于电压且发生畸变，λ 也逐渐降低。

2. 阻感负载

阻感负载单相交流调压电路及波形如图 5-2 所示。

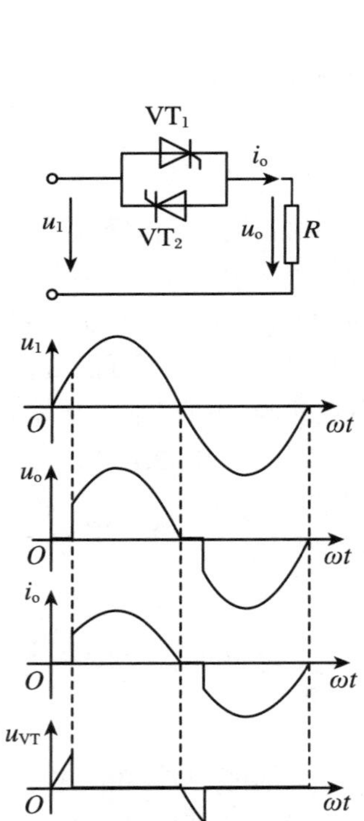

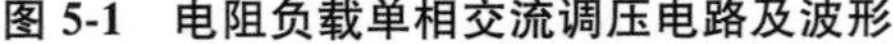
图 5-1 电阻负载单相交流调压电路及波形

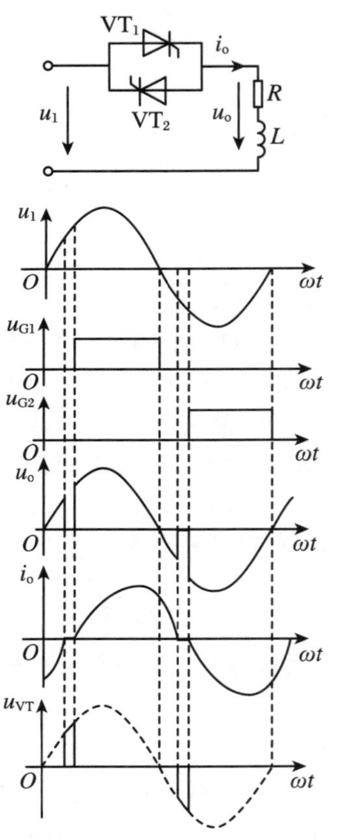

图 5-2 阻感负载单相交流调压电路及波形

设负载的阻抗角为 $\varphi = \arctan(\omega L / R)$。如果用导线把晶闸管完全短接，稳态时负载电流是正弦波，其相位滞后于电源电压 u_1的角度为 φ。在用晶闸管控制时，很显然只能进行滞后控制，使负载电流更为滞后，而无法使其超前。为了方便，把 $\alpha = 0$ 的时刻仍定在电源电压过零的时刻，显然，阻感负载下稳态时 α 的移相范围应为 $\varphi \leqslant \alpha \leqslant \pi$。

当在 $\omega t = \alpha$ 时刻开通晶闸管 VT_1，负载电流应满足如下微分方程式和初始条件：

$$L\frac{\mathrm{d}i_o}{\mathrm{d}t}+Ri_o=\sqrt{2}U_1\sin\omega t$$

$$i_o\big|_{\omega t=\alpha}=0 \tag{5-5}$$

解该方程得

$$i_o=\frac{\sqrt{2}U_1}{Z}\left[\sin(\omega t-\varphi)-\sin(\alpha-\varphi)e^{\frac{\alpha-\omega t}{\tan\varphi}}\right],\quad \alpha\leqslant\omega t\leqslant\alpha+\theta \tag{5-6}$$

式中，$Z=\sqrt{R^2+(\omega L)^2}$，$\theta$ 为晶闸管导通角。

利用边界条件 $\omega t=\alpha+\theta$ 时 $i_o=0$，可求得 θ。

$$\sin(\alpha+\theta-\varphi)=\sin(\alpha-\varphi)e^{\frac{-\theta}{\tan\varphi}} \tag{5-7}$$

以 φ 为参考变量，利用式(5-7)可以把 α 和 θ 的关系用图 5-3 的曲线来表示。

VT_2 导通时，上述关系完全相同，只是 i_o 的极性相反，且相位相差 180°。

上述电路在开通角为 α 时，负载电压有效值 U_o、晶闸管电流有效值 I_{VT}、负载电流有效值 I_o 分别为

$$U_o=\sqrt{\frac{1}{\pi}\int_{\alpha}^{\alpha+\theta}(\sqrt{2}U_1\sin\omega t)^2\mathrm{d}(\omega t)}=U_1\sqrt{\frac{\theta}{\pi}+\frac{1}{2\pi}[\sin 2\alpha-\sin(2\alpha+2\theta)]} \tag{5-8}$$

$$I_{VT}=\sqrt{\frac{1}{2\pi}\int_{\alpha}^{\alpha+\theta}\left\{\frac{\sqrt{2}U_1}{Z}\left[\sin(\omega t-\varphi)-\sin(\alpha-\varphi)e^{\frac{\alpha-\omega t}{\tan\varphi}}\right]^2\right\}\mathrm{d}(\omega t)}$$

$$=\frac{U_1}{\sqrt{2\pi}Z}\sqrt{\theta-\frac{\sin\theta\cos(2\alpha+\varphi+\theta)}{\cos\varphi}} \tag{5-9}$$

$$I_o=\sqrt{2}I_{VT} \tag{5-10}$$

设晶闸管电流 I_{VT} 的标准值为

$$I_{VTN}=I_{VT}\frac{Z}{\sqrt{2}U_1} \tag{5-11}$$

则可绘出 I_{VTN} 和 α 的关系曲线，如图 5-4 所示。

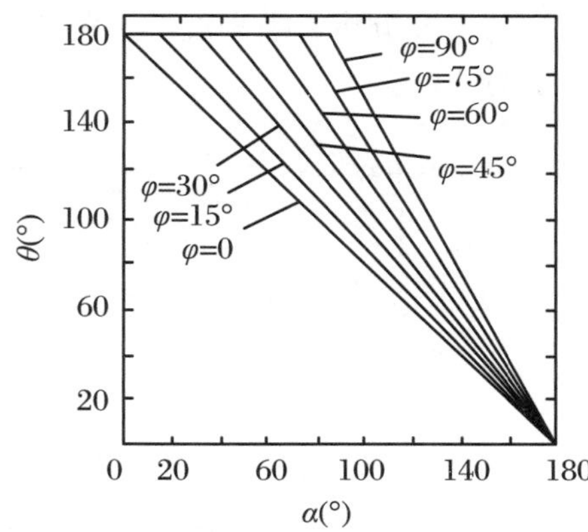

图 5-3　单相交流调压以 φ 为参考变量时 θ 和 α 关系曲线

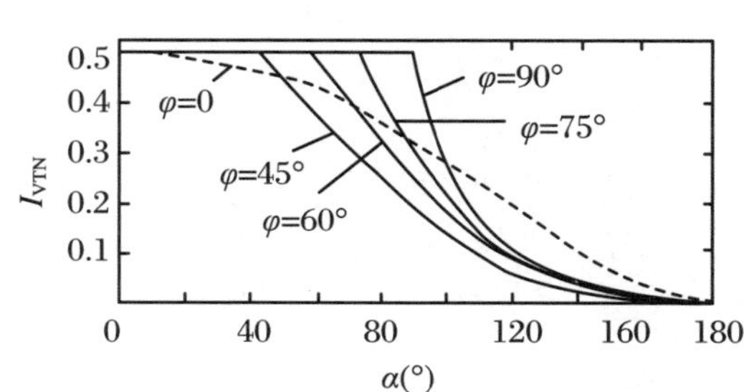

图 5-4　单相交流调压电路以 φ 为参考变量时 I_{VTN} 和 α 关系曲线

如上所述，阻感负载时 α 的移相范围为 $\varphi\leqslant\alpha\leqslant\pi$。但 $\alpha<\varphi$ 时，并非电路不能工作，当 $\varphi<\alpha<\pi$ 时，VT_1 和 VT_2 的导通角 θ 均小于 π，且如图 5-3 所示，α 越小，θ 越大；$\alpha=\varphi$ 时，

$\theta=\pi$。当 α 继续减小,例如在 $0\leqslant\alpha<\varphi$ 的某一时刻触发 VT_1,则 VT_1 的导通时间将超过 π。到 $\omega t=\pi+\alpha$ 时刻触发 VT_2 时,负载电流 i_o 尚未过零,VT_1 仍在导通,VT_2 不会立即开通。直到 i_o 过零后,如 VT_2 的触发脉冲有足够的宽度而尚未消失(参见图 5-2),VT_2 就会开通。因为 $\alpha<\varphi$,VT_1 提前开通,负载 L 被过充电,其放电时间也将延长,使得 VT_1 结束导电时刻大于 $\pi+\varphi$,并使 VT_2 推迟开通,VT_2 的导通角小于 π。

在这种情况下,式(5-5)和式(5-6)所解得的 i_o 表达式仍是适用的,只是 ωt 的适用范围不再是 $\alpha\leqslant\omega t\leqslant\alpha+\theta$,而是扩展到 $\alpha\leqslant\omega t<\infty$,因为这种情况下 i_o 已不存在断流区,其过渡过程和带阻感负载的单相交流电路在 $\omega t=\alpha(\alpha<\varphi)$ 时合闸所发生的过渡过程完全相同。可以看出,i_o 由两个分量组成,第一项为正弦稳态分量,第二项为指数衰减分量。在指数分量衰减到零后,VT_1 和 VT_2 的导通时间都趋近到 π,其稳态的工作情况和 $\alpha=\varphi$ 时完全相同。整个过程的工作波形如图 5-5 所示。

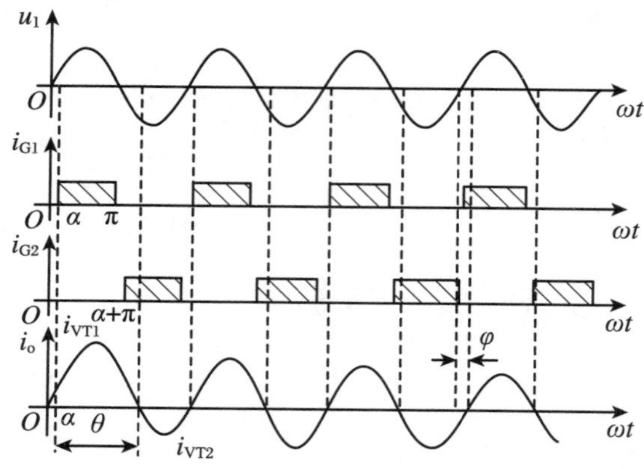

图 5-5　$\alpha<\varphi$ 时阻感负载交流调压电路工作波形

3. 单相交流调压电路的谐波分析

从图 5-1 和图 5-2 的波形可以看出,负载电压和负载电流(即电源电流)均不是正弦波,含有大量谐波。下面以电阻负载为例,对负载电压 u_o 进行谐波分析。由于波形正负半波对称,所以不含直流分量和偶次谐波,可用傅里叶级数表示为

$$u_o(\omega t)=\sum_{n=1,3,5,\cdots}^{\infty}(a_n\cos n\omega t+b_n\sin n\omega t)\tag{5-12}$$

式中

$$a_1=\frac{\sqrt{2}U_1}{2\pi}(\cos 2\alpha-1)$$

$$b_1=\frac{\sqrt{2}U_1}{2\pi}[\sin 2\alpha+2(\pi-\alpha)]$$

$$a_n=\frac{\sqrt{2}U_1}{\pi}\left\{\frac{1}{n+1}[\cos(n+1)\alpha-1]-\frac{1}{n-1}[\cos(n-1)\alpha-1]\right\},\quad n=3、5、7、\cdots$$

$$b_n=\frac{\sqrt{2}U_1}{\pi}\left[\frac{1}{n+1}\sin(n+1)\alpha-\frac{1}{n-1}\sin(n-1)\alpha\right],\quad n=3、5、7、\cdots$$

基波和各次谐波的有效值可按下式求出:

$$U_{on} = \frac{1}{\sqrt{2}}\sqrt{a_n^2 + b_n^2},\quad n = 1、3、5、7、\cdots \tag{5-13}$$

负载电流基波和各次谐波的有效值为

$$I_{on} = U_{on}/R \tag{5-14}$$

根据式(5-14)的计算结果，可以绘出电路基波和各次谐波电流含量随 α 变化的曲线，如图 5-6 所示，其中基准电流为 $\alpha=0$ 时的电流有效值。

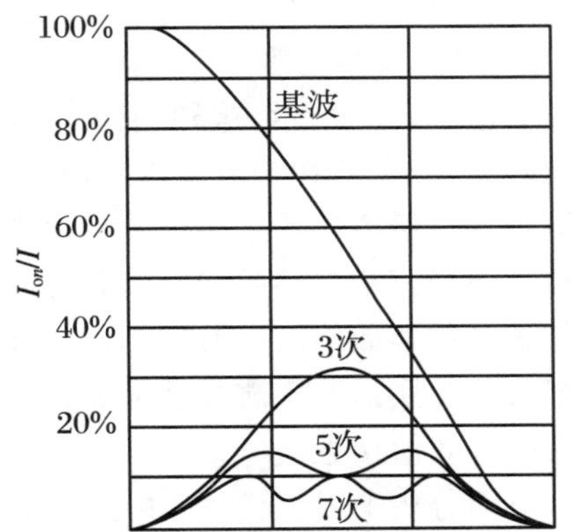

图 5-6　电阻负载单相交流调压电路基波和谐波电流含量

在阻感负载的情况下，可以用和上面相同的方法进行分析，只是将复杂得多。这时电源电流中的谐波次数和电阻负载时相同，也是只含有 3、5、7、…等次谐波，同样是随着次数的增加，谐波含量减少。和电阻负载时相比，阻感负载时的谐波电流含量要少一些，而且 α 角相同时，随着阻抗角 φ 的增大，谐波含量有所减小。

4．斩控式交流调压电路

斩控式交流调压电路的原理图如图 5-7 所示，一般采用全控型器件作为开关器件。其基本原理和直流斩波电路有类似之处，只是直流斩波电路的输入是直流电压，而斩控式交流调压电路的输入是正弦交流电压。在交流电源 u_1 的正半周，用 V_1 进行斩波控制，用 V_3 给负载电流提供续流通道；在 u_1 的负半周，用 V_2 进行斩波控制，用 V_4 给负载电流提供续流通道。设斩波器件（V_1 或 V_2）导通时间为 t_{on}，开关周期为 T，则导通比 $a=t_{on}/T$。和直流斩波电路一样，也可以通过改变 a 来调节输出电压。

电阻负载的负载电压 u_o 和电源电流 i_1（即负载电流）的波形如图 5-8 所示。可以看出，电源电流的基波分量是和电源电压同相位的，即位移因数为 1。另外，通过傅里叶分析可知，电源电流中不含低次谐波，只含和开关周期 T 有关的高次谐波。这些高次谐波用很小的滤波器即可滤除，这时电路的功率因数接近 1。

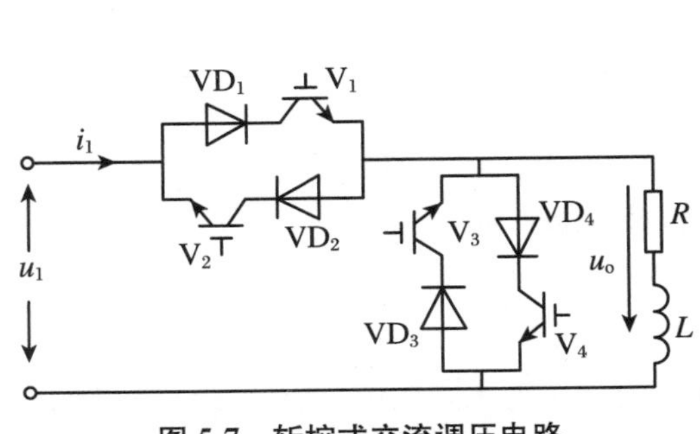

图 5-7　斩控式交流调压电路

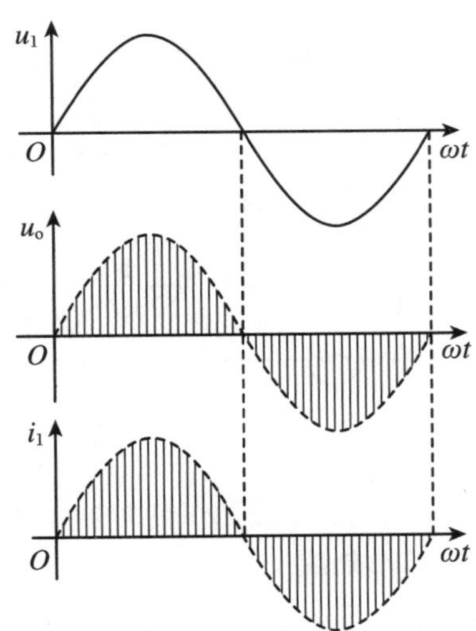

图 5-8　电阻负载斩控式交流调压电路波形

5.1.2 三相交流调压电路

三相交流调压电路具有多种形式。图 5-9(a)是星形连接，图 5-9(b)是线路控制三角形连接，图 5-9(c)是支路控制三角形连接，图 5-9(d)是中点控制三角形连接。其中(a)、(c)两种电路最常用，下面分别简单介绍这两种电路的基本工作原理和特性。

1. 星形连接电路

如图 5-9(a)所示，这种电路又可分为三相三线制和三相四线制两种情况。三相四线制时，相当于三个单相交流调压电路的组合，三相互相错开 120°工作，单相交流调压电路的工作原理和分析方法均适用于这种电路。在单相交流调压电路中，电流中含有基波和各奇次谐波。组成三相电路后，基波和 3 的整数倍次以外的谐波在三相之间流动，不流过零线。而三相的 3 的整数倍次谐波同相位，因此不能在各相之间流动，全部流过零线。因此零线中会有很大的 3 次谐波电流及其他 3 的整数倍次谐波电流。当 $\alpha = 90°$时，零线电流甚至和各相电流的有效值接近。

下面分析电阻负载时三相三线制的工作原理。任一相在导通时必须和另一相构成回路，因此和三相桥式全控整流电路一样，电流流通路径中有两个晶闸管，所以应采用双脉冲或宽脉冲触发。三相的触发脉冲应依次相差 120°，同一相的两个反并联晶闸管触发脉冲应相差 180°。因此，和三相桥式全控整流电路一样，触发脉冲顺序也是 $VT_1 \sim VT_6$，依次相差 60°。

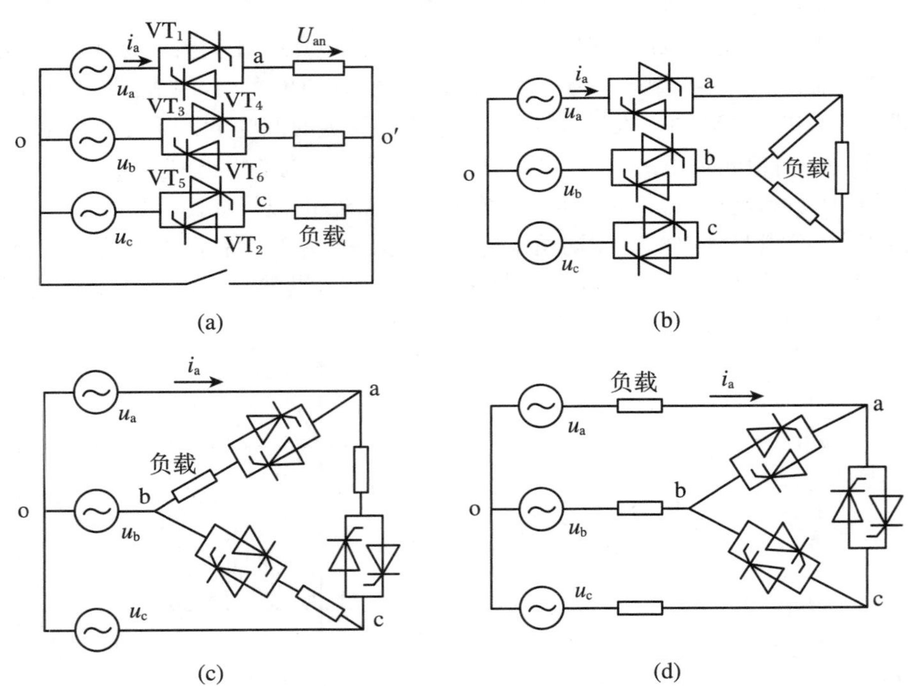

图 5-9 三相交流调压电路

(a) 星形连接；(b) 线路控制三角形连接；(c) 支路控制三角形连接；(d) 中点控制三角形连接

如果把晶闸管换成二极管后可以看出，相电流和相电压同相位，且相电压过零时二极管开始导通。因此，把相电压过零点定为开通角 α 的起点。三相三线制电路中，两相间导通时是靠线电压导通的，而线电压超前相电压 30°，因此 α 角的移相范围是 0～150°。

在任一时刻，可能是三相中各有一个晶闸管导通，这时负载相电压就是电源相电压，也可能两相中各有一个晶闸管导通，另一相不导通，这时导通相的负载相电压是电源线电压的一半。根据任一时刻导通晶闸管的个数以及半个周波内电流是否连续可将 0～150°的移相范围分为如下三段：

（1）$0 \leqslant \alpha < 60°$ 范围内，电路处于三个晶闸管导通与两个晶闸管导通的交替状态，每个晶闸管导通角度为 $180° - \alpha$。但 $\alpha = 0$ 是一种特殊情况，一直是三个晶闸管导通。

（2）在 $60° \leqslant \alpha < 90°$ 范围内，任一时刻都是两个晶闸管导通，每个晶闸管的导通角度为 120°。

（3）在 $90° \leqslant \alpha < 150°$ 范围内，电路处于两个晶闸管导通与无晶闸管导通的交替状态，每个晶闸管导通角度为 $300° - 2\alpha$，而且这个导通角度被分割为不连续的两部分，在半周波内形成两个断续的波头，各占 $150° - \alpha$。

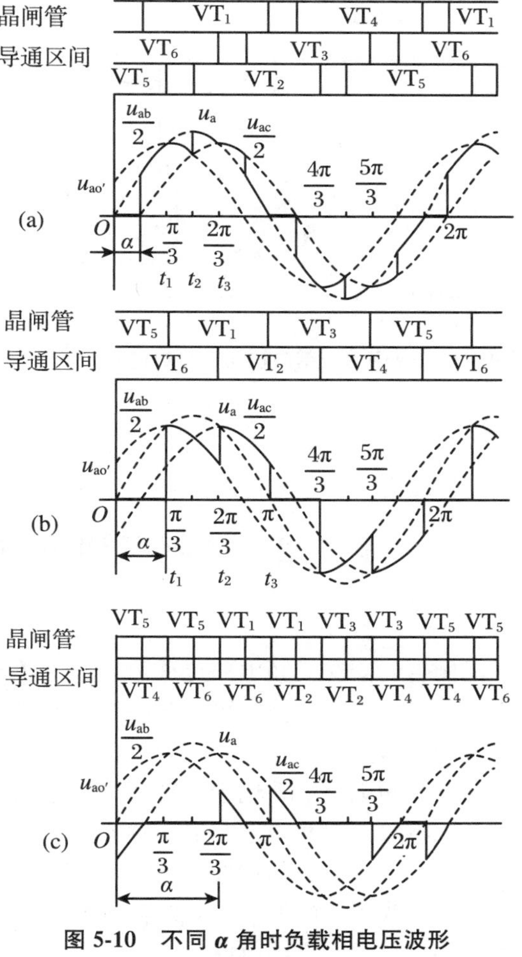

图 5-10　不同 α 角时负载相电压波形

（a）$\alpha = 30°$；（b）$\alpha = 60°$；（c）$\alpha = 120°$

图 5-10 给出了电阻负载 α 分别为 30°、60°和 120°时 a 相负载上的电压波形及晶闸管导通区间示意图。从波形上可以看出，电流中也含有很多谐波。进行傅里叶分析后可知，其中所含谐波的次数为 $6k \pm 1(k = 1、2、3、\cdots)$，这和三相桥式全控整流电路交流侧电流所含谐波的次数完全相同，而且也是谐波的次数越低，其含量越大。和单相交流调压电路相比，这里没有 3 的整数倍次谐波，因为在三相对称时，它们不能流过三相三线制电路。

对于阻抗负载的分析，可参照电阻负载和单相阻感负载的分析方法，只是情况更复杂一些。$\alpha = \varphi$ 时，负载电流最大且为正弦波，相当于晶闸管全部被短接时的情况。一般来说，电感大时，谐波电流的含量要小一些。

2. 支路控制三角形连接电路

支路控制三角形连接方式的一个典型应用是晶闸管控制电抗器（Thyrstor Controlled Reactor，TCR），其电路如图 5-11 所示。图中的电抗器中所含电阻很小，可以近似看作纯电感负载，因此 α 的移相范围为 90°～180°。通过对 α 角的控制，可以连续调节流过电抗器的电流，从而调节电路从电网中吸收的无功功率，如配以固定电容器，就可以在从容性到感性的范围内连续调节无功功率，被称为静止无功补偿装置（Static Var Compensator，SVC）。这种装置在电力系统中广泛用来对无功功率进行动态补偿，以补偿电压波动或闪变。

图 5-12 给出了 α 分别为 120°、135°和 160°时 TCR 电路的负载相电流和输入线电流的

波形。

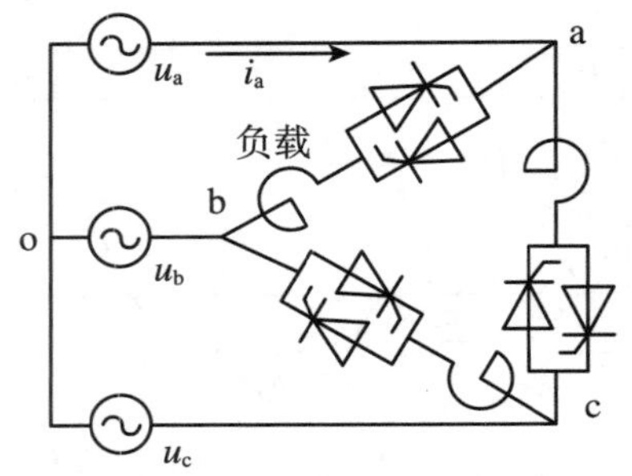

图 5-11　晶闸管控制电抗器(TCR)电路

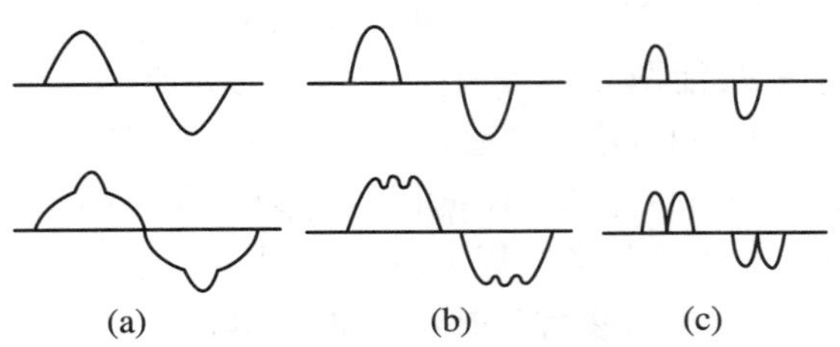

图 5-12　TCR 电路负载相电流和输入线电流波形
(a) $\alpha=120^\circ$;(b) $\alpha=135^\circ$;(c) $\alpha=160^\circ$

5.2　晶闸管相控交流-交流直接变频器

晶闸管的交交变频电路也称为周波变流器(Cycloconvertor)。交交变频电路是把电网频率的交流电直接变换成可调频率的交流电的变流电路。因为没有中间直流环节,因此属于直接变频电路。

交交变频电路广泛用于大功率交流电动机调速传动系统,实际使用的主要是三相输出交交变频电路。单相输出交交变频电路是三相输出交交变频电路的基础。本节首先介绍单相输出交交变频电路的构成、工作原理、控制方法及输入输出特性,然后介绍三相输出交交变频电路。为了叙述简便,本节将单相输出和三相输出交交变频电路分别称为单相交交变频电路和三相交交变频电路。

5.2.1　单相交交变频电路

1. 电路构成和基本工作原理

图 5-13 是单相交交变频电路的基本原理图和输出电压波形。电路由 P 组和 N 组反并联的晶闸管变流电路构成,和直流电动机可逆调速用的四象限变流电路完全相同。变流器 P 和 N 都是相控整流电路,P 组工作时,负载电流 i_o为正,N 组工作时,i_o为负。让两组变流器按一定的频率交替工作,负载就得到该频率的交流电。改变两组变流器的切换频率,就可以改变输出频率 ω_o。改变触发角 α,就可以改变交流输出电压的幅值。

为了使输出电压 u_o的波形接近正弦波,可以按正弦规律对 α 角进行控制。如图 5-13 波形所示,可在半个周期内让正组变流器 P 的 α 角按一定的规律从 90°逐渐减小到 0 或某个值,然后再逐渐增大到 90°。这样,每个控制间隔内的平均输出电压就按正弦规律从零逐渐增至最高,再逐渐降低到零,如图中虚线所示。另外半个周期可对变流器 N 进行同样的控制。

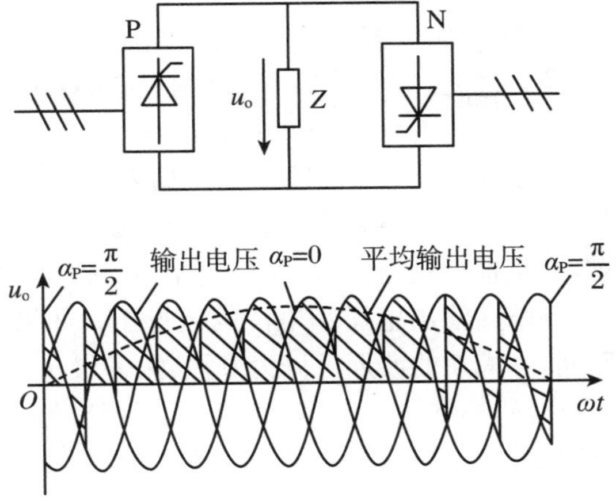

图5-13　单相交交变频电路原理图和输出电压波形

图5-13的波形是变流器P和N都是三相半波相控电路时的波形。可以看出，输出电压u_o并不是平滑的正弦波，而是由若干段电源电压拼接而成的。在输出电压的一个周期内，所包含的电源电压段数越多，其波形就越接近正弦波。因此，图5-13中的交流电路通常采用6脉波的三相桥式电路或12脉波变流电路。

2. 整流与逆变工作状态

交交变频电路的负载可以是阻感负载、电阻负载、阻容负载或交流电动机负载。这里以阻感负载为例来说明电路的整流工作状态与逆变工作状态，这种分析也适用于交流电动机负载。

如果忽略变流电路换相时输出电压的脉动分量，就可把电路等效成图5-14(a)所示的正弦波电源和二极管的串联。其中交流电源表示变流电路可输出交流正弦电压，二极管体现了变流电路电流的单方向性。

假设负载阻抗角为φ，另外，两组变流电路在工作时采取直流可逆调速系统中的无环流工作方式，即一组变流电路工作时，封锁另一组变流电路的触发脉冲。

图5-14(b)给出了一个周期内负载电压、电流波形及正反两组变流电路的电压、电流波形。由于变流电路的单向导电性，在$t_1 \sim t_3$期间的负载电流正半周，只能是正组变流电路工作，反组电路被封锁。其中在$t_1 \sim t_2$阶段，输出电压和电流均为正，故正组变流电路工作在整流状态，输出功率为正。在$t_2 \sim$

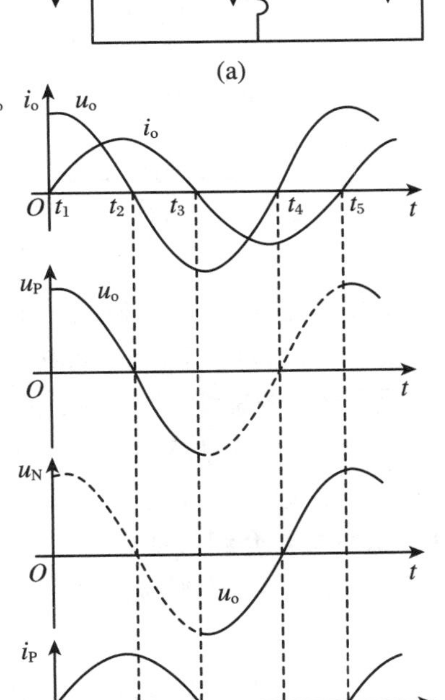

图5-14　理想化交交变频电路的整流和逆变工作状态

t_3 阶段，输出电压已反向，但输出电流仍为正，正组变流电路工作在逆变状态，输出功率为负。在 $t_3 \sim t_5$阶段，负载电流负半周，反组变流电路工作，正组电路被封锁。其中在 $t_3 \sim t_4$阶段，输出电压和电流均为负，反组变流电路工作在整流状态；在 $t_4 \sim t_5$阶段，输出电流为负而电压为正，反组变流电路工作在逆变状态。

可以看出，在阻感负载的情况下，在一个输出电压周期内交交变频电路有 4 种工作状态。哪组变流电路工作是由输出电流的方向决定的，与输出电压极性无关。变频电路工作在整流状态还是逆变状态，则是根据输出电压方向与输出电流方向是否相同来确定的。

图 5-15 是单相交交变频电路输出电压和电流的波形图。如果考虑到无环流工作方式下负载电流过零的死区时间，一周期的波形可分为 6 段：第一段 $i_o<0, u_o>0$，为反组逆变；第 2 段电流过零，为无环流死区；第 3 段 $i_o>0, u_o>0$，为正组整流；第 4 段 $i_o>0, u_o<0$，为正组逆变；第 5 段又是无环流死区；第 6 段 $i_o<0, u_o<0$，为反组整流。

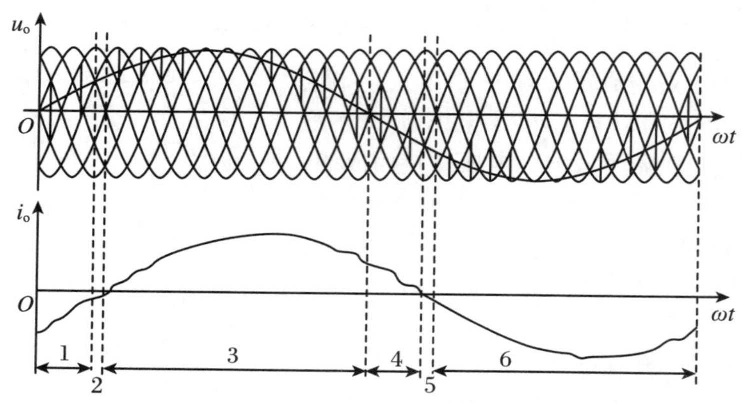

图 5-15　单相交交变频电路输出电压和电流波形

当输出电压和电流的相位差小于 90°时，一周期内电网向负载提供能量的平均值为正，电动机工作在电动状态；当二者相位差大于 90°时，一周期内电网向负载提供能量的平均值为负，即电网吸收能量，电动机工作在发电状态。

3. 输出正弦波电压的调制方法

通过不断改变触发角 α，使交交变频电路的输出电压波形基本为正弦波的调制方法有多种。这里主要介绍最基本的、广泛使用的余弦交点法。

设 U_{d0}为 $\alpha=0$ 时整流电路的理想空载电压，则触发角为 α 时变流电路的输出电压为

$$\overline{u_o} = U_{d0}\cos\alpha \tag{5-15}$$

对交交变频电路来说，每次控制时 α 角都是不同的，式(5-15)中的$\overline{u_o}$表示每次控制间隔内输出电压的平均值。

设要得到的正弦波输出电压为

$$u_o = U_{om}\sin\omega_o t \tag{5-16}$$

比较式(5-15)和式(5-16)，应使

$$\cos\alpha = \frac{U_{om}}{U_{d0}}\sin\omega_o t = \gamma\sin\omega_o t \tag{5-17}$$

式中，γ 称为输出电压比，$\gamma=\frac{U_{om}}{U_{d0}}(0\leqslant\gamma\leqslant1)$。

因此

$$\alpha = \arccos(\gamma \sin \omega_o t) \tag{5-18}$$

上式就是用余弦交点法求交交变频电路 α 角的基本公式。

对余弦交点法进行进一步说明，如图 5-16 所示，电网线电压 u_{ab}、u_{ac}、u_{bc}、u_{ba}、u_{ca}和 u_{cb}依次用 $u_1 \sim u_6$表示，相邻两个线电压的交点对应于 $\alpha=0$。$u_1 \sim u_6$所对应的同步余弦信号分别用 $u_{s1} \sim u_{s6}$表示。$u_{s1} \sim u_{s6}$比相应的 $u_1 \sim u_6$超前 30°。也就是说，$u_{s1} \sim u_{s6}$的最大值正好和相应线电压 $\alpha=0$ 时刻相对应，若以 $\alpha=0$ 为零时刻，则 $u_{s1} \sim u_{s6}$为余弦信号。设希望输出的电压为 u_o，则各晶闸管的触发时刻由相应的同步电压 $u_{s1} \sim u_{s6}$的下降段和 u_o的交点来决定。

图 5-17 给出了在不同输出电压比 γ 的情况下，在输出电压的一个周期内，触发角 α 随 $\omega_o t$ 变化的情况。图中，$\alpha=\arccos(\gamma \sin \omega_o t)=\pi/2-\arcsin(\gamma \sin \omega_o t)$。可以看出，当 γ 较小，即输出电压较低时，α 只在离 90°很近的范围内变化，电路的输入功率因数非常低。

上述余弦交点法可以用模拟电路来实现，但线路复杂，且不易实现准确的控制。采用计算机控制时可方便地实现准确的运算，而且除计算 α 角外，还可以实现各种复杂的控制运算，使整个系统获得很好的性能。

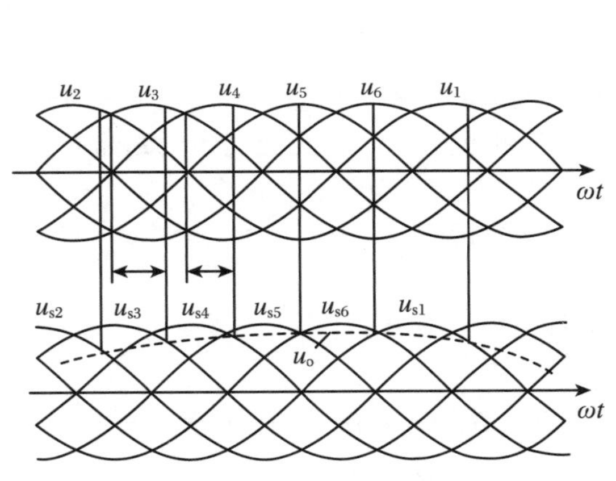

图 5-16　余弦交点法原理

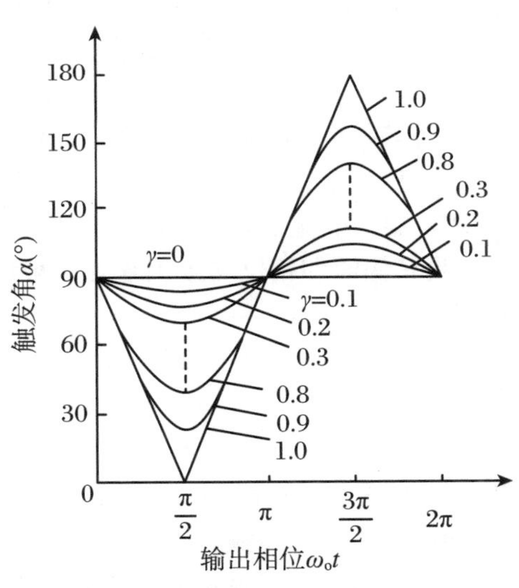

图 5-17　不同 γ 时 α 和 $\omega_o t$ 的关系

4．输入输出特性

（1）输出上限频率。交交变频电路的输出电压是由许多段电网电压拼接而成的。输出电压一个周期内拼接的电网电压段数越多，就可使输出电压波形越接近正弦波。每段电网电压的平均持续时间是由变流电路的脉波数决定的。因此，当输出频率增高时，输出电压一周期所含电网电压的段数就减小，波形畸变就严重。电压波形畸变以及由此产生的电流波形畸变和转矩脉动是限制输出频率提高的主要因素。就输出波形畸变和输出上限频率的关系而言，很难确定一个明确的界限。当然，构成交交变频电路的两组电路的脉波数越多，输出上限频率就越高。就常用的 6 脉波三相桥式电路而言，一般认为，输出上限频率不高于电网频率的 1/2。电网频率为 50 Hz 时，交交变频电路的输出上限频率为 20 Hz。

（2）输入功率因数。交交变频电路采用的是相位控制方式，因此其输入电流的相位总是滞后于输入电压，需要电网提供无功功率。从图 5-17 可以看出，在输出电压的一个周期内，α 角是以 90°为中心前后变化的，输出电压比 γ 越小，半周期内 α 的平均值越靠近 90°，位移因数越低。另外，负载的功率因数越低，输入功率因数也越低。而且不论负载功率因数是滞后还是超前，输入的无功电流总是滞后的。

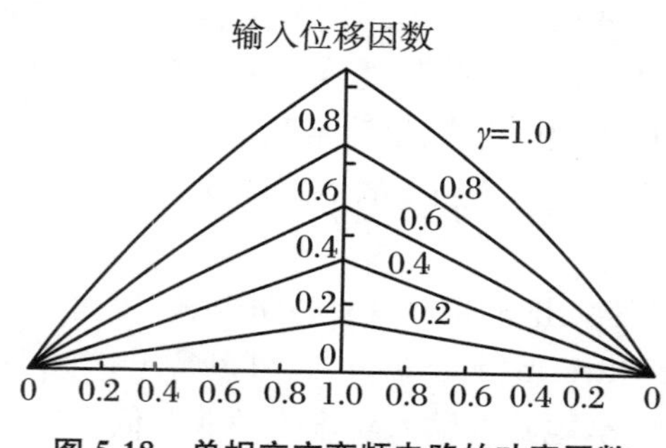

图 5-18　单相交交变频电路的功率因数

图 5-18 给出了以输出电压比 γ 为参变量时输入位移因数和负载功率因数的关系。输入位移因数也就是输入的基波功率因数，其值通常略大于输入功率因数。因此，图 5-18 也大体反映了输入功率因数和负载功率因数的关系。可以看出，即使负载功率因数为 1 且输出电压比 γ 也为 1，输入功率因数仍小于 1，随着负载功率因数的降低和 γ 的减小，输入功率因数也随之降低。

(3) 输出电压谐波。交交变频电路输出电压的谐波频谱是非常复杂的，它既和电网频率 f_i 以及变流电路的脉波数有关，也和输出频率 f_o 有关。

对于采用三相桥式电路的交交变频电路来说，输出电压中所含主要谐波的频率为

$$6f_i \pm f_o、\ 6f_i \pm 3f_o、\ 6f_i \pm 5f_o、\ \cdots$$

$$12f_i \pm f_o、\ 12f_i \pm 3f_o、\ 12f_i \pm 5f_o、\ \cdots$$

另外，采用无环流控制方式时，由于电流方向改变对死区的影响，将使输出电压中增加 $5f_o$、$7f_o$ 等次谐波。

(4) 输入电流谐波。单相交交变频电路的输入电流波形和可控整流电路的输入波形类似，但是其幅值和相位均按正弦规律被调制。采用三相桥式电路的交交变频电路输入电流谐波频率为

$$f_{in} = |(6k \pm 1)f_i \pm 2lf_o| \tag{5-19}$$

和

$$f_{in} = |f_i \pm 2kf_o| \tag{5-20}$$

式中，$k = 1、2、3、\cdots$，$l = 0、1、2、\cdots$。

同可控整流电路输入电流的谐波相比，交交变频电路输入电流的频谱要复杂得多，但各次谐波的幅值要比可控整流电路的谐波幅值小。

5.2.2　三相交交变频电路

交交变频电路主要应用于大功率交流电动机调速系统，这种系统使用的是三相交交变频电路。三相交交变频电路是由三相输出电压相位各差 120°的单相交交变频电路组成的，因此上一小节的许多分析和结论对三相交交变频电路都是适用的。

1. 电路接线方式

三相交交变频电路主要有两种接线方式，即公共交流母线进线方式和输出星形连接方式。

(1) 公共交流母线进线方式。图 5-19 是公共交流母线进线方式的三相交交变频电路简图。它由三组彼此独立、输出电压相位相互错开 120°的单相交交变频电路构成，它们的电源进线通过进线阻抗器接在公共交流母线上。因为电源进线端公用，所以三组单相交交变频

电路的输出端必须隔离。为此,交流电动机的三个绕组必须拆开,共引出六根线。这种电路主要用于中等容量的交流调速系统。

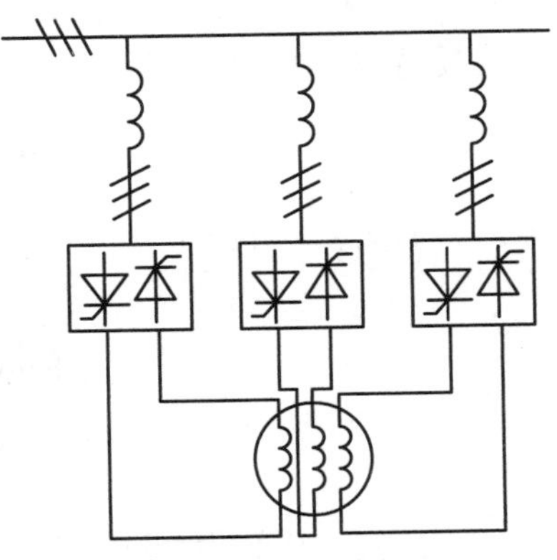

图 5-19　公共交流母线进线方式的三相交交变频电路简图

(2) 输出星形连接方式。图 5-20 是输出星形连接方式的三相交交变频电路。其中图 5-20(a)为简图,图 5-20(b)为详图。三组单相交交变频电路的输出端是星形连接,电动机的三个绕组也是星形连接,电动机中性点不和变频器中性点接在一起,电动机只引出三根线即可。因为三组单相交交变频电路的输出连接在一起,其电源进线就必须隔离,因此三组单相交交变频器分别用三个变压器供电。

由于变频器输出端中性点不和负载中性点相连接,所以在构成三相变频电路的六组桥式电路中,至少要有不同输出相的两组桥中的四个晶闸管同时导通才能构成回路,形成电流。和整流电路一样,同一组桥内的两个晶闸管靠双触发脉冲保证同时导通。而两组桥之间则是靠各自的触发脉冲有足够的宽度,以保证同时导通。

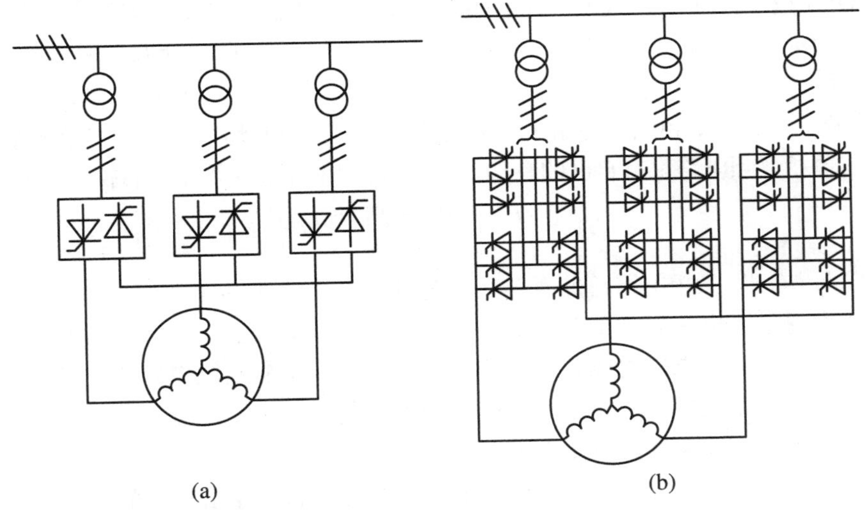

图 5-20　输出星形连接方式的三相交交变频电路

(a) 简图;(b) 详图

2. 输入输出特性

从电路结构和工作原理可以看出,三相交交变频电路和单相交交变频电路的输出上限频率和输出电压谐波是一致的,电能输入电流和输入功率因数则有些差别。

先来分析三相交交变频电路的输入电流。图 5-21 是在输出电压比 $\gamma=0.5$,负载功率因数 $\cos\varphi=0.5$ 的情况下,交交变频电路输出电压、单相输出时的输入电流和三相输出时的输入电流波形举例。对于单相输出时的情况,因为输出电流是正弦波,其正负半波电流极性相反,但反映到输入电流却是相同的。因此,输入电流只反映输出电流半个周期的脉动,而不反映其极性。所以如式(5-19)、式(5-20)所示输入电流中含有与 2 倍输出频率有关的谐波分量。对于三相输出时的情况,总的输入电流是由三个单相交交变频电路的同一相(图中为

A 相)输入电流合成而得到的,有些谐波相互抵消,谐波种类有所减少,总的谐波幅值也有所降低。其谐波频率为

$$f_{\text{in}} = |(6k \pm 1)f_{\text{i}} \pm 6lf_{\text{o}}| \tag{5-21}$$

$$f_{\text{in}} = |f_{\text{i}} \pm 6kf_{\text{o}}| \tag{5-22}$$

式中,$k=1、2、3、\cdots$,$l=0、1、2、\cdots$。

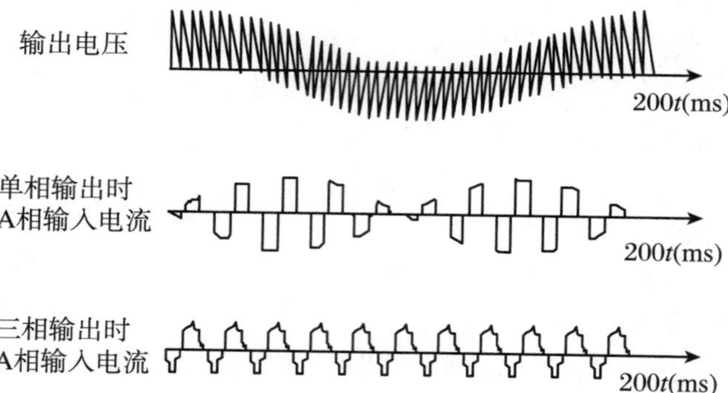

图 5-21 交交变频电路的输入电流波形

当变流电路采用三相桥式电路时,单相交交变频电路输入谐波电流的主要频率为 $f_{\text{i}} \pm 6f_{\text{o}}$、$5f_{\text{i}}$、$5f_{\text{i}} \pm 6f_{\text{o}}$、$7f_{\text{i}}$、$7f_{\text{i}} \pm 6f_{\text{o}}$、$11f_{\text{i}}$、$11f_{\text{i}} \pm 6f_{\text{o}}$、$13f_{\text{i}}$、$13f_{\text{i}} \pm 6f_{\text{o}}$、$f_{\text{i}} \pm 12f_{\text{o}}$等。其中 $5f_{\text{i}}$次谐波的幅值最大。

下面分析三相交交变频电路的输入功率因数。三相交交变频电路由三组单相交交变频电路组成,每组单相变频电路都有自己的有功功率、无功功率和视在功率。总输入功率因数应为

$$\lambda = \frac{P}{S} = \frac{P_{\text{a}} + P_{\text{b}} + P_{\text{c}}}{S} \tag{5-23}$$

从上式可以看出,三相电路总的有功功率为各相有功功率之和,但视在功率却不能简单相加,而应该由总输入电流有效值和输入电压有效值来计算,比三相各自的视在功率之和要小。因此,三相交交变频电路总输入功率因数要高于单相交交变频电路。当然,这只是相对于单相电路而言,功率因数低仍是三相交交变频电路的一个主要缺点。

3. 具有改善输入功率因数和提高输出电压的特点

在图 5-20 所示的输出星形连接的三相交交变频电路中,各相输出的是相电压,而加在负载上的是线电压。如果在各相电压中叠加同样的直流分量或 3 倍于输出频率的谐波分量,它们都不会在线电压中反映出来,因而也加不到负载上。利用这一特性可以使输入功率因数得到改善并提高输出电压。

当负载电动机低速运行时,变频器输出电压幅值很低,各组桥式电路的 α 角都在 90°附近,因此输入功率因数很低。如果给各相的输出电压都叠加上同样的直流分量,触发角 α 将减小,但变频器输出线电压并不改变。这样,既可以改善变频器的输入功率因数,又不影响电动机的运行。这种方法称为直流偏置。对于长期在低速下运行的电动机,用这种方法可明显改善输入功率因数。

另一种改善输入功率因数的方法是梯形波输出控制方式。如图 5-22 所示,三组单相变频器的输出电压均为梯形波(也称准梯形波)。因为梯形波的主要谐波成分是三次谐波,在线电压中,三次谐波相互抵消,结果线电压仍为正弦波。在这种控制方式中,因为桥式电路

较长时间工作在高输出电压区域(即梯形波的平顶区)，α 角较小，因此输入功率因数可提高 15%左右。

在图 5-15 的正弦波输出控制方式中，最大输出正弦波相电压的幅值为三相桥式电路当 $\alpha=0$ 时的直流输出电压值 U_{d0}。这样的输出电压值有时难以满足负载的要求。和正弦波相比，在同样幅值的情况下，如图 5-22 所示，梯形波中的基波幅值可提高 15%左右。这样，采用梯形波输出控制方式就可以使变频器的输出电压提高约 15%。

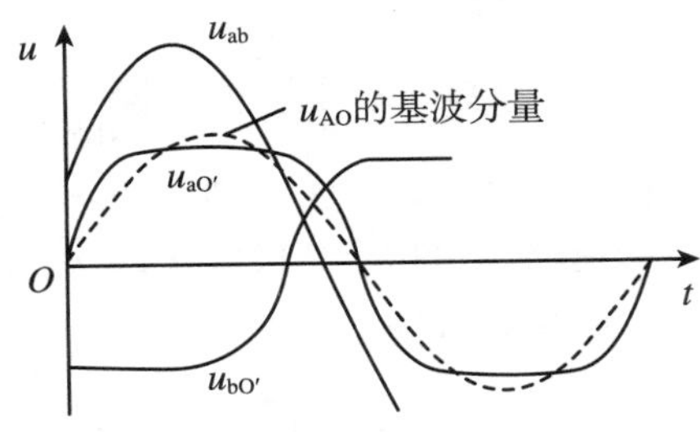

图 5-22　梯形波控制方式的理想输出电压波形

采用梯形波输出控制方式相当于给相电压中叠加了三次谐波。相对于直流偏置，这种方法也称为交流偏置。

本节介绍的交交变频电路是一种频率的交流直接变成可变频率的交流，是一种直接变频电路。交交变频电路的优点是：只用一次变频，频率较高；可方便地实现四象限工作；低频输出波形接近正弦波。缺点是：接线复杂，如采用三相桥式电路的三相交交变频器至少要用 36 个晶闸管；受电网频率和变流电路脉波数的限制，输出频率较低；输入功率因数较低；输入电流谐波含量大，频谱复杂。

由于以上优缺点，交交变频电路主要用于 500 kW 或 1000 kW 以上的大功率、低转速的交流调速电路中。目前已在轧机主传动装置、鼓风机、矿石破碎机、球磨机、卷扬机等场合获得了较多的应用。它既可用于异步电动机传动，也可用于同步电动机传动。

5.3　SPWM 控制的变频电路

本节讲述 SPWM、SVPWM 控制的交-直-交变频电路。实际上是 PWM 控制的整流与逆变电路的应用。

交-直-交变频电路如图 5-23 所示，由整流电路、中间直流环节、逆变电路和控制电路组成。中间直流环节若串联大电感 L_d 就称为电流型变频电路。若并联大电容 C_d 就称为电

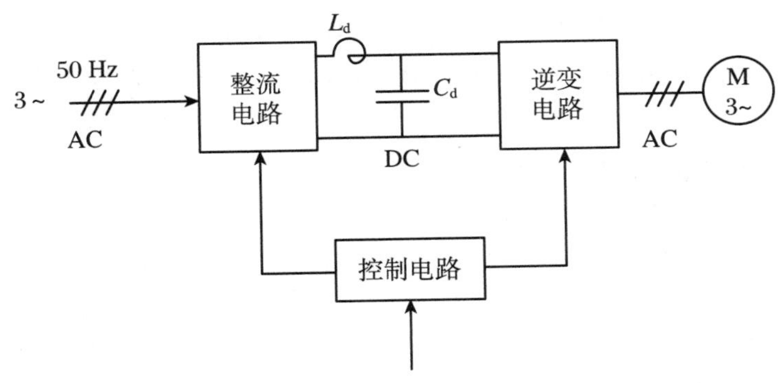

图 5-23　交-直-交变频电路框图

压型变频电路。

5.3.1 交-直-交变频主电路

图 5-24 是以交-直-交变频电路作为交流变频电源，供电给三相交流异步电动机变频调速用的电路。由功率二极管 $VD_1 \sim VD_6$ 组成三相桥式不可控整流电路，将交流电整流成直流电（AC-DC 变换）。

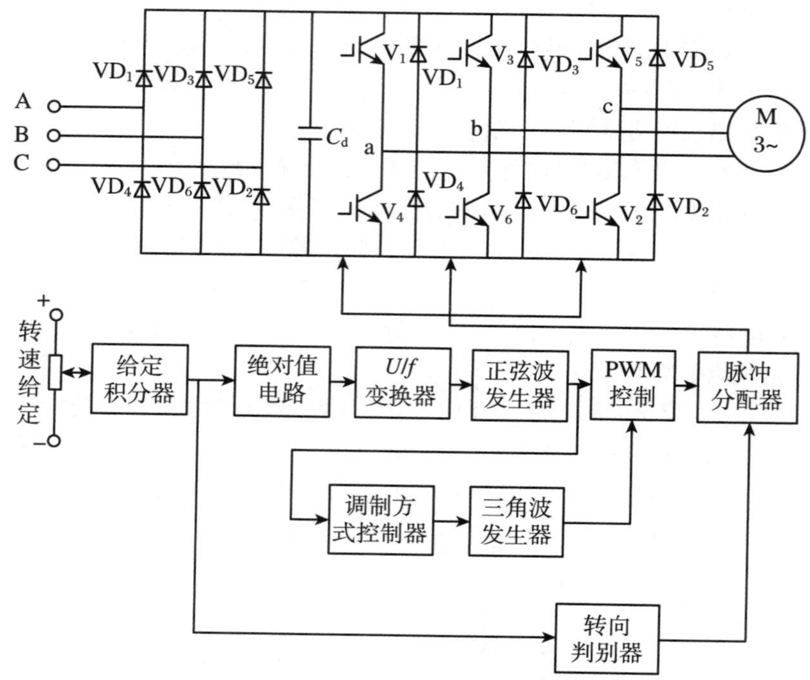

图 5-24 SPWM 控制交-直-交变频电路

中间直流环节并联大电容 C_d 为电压型变频电路。电容 C_d 的作用是储能、滤波和缓冲无功能量。因为变频电路的负载为三相异步电动机，属于感性负载，无论电动机属于电动状态还是发电制动状态，其功率因数总是小于 1 的，电容 C_d 与电动机之间总会有无功功率的交换，因此这种无功能量要靠中间直流环节的 C_d 储能和缓冲。

逆变电路由全控型功率器件 $V_1 \sim V_6$（IGBT）和反并联二极管 $VD_1 \sim VD_6$ 组成。通过控制电路控制功率器件 $V_1 \sim V_6$ 按 SPWM 脉冲波形反复通断，获得的逆变电路输出电压、频率是异步电动机所需要的三相交流电，完成将直流电逆变成交流电的任务（DC-AC 变换）。

5.3.2 交-直-交变频电路的 SPWM 控制

由图 5-24 所示的控制电路框图可见，该变频电路是采用 $\frac{U}{f}=\text{Const}$ 的 SPWM 控制逆变电路功率器件 $V_1 \sim V_6$ 反复通断方式，获得 $\frac{U}{f}=\text{Const}$ 三相变压/变频的交流电输出。

转速给定既作为逆变电路输出频率 f 的指令值，同时也作为异步电动机定子电压的指令值，这样使$\frac{U}{f}=\text{Const}$。为防止电动机启动电流过大，在给定信号之后，外加给定积分器，将阶跃给定信号转换为按设定斜率逐渐变化的斜坡信号，从而使电动机的电压和转速都平缓地升高或降低，减少对逆变电路的电流冲击。

电动机的转向由逆变电路输出电压的相序而定，而频率和电压给定信号不需要反映极性，因此采用绝对值变换电路，输出绝对值信号，给$\frac{U}{f}$变换器后，得到电压及频率的指令信号。

又因采用 SPWM 控制波脉冲，所以有正弦波(调制波)发生器。

还有三角波(载波)发生器和调制方式控制器，从而生成 SPWM 的脉冲信号，经驱动电路控制 $V_1 \sim V_6$(IGBT)的通断，使变频电路输出异步电动机调速所要求的频率、相序和电压的交流电。

综上可见，该变频电路只是在逆变电路采用 SPWM 控制变频电路。可以采用模拟控制或数字控制，如 DSP 高速数字控制器等。当然也可采用转差频率控制、矢量控制和直接转矩控制交流异步电动机变频调速系统。

5.4　电压空间矢量 PWM 控制的变频电路

随着 DSP、MCU 等数字控制硬件的成熟，空间矢量调制技术已成为三相电压型 PWM 变频电路中应用广泛的 PWM 控制技术。

5.4.1　电压空间矢量的控制概述

采用空间矢量的调制技术，就是获得 PWM 的负载线电压，并使其平均值等于给定负载线电压。这是通过在每个采样周期内，从电压型逆变电路的状态中选择适当的开关状态和计算出适当的开通和关断时间来实现的。而选择开关状态和计算开关时间以空间矢量的变换为基础。

在三相 DC-AC 逆变电路中，为了便于分析和控制，就要将三相问题变换为单相问题，并保持原来三相问题物理量属性。

设三相电压 u_a、u_b、u_c 为三相对称正弦波，即

$$\left.\begin{aligned} u_a &= U_m \sin \omega t \\ u_b &= U_m \sin\left(\omega t - \frac{2\pi}{3}\right) \\ u_c &= U_m \sin\left(\omega t - \frac{4\pi}{3}\right) \end{aligned}\right\} \tag{5-24}$$

三相电压对应的空间矢量为

$$\boldsymbol{U}_1 = u_a + \beta u_b + \beta^2 u_c \tag{5-25}$$

式(5-25)中 $\beta = e^{j2\pi/3}$，$\beta^2 = e^{j4\pi/3}$。由式(5-25)求电压空间矢量 $\boldsymbol{U}_1$ 的实部和虚部分别为

$$\text{Re}|\boldsymbol{U}_1| = u_a + u_b\cos\left(\frac{2\pi}{3}\right) + u_c\cos\left(\frac{4\pi}{3}\right) = \frac{3}{2}U_m\sin\omega t$$

$$\text{Im}|\boldsymbol{U}_1| = 0 + u_b\sin\left(\frac{2\pi}{3}\right) + u_c\sin\left(\frac{4\pi}{3}\right) = -\frac{3}{2}U_m\cos\omega t$$

则电压空间矢量 $\boldsymbol{U}_1$ 为

$$\boldsymbol{U}_1 = \text{Re}|\boldsymbol{U}_1| + \text{jIm}|\boldsymbol{U}_1| = \frac{3U_m}{2}e^{j\left(\omega t - \frac{\pi}{2}\right)} \tag{5-26}$$

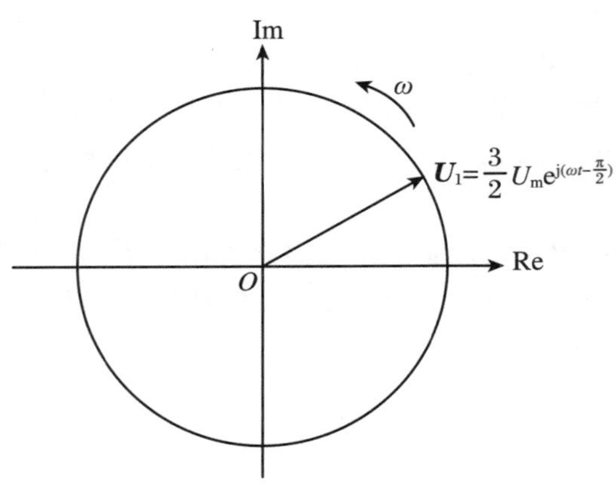

图 5-25　电压空间矢量运动轨迹

由式(5-26)可知,三相对称正弦电压,对应的电压空间矢量 $\boldsymbol{U}_1$ 顶点的运动轨迹显然是一个圆。圆的半径为相电压幅值的 1.5 倍,即$\frac{3U_m}{2}$。并以角速度 $\omega = 2\pi f$ 逆时针方向旋转,如图 5-25 所示。

依空间矢量变换的可逆性,可以想象,如果电压空间矢量 $\boldsymbol{U}_1$ 顶点的轨迹愈趋近于圆时,则三相电压就愈趋近于三相对称正弦波。

三相对称正弦电压是理想的供电电压。因此,希望通过对逆变电路功率器件 PWM 通断控制获得逆变电路的输出电压空间矢量顶点的轨迹趋近于圆,便也得到相当于三相对称正弦波电压的供电电压。这就是逆变电路对输出电压的控制目标。

5.4.2　交-直-交逆变电路的 SVPWM 控制

图 5-26 为一个三相异步电动机负载及六拍阶梯波逆变电路,其输出交流电压波形如图 5-27 所示。

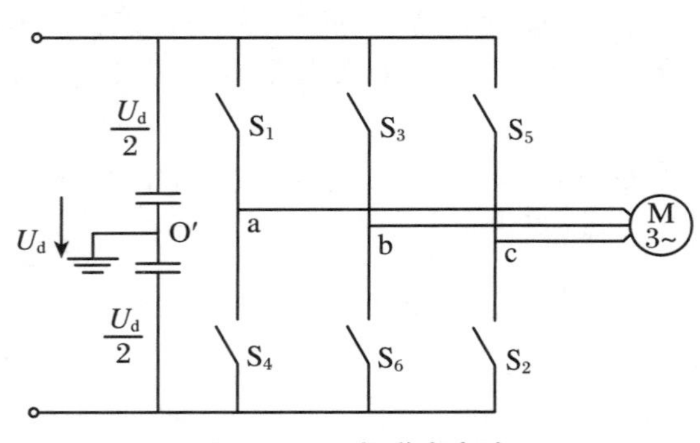

图 5-26　三相逆变电路

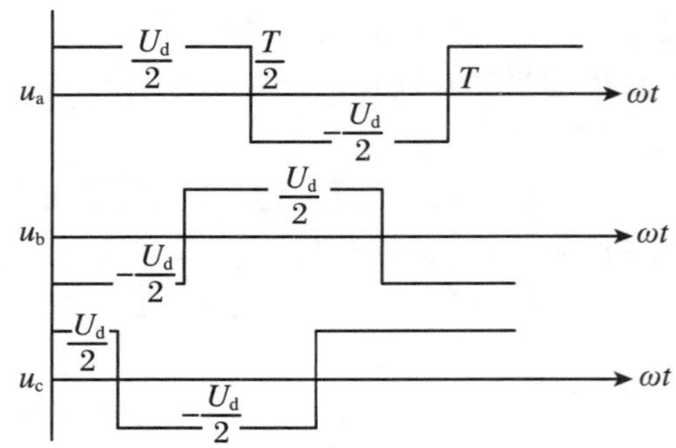

图 5-27　三相六拍逆变电路输出交流电压波形

三相桥式电压型逆变电路在任一时刻只有三个开关导通,同一桥臂上、下开关不能同时导通。依此要求,开关模式共有八种。

1. 开关模式及其电压空间矢量

八种开关模式,每种开关模式对应一个电压空间矢量,如表 5-1 所示,设 S_1、S_3、S_5 通为“1”态,S_2、S_4、S_6 通为“0”态,二者互补。

表 5-1　逆变电路开关模式及对应的电压空间矢量

导通开关	$S_1\ S_6\ S_2$	$S_1\ S_3\ S_2$	$S_4\ S_3\ S_2$	$S_4\ S_3\ S_5$	$S_4\ S_6\ S_5$	$S_1\ S_6\ S_5$	$S_1\ S_3\ S_5$	$S_4\ S_6\ S_2$
代码	100	110	010	011	001	101	111	000
电压空间矢量	$\boldsymbol{U}_1$	$\boldsymbol{U}_2$	$\boldsymbol{U}_3$	$\boldsymbol{U}_4$	$\boldsymbol{U}_5$	$\boldsymbol{U}_6$	$\boldsymbol{U}_7$	$\boldsymbol{U}_8$

如开关模式 100，对应电压空间矢量 $\boldsymbol{U}_1$，这种模式说明选择了图 5-26 所示的三相电压型桥式逆变电路中，a 相桥臂 S_1 开关导通，而 S_4 开关关断，其输出电压 $u_a=\frac{U_d}{2}$；b 相选择开关 S_6 导通，S_3 开关关断，b 相输出电压 $u_b=-\frac{U_d}{2}$；c 相选择开关 S_2 导通，S_5 开关关断，其输出电压 $u_c=-\frac{U_d}{2}$。再依对应电压空间矢量 $\boldsymbol{U}_1$ 可求出其值。即

$$\begin{aligned}
\boldsymbol{U}_1 &= u_a+u_b\beta+u_c\beta^2 \\
&= \frac{U_d}{2}+\left(-\frac{U_d}{2}\right)e^{j\frac{2\pi}{3}}+\left(-\frac{U_d}{2}\right)e^{j\frac{4\pi}{3}} \\
&= \frac{U_d}{2}+\left[\left(-\frac{U_d}{2}\right)\cos\left(\frac{2\pi}{3}\right)\right]+\left[\left(-\frac{U_d}{2}\right)\cos\left(\frac{4\pi}{3}\right)\right] \\
&= \frac{U_d}{2}+\left[\left(-\frac{U_d}{2}\right)\left(-\frac{1}{2}\right)\right]+\left[\left(-\frac{U_d}{2}\right)\left(-\frac{1}{2}\right)\right] \\
&= \frac{U_d}{2}+\left(\frac{U_d}{4}+\frac{U_d}{4}\right) \\
&= U_d
\end{aligned}$$

$\boldsymbol{U}_1$ 的方向与实轴（a 相轴）同方向，如图 5-28 所示。

同理可求出 $\boldsymbol{U}_2$、$\boldsymbol{U}_3$、…、$\boldsymbol{U}_8$ 矢量。如 $\boldsymbol{U}_2=\frac{U_d}{2}+\frac{U_d}{2}\beta+\left(-\frac{U_d}{2}\right)\beta^2=U_d e^{j\frac{\pi}{3}}$；$\boldsymbol{U}_3=U_d e^{j\frac{2\pi}{3}}$；$\boldsymbol{U}_4=U_d e^{j\frac{3\pi}{3}}$；$\boldsymbol{U}_5=U_d e^{j\frac{4\pi}{3}}$；$\boldsymbol{U}_6=U_d e^{j\frac{5\pi}{3}}$；$\boldsymbol{U}_7=0$；$\boldsymbol{U}_8=0$，如表 5-2 所示。

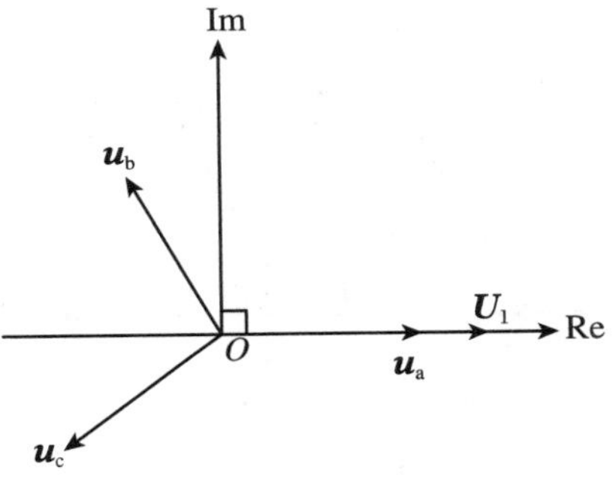

图 5-28　$\boldsymbol{U}_1$ 矢量

表 5-2　8 个电压空间矢量的值

电压空间矢量	a 相电压	b 相电压	c 相电压	空间矢量值
$\boldsymbol{U}_1$	$U_d/2$	$-U_d/2$	$-U_d/2$	$U_d e^{j0}$
$\boldsymbol{U}_2$	$U_d/2$	$U_d/2$	$-U_d/2$	$U_d e^{j\frac{\pi}{3}}$
$\boldsymbol{U}_3$	$-U_d/2$	$U_d/2$	$-U_d/2$	$U_d e^{j\frac{2\pi}{3}}$
$\boldsymbol{U}_4$	$-U_d/2$	$U_d/2$	$U_d/2$	$U_d e^{j\frac{3\pi}{3}}$
$\boldsymbol{U}_5$	$-U_d/2$	$-U_d/2$	$U_d/2$	$U_d e^{j\frac{4\pi}{3}}$
$\boldsymbol{U}_6$	$-U_d/2$	$-U_d/2$	$U_d/2$	$U_d e^{j\frac{5\pi}{3}}$
$\boldsymbol{U}_7$	$U_d/2$	$U_d/2$	$U_d/2$	0
$\boldsymbol{U}_8$	$-U_d/2$	$-U_d/2$	$-U_d/2$	0

由表 5-2 可见 8 个电压空间矢量中，$\boldsymbol{U}_1 \sim \boldsymbol{U}_6$ 为非零矢量；$\boldsymbol{U}_7$、$\boldsymbol{U}_8$ 为零矢量。$\boldsymbol{U}_1 \sim \boldsymbol{U}_6$ 幅值相等，相位差均为$\frac{\pi}{3}$。这 8 个电压空间矢量称为基本电压空间矢量。

六拍阶梯波逆变电路，只使用其中的 6 个非零电压空间矢量 $\boldsymbol{U}_1 \sim \boldsymbol{U}_6$。逆变电路的 6 个非零电压空间矢量对应每种开关组合状态分别停留$\frac{\pi}{3}$电角度。输出电压空间矢量的 $\boldsymbol{U}_1 \sim \boldsymbol{U}_6$ 顶点运动轨迹为正六边形。如图 5-29 所示，零矢量 $\boldsymbol{U}_7$ 和 $\boldsymbol{U}_8$ 在原点无相位。

当异步电动机转速并非很低，可忽略电动机定子电阻时，定子三相电压合成空间矢量 $\boldsymbol{U}$ 与定子三相磁链合成空间矢量 $\boldsymbol{\psi}$ 的关系为

$$\boldsymbol{U} \approx \frac{\mathrm{d}\boldsymbol{\psi}}{\mathrm{d}t}$$

该式表明电压空间矢量 $\boldsymbol{U}$ 的大小与磁链 $\boldsymbol{\psi}$ 的变化率相等，方向与 $\boldsymbol{\psi}$ 的运动方向一致。

下面以电压空间矢量 $\boldsymbol{U}_2$ 作用期间为例加以分析。空间矢量 $\boldsymbol{U}_2$ 作用期间磁链 $\boldsymbol{\psi}$ 空间矢量的增量 $\Delta\boldsymbol{\psi}$ 为

$$\Delta\boldsymbol{\psi} = \int_0^{\Delta t} \boldsymbol{U}_2 \mathrm{d}t = \boldsymbol{U}_2 \Delta t = \boldsymbol{U}_2 \frac{\pi}{3\omega} = \frac{\pi}{3\omega} U_\mathrm{d} \mathrm{e}^{\mathrm{j}\frac{\pi}{3}}$$

式中，Δt 为空间矢量 $\boldsymbol{U}_2$ 作用时间，$\Delta t = \frac{\pi}{3\omega}$。$\omega = 2\pi f$ 为逆变电路输出交流电压的频率。$\Delta\boldsymbol{\psi}$ 的方向与 $\boldsymbol{U}_2$ 同方向，长度为 $|\Delta\boldsymbol{\psi}| = \frac{\pi}{3\omega} U_\mathrm{d}$。如图 5-30 所示。

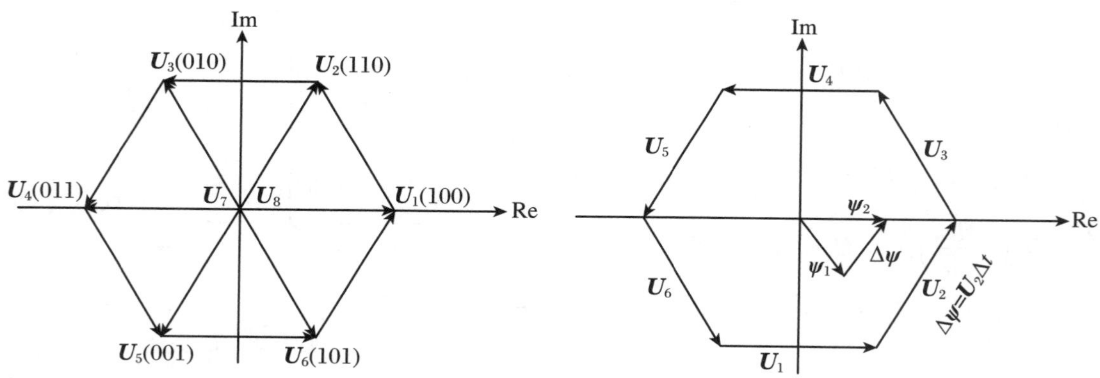

图 5-29　六拍阶梯波逆变电路输出电压空间矢量的运动轨迹

图 5-30　$\Delta\psi$ 与 U 空间矢量关系

2. 正六边形电压空间矢量轨迹

从上述分析中可知，三相电压型逆变电路电压空间矢量 $\boldsymbol{U}_1 \sim \boldsymbol{U}_8$ 和磁链增量 $\Delta\boldsymbol{\psi}$ 空间矢量顶点运动轨迹是正六边形，不是圆形。在一个基波周期中，开关状态变化 6 次，每次间隔 1/6 周期。

为使异步电动机运行平稳，希望电压空间矢量和磁链空间矢量增量顶点轨迹是圆形或无限地趋近于圆形，这是对三相电压型逆变电路输出电压的控制目标。

6 个非零电压空间矢量构成正六边形轨迹，若增加多边形的边数（或是磁链增量 $\Delta\boldsymbol{\psi}$ 的边数），实现 12 边形、18 边形、24 边形直至 $6n$ 边形（$n = 1、2、\cdots$）的电压空间矢量轨迹。增加多边形的边数，就要增加电压空间矢量的数目。这就要利用 8 个基本电压空间矢量的线

性组合获得更多的新的电压空间矢量，它们的空间相位将不同于原基本矢量，而是一组等幅、相位间隔均等的电压空间矢量。则连接相邻电压空间矢量顶点，便构成一个 $6n$ 边形轨迹。边数越多，就越趋近于圆的轨迹。

基本矢量中的非零矢量 $\boldsymbol{U}_1 \sim \boldsymbol{U}_6$ 将复平面分解成 6 个扇区：扇区Ⅰ，其边界为 $\boldsymbol{U}_1$、$\boldsymbol{U}_2$；扇区Ⅱ，其边界为 $\boldsymbol{U}_2$、$\boldsymbol{U}_3$；扇区Ⅲ，其边界为 $\boldsymbol{U}_3$、$\boldsymbol{U}_4$；扇区Ⅳ，其边界为 $\boldsymbol{U}_4$、$\boldsymbol{U}_5$；扇区Ⅴ，其边界为 $\boldsymbol{U}_5$、$\boldsymbol{U}_6$；扇区Ⅵ，其边界为 $\boldsymbol{U}_6$、$\boldsymbol{U}_1$。如图 5-31 所示。

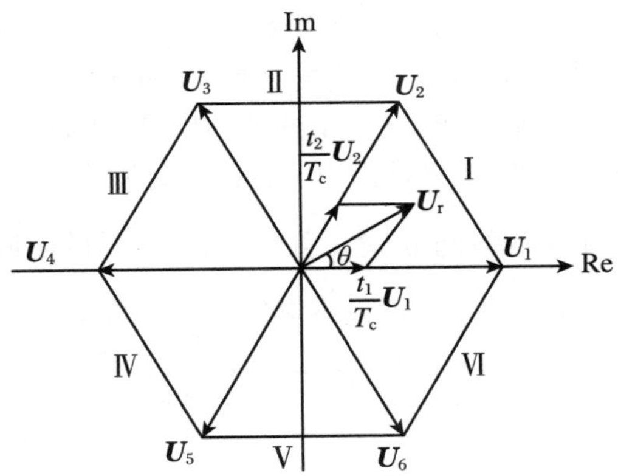

图 5-31　新电压空间矢量合成概念图

在扇区Ⅰ内利用 $\boldsymbol{U}_1$ 和 $\boldsymbol{U}_2$ 产生所需要的新的电压空间矢量 $\boldsymbol{U}_\text{r}$。

设 $\boldsymbol{U}_\text{r}$ 作用的时间为 ωT_c，矢量 $\boldsymbol{U}_1$ 的作用时间(电角度)为 ωt_1，不是$\frac{\pi}{3}$，矢量 $\boldsymbol{U}_2$ 作用时间为 ωt_2，也不是$\frac{\pi}{3}$，而是 $\omega T_\text{c} > \omega t_1 + \omega t_2$。于是在 ωT_c 电角度内，矢量 $\boldsymbol{U}_1$ 的有效长度为 $\left|\frac{t_1}{T_\text{c}} \cdot \boldsymbol{U}_1\right|$，矢量 $\boldsymbol{U}_2$ 的有效长度为 $\left|\frac{t_2}{T_\text{c}} \cdot \boldsymbol{U}_2\right|$。它们合成的新矢量 $\boldsymbol{U}_\text{r}$ 为

$$\boldsymbol{U}_\text{r} = \frac{t_1}{T_\text{c}} \cdot \boldsymbol{U}_1 + \frac{t_2}{T_\text{c}} \cdot \boldsymbol{U}_2 \tag{5-27}$$

将 $\boldsymbol{U}_1 = U_\text{d}\text{e}^{\text{j}0}$，$\boldsymbol{U}_2 = U_\text{d}\text{e}^{\text{j}\frac{\pi}{3}}$ 代入式(5-27)，并设 $\boldsymbol{U}_\text{r} = A\text{e}^{\text{j}\theta}$，其中 $0 < \theta < \frac{\pi}{3}$，则有

$$A\text{e}^{\text{j}\theta} = \frac{t_1}{T_\text{c}} U_\text{d} + \frac{t_2}{T_\text{c}} U_\text{d}\text{e}^{\text{j}\frac{\pi}{3}} \tag{5-28}$$

将式(5-28)的复数方程化为两个实数方程：

$$\begin{cases} A\cos\theta = \dfrac{t_1}{T_\text{c}} U_\text{d} + \dfrac{t_2}{T_\text{c}} U_\text{d}\cos\dfrac{\pi}{3} \\ A\sin\theta = \dfrac{t_2}{T_\text{c}} U_\text{d}\sin\dfrac{\pi}{3} \end{cases}$$

解该方程组，得到

$$t_1 = T_\text{c}\frac{2A}{U_\text{d}\sqrt{3}}\sin\left(\frac{\pi}{3} - \theta\right)$$

$$t_2 = T_\text{c}\frac{2A}{U_\text{d}\sqrt{3}}\sin\theta$$

引入幅度调制比定义 $m=\dfrac{2A}{U_{\mathrm{d}}\sqrt{3}}$，于是得

$$t_1 = T_{\mathrm{c}} m \sin\left(\frac{\pi}{3}-\theta\right) \tag{5-29}$$

$$t_2 = T_{\mathrm{c}} m \sin\theta \tag{5-30}$$

通常，T_{c} 为载波（脉冲）周期时间，不一定恰好等于 t_1+t_2，所不足的时间由零矢量 $\boldsymbol{U}_7$、$\boldsymbol{U}_8$作用时间 t_7、t_8 来补充。

实际上，开关周期 T_{c}（载波信号的周期）中合成的新电压空间矢量，是由两个非零电压空间矢量和零电压空间矢量分时作用而构成的序列，在时域中看为一个脉冲波形。在满足 T_{c} 中，新电压空间矢量合成的要求下，在一个开关周期 T_{c} 中，由非零电压空间矢量和零电压空间矢量构成顺序有多种方法，于是就出现了各种空间矢量调制方法。

空间矢量法基于将一个扇区时间分成 n 等份，每一等份的时间为 $T_{\mathrm{c}}=\dfrac{\pi}{3n\omega}$，这样电压空间矢量的顶点轨迹构成 $6n$ 多边形。假设零电压空间矢量 $\boldsymbol{U}_7$和 $\boldsymbol{U}_8$在一个开关周期中的作用时间相同，即取 $t_7=t_8=\dfrac{T_{\mathrm{c}}-t_1-t_2}{2}$，如图 5-32 所示。

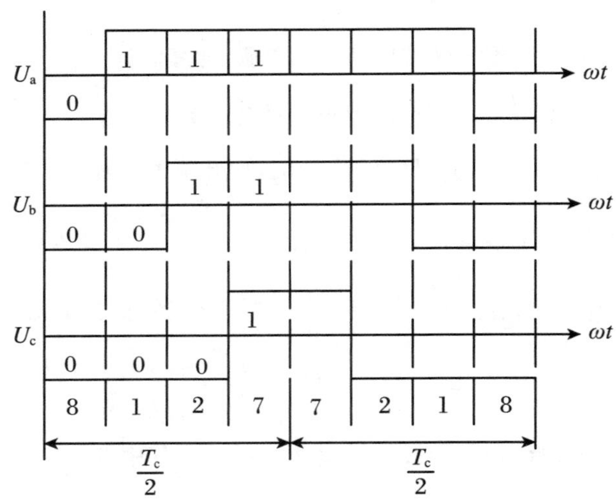

图 5-32　扇区 Ⅰ 的 T_{c} 区间内逆变电路开关状态编码序列

为了使一个开关周期 T_{c} 中波形对称，把每个基本空间矢量的作用时间均一分为二，并将基本电压空间矢量的作用序列按 81277218 排列，其中 8 表示 $\boldsymbol{U}_8$，1 表示 $\boldsymbol{U}_1$，2 表示 $\boldsymbol{U}_2$，7 表示 $\boldsymbol{U}_7$。查表 5-1 可知，扇区 Ⅰ 的一个 T_{c} 时间内逆变电路开关状态编码序列是 000、100、110、111、111、110、100、000。并由图 5-32 可以计算逆变电路交流输出侧 a 相、b 相、c 相的输出 PWM 脉冲在一个开关周期 T_{c} 中的宽度。

a 相脉冲宽度为

$$t_{\mathrm{a}} = t_1 + t_2 + t_7 = \frac{1}{2}(T_{\mathrm{c}} + t_1 + t_2)$$

b 相脉冲宽度为

$$t_{\mathrm{b}} = t_2 + t_7 = \frac{1}{2}(T_{\mathrm{c}} - t_1 + t_2)$$

c 相脉冲宽度为

$$t_c = t_7 = \frac{1}{2}(T_c - t_1 - t_2)$$

则有

$$t_a = \frac{1}{2}(T_c + t_1 + t_2) = \frac{T_c}{2}\left[1 + m\sin\left(\frac{\pi}{3} + \theta\right)\right]$$

$$t_b = \frac{1}{2}(T_c - t_1 + t_2) = \frac{T_c}{2}\left[1 + \sqrt{3}m\sin\left(\theta - \frac{\pi}{6}\right)\right]$$

$$t_c = \frac{1}{2}(T_c - t_1 - t_2) = \frac{T_c}{2}\left[1 - m\sin\left(\theta + \frac{\pi}{3}\right)\right]$$

再求 a 相、b 相、c 相输出的 PWM 脉冲在一个开关周期中的宽度之和，即

$$t_a + t_b + t_c = \frac{3}{2}T_c + \frac{1}{2}(t_2 - t_1) = \frac{3}{2}T_c + \frac{\sqrt{3}}{2}T_c m\sin\left(\theta - \frac{\pi}{6}\right)$$

在 81277218 编码序列中，81 之间，由状态 000 切换到 100，只有 a 相开关器件 S_4 导通切换到 S_1 导通；12 之间，由状态 100 切换到 110，只有 b 相开关器件 S_6 切换到 S_3 导通；27 之间，由状态 110 切换到 111，只有 c 相开关器件 S_2 切换到 S_5 导通。

为了实现 SVPWM 控制，把每一个扇区再分成若干个（n 个）对应于作用时间 T_c 的子扇区，再按照上述方法插入 n 个线性组合的电压空间基本矢量 $\boldsymbol{U}$，以获得更趋近圆形的轨迹。

综上可见，SVPWM 控制方式的主要特点是：

(1) 每一扇区内虽有多次开关状态切换，但每次切换仅涉及一个逆变功率器件，因而开关损耗较小。

(2) 子扇区作用时间 T_c 越小，越逼近圆形轨迹，但 T_c 减小要受到功率器件开关速度和损耗的制约。

(3) 因为 T_c 中含有零矢量作用时间 t_7 和 t_8，所以 $6n$ 多边形是走走停停的运动轨迹。

(4) 利用电压空间矢量直接生成 SVPWM 信号，计算比较简便。

(5) 可以证明采用 SVPWM 控制下的直流电压利用率较高。

5.5　交-直-交电压型通用变频电路设计

一般变频电路由主电路、控制电路和操作面板 3 个部分构成。

主电路是由交流电源进线端（R、S、T）输入，经过不可控功率二极管整流电路、中间直流滤波电路及三相逆变电路逆变成频率、电压连续可调的交流电，由出线端（U、V、W）输出供电三相交流异步电动机实现变频调速。

控制电路的作用是接收控制命令，如启停、正反转、转速给定等，输出控制信号控制功率器件工作。目前一般由单片机如 80C196MC 或 DSP 及驱动电路构成控制电路。

操作面板是人机联系的接口，由按钮、显示器、指示灯、连接线等组成。

通用变频电路基本结构如图 5-33 所示。

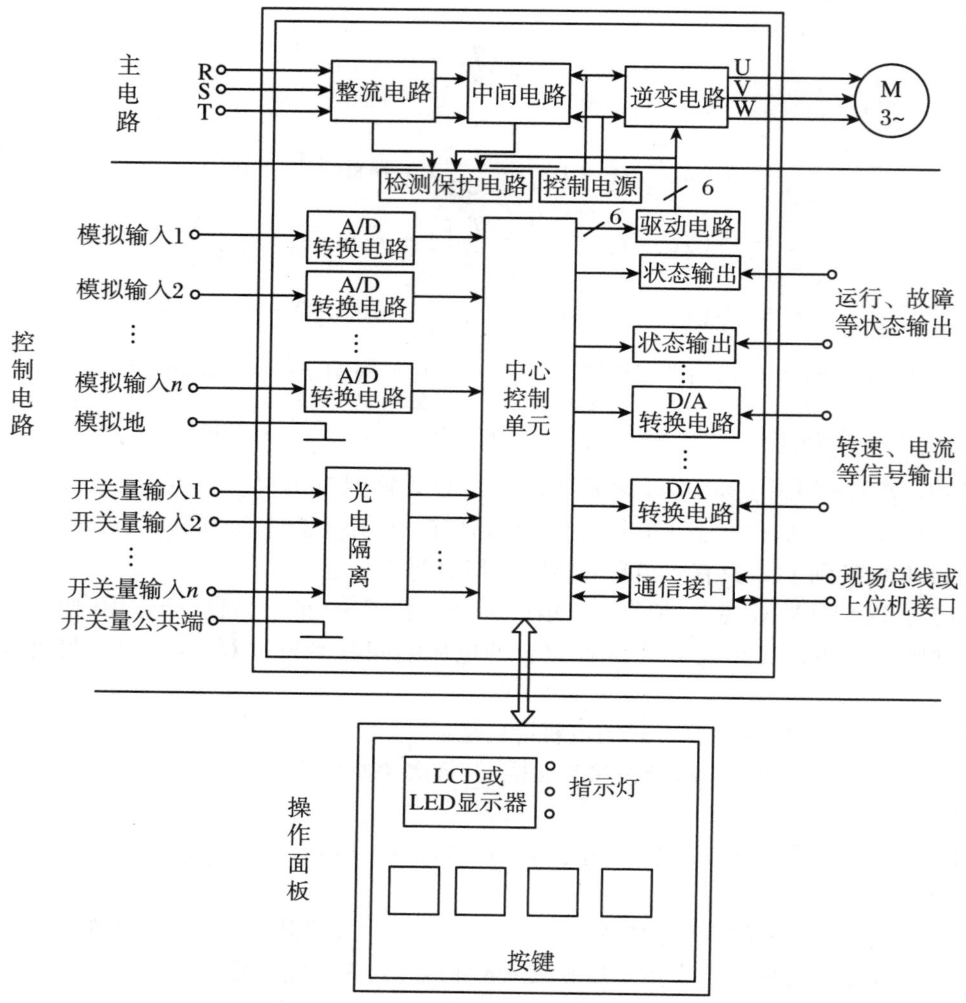

图 5-33　通用变频电路基本结构

5.5.1　变频主电路结构及功能

变频主电路如图 5-34 所示，由三相不可控整流电路、中间直流电路和逆变电路组成。

1. *主电路工作原理*

由电源输入的恒压恒频的交流电经 R、S、T 端输入变频主电路，经 $VD_1 \sim VD_6$ 整流后变换成直流电，由于滤波电容 C_{F1} 和 C_{F2} 容量很大，防止上电时电流冲击，所以设置限流电阻 R_1，上电前控制 K 或 VT_1 断开，滤波电容电压升高后，再控制 K 或 VT_1 导通。晶体管 V_B 和电阻 R_B 组成制动电路，消耗电动机回馈时的能量，R_B 制动电阻较大，通常安装在变频器的外面。由带有阻容吸收电路的 IGBT 型 $V_1 \sim V_6$ 组成逆变电路，将整流、滤波后的直流电通过 PWM 调制技术转换为频率、电压可调的交流电。

交流异步电动机调速要通过改变其输入的交流电源频率来进行，即 $n = \dfrac{60 f_1}{p}(1 - s)$。在改变频率 f_1 的同时，电源电压也要改变，二者要协调一致。正弦波脉宽调制 SPWM 是变

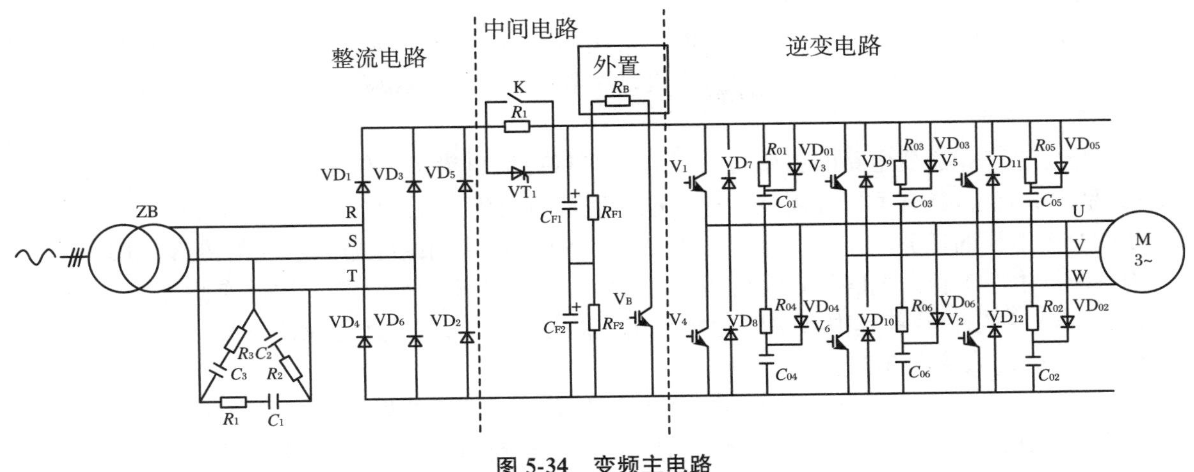

图 5-34　变频主电路

频电路普遍使用的控制技术。在 PWM 波形中，各脉冲量的幅值是相等的，即直流电压值 U_{do}，在变频主电路工作时，一直基本保持不变。

要改变等效输出正弦波的频率和幅值，可以采用正弦波和三角波比较的方法。改变由模拟电路或微机产生的正弦调制波的频率和幅值，三角载波维持固定的频率和幅值，二者比较后就可获得基波为正弦波的脉宽调制波形。

2. 整流电路

为使系统结构简单、紧凑，整流电路采用功率二极管三相整流模块；三相整流后的平均电压为 $U_{do}=2.34U_2$，式中，U_2 为输入交流相电压的有效值。

由于输入交流电流里存在 5、7、…谐波分量（三次谐波三相合成后为零），功率因数仍比较低，为抑制谐波电流，提高功率因数，就不能用传统的电容补偿，而使用交流输入侧加电抗器的方法。这种提高功率因数的方法与补偿电容提高功率因数的方法是两个截然不同的概念。本主电路采用功率二极管 VD_1～VD_6整流，故能量只能单方向传递。

3. 中间直流电路

中间电路有滤波电路、制动电路和谐振电路等不同形式。

(1) 大电容（C_{F1}、C_{F2}）滤波电路。整流电路将交流电源整流成直流电压后，它含有电源频率 6 倍的纹波，影响逆变交流电的质量。因此，必须对整流电路的输出进行滤波，以减少电压的波动。又由于电容 C_{F1}和 C_{F2}容量比较大，故采用电解电容。为了得到所需的耐压值和容量，依据变频主电路容量的要求，一般将电容进行串并联使用。为了使各电容上电压相等而给电容并联电阻 R_{F1}和 R_{F2}，阻值为几十千欧，即所谓“平衡电阻”，同时也给电容放电提供通路。经大电容滤波后平稳直流电压 U_{do}再作为逆变电路输入的直流电源。

为了抑制对大电容 C_{F1}和 C_{F2}刚充电时产生浪涌电流，损坏功率二极管，在电路内串入限流电阻 R_1（见图 5-34），当 C_{F1}和 C_{F2}充电到一定程度时将通过 K 或 VT_1接通，将 R_1短路。

(2) 制动电路。利用设置在中间直流回路中的制动电阻吸收电动机的再生电能的方式称为再生制动。由图 5-34 中的制动电阻 R_B和制动单元晶体管 V_B组成制动电路。

当降频减速时，由于电动机转速来不及改变，电动机制动能量经逆变电路回馈到中间直流侧，使直流滤波大电容 C_{F1}和 C_{F2}上的电压升高，即通常所说的“泵升电压”，当该值超过设定值时，控制电路自动给 V_B基极施加占空比可变的 PWM 信号，使之高频 V_B导通与关断，

则存储于电容 C_{F1} 和 C_{F2} 中的再生能量经 R_B 消耗掉。

(3) 谐振电路。为了在软开关环境中切换功率器件，在中间电路还可以设置电感电容谐振电路(本主电路采用硬开关切换，不设谐振电路)。

4. 逆变电路

电压型三相逆变电路的主要特征是直流侧接有大电容 C_{F1} 和 C_{F2}，直流电压基本无脉动，呈现低阻抗，具有恒压源属性。逆变电路完成将直流电压 U_{do} 逆变成频率、电压连续可变的交流电压的任务。作为交流电动机变频调速电源，采用绝缘栅双极性晶体管 IGBT 或内含驱动电路与保护电路的智能功率模块 IPM。对于中小功率系统三相逆变桥 $V_1 \sim V_6$ 可采用六合一或七合一(其中有一路为制动用 V_B)模块，模块本身已并联了续流功率二极管($VD_7 \sim VD_{12}$)，见图 5-34。

当 $V_1 \sim V_6$ 每次由导通切换成截止关断状态瞬间，IGBT 的集电极(C)和发射极(E)间的电压将迅速由近似 0 上升到直流母线电压 U_{do}，过高电压增长率将导致逆变管 $V_1 \sim V_6$ 损坏，因而加入电容 $C_{01} \sim C_{06}$ 降低 $V_1 \sim V_6$ 每次关断时的电压增长率。

为了限制 $C_{01} \sim C_{06}$ 放电电流而加电阻 $R_{01} \sim R_{06}$ 及二极管 $VD_{01} \sim VD_{06}$，使 $R_{01} \sim R_{06}$ 在 $V_1 \sim V_6$ 的关断过程中不起作用；而在 $V_1 \sim V_6$ 的接通过程中，又迫使 $C_{01} \sim C_{06}$ 的放电电流流经 $R_{01} \sim R_{06}$。

逆变电路采用 SPWM 或 SVPWM 控制，开关器件 IGBT 通断的频率很高，可达到几千赫兹甚至数十千赫兹。

5.5.2 主电路主要元器件的选择

1. 交流电源输入(R、S、T)侧阻容吸收 R、C 的选择

图 5-34 阻容吸收环节中，C 是防止整流变压器 ZB 操作过电压而设，R 是防止电容和整流变压器 ZB 漏抗产生谐振并限制 C 放电电流而加。一般，阻容吸收环节采用三角形(△)接法。

电容容量 C 按下式计算：

$$C = \frac{1}{3} \times 6 \times i_{o\%} \frac{S}{U_2^2} \tag{5-31}$$

式中，$i_{o\%}$ 为整流变压器 ZB 励磁电流百分数，S 为整流变压器 ZB 每相平均计算容量(VA)，U_2 为 ZB 二次相电压有效值(V)，该式中 C 的单位为 μF。

电容 C 的电压定额为

$$U_C \geqslant 1.5 \times \sqrt{3} U_2 \tag{5-32}$$

阻尼电阻 R 的计算：

$$R \geqslant 3 \times 2.3 \times \frac{U_2^2}{S} \sqrt{\frac{U_{K\%}}{i_{o\%}}} \tag{5-33}$$

式中，$U_{K\%}$ 为 ZB 短路比，一般取 5～10。

电阻 R 的功率计算为

$$P_R \geqslant (1 \sim 2)[(2\pi f_1)^2 K_1 (RC) + K_2] C U_2^2 \tag{5-34}$$

式中，$K_1 = 3$(对三相桥式电路)，$K_2 = 900$。

2. 整流功率二极管($VD_1 \sim VD_6$)的选择

整流桥采用三相桥式整流电路，流过每个功率二极管($VD_1 \sim VD_6$)的电流波形近似为

方波，所以流过二极管的电流有效值为

$$I_D = \sqrt{\frac{1}{2\pi}\int_0^{\frac{2\pi}{3}} I_m^2 \mathrm{d}(\omega t)} = \frac{1}{\sqrt{3}} I_m = 0.578 I_m$$

式中，I_m 为电动机最大负载电流。

故功率二极管的额定电流值为

$$I_{DN} = (1.5 \sim 2)\frac{I_D}{1.57} = (1.5 \sim 2) \times 0.368 I_m \tag{5-35}$$

功率二极管的额定电压值为

$$U_{DN} = (2 \sim 3) \times \sqrt{3} \times \sqrt{2} U_2 = (2 \sim 3)\sqrt{6} U_2 \tag{5-36}$$

式中，U_2 为整流变压器 ZB 二次相电压有效值。

3．不可控三相桥整流电路

不可控三相桥整流电路如图 5-35(a)所示。

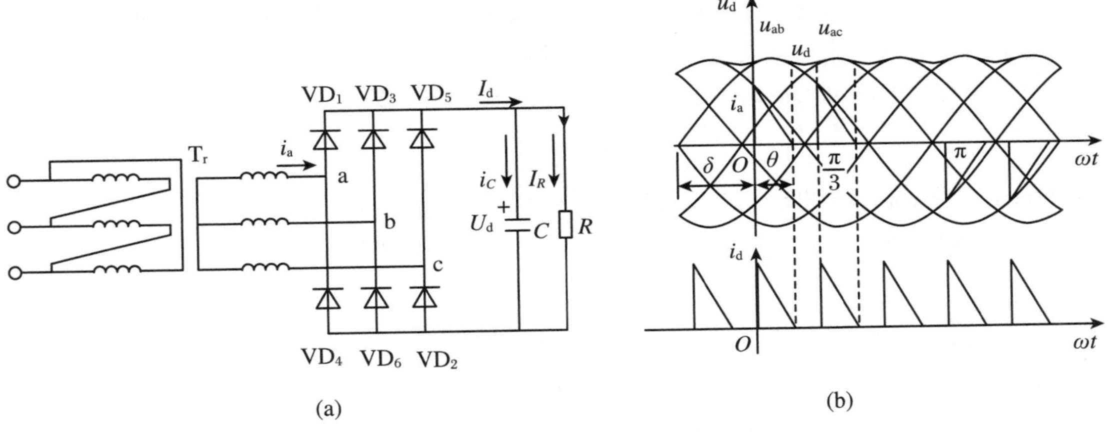

(a)　　(b)

图 5-35　不可控三相桥整流电路及其波形

在该电路中，当某一对二极管导通时，输出直流电压等于交流侧线电压中最大的一个，该线电压既向电容供电，也向负载供电。当没有二极管导通时，由电容向负载放电，u_d 按指数规律下降。

设二极管在距线电压过零点 δ 角处开始导通，如图 5-35(b)所示，并以二极管 VD_6 和 VD_1 开始导通的时刻为时间零点，则线电压为

$$u_{ab} = U_2 \sin(\omega t + \delta)$$

而相电压为

$$u_a = U_2 \sin\left(\omega t + \delta - \frac{\pi}{6}\right)$$

在 $\omega t = 0$ 时，二极管 VD_6 和 VD_1 开始同时导通，直流侧电压等于 u_{ab}；下一次同时导通的一对二极管是 VD_1 和 VD_2，直流侧电压等于 u_{ac}。这两段导通过程之间的交替有两种情况：一种是在 VD_1 和 VD_2 同时导通之前 VD_6 和 VD_1 是关断的，交流侧向直流侧的充电电流 i_d 是断续的，如图 5-35(b)所示；另一种是 VD_1 一直导通，交替时由 VD_6 导通换相至 VD_2 导通，i_d 是连续的。介于二者之间的临界情况是，VD_6 和 VD_1 同时导通的阶段与 VD_1 和 VD_2

在 $\omega t+\delta=2\pi/3$ 处恰好衔接了起来，i_d 恰好连续。由前面所述"电压下降速度相等"的原则，可以确定临界条件。假设在 $\omega t+\delta=2\pi/3$ 的时刻"速度相等"恰好发生，则有

$$\left|\frac{\mathrm{d}\left[\sqrt{6}U_2\sin(\omega t+\delta)\right]}{\mathrm{d}(\omega t)}\right|_{\omega t+\delta=\frac{2\pi}{3}}=\left|\frac{\mathrm{d}\left\{\sqrt{6}U_2\sin\frac{2\pi}{3}\mathrm{e}^{-\frac{1}{\omega RC}\left[\omega t-\left(\frac{2\pi}{3}-\delta\right)\right]}\right\}}{\mathrm{d}(\omega t)}\right|_{\omega t+\delta=\frac{2\pi}{3}} \tag{5-37}$$

可得

$$\omega RC=\sqrt{3}$$

这就是临界条件。$\omega RC>\sqrt{3}$和 $\omega RC\leqslant\sqrt{3}$分别是电流 i_d 断续和连续的条件。对一个确定的装置来讲，通常只有 R 是可变的，它的大小反映了负载的轻重。因此可以说，在轻载时直流侧获得的充电电流是断续的，重载时是连续的，分界点就是 $R=\sqrt{3}/(\omega C)$。

$\omega RC>\sqrt{3}$时，交流侧电流和电压波形如图 5-35(b)所示，其中 δ 和 θ 的求取可仿照单相电路的方法。由于推导过程十分烦琐，这里不详述。

4. 逆变主电路 IGBT 的选择

(1) IGBT 电流额定值。IGBT 的额定电流取决于逆变主电路的容量，而逆变主电路的容量与其所驱动的交流异步电动机功率密切相关。

设交流异步电动机的输出功率为 P，则逆变主电路容量为

$$S=\frac{P}{\cos\varphi}$$

式中，$\cos\varphi$ 为交流异步电动机功率因数，通常为 0.75 左右。

而逆变器的电流有效值为

$$I_1=\frac{S}{\sqrt{3}U_1}$$

式中，U_1 为交流电源线电压有效值。

由于 IGBT 工作在高频开关状态，故计算其额定电流值时，应考虑其在整个运行过程中，可能承受的 IGBT 的集电极电流最大峰值 I_{CM}为

$$I_{CM}=\sqrt{2}I_1K\lambda$$

式中，λ 为电动机的过载系数，λ 取 1.5～2；K 表示交流电源电压波动系数，$K=1.2$。

综合上述公式得

$$I_{CM}=\frac{P}{\sqrt{3}U_1\cos\varphi}\sqrt{2}\lambda K \tag{5-38}$$

例如：已知交流电源电压为 220 V，该逆变器供电于 3.7 kW 交流异步电动机。其功率因数 $\cos\varphi=0.75$，$\lambda=2$，则该逆变器中的 IGBT 的最大峰值电流 I_{CM}为

$$I_{CM}=\frac{3.7\times10^3}{\sqrt{3}\times220\times0.75}\times\sqrt{2}\times2\times1.2=44.5(\mathrm{A})$$

实取 $I_{CM}=50$ A。

(2) IGBT 电压额定值。IGBT 的额定电压由交-直-交变频主电路的交流输入电压决定，因为它决定了实际承担的最高峰值电压，再考虑 2 倍裕量，即

$$U_{CEO}=2\times\sqrt{2}\times U_i \tag{5-39}$$

式中，U_i 为电源输入电压。交流输入电压与 IGBT 额定 U_{CEO}关系如表 5-3 所示。

表 5-3 交流输入电压与 IGBT 额定 U_{CEO} 关系

交流输入电压(V)	180～220	380～440
IGBT 的 U_{CEO}(V)	600	1000～1200

5. IGBT 驱动电路

IGBT 实际应用中的一个重要问题是其栅极驱动电路设计得合理与否。IGBT 的栅极驱动条件与它的静态和动态特性密切相关，栅极电路的正偏压 $+U_{CE}=+(15\sim20)$ V，负偏压 $-U_{CE}=-(5\sim10)$ V 和栅极电阻 R_G 的大小对 IGBT 的通态电压、开关时间、开关损耗、承受短路能力以及 $\frac{dv}{dt}$ 等参数都有不同程度的影响。

驱动电路与整个控制电路在电气上是隔离的，如采用高速光电耦合器，将控制信号与驱动电路联系起来。专用 EXB 851 集成驱动电路如图 5-36 所示。

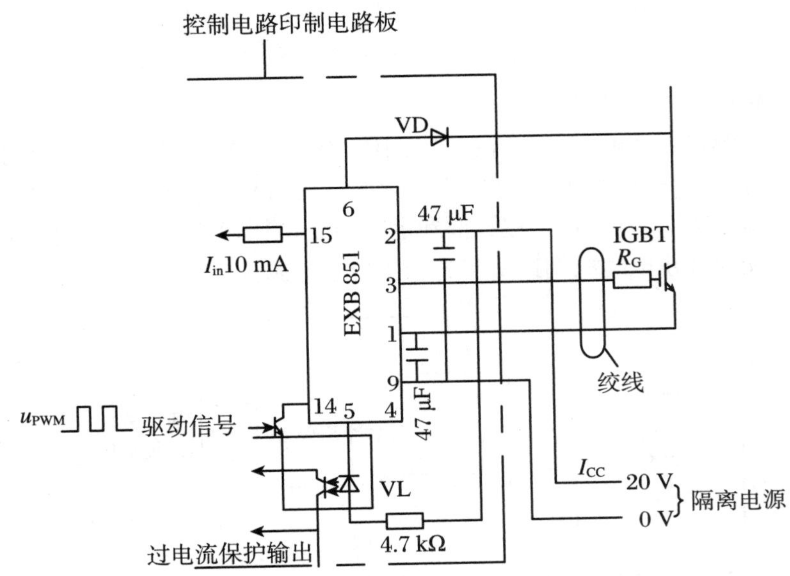

图 5-36 EXB 851 集成驱动电路

如图 5-36 所示驱动电路，为防止栅控信号振荡及减小 IGBT 集电极电压尖脉冲，应在栅极回路中串联栅极电阻 R_G，一般 R_G 在十几欧至几百欧之间。VD 要使用快速恢复二极管，VL 采用快传输型光耦合器。驱动电路与 IGBT 栅极引线长度应小于 1 m，使用双绞线，以提高抗干扰能力。

5.5.3 电压型变频电路控制方式

交流异步电动机台数在国民经济中占交流电动机的拖动总台数 80%以上。因此，交流异步电动机变频调速应用广泛。变频电路目前有 4 种控制方式。

1. 电压/频率(U/f)控制(VVVF)

电压/频率控制框图如图 5-37 所示。该控制方式是从电动机运行过程中发挥最大转矩与电压、频率的关系出发，同时对输出电压和输出频率进行协调控制，以维持电动机气隙磁通基本恒定，又称 VVVF 控制方式。其主电路中逆变器采用 IGBT 功率管，用 PWM 方式控制。逆变电路同时受控于频率指令 f^* 和电压指令 U^*。转速的改变是靠改变频率的设定值 f^* 来实现的。它是转速开环控制。

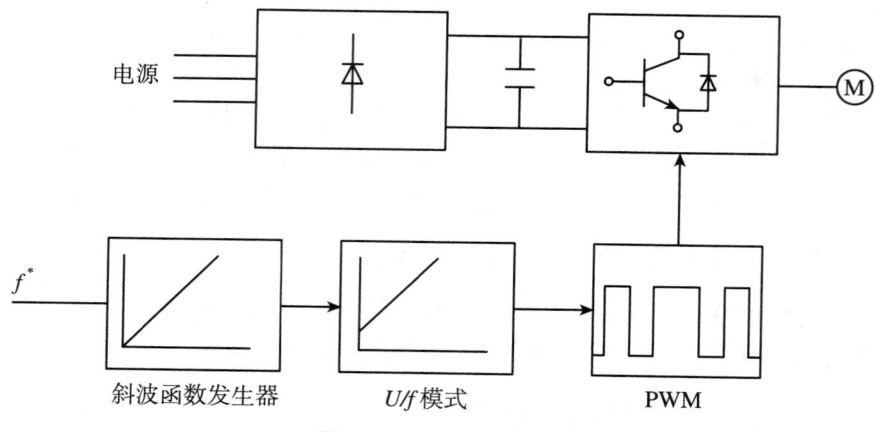

图 5-37　U/f 控制框图

2. 转差率转速闭环控制(SF)

转差率转速闭环控制如图 5-38 所示。图中转速控制器(ASR)的输出信号是转差频率给定信号 f_s^*,与实测转速信号 f_2 相加即定子频率给定信号 f_1^*,即 $f_1^*=f_s^*+f_2$。由定子电流检测信号 I_1 依据 $U_1=f(f_1 I_1)$关系,得到定子给定电压信号,利用 f_1^* 和 U_1 控制 PWM 逆变器,即得到交流异步电动机调速所需的变压变频电源。

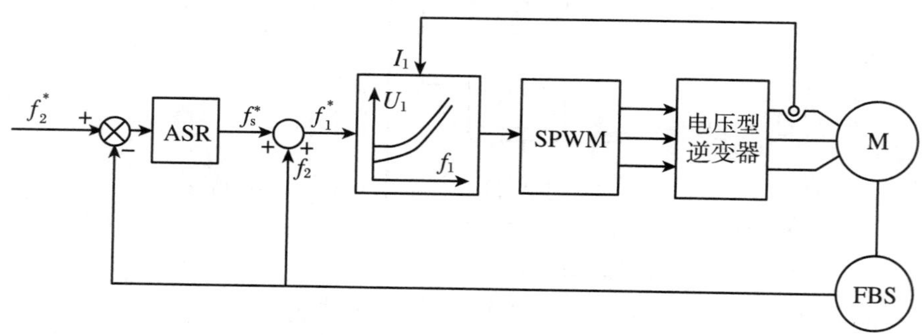

图 5-38　转差率转速闭环控制

3. 矢量控制(VC)

上述转差率转速闭环控制,调速性能比 U/f 控制有很大提高,但仍然不及直流机调速性能。其原因是上述调速设计依据的是交流异步电动机的静态数学模型,而交流异步电动机的数学模型是一个高阶、非线性、强耦合、多变量的系统,没有考虑异步电动机内部变量之间的动态关系,仍采用单变量控制思想。

矢量控制又称磁场定向控制,它是将交流异步电动机的定子电流(通过三相静止坐标系等效变换为两相静止坐标系即 3S/2S 坐标变换,再将二相静止坐标系等效变换为两相旋转坐标,即 2S/2r 坐标变换)分解为相位上互差 90°的两部分,即用来产生磁场的励磁电流和用来产生转矩的电流,并对两个电流分别独立进行控制。实质上是控制电动机定子电流的幅值和相位,即控制定子电流矢量,故称矢量控制。图 5-39 为矢量控制框图。

该框图由一个速度闭环和一个磁链闭环分别控制力矩电流和励磁电流,即构成双闭环

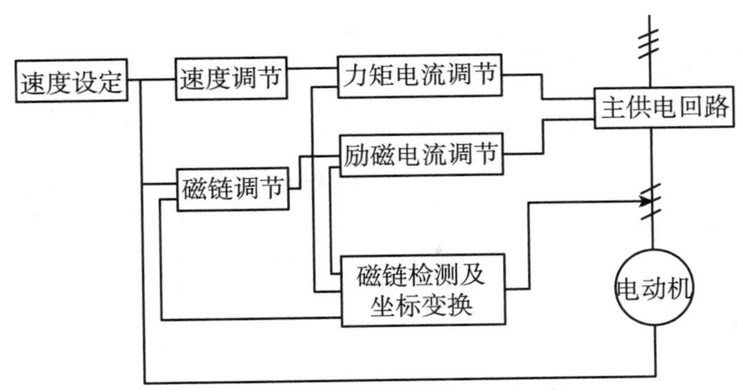

图 5-39　矢量控制框图

控制，从而控制主电路中逆变电路。磁链检测和坐标变换是必不可少的环节。

矢量控制是动态控制 U_1、f_1，一般由转子磁通 ψ_r 在静、动态时近似保持恒定，达到转矩精密可控的目的，与直流电动机调速性能相媲美。

4．直接转矩控制（DTC）

矢量控制是借助于矢量坐标变换（定子静止坐标系⇒空间旋转坐标系）把交流量解耦为直流控制量，然后再经过逆向矢量旋转坐标变换（空间旋转坐标系⇒定子静止坐标系）把直流控制量变为定子轴系中可实现的交流控制量。模拟直流机控制交流机，因而获得与直流机相媲美的调速性能。但是往复的矢量旋转坐标变换增加了计算量和系统复杂性，并且是采用转子磁通 ψ_r 定向，其参数受转子参数变化的影响，故矢量控制系统的鲁棒性较差。

直接转矩控制不需要旋转坐标变换，直接在定子两相静止坐标系用交流量计算转矩控制量。

其中定子磁通为

$$\begin{cases} \psi_{s\alpha} = \int (u_{s\alpha} - R_s i_{s\alpha})\mathrm{d}t \\ \psi_{s\beta} = \int (u_{s\beta} - R_s i_{s\beta})\mathrm{d}t \end{cases}$$

转矩为

$$T_e = n_p(i_{s\beta}\psi_{s\alpha} - i_{s\alpha}\psi_{s\beta})$$

式中，参数下标"s"是定子等效参数下标，$s\alpha$ 及 $s\beta$ 为三相静止坐标等效变换为两相（α，β）静止坐标系定子参数。

直接转矩（DTC）控制框图如图 5-40 所示。DTC 与 VC 控制比较如表 5-4 所示。

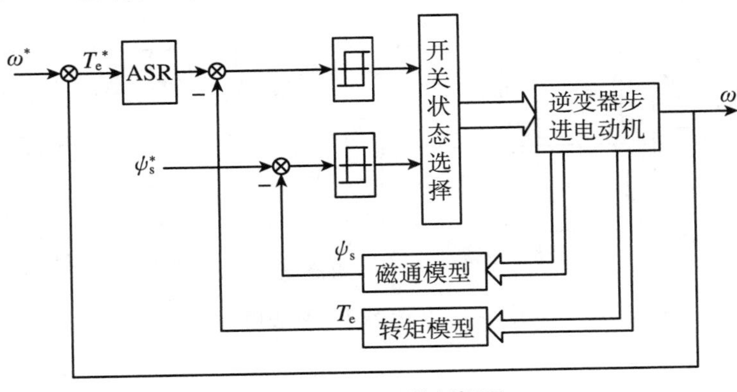

图 5-40　DTC 控制框图

表 5-4　DTC 与 VC 比较

性　　能	DTC	VC
磁通控制	定子磁通 ψ_s	转子磁通 ψ_r
转矩控制	砰—砰控制脉动	连续控制平滑
旋转坐标变换	不需要	需要
转子参数变化影响	无	有
调速范围	不够宽	＞1：100

DTC 与 VC 适用于性能要求高的场合，如高速线材轧机变频控制。

5.6　双 PWM 变频电路设计

5.6.1　概述

传统的变频系统是采用二极管不可控整流或半控晶闸管整流器，均存在电磁干扰，谐波污染严重，功率因数低，一套装置无法实现能量双向流动等缺点。只适用于性能要求不太高的场合，如风泵类负载等。

随着电力电子技术和微机控制技术的发展，PWM 变频器的整流器和逆变器都采用全控型器件如 IGBT，且双 PWM 控制成为可能，实现了双 PWM 变频系统。

双 PWM 变频系统具有如下特点：

(1) 能量能双向流动，整流器和逆变器均具有整流和逆变两种工作状态，故确切称呼是变流器。

(2) 可运行交流网侧单位功率因数，转换效率高。

(3) 减少谐波污染。

(4) 实现交流电动机四象限运行。

其 VSR 双 PWM 主电路结构如图 5-41 所示。

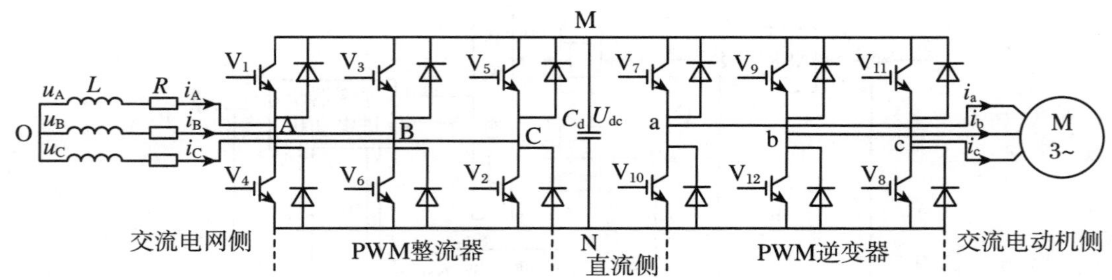

图 5-41　VSR 双 PWM 主电路

5.6.2　双 PWM 变频电路的工作原理

由图 5-41 可见 VSR 双 PWM 变频器由交流电网(电源)、PWM 整流器、直流环节、PWM 逆变器及交流电动机组成。

1. 电动机处在电动状态运行

(1) PWM 整流器工作状态。采用 PWM 控制技术,控制整流器六个 IGBT($V_1 \sim V_6$)通断运行。当 IGBT 关断时,则通过与 IGBT 反并联的功率二极管,将变流电网的交流电整流为直流电,对直流环节的电容 C_d充电,保持直流电压 U_{dc}不变。

当 IGBT 通态时,与功率二极管构成通路,形成电源短路状态,对交流电网侧电感 L 储能。周而复始上述过程,将交流电变成直流电。

通过控制交流电网侧三相输入电流 i_A、i_B、i_C,使其与交流电网侧电压 u_A、u_B、u_C 同相位实现电网侧功率因数为 1 的整流运行。PWM 整流器整流工作。

(2) PWM 逆变器工作状态。PWM 逆变器六个 IGBT($V_7 \sim V_{12}$)也是采用 PWM 控制其通断。当 IGBT 处于通态时,将直流电 U_{dc}逆变成交流电,输出阶梯形电压波(其基波为正弦波)或正六边形电压波(采用 SVPWM 控制),且输出的电压及其频率是可调的,即按 VVVF 方式工作,供电给交流异步电动机。

当 IGBT 处于关断状态时,则通过反并联功率二极管续流,保证负载电流 i_a、i_b、i_c 连续。周而复始上述过程,将直流电变成交流电,PWM 逆变器逆变运行。

(3) 交流异步电动机运行在正转或反转的Ⅰ、Ⅲ象限的电动状态,吸收交流电网侧的能量,变压变频工作,实现变频调速。即 PWM 整流器整流工作,与此同时 PWM 逆变器逆变工作,电动机吸收网侧能量,在电动状态运行。

2. 电动机处在发电状态运行

(1) PWM 逆变器的工作状态。当电动机处在降频减速状态运行时,由于电动机的转速还来不及改变,电动机进入再生发电状态,此时电动机产生的能量,经逆变器的六个反并联功率二极管将交流电整流为直流电,对电容 C_d充电,使直流母线上的电压迅速"泵升",PWM 逆变器整流工作。

(2) PWM 整流器工作状态。在电动机处在再生发电状态运行时,PWM 逆变器运行于整流状态,使直流母线的直流电压"泵升",PWM 整流器六个 IGBT($V_1 \sim V_6$)处于通态控制,将直流母线上的直流电压 U_{dc}逆变成交流电,且与交流电网同频率的交流电将能量回馈于交流电网。控制 i_A、i_B、i_C 使其相位与交流电网电压 u_A、u_B、u_C 反相位。交流电网功率因数为"-1"使 PWM 整流器有源逆变运行。

(3) 交流异步电动机运行在发电制动Ⅱ、Ⅳ象限将再生发电的能量回馈于交流电网,电动机降频降速工作。即 PWM 逆变器整流工作,与此同时 PWM 整流器逆变工作,将电动机再生发电能量回馈于电网,电动机再生制动运行。

综上可知,双 PWM 变频电路是可实现能量双向流动、功率因数近似为 1、高效节能、电动机四象限运行的电力电子变流装置。

5.6.3　三相 VSR 双 PWM 变频电路的数学模型

三相 VSR 双 PWM 的变频电路的数学模型:其一是 PWM 整流器的数学模型;其二是交流异步电动机的矢量控制的数学模型。

1. PWM 整流器的数学模型

为了进一步分析三相电压型 PWM 整流器,需建立其数学模型,以便于对其控制。

(1) 三相 VSR 整流电路的一般数学模型。如图 5-42 所示的主电路中,功率开关管($V_1 \sim V_6$)为理想开关元件,其通断可以用开关函数来描述。与 PWM 整流电路中一样,仍定义单极性二值逻辑开关函数 S_K 为

$$S_K = \begin{cases} 1 & \text{上桥臂管}(V_1、V_3、V_5)\text{导通,下桥臂管}(V_4、V_6、V_2)\text{关断} \\ 0 & \text{上桥臂管}(V_1、V_3、V_5)\text{关断,下桥臂管}(V_4、V_6、V_2)\text{导通} \end{cases}$$

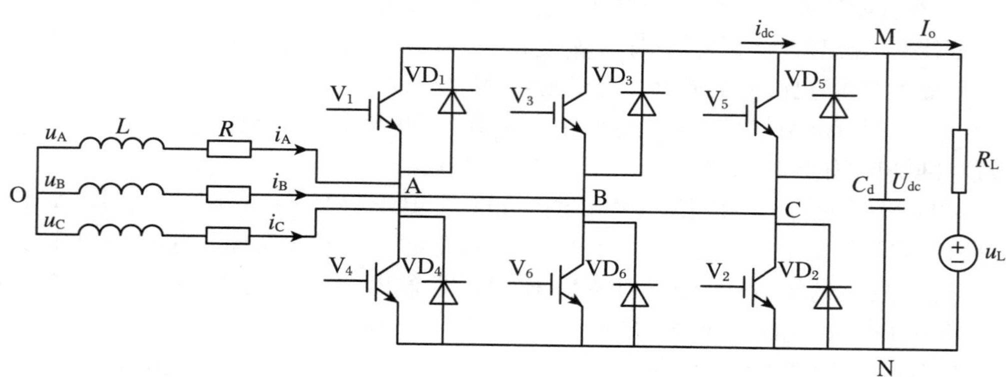

图 5-42 三相电压型 PWM 整流器主电路

R_L 为负载电阻;u_L 为负载电势;I_o 为负载电流

采用基尔霍夫电压定律建立三相 VSR PWM 整流器 A 相电压回路方程:

$$L\frac{di_A}{dt} + R \cdot i_A = u_A - (U_{AN} + U_{NO}) \tag{5-40}$$

当 V_1 导通而 V_4 关断时,$S_A = 1$,且 $U_{AN} = U_{dc}$;当 V_1 关断而 V_4 导通时,开关函数 $S_A = 0$,且 $U_{AN} = 0$。由于 $U_{AN} = U_{dc} \cdot S_A$,式(5-40)可改写成

$$L\frac{di_A}{dt} + R \cdot i_A = u_A - (U_{dc}S_A + U_{NO}) \tag{5-41}$$

同理,可得 B、C 相方程如下:

$$L\frac{di_B}{dt} + R \cdot i_B = u_B - (U_{dc}S_B + U_{NO}) \tag{5-42}$$

$$L\frac{di_C}{dt} + R \cdot i_C = u_C - (U_{dc}S_C + U_{NO}) \tag{5-43}$$

在三相无中线系统中,三相电流之和为零,即

$$i_A + i_B + i_C = 0 \tag{5-44}$$

通常,三相电网电压基本平衡,故有

$$u_A + u_B + u_C = 0 \tag{5-45}$$

联立式(5-41)~式(5-45)得

$$U_{NO} = -\frac{U_{dc}}{3}\sum_{K=A、B、C} S_K \tag{5-46}$$

又直流侧电流与交流电网侧电流存在如下关系:

$$i_{dc} = i_A S_A + i_B S_B + i_C S_C \tag{5-47}$$

对直流侧电容 C_d 正节点 M 处应用基尔霍夫电流定律得

$$C_{\mathrm{d}}\frac{\mathrm{d}U_{\mathrm{dc}}}{\mathrm{d}t}=i_{\mathrm{dc}}-i_{\mathrm{L}}=i_{\mathrm{A}}S_{\mathrm{A}}+i_{\mathrm{B}}S_{\mathrm{B}}+i_{\mathrm{C}}S_{\mathrm{C}}-i_{\mathrm{o}} \tag{5-48}$$

综合式(5-41)～式(5-43)、式(5-46)和式(5-48)得出三相 VSR 在三相静止坐标系(A，B，C)下的一般数学模型：

$$\left.\begin{aligned}
L\frac{\mathrm{d}i_{\mathrm{A}}}{\mathrm{d}t}&=-Ri_{\mathrm{A}}+u_{\mathrm{A}}-\left[S_{\mathrm{A}}-\frac{S_{\mathrm{A}}+S_{\mathrm{B}}+S_{\mathrm{C}}}{3}\right]U_{\mathrm{dc}}\\
L\frac{\mathrm{d}i_{\mathrm{B}}}{\mathrm{d}t}&=-Ri_{\mathrm{B}}+u_{\mathrm{B}}-\left[S_{\mathrm{B}}-\frac{S_{\mathrm{A}}+S_{\mathrm{B}}+S_{\mathrm{C}}}{3}\right]U_{\mathrm{dc}}\\
L\frac{\mathrm{d}i_{\mathrm{C}}}{\mathrm{d}t}&=-Ri_{\mathrm{C}}+u_{\mathrm{C}}-\left[S_{\mathrm{C}}-\frac{S_{\mathrm{A}}+S_{\mathrm{B}}+S_{\mathrm{C}}}{3}\right]U_{\mathrm{dc}}\\
C_{\mathrm{d}}\frac{\mathrm{d}U_{\mathrm{dc}}}{\mathrm{d}t}&=S_{\mathrm{A}}i_{\mathrm{A}}+i_{\mathrm{B}}S_{\mathrm{B}}+i_{\mathrm{C}}S_{\mathrm{C}}-i_{\mathrm{o}}
\end{aligned}\right\} \tag{5-49}$$

这种一般数学模型具有物理意义清晰、直观等特点。但在这种数学模型中，三相 VSR 交流侧均为时变的交流量，因而不利于控制系统设计。为此，可以通过坐标变换将三相静止坐标系(A，B，C)转换成以电网电压基波频率 ω 同步旋转的 dq 坐标系。经坐标旋转变换后，三相对称静止坐标系中的基波正弦变量将转化成同步旋转坐标中的直流变量，从而简化了控制系统设计。

三相对称静止坐标系中的三相 VSR 一般数学模型经同步旋转坐标变换后，即转换成三相 VSR dq 模型。

(2) 三相 VSR 整流器的 dq 模型。在三相 VSR 整流器的 dq 模型建立过程中，常用到两类坐标变换：一类是将三相静止坐标系(A，B，C)变换成两相同步旋转 dq 坐标系；另一类是将三相静止坐标系(A，B，C)变换成两相垂直静止坐标系(α，β)，再变换成两相同步旋转 dq 坐标系。

这两种坐标变换又分为等量变换(即变换前后能量守恒)和“等功率”变换(即变换前后功率相等)。这里，采用等功率变换。

在等功率原则下，假设 α 轴与 A 轴重合，如图 5-43 所示。

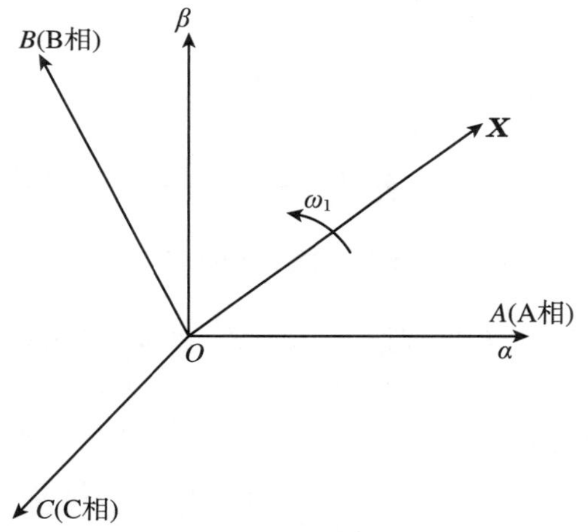

图 5-43　坐标系(A，B，C)与坐标系(α，β)

并设三相交流量的角频率为 ω_1，且用通用矢量 $\boldsymbol{X}$ 来表示三相对称交流量(电压或电流)。

① 三相/二相静止坐标变换(3S/2S 变换)。先考虑三相静止坐标系(A，B，C)和二相静止坐标系(α，β)之间的变换，简称 3S/2S 变换。依“等功率”原则，可推导出如下变换关系矩阵系数 $\boldsymbol{C}_{3\mathrm{S}/2\mathrm{S}}$：

$$\boldsymbol{C}_{3\mathrm{S}/2\mathrm{S}}=\sqrt{\frac{2}{3}}\begin{bmatrix}1 & -\dfrac{1}{2} & -\dfrac{1}{2}\\ 0 & \dfrac{\sqrt{3}}{2} & -\dfrac{\sqrt{3}}{2}\end{bmatrix} \tag{5-50}$$

则通用矢量 $\boldsymbol{X}$，在静止两相坐标(α，β)下的分量之间有如下关系矩阵：

$$\begin{bmatrix} X_\alpha \\ X_\beta \end{bmatrix} = \boldsymbol{C}_{3S/2S} \begin{bmatrix} X_A \\ X_B \\ X_C \end{bmatrix} \tag{5-51}$$

其逆变换系数 $\boldsymbol{C}_{2S/3S}$ 为

$$\boldsymbol{C}_{2S/3S} = \sqrt{\frac{2}{3}} \begin{bmatrix} 1 & 0 \\ -\frac{1}{2} & \frac{\sqrt{3}}{2} \\ -\frac{1}{2} & -\frac{\sqrt{3}}{2} \end{bmatrix} \tag{5-52}$$

则三相通用矢量为

$$\begin{bmatrix} X_A \\ X_B \\ X_C \end{bmatrix} = \boldsymbol{C}_{2S/3S} \begin{bmatrix} X_\alpha \\ X_\beta \end{bmatrix} \tag{5-53}$$

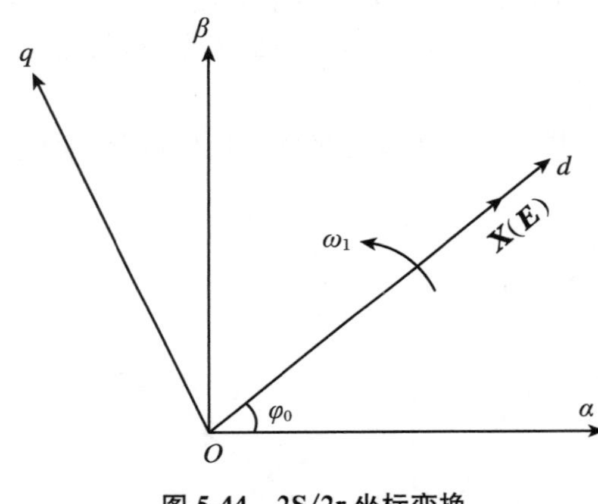

图 5-44　2S/2r 坐标变换

② 两相静止坐标系/两相旋转坐标系变换(2S/2r 坐标变换)。经过 3S/2S 变换后，通用矢量 $\boldsymbol{X}$ 在两相静止垂直坐标系(α，β)以角频率 ω_1 旋转。再经过 2S/2r 变换即将两相静止坐标系(α，β)变换到以 ω_1 同步旋转 dq 坐标系。通用矢量 $\boldsymbol{X}$ 相对于 dq 坐标系是静止的，在 dq 坐标轴上的分量为静止直流量。

依据瞬时无功功率理论，在描述三相电量时，为简化分析，将两相旋转 dq 坐标系中 d 轴与电网三相电压合成矢量 $\boldsymbol{E}$ 同轴，即 d 轴按矢量 $\boldsymbol{E}$ 定向。d 轴分量表示有功分量，q 轴分量表示无功分量，q 轴超前 d 轴 90°。

令初始条件下，d 轴与 α 轴的夹角为 φ_0，如图 5-44 所示。

两相垂直静止坐标系(α，β)到两相同步旋转 dq 坐标系的变换矩阵系数 $\boldsymbol{C}_{2S/3S}$ 和逆阵系数 $\boldsymbol{C}_{2r/2S}$ 分别为

$$\boldsymbol{C}_{2S/2r} = \begin{bmatrix} \cos\varphi_S & \sin\varphi_S \\ -\sin\varphi_S & \cos\varphi_S \end{bmatrix}, \quad \boldsymbol{C}_{2r/2S} = \begin{bmatrix} \cos\varphi_S & -\sin\varphi_S \\ \sin\varphi_S & \cos\varphi_S \end{bmatrix} \tag{5-54}$$

式中，$\varphi_S = \omega_1 t + \varphi_0$，$\omega_1$ 为电网角频率。

通用矢量 $\boldsymbol{X}$ 在 dq 和(α，β)坐标系下的分量满足下列关系：

$$\begin{bmatrix} X_d \\ X_q \end{bmatrix} = \begin{bmatrix} \cos\varphi_S & \sin\varphi_S \\ -\sin\varphi_S & \cos\varphi_S \end{bmatrix} \begin{bmatrix} X_\alpha \\ X_\beta \end{bmatrix} = \boldsymbol{C}_{2S/2r} \begin{bmatrix} X_\alpha \\ X_\beta \end{bmatrix} \tag{5-55}$$

$$\begin{bmatrix} X_\alpha \\ X_\beta \end{bmatrix} = \begin{bmatrix} \cos\varphi_S & -\sin\varphi_S \\ \sin\varphi_S & \cos\varphi_S \end{bmatrix} \begin{bmatrix} X_d \\ X_q \end{bmatrix} = \boldsymbol{C}_{2r/2S} \begin{bmatrix} X_d \\ X_q \end{bmatrix} \tag{5-56}$$

式中，X_d、X_q 分别为 X_K($K = A$、B、C)的 d、q 分量，X 为电流 i 或电压 u 或开关函数 S。

将变换矩阵式(5-51)、式(5-55)代入三相 VSR 一般数学模型式(5-49)中得到三相 VSR 的 dq 模型：

$$\left.\begin{aligned} L\frac{\mathrm{d}i_d}{\mathrm{d}t}-\omega_1 Li_q+Ri_d&=u_d-U_{\mathrm{dc}}S_d\\ L\frac{\mathrm{d}i_q}{\mathrm{d}t}+\omega_1 Li_d+Ri_q&=u_q-U_{\mathrm{dc}}S_q\\ C_{\mathrm{d}}\frac{\mathrm{d}U_{\mathrm{dc}}}{\mathrm{d}t}&=\frac{3}{2}(i_qS_q+i_dS_d)-i_{\mathrm{L}} \end{aligned}\right\}\tag{5-57}$$

又令三相 VSR 交流侧电压矢量 $\boldsymbol{U}_{dq}$ 的 d 分量 $U_d=U_{\mathrm{dc}}\cdot S_d$，三相 VSR 交流侧电压矢量 $\boldsymbol{U}_{dq}$ 的 q 分量 $U_q=U_{\mathrm{dc}}\cdot S_q$，$|\boldsymbol{U}_{dq}|=\sqrt{U_d^2+U_q^2}$。得

$$\left.\begin{aligned} L\frac{\mathrm{d}i_d}{\mathrm{d}t}-\omega_1 Li_q+Ri_d&=u_d-U_d\\ L\frac{\mathrm{d}i_q}{\mathrm{d}t}+\omega_1 Li_d+Ri_q&=u_q-U_q \end{aligned}\right\}\tag{5-58}$$

式(5-57)或式(5-58)就是三相 VSR 在两相同步旋转 dq 坐标系的数学模型。

(3) 三相静止坐标系/两相同步旋转坐标系变换(3S/2r 变换)。将三相静止坐标系(A，B，C)变换到两相旋转 dq 坐标系，其中 d 轴与三相电压合成矢量方向重合，且以角速度 ω_1 沿 ABC 逆时针同步旋转，q 轴超前 d 轴 90°，并令 d 轴与 A 轴的夹角为 θ，可得 3S/2r 变换矩阵系数为

$$\begin{aligned} \boldsymbol{C}_{3\mathrm{S}/2\mathrm{r}}&=\sqrt{\frac{2}{3}}\begin{bmatrix}\cos\theta & \sin\theta & 0\\ -\sin\theta & \cos\theta & 0\\ 0 & 0 & 1\end{bmatrix}\begin{bmatrix}1 & -\frac{1}{2} & -\frac{1}{2}\\ 0 & \frac{\sqrt{3}}{2} & -\frac{\sqrt{3}}{2}\\ \frac{1}{\sqrt{2}} & \frac{1}{\sqrt{2}} & \frac{1}{\sqrt{2}}\end{bmatrix}\\ &=\sqrt{\frac{2}{3}}\begin{bmatrix}\cos\theta & \frac{\sqrt{3}}{2}\sin\theta-\frac{1}{2}\cos\theta & -\frac{\sqrt{3}}{2}\sin\theta-\frac{1}{2}\cos\theta\\ -\sin\theta & \frac{1}{2}\sin\theta+\frac{\sqrt{3}}{2}\cos\theta & \frac{1}{2}\sin\theta-\frac{\sqrt{3}}{2}\cos\theta\\ \frac{1}{\sqrt{2}} & \frac{1}{\sqrt{2}} & \frac{1}{\sqrt{2}}\end{bmatrix}\\ &=\sqrt{\frac{2}{3}}\begin{bmatrix}\cos\theta & \cos(\theta-120^\circ) & \cos(\theta+120^\circ)\\ -\sin\theta & -\sin(\theta-120^\circ) & -\sin(\theta+120^\circ)\\ \frac{1}{\sqrt{2}} & \frac{1}{\sqrt{2}} & \frac{1}{\sqrt{2}}\end{bmatrix} \end{aligned}\tag{5-59}$$

由此，可以得到在旋转两相坐标系中的电压、电流及开关函数如下：

$$\begin{bmatrix}U_d\\ U_q\end{bmatrix}=\boldsymbol{C}_{3\mathrm{S}/2\mathrm{r}}\begin{bmatrix}u_{\mathrm{A}}\\ u_{\mathrm{B}}\\ u_{\mathrm{C}}\end{bmatrix},\quad \begin{bmatrix}i_d\\ i_q\end{bmatrix}=\boldsymbol{C}_{3\mathrm{S}/2\mathrm{r}}\begin{bmatrix}i_{\mathrm{A}}\\ i_{\mathrm{B}}\\ i_{\mathrm{C}}\end{bmatrix},\quad \begin{bmatrix}S_d\\ S_q\end{bmatrix}=\boldsymbol{C}_{3\mathrm{S}/2\mathrm{r}}\begin{bmatrix}S_{\mathrm{A}}\\ S_{\mathrm{B}}\\ S_{\mathrm{C}}\end{bmatrix}\tag{5-60}$$

将式(5-59)、式(5-60)代入式(5-49)，即可得到三相 VSR 在同步旋转两相 dq 坐标下的模型。

即

$$\left.\begin{aligned}C_{\mathrm{d}}\frac{\mathrm{d}U_{\mathrm{dc}}}{\mathrm{d}t}&=\frac{3}{2}(i_qS_q+i_dS_d)-i_{\mathrm{o}}\\L\frac{\mathrm{d}i_d}{\mathrm{d}t}-\omega_1Li_q+Ri_d&=u_d-U_d\\L\frac{\mathrm{d}i_q}{\mathrm{d}t}+\omega_1Li_d+Ri_q&=u_q-U_q\end{aligned}\right\}\tag{5-61}$$

若方程组(5-61)第二、三式写成矩阵形式,则

$$\begin{bmatrix}u_d\\u_q\end{bmatrix}=\begin{bmatrix}LP+R&-\omega_1L\\\omega_1L&LP+r\end{bmatrix}\begin{bmatrix}i_d\\i_q\end{bmatrix}+\begin{bmatrix}U_d\\U_q\end{bmatrix}$$

还可表示为如下形式:

$$\begin{cases}U_d=u_d+\omega_1Li_q-(LP+R)i_d\\U_q=u_q-\omega_1Li_d-(LP+R)i_q\end{cases}\tag{5-62}$$

2. 三相异步电动机矢量控制的数学模型

三相异步电动机是一个多输入、多输出系统,而其电压电流、磁通、频率、转速之间又相互影响。因此,异步电动机的数学模型是一个高阶、非线性、强耦合的多变量系统。

如果能将三相异步电动机的模型等效为直流电动机模型并加以控制,问题将大为简化,为此引入坐标变换的概念。

如图 5-45 所示,交流电动机三相对称的静止绕组 a、b、c 通以三相对称的正弦交流电流 i_{a}、i_{b}、i_{c} 时产生的合成磁势为 F,它在空间呈正弦分布,并以同步转速 ω_1 沿 a、b、c 轴逆时针旋转。这样的旋转磁势也可以由两相空间上相差 90°的静止绕组 α 和 β,通以时间上互差 90°的交流电流产生;若匝数相等且互相垂直的绕组 M 和 T,分别通以直流电流 i_{M}、i_{T},合成磁势 F,包括绕组在内的铁芯以 ω_1 的角速度旋转,也可以产生旋转的磁势,此时,F 相对于 M、T 坐标静止,如果控制磁通在 M 轴上,绕组 M 就相当于直流电动机的励磁绕组,绕组 T 就相当于直流电动机的电枢绕组,这样坐标变换就使三相异步电动机等效成直流电动机。

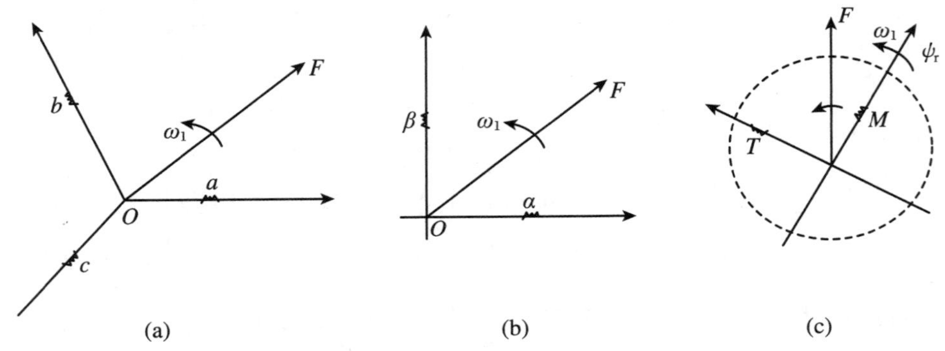

图 5-45 等效磁势 F 的电动机绕组物理模型

(a) 三相交流绕组;(b) 两相交流绕组;(c) 旋转的直流绕组

(1) 异步电动机按转子磁通定向的数学模型——M、T 坐标系数学模型。M、T 坐标系也称同步(ω_1)旋转坐标系。若将 M 轴选为异步电动机的转子磁通 ψ_{r} 同轴(见图 5-45(c))在此坐标系下,可推导出 M、T 坐标变换方程如下:

$$\begin{bmatrix} u_{m1} \\ u_{t1} \\ u_{m2} \\ u_{t2} \end{bmatrix} = \begin{bmatrix} R_1 + L_s P & -\omega_1 L_s & L_m P & -\omega_1 L_m \\ \omega_1 L_s & R_1 + L_s P & \omega_1 L_m & L_m P \\ L_m P & -\omega_s L_m & R_2 + L_r P & -\omega_s L_r \\ \omega_s L_m & L_m P & \omega_s L_r & R_2 + L_r P \end{bmatrix} \begin{bmatrix} i_{m1} \\ i_{t1} \\ i_{m2} \\ i_{t2} \end{bmatrix} \tag{5-63}$$

由于 ψ_r 本身就以同步转速旋转，显然有

$$\begin{aligned} &\psi_{m2} \equiv \psi_2, \quad \psi_{t2} = 0 \\ &L_m i_{m1} + L_r i_{m2} = \psi_r \end{aligned} \quad (M\text{、}T\ \text{为正交坐标}) \tag{5-64}$$

$$L_m i_{t1} + L_r i_{t2} = 0 \tag{5-65}$$

将式(5-65)代入式(5-63)，得

$$\begin{bmatrix} u_{m1} \\ u_{t1} \\ u_{m2} \\ u_{t2} \end{bmatrix} = \begin{bmatrix} R_1 + L_s P & -\omega_1 L_s & L_m P & -\omega_1 L_m \\ \omega_1 L_s & R_1 + L_s P & \omega_1 L_m & L_m P \\ L_m P & 0 & R_2 + L_r P & 0 \\ \omega_s L_m & 0 & \omega_s L_r & R_2 \end{bmatrix} \begin{bmatrix} i_{m1} \\ i_{t1} \\ i_{m2} \\ i_{t2} \end{bmatrix}$$

又由于笼型异步电动机，转子短路，则 $u_{m2} = u_{t2} = 0$，则 M、T 数学模型中的电压矩阵方程简化为

$$\begin{bmatrix} u_{m1} \\ u_{t1} \\ 0 \\ 0 \end{bmatrix} = \begin{bmatrix} R_1 + L_s P & -\omega_1 L_s & L_m P & -\omega_1 L_m \\ \omega_1 L_s & R_1 + L_s P & \omega_1 L_m & L_m P \\ L_m P & 0 & R_2 + L_r P & 0 \\ \omega_s L_m & 0 & \omega_s L_r & R_2 \end{bmatrix} \begin{bmatrix} i_{m1} \\ i_{t1} \\ i_{m2} \\ i_{t2} \end{bmatrix} \tag{5-66}$$

至于转矩方程，经推导可得

$$T_e = n_p \frac{L_m}{L_r} i_{t1} \psi_r \tag{5-67}$$

各式中，n_p 为电动机磁极对数，L_m 为 M、T 坐标系同轴等效定子与转子间互感，L_s 为 M、T 坐标系同轴等效定子自感，L_r 为 M、T 坐标系同轴等效转子自感。

式(5-66)、式(5-67)就是笼型异步电动机按转子磁通 ψ_r 定向的 M、T 坐标系数学模型。

(2) M、T 坐标系的转子磁通 ψ_r 的数学模型。在上述矢量控制中，被控制的是定子电流，因此必须从上述公式中找到定子电流的两个分量与其他物理量的关系。将式(5-64)中的 ψ_r 表达式代入式(5-66)第三行中，得

$$0 = R_2 i_{m2} + P(L_m i_{m1} + L_r i_{m2}) = R_2 i_{m2} + P\psi_r$$

将 $i_{m2} = -\dfrac{P\psi_r}{R_2}$ 再代入式(5-64)，解出

$$i_{m1} = \frac{T_2 P + 1}{L_m} \psi_r \tag{5-68}$$

$$\psi_r = \frac{L_m}{T_2 P + 1} i_{m1} \tag{5-69}$$

式中，$T_2 = \dfrac{L_r}{R_2}$，为转子自感 L_r 与转子电阻 R_2 之比，称为转子励磁时间常数；P 称为拉氏变换变量。

式(5-69)表明，转子磁通 ψ_r 仅由定子电流励磁分量 i_{m1} 产生，和 i_{t1} 无关，当 ψ_r 达到稳态时 $P\psi_r = 0$，$T_2 P = 0$，则 $\psi_r = L_m i_{m1}$，由 i_{m1} 唯一决定。

由转矩式(5-67)可知，当 ψ_r 为稳态值时，转矩 T_e 与 i_{t1} 按正比变化，没有任何滞后。i_{m1} 唯一决定磁通 ψ_r，i_{t1} 定子电流转矩分量，只影响 T_e，这样就大大简化了多变量强耦合的交流异步电动机变频调速控制问题。

(3) 磁通 ψ_r 计算模型结构框图。关于频率控制如何与电流控制协调的问题，由式(5-66)第四行有

$$0 = \omega_s(L_m i_{m1} + L_r i_{m2}) + R_2 i_{t2} = \omega_s \psi_r + R_2 i_{t2}$$

所以

$$\omega_s = -\frac{R_2}{\psi_r} i_{t2}$$

再由式(5-65)有

$$i_{t2} = -\frac{L_m}{L_r} i_{t1}$$

代入上式得

$$\omega_s = -\frac{R_2}{\psi_r} i_{t2} = \frac{R_2}{\psi_r}\frac{L_m}{L_r} i_{t1} = \frac{L_m}{T_2 \psi_r} i_{t1} \tag{5-70}$$

式中，$T_2 = \dfrac{L_r}{R_2}$，为转子励磁时间常数。

依式(5-69)和式(5-70)可画出 M、T 两相旋转坐标系的转子磁通 ψ_r 运算框图或称电流模型，如图 5-46 所示。

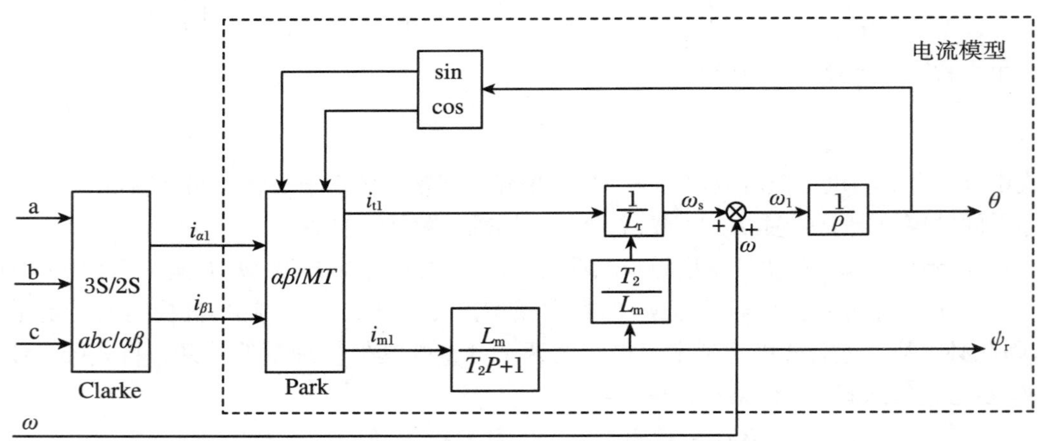

图 5-46　M、T 两相旋转坐标系转子磁通 ψ_r 和 ψ_r 的相位角 θ 运算模型图

$\theta = \int \omega_1 \mathrm{d}t = \int (\omega_s + \omega)\mathrm{d}t$，即 M 轴与 $a(\alpha)$ 轴的夹角为 θ。θ 也是 ψ_r 的相位角，也是同步旋转变换的旋转相位角。ω 为实测转子转速，ω_1 为定子电源角频率，$\omega_1 = \omega + \omega_s$。

图 5-46 矢量控制数学模型，由于依赖于电动机参数 T_2 和 L_m，故受参数变化的影响。

5.6.4　双 PWM 变频电路控制电路的设计

1. PWM 整流器控制的设计

在三相 VSR PWM 整流器控制设计中，为提高功率因数和使能量可双向流动，目前普遍采用的控制方式是以直流电压反馈作为外环，以输入交流电流反馈作为内环的双闭环串

级结构。其中电压反馈的外环用于控制整流器输出的直流电压 U_{dc}，电流内环则实现整流器电网侧单位功率因数控制。

（1）电流内环控制的设计。依式(5-61)可知，由于 VSR dq 轴变量相互耦合，因而给控制器设计造成困难。为了解耦，采用前馈控制策略，当电流调节器采用 PI 调节器时，则 U_d、U_q 的控制方程如下：

$$U_d^* = -\left(K_{ip} + \frac{K_{iI}}{S}\right)(i_d^* - i_d) - \omega_1 L i_q + u_d \tag{5-71}$$

$$U_q^* = -\left(K_{ip} + \frac{K_{iI}}{S}\right)(i_q^* - i_q) - \omega_1 L i_d + u_q \tag{5-72}$$

式中，K_{ip}、K_{iI} 为电流内环比例增益和积分增益；i_d^*、i_q^* 为 i_d、i_q 电流给定值；U_d^*、U_q^* 为电压控制给定值，即 $|U^*| = \sqrt{(U_d^*)^2 + (U_q^*)^2}$。

将式(5-71)、式(5-72)代入式(5-66)中，并化简得解耦控制方程：

$$P\begin{bmatrix} i_d \\ i_q \end{bmatrix} = \begin{bmatrix} -\left[R + \left(K_{ip} + \frac{K_{iI}}{S}\right)\right]\Big/L & 0 \\ 0 & -\left[R + \left(K_{ip} + \frac{K_{iI}}{S}\right)\right]\Big/L \end{bmatrix}\begin{bmatrix} i_d \\ i_q \end{bmatrix} + \frac{1}{L}\left(K_{ip} + \frac{K_{iI}}{S}\right)\begin{bmatrix} i_d^* \\ i_q^* \end{bmatrix} \tag{5-73}$$

式(5-73)矩阵中出现零元素，实现了解耦。式(5-73)说明，基于前馈的控制算法式(5-71)、式(5-72)使三相 VSR 电流内环(i_d，i_q)实现了解耦控制，如图 5-47 所示。

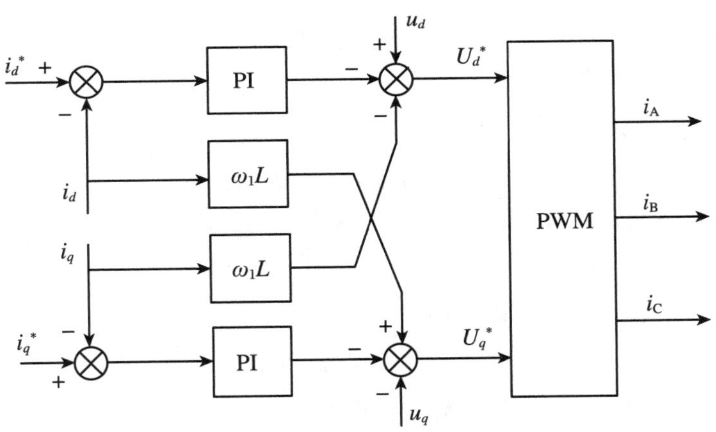

图 5-47 三相 VSR 电流内环解耦控制结构

由于两电流内环的对称性，下面以有功电流 i_d 控制为例讨论电流调节器的设计。考虑电流内环信号采样的延迟和 PWM 控制的小惯性特性，因为当 PWM 控制电压改变时 PWM 整流器的输出电压要到下一个 PWM 开关周期方能改变，因此 PWM 脉宽调制和 PWM 整流器合起来可看成是一个小惯性环节：

$$W_{PWM}(S) = \frac{K_{PWM}}{1 + 0.5T_s S} \tag{5-74}$$

式中，取延时时间为开关时间 T_s 的一半，K_{PWM} 为 PWM 的增益。为简化分析，暂不考虑 u_d 的扰动。且将 PI 调节器传递函数写成零极点形式，即

$$K_{ip} + \frac{K_{iI}}{S} = K_{ip}\frac{\tau_i S + 1}{\tau_i S},\quad K_{iI} = \frac{K_{ip}}{\tau_i}$$

简化的电流内环结构如图 5-48 所示。

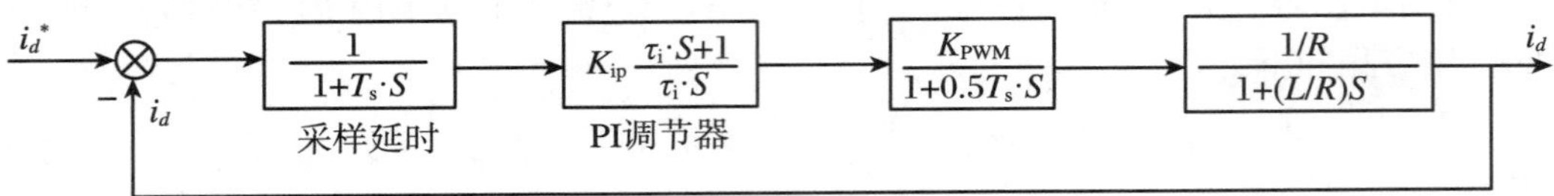

图 5-48　i_d电流内环简化结构

① 按典型Ⅰ型设计电流 i_d的调节器。从图 5-48 可看出，只需以 PI 调零点抵消 i_d电流控制对象传递函数的极点即可，即 $\tau_i=\frac{L}{R}$。校正后，电流内环的开环传递函数为

$$W_{oi}(S) = \frac{K_{ip}K_{PWM}}{R\tau_i S(1.5T_s S + 1)}$$

由典型Ⅰ型参数整定关系，当取阻尼比 $\xi=0.707$ 时，有

$$\frac{1.5T_s K_{ip}K_{PWM}}{R\tau_i} = \frac{1}{2}$$

求解得

$$K_{ip} = \frac{R\tau_i}{3T_s K_{PWM}}$$

$$K_{iI} = \frac{K_{ip}}{\tau_i} = \frac{R}{3T_s K_{PWM}} \tag{5-75}$$

而电流内环闭环传递函数为

$$W_{ci}(S) = \frac{1}{1 + \frac{R\tau_i}{K_{ip}K_{PWM}}S + \frac{1.5T_s R\tau_i}{K_{ip}K_{PWM}}S^2 + \cdots} \tag{5-76}$$

当开关频率足够高，即 T_s足够小时，由于 S^2以上项系数远小于 S 项系数，因此 S^2以上项可忽略，则 $W_{ci}(S)$可简化为

$$W_{ci}(S) = \frac{1}{1 + \frac{R\tau_i}{K_{ip}K_{PWM}}S}$$

再将 K_{ip}式代入上式，得电流内环简化等效传递函数为

$$W_{ci}(S) = \frac{1}{1 + 3T_s S} \tag{5-77}$$

该式表明，当电流内环按典型Ⅰ型设计时，电流内环可近似等效成一个惯性环节，其惯性时间常数为 $3T_s$。显然当开关频率足够高时，电流内环具有较快的动态响应。由于电流内环可等效成一阶惯性环节，因而电流内环频带宽度 f_{bi}为

$$f_{bi} = \frac{1}{2\pi(3T_s)} = \frac{1}{6\pi T_s} \approx \frac{1}{20T_s} = \frac{1}{20}f_s \tag{5-78}$$

式中，f_s为电流内环 PWM 开关调制频率。

其动态指标为：$\xi=0.707$ 时，超调量 $\sigma_\%=4.3\%$，上升时间 $t_r=4.72\tau$，相角裕度 $\gamma=65.5^\circ$，$\tau=1.5T_s$。可见，电流内环具有良好的跟随性。

在工程设计中，i_q的电流调节器选择与 i_d的电流调节器取相同的参数。但在高功率因

数(近似为 1)时，$i_q^*=0$。仅由有功电流 i_d 控制。

② PWM 整流器电流内环控制框图。依据上述分析，构建如图 5-49 所示的 PWM 整流器系统双环控制结构。电压外环控制电流母线电压输出，通过直流母线电压给定 U_{dc}^* 和反馈得到系统输出的直流电压 U_{dc} 误差，经 PI 电压调节器运算出有功电流给定 i_d^*。其值决定有功功率大小，符号决定功率流向。若 i_d^* 为正时，整流器处于整流状态，能量以单位功率因数从电网流向负载；若 i_d^* 为负时，负载反馈的能量以单位功率因数流向电网，整流器处于有源逆变状态。

系统电流内环的作用是控制电流响应。控制框图如图 5-49 所示，三相 VSR 基于同步旋转变换控制框图。

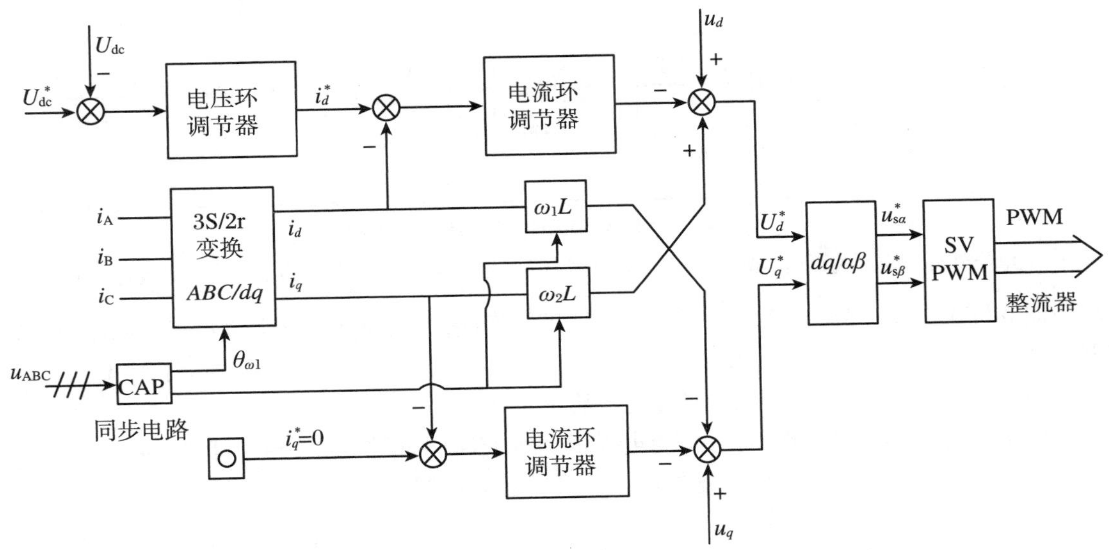

图 5-49　电流内环控制框图

(2) 电压外环控制的设计。电压外环控制的目的是稳定 VSR 直流侧电压 U_{dc}。

① 电压外环动态结构图。三相 VSR 电压外环控制动态图如图 5-50 所示。

令三相电网基波电势为

$$u_A = E_m \cdot \cos \omega t$$
$$u_B = E_m \cdot \cos(\omega t - 120^\circ)$$
$$u_C = E_m \cdot \cos(\omega t + 120^\circ)$$

为简化控制设计，当开关频率远高于电网电势基波频率 ω_1 时，可忽略 PWM 谐波分量，即只考虑开关函数 $S_K(K=A、B、C)$ 的低频分量，则

$$\left.\begin{aligned} S_A &\approx 0.5M\cos(\omega_1 t - \theta_0) + 0.5 \\ S_B &\approx 0.5M\cos(\omega_1 t - \theta_0 - 120^\circ) + 0.5 \\ S_C &\approx 0.5M\cos(\omega_1 t - \theta_0 + 120^\circ) + 0.5 \end{aligned}\right\} \tag{5-79}$$

式中，θ_0 为开关函数基波初始相位角，M 为 PWM 调制比($M \leqslant 1$)。

对于单位功率因数正弦波电流控制，三相 VSR 网侧电流为

$$\left.\begin{aligned} i_A &\approx I_m \cos \omega_1 t \\ i_B &\approx I_m \cos(\omega_1 t - 120^\circ) \\ i_C &\approx I_m \cos(\omega_1 t + 120^\circ) \end{aligned}\right\} \tag{5-80}$$

另外，三相 VSR 直流侧电流 i_{dc} 可由开关函数描述如下：

$$i_{dc} = i_A S_A + i_B S_B + i_C S_C \tag{5-81}$$

将式(5-79)、式(5-80)代入式(5-81)化简得

$$i_{dc} \approx 0.75 M I_m \cos \theta_0 \tag{5-82}$$

综合以上分析，三相 VSR 电压外环动态结构如图 5-50 所示。

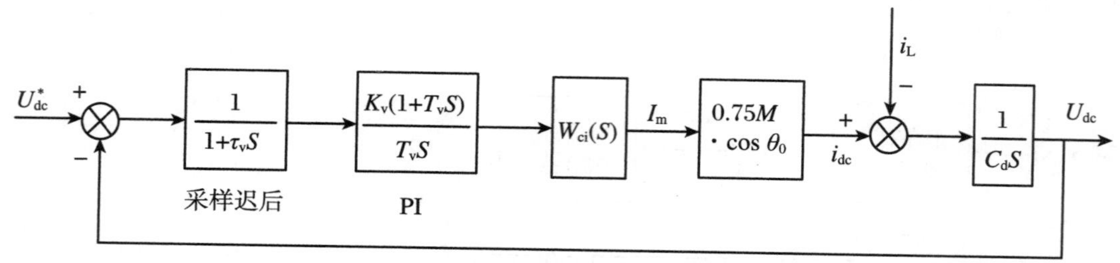

图 5-50　三相 VSR 电压外环控制动态图

τ_v 为电压外环采样开关延迟时间；K_v、T_v 为电压外环 PI 调节器参数；$W_{ci}(S)$ 为电流内环等效传递函数

图 5-50 中，$0.75M\cos\theta_0$ 是一个随 θ_0 时变环节，给电压外环设计造成难点，为此该环节取最大比例增益 $0.75 \approx 0.75M\cos\theta_0$，这种近似处理是合理的，因为 $0.75 \geqslant 0.75M\cos\theta_0$，0.75 对整个电压外环稳定性影响最大。

再将电压采样开关延迟时间 τ_v 与电流内环等效时间常数 $3T_s$ 合并，即 $T_{ev} = \tau_v + 3T_s$，且不考虑负载电流 i_L 扰动，经简化的电压外环动态图如图 5-51 所示。

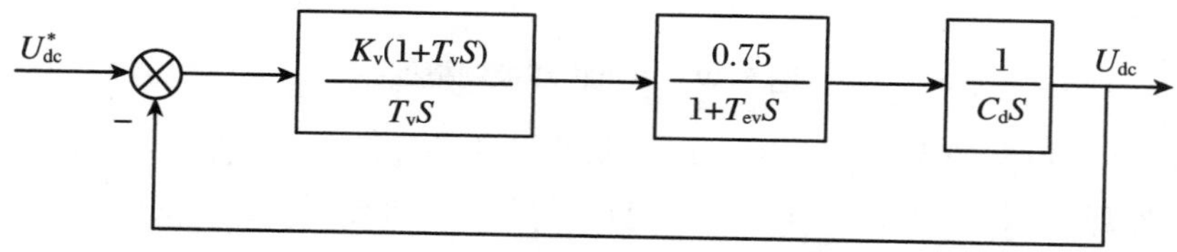

图 5-51　三相 VSR 电压外环动态图

② 按典型Ⅱ型设计电压外环调节器。由于电压外环的主要控制作用是稳定直流电压 U_{dc} 和控制电网侧单位功率因数，稳定网侧输入电压。故考虑电压外环抗扰性能要强，所以电压外环按典型Ⅱ型设计环调节器。

依图 5-51 得电压外环开环传递函数为

$$W_{ov}(S) = \frac{0.75 K_v (1 + T_v S)}{C_d T_v S^2 (T_{ev} S + 1)}$$

而电压外环中频宽为

$$h_v = \frac{T_v}{T_{ev}}$$

典型Ⅱ型电压外环调节器选 PI 调节器，其参数关系为

$$\frac{0.75 K_v}{C_d T_v} = \frac{h_v + 1}{2 h_r^2 T_{ev}^2} \tag{5-83}$$

工程上，通常选中频宽：

$$h_v = \frac{T_v}{T_{ev}} = 5$$

将 $h_v = 5$ 代入式(5-83)得电压外环 PI 调节器参数为

$$\begin{cases} T_v = 5T_{ev} = 5(\tau_v + 3T_s) \\ K_v = \dfrac{4C_d}{\tau_v + 3T_s} \end{cases} \tag{5-84}$$

其动态指标如下：$h_v = 5$ 时，动态降落 $\Delta C_{max} = 81.2\%$，恢复时间 $t_v = 8.8T_{ev}$。

电压外环控制频带宽度 f_{bv} 为

$$f_{bv} \approx \frac{3}{20T_s \cdot 2\pi} \approx 0.024 f_s$$

这是取 $\tau_v = T_s$ 时，$T_v = h_v T_{ev} = 5 \times (\tau_v + 3T_s) = 20T_s$ 计算的 $f_{bv} \approx 0.024 f_s$。式中，f_s 为 PWM 开关频率，大小为 $\frac{1}{T_s}$。

2. PWM 逆变器控制设计

PWM 逆变器是将直流电压 U_{dc} 逆变为频率、电压均可变的交流电，是供电给交流异步电动机变频调速的交流电源。采用矢量变换控制交流异步电动机变频调速，是把交流电动机的定子电流 I_1 分解成励磁电流分量 i_{m1} 和与之坐标垂直的转矩电流分量 i_{t1}，当静止坐标系变换为旋转坐标系解耦后，把交流量变为直流量分别独立控制 i_{m1} 和 i_{t1}，便等同于直流电动机控制。按旋转坐标系定向的方法不同，可分为三种矢量变换控制：

(1) 按转子磁通位置定向。

(2) 按定子磁通位置定向。

(3) 按气隙磁通位置定向，也称按电动势定向。

另一类矢量控制是直接在静止坐标系中计算磁通和转矩，分别控制，称为直接转矩控制。这里是采用按转子磁通定向(M、T 同步旋转坐标系)的矢量变换控制。

又依据磁通是否为闭环控制分为直接矢量控制(即转速、磁通闭环的矢量控制)和间接矢量控制(即磁通开环的矢量控制)。

这里采用 i_{t1} 电流内环，转速外环串联结构和转子磁通 ψ_r 定向的 i_{m1} 磁通闭环的直接矢量控制结构。

其转速外环选用 PI 调节器，按典型Ⅱ型设计调节器；转矩电流分量 i_{t1} 的电流调节器和励磁电流分量 i_{m1} 的励磁电流调节器均选为 PI 调节器，均按典型Ⅰ型设计调节器，即与 PWM 整流器控制的电压外环和电流内环 i_d、i_q 校正方法相同。这里不再重复。但在 M、T 旋转坐标系中，θ 由图 5-46 电流模型求出。构建基于 SVPWM 的转子磁场定向控制框图如图 5-52 所示。

5.6.5　双 PWM 控制系统

1. PWM 整流器控制系统

依上述理论分析设计 PWM 整流器控制系统如图 5-53 所示。

该系统主电路为 SVRPWM 整流电路。功率开关管由 IGBT 与反并联功率二极管构成，这里选的是 IPM 智能模块。

控制电路为电压外环、电流内环、PI 调节器的双闭环系统，因为以单位功率因数运行，

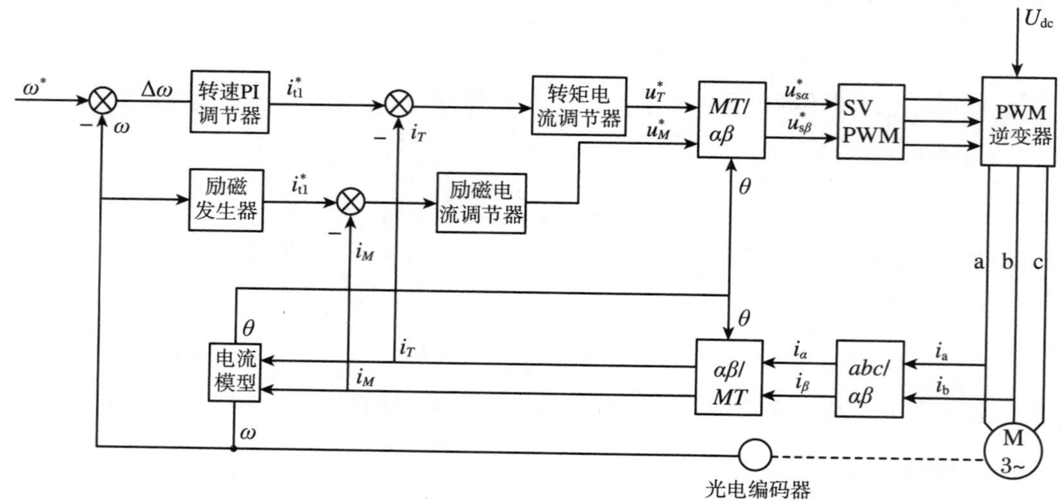

图 5-52　PWM 逆变器基于 SVPWM 转子磁场定向控制框图

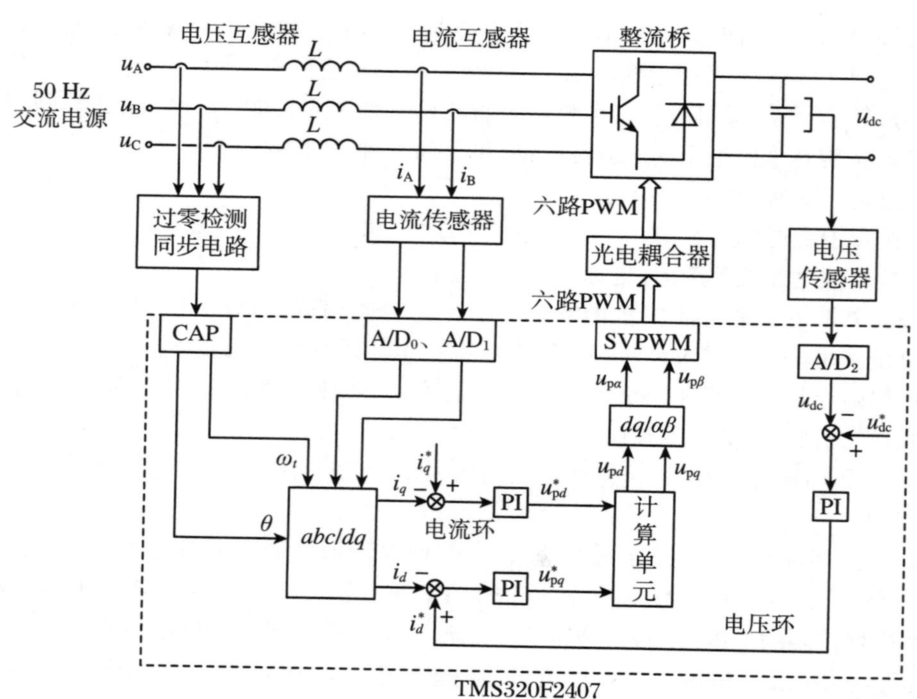

图 5-53　TMS320F2407 PWM 整流器控制系统

所以无功电流分量 $i_q^*=0$。

辅助电路有同步电路(过零检测),电流、电压传感器,A/D 采样,坐标变换(3S/2r、2r/2S),SVPWM 波形生成模块及光电隔离电路等环节。

(1) PWM 整流器硬件选择。

① 直流电压的确定。直流电压 U_{dc}不仅要满足负载对电压的要求,而且要能控制交流侧的电压波形与电网电压同频同相位的要求。因此,直流电压 U_{dc}应不小于整流器输入端线

电压基波的峰值，即 $U_{dc} \geqslant \sqrt{3} \cdot \sqrt{2} U_{ph}$（$U_{ph}$为交流侧相电压有效值），通常取 $U_{dc} = 3U_{ph}$。可见，U_{dc}即为电网侧交流基波线电压峰值。如 $U_{ph} = 110$ V 时，则 $U_{dc} = 3U_{ph} = 330$ V。

② IPM 的选择。IPM 是智能功率模块，属于 IGBT 新系列。具有功能多、使用便捷等优点，适合于交流 220 V 电网的应用。

IPM 的选择实际上就是功率开关管 IGBT 的选择。IGBT 的选择主要是电流、电压额定值的确定。

由于采用 SVPWM 控制，IGBT 桥路输出线电压峰值即为 U_{dc}，再考虑安全裕量 2～3 倍，即电压定额：

$$U_N = (2 \sim 3) U_{dc} \tag{5-85}$$

如 $U_{dc} = 330$ V，则 U_N取 1200 V。

电流定额：

$$I_N = (2 \sim 2.5) I_m \tag{5-86}$$

$$I_m = \frac{\sqrt{2} P_L \times 10^3}{U_{dc} \eta \cos \varphi} = \frac{\sqrt{2} P_L \times 10^3}{3 U_{ph} \eta \cos \varphi} \tag{5-87}$$

式中，P_L 为变频电动机额定功率（kW）；U_{ph}为交流侧相电压有效值；I_m 为整流器电网侧电流基波峰值（即振幅值）；η 为整流器效率，$\eta \geqslant 0.9$；$\cos \varphi$ 为功率因数，因是单位功率因数近似为“1”运行，所以这里 $\cos \varphi \approx 1$。

如 $P_L = 2$ kW，则

$$I_m = \frac{\sqrt{2} \times 2 \times 10^3}{330 \times 0.9} = 9.5(\text{A})$$

则 $I_N = (2 \sim 2.5) I_m = 19 \sim 23.75$ A，实取 $I_N = 25$ A。

又因为 PWM 整流器与 PWM 逆变器均选相同定额的 IPM 模块，故取两个 IPM 模块相当于各六路三相桥式结构。综上选三菱公司 PM25RSB120，$U_N = 1200$ V，$I_N = 25$ A，最大开关频率为 20 kHz。

IPM 智能功率模块结构如图 5-54 所示：

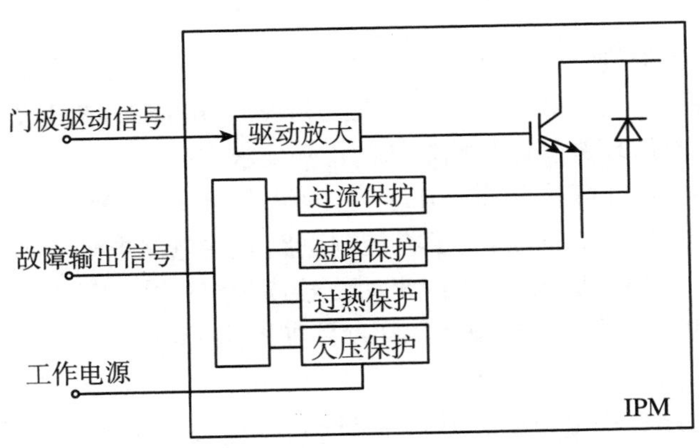

图 5-54　智能功率模块结构

IPM 与常规 IGBT 模块相比，有如下特点：

a. 内含驱动放大电路、过流保护、短路保护，在芯片中用辅助 IGBT 作为电流传感器，使检测功率小、灵敏、准确。

b. 内含欠压保护，当控制电源电压小于规定值时进行保护。

c. 内含过热保护，可以防止 IGBT 和反并联二极管过热，在 IGBT 内部的绝缘基极上设有温度检测元件，结温过高即输出警报。

PM25RSB120 型号 IPM 的最小过流保护值为 32 A(t_{off} = 10 μs)，短路保护动作电流最小值为 52 A，欠压保护为 12 V 和过热保护 T_o = 118 ℃。模块工作时需要外电路提供上述四种保护的独立工作电源 15 V。

DSP 产生的 PWM 信号经光耦器件隔离后作为门极驱动信号输入 IPM。

(2) 交流输入电感 L 的选择。交流输入电感 L 主要作用可以归结如下：

① 平衡电网电压与整流器交流侧输入电压。

② 滤除整流器交流侧 PWM 谐波电流，实现 VSR 交流侧正弦波电流。

③ 缓冲、传输无功功率，实现单位功率因数运行特性。

④ 使 PWM 整流器具有升压特性，使 VSR 具有 Boost PWM AC-DC 变换。

⑤ 使 PWM 整流器获得一定的阻尼特性，从而有利于控制系统的稳定运行。

基于以上几点，对电感 L 的选择，应满足以下三个要求：

① L 上压降尽可能小，一般不大于电源额定电压的 30%。

② 交流输入电流的失真率(THD)尽可能小，通常规定了一个上限。

③ 在一个 PWM 周期内其交流侧电流的最大超调量尽可能小，一般小于交流侧额定电流的 10%。

通常从输入电流脉动量和瞬间电流跟踪两个指标设计网侧电感 L。

(3) 直流环节电容 C_d的选择。在本系统中，直流环节电容 C_d主要有以下作用：

① 缓冲交流侧与负载电动机间的能量交换，同时稳定直流环节的电压。

② 抑制直流环节谐波电压。

相应地，在设计电容 C_d时需兼顾两个原则：

① 满足电压环控制的跟随性能指标时，C_d应尽量小，确保直流环节电压 U_{dc}快速跟踪。

② 满足电压环控制的抗扰性能指标时，C_d应尽量大，以限制负载扰动时的直流电压动态降落。

显然，这两个设计原则之间是互相矛盾的，即若满足直流电压跟随性指标，未必满足直流电压抗扰性能指标，反之亦然。这就要求在三相 VSR 电容 C_d参数设计过程中，依据实际需要，综合考虑直流电压环跟随性及抗扰性能指标要求。

(4) 驱动隔离电路。DSP(TMS320F2407)的输出为 0～5 V 的电平信号，输出电流为 20 mA 左右，驱动能力有限。同时，为了将控制电路与主电路电气隔离，DSP 输出的 PWM 信号不能直接作为 IPM 中功率开关管的驱动信号，需经驱动隔离电路。一般选用光电耦合器构成驱动隔离电路。本例采用的驱动隔离电路如图 5-55 所示。光耦合器选用 4504，具有较快上升时间。

(5) 系统保护电路。主电路中的 IPM 自身具有多种保护功能：过流保护、短路保护、驱动电源欠压保护、过热保护和报警输出。将 IPM 所有的故障输出通道通过一个与门后，送入 DSP 的外部输入可屏蔽中断 $\overline{\text{PDPINT}}$引脚，当有上述任意一个故障发生时，$\overline{\text{PDPINT}}$引脚电平跳变启动 DSP 中断保护，中断六路 PWM 输出并将相应的引脚置为高阻状态，起到保护智能功率模块 IPM 的作用。

(6) 电流检测电路。电流内环需要检测整流器交流侧的输入电流，作为电流反馈信号，

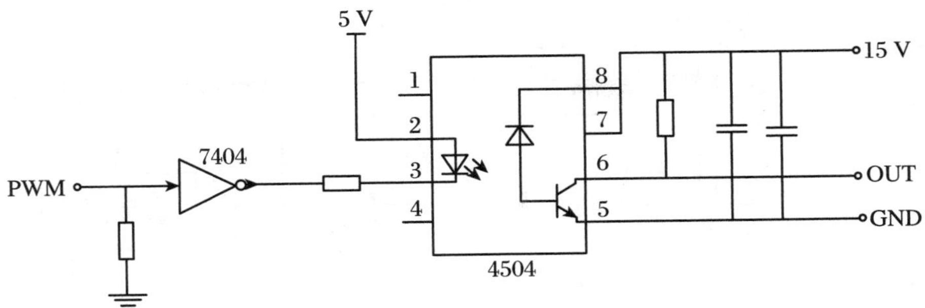

图 5-55 驱动隔离电路

三相输入电流采用星形连接,故采用两路电流检测电路,可以获得三相电流信息。本系统两相检测电流分别为 i_A、i_B。

电流检测电路如图 5-56 所示,电流传感器采用磁平衡式霍尔电流传感器。

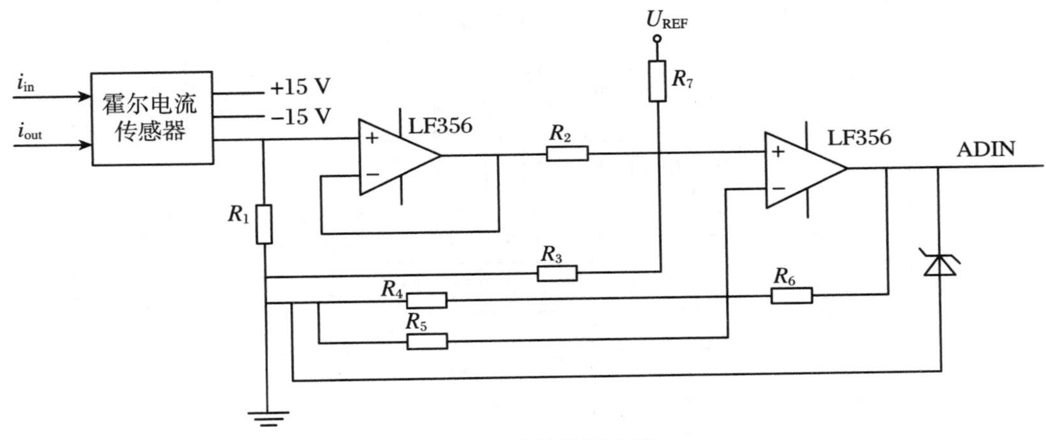

图 5-56 电流检测电路

电流传感器输出为交流电流信号,大小与所测电流成正比,通过可调电阻 R_1将其转换成交流电压信号(±2.5 V)。因为 TMS320F2407 的 A/D 转换器只能处理 0~5 V 的电压信号,通过参考电压 U_{REF}将交流电压信号提升到 0~5 V,再送入 A/D 的输入通道,并加入稳压管限幅以防电压超过 5 V 损坏 DSP 的 A/D 转换器。

2. 双 PWM 逆变器控制系统

双 PWM 变频器中 PWM 逆变器控制,即交流异步电动机变频调速控制。

(1) 逆变器控制系统框图如图 5-57 所示。采用转速外环,定子有功电流(转矩电流)i_T电流内环,串联结构双闭环系统和定子励磁电流 i_M闭环,均采用 PI 调节器,按转子磁场定向的等效直流电动机矢量控制。主电路逆变桥仍采用与整流桥一样的 IPM 智能功率模块。

辅助电路有增量式光电编码器检测交流电动机转速 n,检测定子两相交流电流 i_a、i_b 获得三相定子电流信息 i_a、i_b、i_c,经 3S/2S($abc/\alpha\beta$)Clarke 变换,2S/2r($\alpha\beta/MT$)Park 变换及转子磁场定向位置初始相位角 $\theta = \int \omega_1 \mathrm{d}t = \int (\omega + \omega_s)\mathrm{d}t$ 信息。

为实现电压空间矢量(SVPWM)的控制方式,又进行 2r/2S($\alpha\beta/MT$)Park 逆变换。

电流模型是查 sin · cos 表和计算转角即 θ 值模型,如图 5-46 所示。

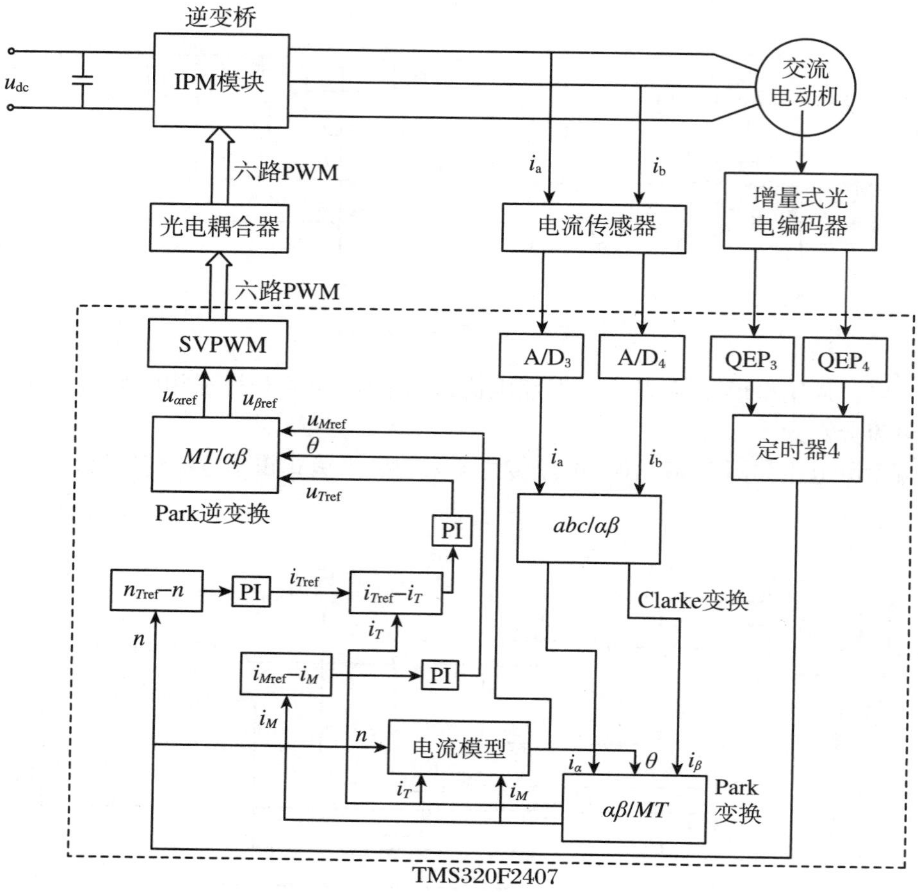

图 5-57　PWM 逆变器控制系统

① 电流采样电路，同 PWM 整流器电流采样电路，这里不再重复。

② 转速采样电路。本系统交流电动机转向转速检测采用正交增量式光电码盘实现。由于 DSP 内置正交编码脉冲电路 QEP，可自动识别由 QEP_3、QEP_4 输入的光电编码脉冲的方向和记录脉冲的个数，并将该方向和编码脉冲送至定时器 4。

(2) SVPWM 波形的实现。双 PWM 的整流桥和逆变桥均采用六个功率开关管组成的三相桥电路。而驱动功率开关管通断信号，是采用三相互差 120°正弦调制波与等腰三角载波交点而获得的正弦脉宽 SPWM 波作为开关管驱动信号。

但近年来由于电压空间矢量 SVPWM 波作为驱动信号，使直流电压利用率比 SPWM 高 15%，具有明显减少谐波电流、动态响应快等优点，SVPWM 波形驱动信号已有取代 SPWM 波形驱动信号的趋势。

故双 PWM 变频器系统采用 SVPWM 驱动开关管通断信号，下面介绍 SVPWM 波形的实现方法。

工程控制上，对于某一给定的电压空间矢量 $\boldsymbol{U}^*$，是有不同的合成方法的，其控制效果也是不同的，这里采用双三角形合成法，即将 $\boldsymbol{U}_0$矢量插入 $\boldsymbol{U}^*$ 的起点和终点；$\boldsymbol{U}_7$零矢量插入 $\boldsymbol{U}^*$ 中点，将合成矢量 $\boldsymbol{U}^*$ 截成双三角形，如图 5-58 所示。其开关 SVPWM 波形如图 5-59 所示。

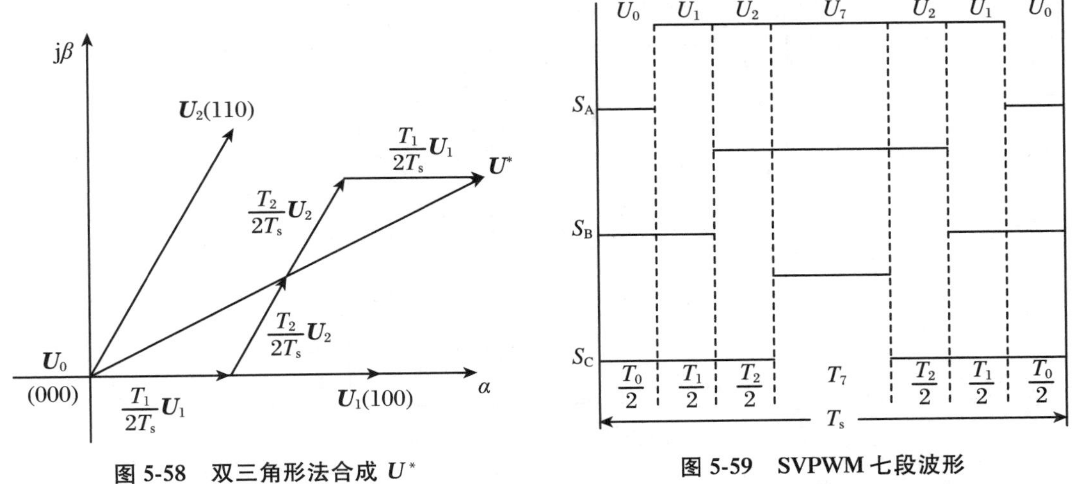

图 5-58　双三角形法合成 U^*

图 5-59　SVPWM 七段波形

双三角形法合成电压空间矢量 U^* 的特点从图 5-59 SVPWM 波形可见：在一个 PWM 周期 T_s内是每相开关均动作两次、波形对称、三相平衡、电流谐波幅值减小的七段式 SVPWM 波形。

(3) 与 PWM 整流器控制系统主要不同是 PWM 整流器运行于功率因数为 1，所以无功电流分量给定 $i_q^*=0$；而 PWM 逆变器控制系统有功电流 i_T^* 为速度调节器输出，励磁电流 i_M^*为励磁函数发生器输出值，不为零，这里是恒值 i_M。

从前述硬件可见，基于 DSP TMS320F2407 控制的双 PWM 系统只需用采集模拟量的电流传感器、电压传感器、光电编码器以及工作电源等外部部件，其控制的大部分功能都在 TMS320F2407 内部实现，因此可以实现双 PWM 变频器系统全数字化控制。

5.7　矩阵式变换电路简介

5.7.1　矩阵式变换电路的结构

矩阵式变频器是一种直接变频器。采用全控型功率开关器件 PWM 控制方式。

三相输入电压为 u_a、u_b 和 u_c，三相输出电压为 u_u、u_v 和 u_w，9 个开关 S_{11}～S_{33}开关器件组成 3×3 矩阵，故称矩阵式变频电路(Matrix Converter，MC)，如图 5-60 所示。图中每个开关都是矩阵中的一个元素，采用双向可控开关(如 IGBT、MOSFET 等)通过串、并联组合而成。常用的开关组合方式如图 5-61(a)、(b)所示，共用 18 个功率开关器件，如图 5-61(b)所示。

5.7.2　矩阵式变换电路的控制原理

以相电压输出方式为例分析矩阵式变换电路的控制原理。图 5-62 是矩阵式变频器的主电路图。利用对开关 S_{11}、S_{12}和 S_{13}的控制构造输出电压 u_u，为了防止输入电源短路，产生

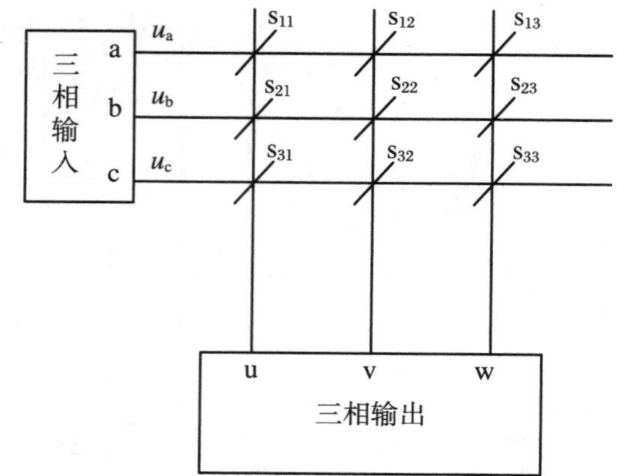

图 5-60　矩阵式变频电路

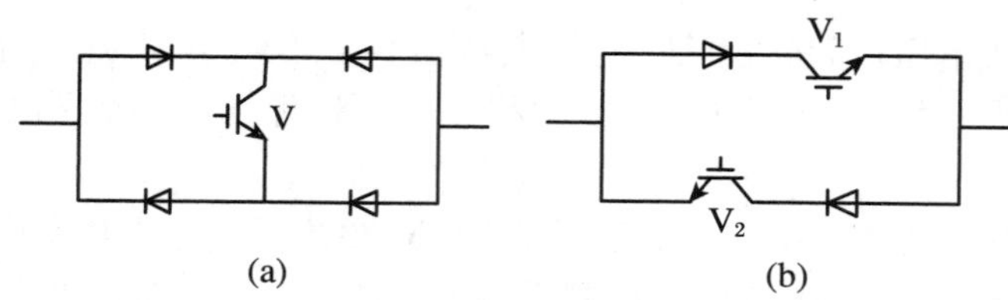

图 5-61　双向开关原理图

(a) 二极管式双向开关;(b) 共发射极双向开关

短路电流,损坏开关器件,就要在任何时刻只能有一个开关接通;采用先关后通,以保证原导通的开关可靠关断,要导通的开关延时导通。为使负载不致开路,产生很大感应电势,击穿开关器件,就必须在任何时刻有一个开关器件接通。采用换流期间,先通后关断保证负载回路不出现开路,两个开关的同一方向重叠导通。

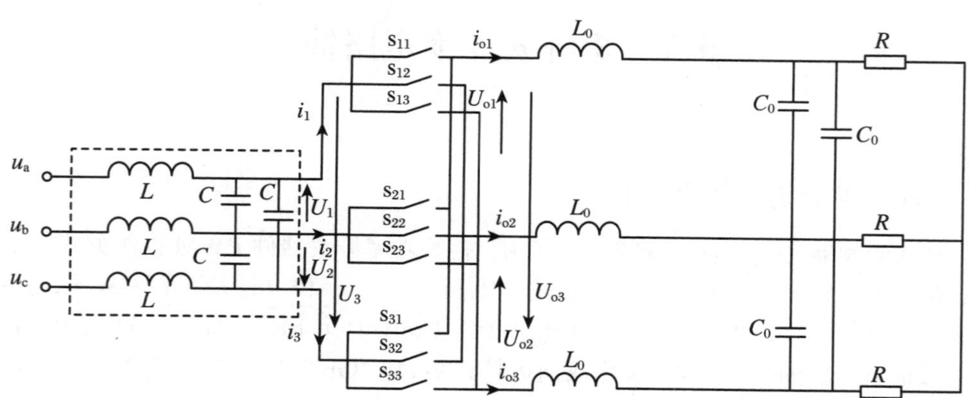

图 5-62　矩阵式变频器主电路

u 相输出电压 u_u 与各相输入电压的关系为

$$u_u = \sigma_{11} u_a + \sigma_{12} u_b + \sigma_{13} u_c \tag{5-88}$$

式中,σ_{11}、σ_{12}和 σ_{13}为开关周期内开关 S_{11}、S_{12}、S_{13}的导通占空比。

由上面的分析可知

$$\sigma_{11}+\sigma_{12}+\sigma_{13}=1 \tag{5-89}$$

用同样的方法控制图5-60矩阵第2行和第3行，输出各行的开关，可以得到类似于式(5-88)的表达式。把这些公式合写成矩阵的形式，即

$$\begin{bmatrix} u_u \\ u_v \\ u_w \end{bmatrix}=\begin{bmatrix} \sigma_{11} & \sigma_{12} & \sigma_{13} \\ \sigma_{21} & \sigma_{22} & \sigma_{23} \\ \sigma_{31} & \sigma_{32} & \sigma_{33} \end{bmatrix}\begin{bmatrix} u_a \\ u_b \\ u_c \end{bmatrix} \tag{5-90}$$

可缩写为

$$\boldsymbol{u}_o=\boldsymbol{\sigma}\boldsymbol{u}_i \tag{5-91}$$

式中

$$\boldsymbol{u}_o=[u_u \quad u_v \quad u_w]^T,\quad \boldsymbol{u}_i=[u_a \quad u_b \quad u_c]^T,\quad \boldsymbol{\sigma}=\begin{bmatrix} \sigma_{11} & \sigma_{12} & \sigma_{13} \\ \sigma_{21} & \sigma_{22} & \sigma_{23} \\ \sigma_{31} & \sigma_{32} & \sigma_{33} \end{bmatrix}$$

$\boldsymbol{\sigma}$称为调制矩阵，它是时间的函数，每个元素在每个开关周期中都是不同的。

各相输入电流都分别是各相输出电流按照相应的占空比相加而成的，即

$$\begin{bmatrix} i_a \\ i_b \\ i_c \end{bmatrix}=\begin{bmatrix} \sigma_{11} & \sigma_{12} & \sigma_{13} \\ \sigma_{21} & \sigma_{22} & \sigma_{23} \\ \sigma_{31} & \sigma_{32} & \sigma_{33} \end{bmatrix}\begin{bmatrix} i_u \\ i_v \\ i_w \end{bmatrix} \tag{5-92}$$

也可缩写为

$$\boldsymbol{i}_i=\boldsymbol{\sigma}^T\boldsymbol{i}_o \tag{5-93}$$

式中

$$\boldsymbol{i}_i=[i_a \quad i_b \quad i_c]^T,\quad \boldsymbol{i}_o=[i_u \quad i_v \quad i_w]^T$$

式(5-90)和式(5-92)即是矩阵式变换电路的基本输入输出关系式。

5.7.3 矩阵式变换电路应用

矩阵变换器的控制采用PWM技术，IGBT开关器件。设矩阵变换器给定的输入电压和输出电流是已知的。

输入电压为

$$\boldsymbol{u}_i=\begin{bmatrix} u_a \\ u_b \\ u_c \end{bmatrix}=u_{im}\begin{bmatrix} \cos(\omega_i t) \\ \cos\left(\omega_i t-\frac{2}{3}\pi\right) \\ \cos\left(\omega_i t+\frac{2}{3}\pi\right) \end{bmatrix} \tag{5-94}$$

输出电流为

$$\boldsymbol{i}_o=\begin{bmatrix} i_u \\ i_v \\ i_w \end{bmatrix}=\begin{bmatrix} I_{om}\cos(\omega_o t-\varphi_o) \\ I_{om}\cos\left(\omega_o t-\frac{2}{3}\pi-\varphi_o\right) \\ I_{om}\cos\left(\omega_o t+\frac{2}{3}\pi-\varphi_o\right) \end{bmatrix} \tag{5-95}$$

变换电路希望的输出电压为

$$\boldsymbol{u}_{\mathrm{o}} = \begin{bmatrix} u_{\mathrm{u}} \\ u_{\mathrm{v}} \\ u_{\mathrm{w}} \end{bmatrix} = U_{\mathrm{om}} \begin{bmatrix} \cos(\omega_{\mathrm{o}} t) \\ \cos\left(\omega_{\mathrm{o}} t - \frac{2}{3}\pi\right) \\ \cos\left(\omega_{\mathrm{o}} t + \frac{2}{3}\pi\right) \end{bmatrix} \tag{5-96}$$

变换电路希望的输入电流为

$$\boldsymbol{i}_{\mathrm{i}} = \begin{bmatrix} i_{\mathrm{a}} \\ i_{\mathrm{b}} \\ i_{\mathrm{c}} \end{bmatrix} = I_{\mathrm{im}} \begin{bmatrix} \cos(\omega_{\mathrm{i}} t - \varphi_{\mathrm{i}}) \\ \cos\left(\omega_{\mathrm{i}} t - \frac{2}{3}\pi - \varphi_{\mathrm{i}}\right) \\ \cos\left(\omega_{\mathrm{i}} t + \frac{2}{3}\pi - \varphi_{\mathrm{i}}\right) \end{bmatrix} \tag{5-97}$$

式中，U_{om}、I_{m} 分别为输出电压和输入电流的幅值，φ_{i} 为输入电流滞后于电压的相位角。

当希望的输入功率因数为 1 时，$\varphi_{\mathrm{i}}=0$。若把输入电压 $\boldsymbol{u}_{\mathrm{i}}$ 和输出电流 $\boldsymbol{i}_{\mathrm{o}}$ 及输出电压 $\boldsymbol{u}_{\mathrm{o}}$ 与输入电流 $\boldsymbol{i}_{\mathrm{i}}$ 代入 $\boldsymbol{u}_{\mathrm{o}}=\boldsymbol{\sigma}\boldsymbol{u}_{\mathrm{i}}$ 和 $\boldsymbol{i}_{\mathrm{i}}=\boldsymbol{\sigma}^{\mathrm{T}}\boldsymbol{i}_{\mathrm{o}}$。

则有希望输出电压：

$$\boldsymbol{u}_{\mathrm{o}} = U_{\mathrm{om}} \begin{bmatrix} \cos(\omega_{\mathrm{o}} t) \\ \cos\left(\omega_{\mathrm{o}} t - \frac{2}{3}\pi\right) \\ \cos\left(\omega_{\mathrm{o}} t + \frac{2}{3}\pi\right) \end{bmatrix} = \boldsymbol{\sigma} U_{\mathrm{im}} \begin{bmatrix} \cos(\omega_{\mathrm{i}} t) \\ \cos\left(\omega_{\mathrm{i}} t - \frac{2}{3}\pi\right) \\ \cos\left(\omega_{\mathrm{i}} t + \frac{2}{3}\pi\right) \end{bmatrix} \tag{5-98}$$

式中，$\boldsymbol{\sigma}=\begin{bmatrix} \sigma_{11} & \sigma_{12} & \sigma_{13} \\ \sigma_{21} & \sigma_{22} & \sigma_{23} \\ \sigma_{31} & \sigma_{32} & \sigma_{33} \end{bmatrix}$，为各相占空比（导通时间）。

希望的输入电流为

$$\boldsymbol{i}_{\mathrm{i}} = I_{\mathrm{im}} \begin{bmatrix} \cos(\omega_{\mathrm{i}} t) \\ \cos\left(\omega_{\mathrm{i}} t - \frac{2}{3}\pi\right) \\ \cos\left(\omega_{\mathrm{i}} t + \frac{2}{3}\pi\right) \end{bmatrix} = \boldsymbol{\sigma}^{\mathrm{T}} I_{\mathrm{om}} \begin{bmatrix} \cos(\omega_{\mathrm{o}} t - \varphi_{\mathrm{o}}) \\ \cos\left(\omega_{\mathrm{o}} t - \frac{2}{3}\pi - \varphi_{\mathrm{o}}\right) \\ \cos\left(\omega_{\mathrm{o}} t + \frac{2}{3}\pi - \varphi_{\mathrm{o}}\right) \end{bmatrix} \tag{5-99}$$

式中，$\boldsymbol{\sigma}^{\mathrm{T}}=\begin{bmatrix} \sigma_{11} & \sigma_{21} & \sigma_{31} \\ \sigma_{12} & \sigma_{22} & \sigma_{32} \\ \sigma_{13} & \sigma_{23} & \sigma_{33} \end{bmatrix}$。

要使矩阵式变换电路能够很好地工作，必须求取调制矩阵 $\boldsymbol{\sigma}$，并实现无电源短路和负载无断路控制方式。

矩阵式变换电路的主要优点：

（1）没有中间直流储能元件。

（2）采用双向开关，功率可以双向流动。

（3）输入电流和输出电压均为正弦波形；且输出电压幅值、相位和频率可以独立调节，可以单位功率因数运行。

矩阵式变换电路主要缺点：

（1）输入、输出最大电压比只有 0.866。

（2）开关元件多（18 个），开关损耗大。

(3) 电路结构较复杂,控制复杂。

随着电力电子器件制造技术飞速进步和计算机技术的更新换代,矩阵式变换电路将有很好的发展前景。

习　题

5-1　一调光台灯由单相交流调压电路供电,设该台灯可看成电阻负载,在 $\alpha=0$ 时输出功率为最大值,试求功率为最大输出功率的 80%、50%时的开通角 α。

5-2　一单相交流调压器中,电源为工频 220 V,以阻感串联作为负载,其中 $R=0.5\ \Omega$,$L=2\ \text{mH}$。试求:

(1) 开通角 α 的变化范围。

(2) 负载电流的最大有效值。

(3) 最大输出功率及此时电源侧的功率因数。

(4) 当 $\alpha=\pi/2$ 时,晶闸管电流有效值、晶闸管导通角和电源侧功率因数。

5-3　交流调压电路和交流调功电路有什么区别?二者各运用于什么样的负载?为什么?

5-4　单相交交变频电路和直流电动机传动用的反并联可控整流电路有什么不同?

5-5　交交变频电路的最高输出频率是多少?制约输出频率提高的因素是什么?

5-6　交交变频电路的主要特点和不足之处是什么?其主要用途是什么?

5-7　三相交交变频电路有哪两种接线方式?它们有什么区别?

5-8　在三相交交变频电路中,采用梯形波输出控制的好处是什么?为什么?

第6章 直流-直流变换电路

直流-直流(DC-DC)变换电路是指能将一定幅值的直流输入电压(或电流)变换成另一幅值的直流输出电压(或电流)的电力电子电路,主要应用于直流电压变换(升压、降压、升降压等)、开关稳压电源、直流电动机驱动等场合。显然,当DC-DC变换电路输入为电压源,并完成电压→电压变换时,称为DC-DC电压变换电路;而当DC-DC变换电路输入为电流源,并完成电流→电流变换时,则称为DC-DC电流变换电路。习惯上所称的DC-DC变换电路常指DC-DC电压变换电路。按其变换功能和电路拓扑结构可将DC-DC变换电路分为以下几种基本类型:

(1) Buck电路:降压变换电路,其输出平均电压小于输入电压,极性相同。

(2) Boost电路:升压变换电路,其输出平均电压大于输入电压,极性相同。

(3) Buck-Boost电路:降压或升压变换电路,其输出平均电压大于或小于输入电压,极性相反,电感传输。

(4) Cuk电路:降压或升压变换电路,其输出平均电压大于或小于输入电压,极性相反,电容传输。

本章除了介绍以上四种基本DC-DC变换电路外,还介绍复合斩波电路和多相多重斩波电路以及带隔离变压器的DC-DC变换电路。

6.1 DC-DC变换技术基础

6.1.1 直流斩波的基本原理

工程上,一般将以开关管按一定控制规律调制且无变压器隔离的DC-DC变换器或输入输出频率相同的AC-AC变换器统称为斩波器(Chopper)。当完成AC-AC变换时,称为交流斩波器(AC Chopper);而当完成DC-DC变换时,称为直流斩波器(DC Chopper)。另外,称这种开关管按一定调制规律通断的控制为斩波控制。斩波控制方式,也是本章讨论所涉及的主要开关控制方式。

基本的DC-DC变换电路如图6-1(a)所示,V为全控型功率开关管,R为电阻负载。当V在t_{on}时间开通时,电流i_d流经负载电阻R,其两端电压为u_o;V在t_{off}时间关断时,R中的电流i_o为零,电压u_o也变为零。直流变换电路的负载电压、电流波形如图6-1(b)所示。

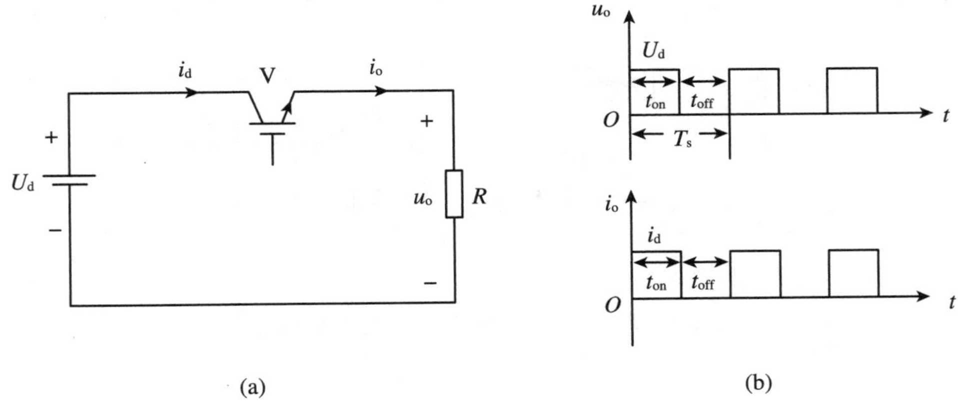

图 6-1　基本 DC-DC 变换电路及负载电压、电流波形

定义占空比 D 为

$$D = \frac{t_{on}}{t_{on} + t_{off}} = \frac{t_{on}}{T_s} \tag{6-1}$$

式中，T_s为功率开关管 V 的工作周期(通断周期或开关周期)，t_{on}为开关管 V 的导通时间。

由图 6-1(b)的波形可知，输出电压的平均值为

$$U_o = \frac{1}{T_s}\int_0^{T_s} U_d \mathrm{d}t = \frac{1}{T_s}\left[\int_0^{t_{on}} U_d \mathrm{d}t + \int_{t_{on}}^{t_{off}} 0 \mathrm{d}t\right] = \frac{t_{on}}{T_s} U_d = DU_d \tag{6-2}$$

可见，开关管控制信号的电平与输出电压的电平具有对应关系，即可通过控制开关管的导通与关断来控制输出电压。

由式(6-2)可知，改变占空比 D 的大小，就可改变输出电压平均值的大小。

由式(6-1)可知，改变占空比 D 有以下三种基本方法：

(1) 维持 t_{on}不变，改变 T_s。改变 T_s就改变开关管通断周期(或频率)，这种方式就是脉冲频率调制(PFM)的基本思想。

(2) 维持 T_s不变，改变 t_{on}。这种方式开关管通断周期(或频率)不变，仅改变脉冲宽度(开关管开通时间)。这种方式是脉冲宽度调制(PWM)的基本思想。

(3) 同时改变 t_{on}、T_s，这种方式就称为混合脉冲宽度调制。

由于 PWM 方式中，输出电压波形的周期 T_s是不变的，因此输出谐波的频率也不变，这使得滤波器的设计变得较为容易，因此方法(2)在电力电子变换技术中应用广泛。

6.1.2　直流 PWM 波形的生成方法

生成 PWM 波形有多种方法，常用的有软件法、调制法等。软件法是在每个时间段，利用计算机技术直接计算出当前所需要的脉冲宽度，据此对功率器件进行开关控制，进而获得 PWM 波形。调制法是利用高频载波信号与期望信号相比较来确定各脉冲宽度信息进而生成 PWM 波形。图 6-2 显示了用调制法生成 PWM 波形的系统框图及其输出的 PWM 波形。

在图 6-2 中，u_R^* 为期望电压或与期望电压成比例的占空比信号，u_c 为高频载波信号，$\Delta u = u_R^* - u_c$，当 $\Delta u > 0$ 时，比较器输出 u_g 为高电平，反之输出 u_g 为低电平。PWM 信号 u_g 用来控制功率开关管的通断。

在采用闭环控制的直流变换电路中,期望电压信号 u_R^* 通常由闭环控制器输出。

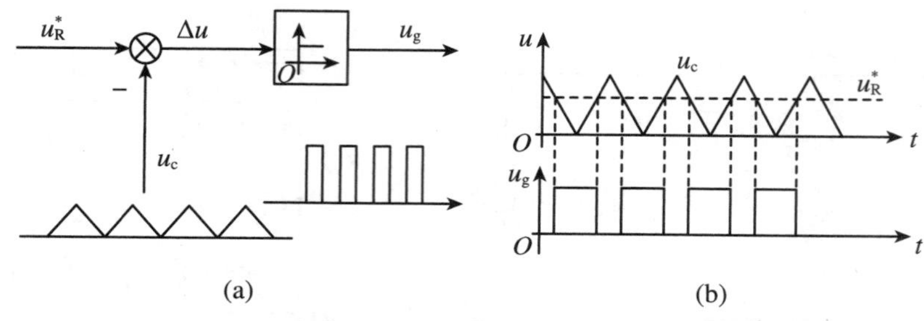

图 6-2　调制法的系统框图及其输出 PWM 波形

(a) 系统框图;(b) PWM 波形

6.2　基本斩波电路

6.2.1　降压斩波电路

降压斩波电路(Buck Chopper)输出电压的平均值低于输入直流电压,又称 Buck 型变换电路。图 6-1(a)所示的电压变换电路实现了降压型 DC-DC 变换器(Buck 电压变换器)的基本变换功能。但这种基本的电压变换电路的输出电压是脉动的,不能实际应用,因此需进行改进。

为抑制输出电压脉动,可在图 6-1(a)所示的基本原理电路中加入输出滤波元件(电容 C),如图 6-3 所示。然而,输出滤波元件的加入必然使变换电路中开关管 V 的电流应力增加,例如,由于输入电压和输出电压存在电压差,因此当如图 6-3 所示电路中的开关管 V 导通时,会造成输入输出短路,以至于开关管 V 流入很大的短路电流而烧坏。

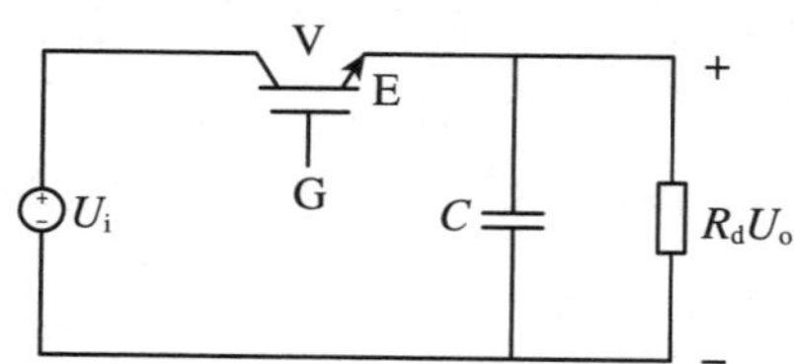

图 6-3　加入输出滤波电容的 Buck 型电压变换电路

为了限制开关管的电流应力,可以考虑在电路中加入适当的缓冲环节。在图 6-4 所示的 Buck 型 DC-DC 电压变换电路中,为了限制开关管 V 导通时的电流应力,将缓冲电感 L 串入开关管 V 的支路中,抑制了大电流的出现。同时为了避免开关管 V 关断时缓冲电感 L 中电流的突变(减少电压应力),在开关管和电感之间加入续流二极管 VD,如图 6-5 所示。一般将上述所加入的缓冲电感和续流二极管组成的电路称为缓冲电路或缓冲单元。

以上分析表明,DC-DC 变换电路中的储能元件(电容、电感)有滤波与能量缓冲两种基

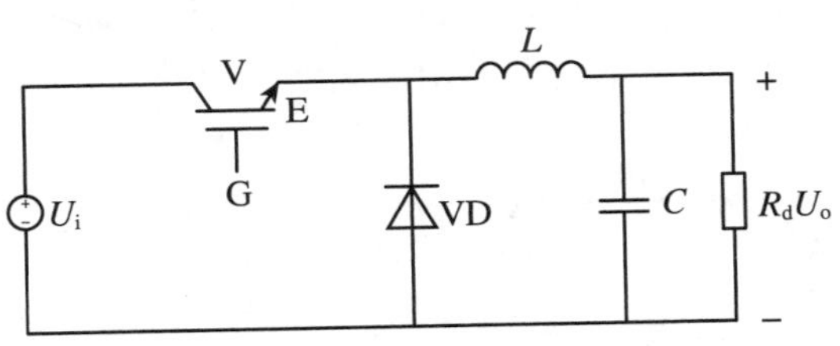

图 6-4　完善的 Buck 型电压变换电路

本功能。一般而言，滤波元件常设置在变换电路的输入端或输出端，而能量缓冲元件常设置在变换电路的中间。例如，针对图 6-4 所示的 DC-DC 电压变换电路，由于输入为电压源，因此电路输入侧不需要滤波电容，但电路的输出侧则需要滤波电容 C，电路中间的电感 L 就是起能量缓冲作用。显然，图 6-4 所构建的电路就是结构较为完善的 Buck 型电压变换电路（或称为 Buck 型电压斩波器）。同理分析并依据电路的对偶特性，可以得出完善的 Buck 型电流变换电路（或称为 Buck 型电流斩波器）。

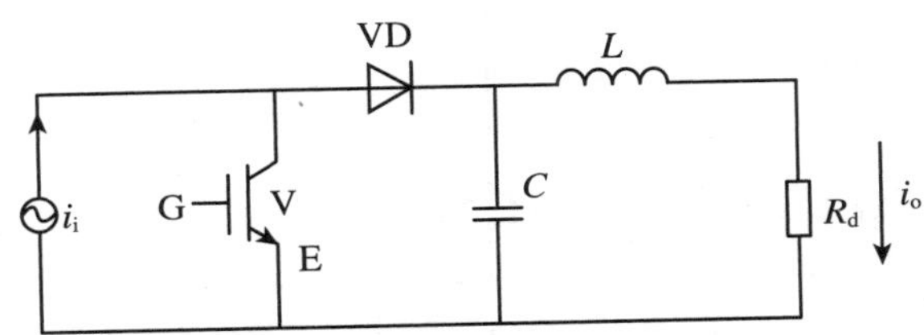

图 6-5　完善的 Buck 型电流变换电路

带直流电动机负载的降压斩波电路如图 6-6 所示。该电路使用一个全控型功率器件 V（图中为 IGBT），VD 为续流功率二极管，负载为直流电动机 M，也可带蓄电池负载。两种情况下负载中均会出现反电势 E_M，若负载中无反电势时，只需令 $E_M = 0$，以下的分析及表达式均适用。

为了获得各类基本斩波变换器的基本工作特性而又能简化分析，假定变换电路是理想的，理想条件是：① 开关管 V 和二极管 VD 从导通变为阻断，或从阻断变为导通的过渡时间均为零；② 开关器件的通态电阻为零，电压降为零，断态电阻为无限大，漏电流为零；③ 电路中的电感和电容均为无损耗的理想储能元件；④ 线路阻抗为零，电源输出到变换器的功率等于变换器的输出功率。图 6-6(a)中 V 的栅射电压 u_{GE}波形已知。

(1) t_{on}时段：V 导通，VD 反压截止。$i_V = i_o = i_L = i_1$，且按线性从 I_{o1} 升到 I_{o2}，如图 6-6(c)和(d)所示。$i_{VD} = 0$，L 储能，$u_o = U_d$。

依基尔霍夫电压定律可列出如下方程：

$$L\frac{di_1}{dt} + i_1 R + E_M = U_d \tag{6-3}$$

电源 U_d 向负载供电。

(2) t_{off}时段：V 关断，VD 续流导通。$u_o \approx 0$，$i_V = 0$，$i_{VD} = i_o = i_L = i_2$，且按线性从 I_{o2} 衰减到 I_{o1}，如图 6-6(c)和(e)所示。L 放能。

同样可列出如下方程：

$$L\frac{di_2}{dt} + i_2 R + E_M = 0 \tag{6-4}$$

(3) 上述一个周期时间 $T_s = t_{on} + t_{off}$,结束以后重复上一周期过程。当电路工作于稳态时,负载电流 i_o、电感电流 i_L 在一个周期的初值和终值相等,如图 6-6(c)所示。

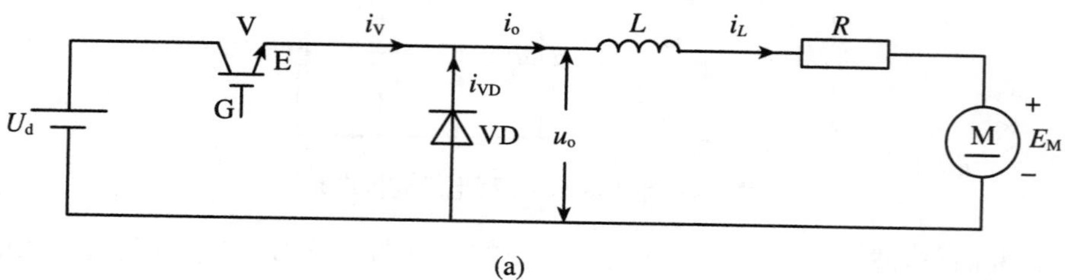

(a)

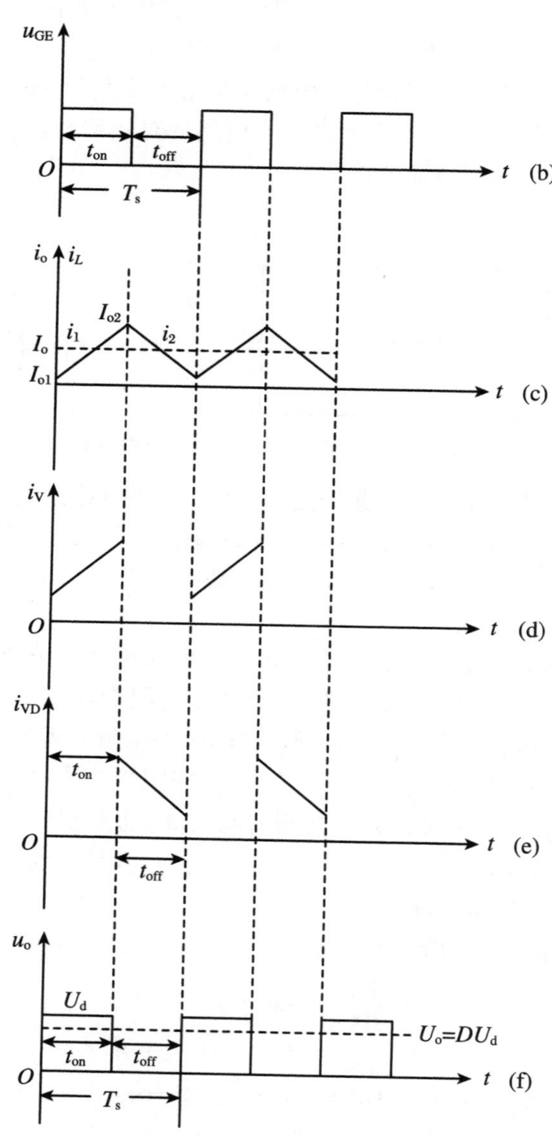

图 6-6 降压斩波电路及其稳态周期波形

负载电压平均值为

$$U_o = DU_d = \frac{t_{on}}{T_s} \cdot U_d = \frac{t_{on}}{t_{on} + t_{off}} \cdot U_d^* \tag{6-5}$$

式中，D 为占空比，$D = \frac{t_{on}}{t_{on} + t_{off}}$；$U_d$ 为输入直流电压。

因为 D 是在 0～1 范围变化的，所以输出电压平均值 U_o 总是小于输入直流电压 U_d，故称降压斩波电路。改变 D 值就可以改变输出电压 U_o 的大小。

负载电流平均值为

$$I_o = \frac{DU_d - E_M}{R} = \frac{I_{o1} + I_{o2}}{2} \tag{6-6}$$

电感中电流 i_L 从 I_{o1} 变化到 I_{o2} 及反之。i_L 在一个周期内的平均值与负载电流平均值相等(因 $i_o = i_L$，如图 6-6(c)所示)。

降压斩波电路有两种稳态可能的运行情况：电感电流连续和电感电流断续。电感电流连续是指电感电流在整个开关周期 T_s 内都存在，如图 6-6(c)所示；电感电流断续是指在开关管 V 断开的 t_{off} 时段内，电感电流降为零，如图 6-7 所示。

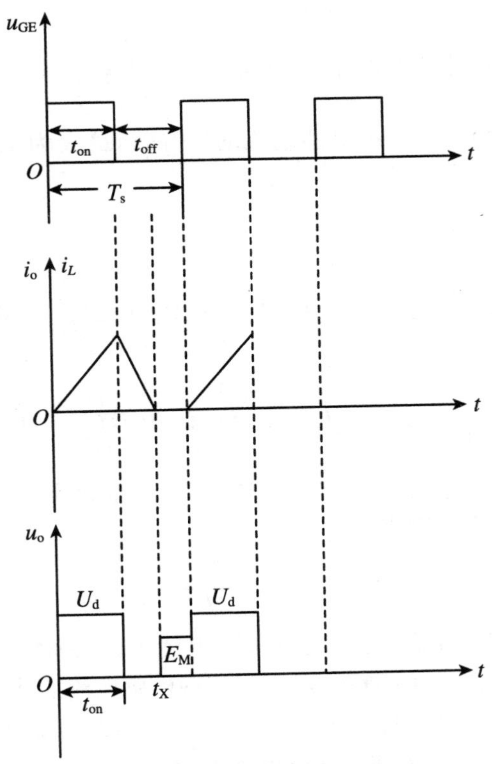

图 6-7　电流断续的波形(稳态周期)

下面进一步分析电感电流连续时降压斩波电路的主要数量关系。

(1)在 t_{on} 时段：V 导通，电感上的电压为

$$u_L = L\frac{\mathrm{d}i_L}{\mathrm{d}t} \tag{6-7}$$

且 i_L 电流从 I_{o1} 线性增长到 I_{o2}，故可将式(6-3)及式(6-7)改写为

$$U_d - E_M - I_o R = L\frac{I_{o2} - I_{o1}}{t_{on}} = L\frac{\Delta I_L}{t_{on}}$$

$$t_{on} = \frac{\Delta I_L L}{U_d - E_M - I_o R} \tag{6-8}$$

式中，$\Delta I_L = I_{o2} - I_{o1}$。

(2) 在 t_{off}时段：V 关断，VD 导通续流。电感中的电流 i_L 从 I_{o2}线性减小到 I_{o1}，则有

$$0 - E - I_o R = L \cdot \frac{\Delta I_L}{t_{off}}$$

$$t_{off} = \frac{\Delta I_L L}{-E - I_o R} = -\frac{\Delta I_L L}{E + I_o R} \tag{6-9}$$

由式(6-8)、式(6-9)可求出开关周期为

$$T_s = \frac{1}{f_s} = t_{on} + t_{off} = \frac{\Delta I_L L U_d}{U'_o(U_d - U'_o)} \tag{6-10}$$

令 $U'_o = E_M + I_o R$，由式(6-10)可求出

$$\Delta I_L = \frac{U'_o(U_d - U'_o)}{f_s L U_d} = \frac{U_d D(1-D)}{f_s L} \tag{6-11}$$

因为电感 L 上的一个周期的平均电压 $U_{dL} = 0$，所以有 $U'_o = U_o = DU_d$。从而得 $D = \frac{U_o}{U_d} = \frac{t_{on}}{T_s} = t_{on} f_s$。式(6-11)中 ΔI_L 为流过电感电流的峰峰值，最大为 I_{o2}，最小为 I_{o1}。其平均值 $\frac{I_{o2} + I_{o1}}{2}$等于负载电流值 I_o。

因为

$$I_o = \frac{I_{o2} + I_{o1}}{2} = \frac{I_{o1} + \Delta I_L + I_{o1}}{2} = I_{o1} + \frac{\Delta I_L}{2}$$

所以有

$$I_{o1} = I_o - \frac{\Delta I_L}{2} = I_o - \frac{U_d T_s D(1-D)}{2L} \tag{6-12}$$

当电感电流处于临界状态时，应有 $I_{o1} = 0$(图 6-7)，将此代入式(6-12)可求出电感电流连续与断续的临界负载电流平均值 I_{oK}为

$$I_{oK} = \frac{U_d T_s D(1-D)}{2L} \tag{6-13}$$

显然，临界负载电流 I_{oK}与输入直流电压 U_d、电感 L、开关频率 f_s 以及开关管 V 的占空比 D 都有关。f_s 愈高，L 愈大，I_{oK}越小，越容易突现电感电流的连续工作。

当实际负载电流 $I_o > I_{oK}$时，电感电流连续；当实际负载电流 $I_o = I_{oK}$时，电感电流处于临界点上；当实际负载电流 $I_o < I_{oK}$时，电感电流断续。

由式(6-6)可得

$$I_o = \frac{DU_d - E_M}{R} \tag{6-14}$$

6.2.2 升压斩波电路

直流输出电压的平均值高于输入直流电压的斩波电路称为升压斩波电路，又称为 Boost 电路。若考虑到变换器是由理想元器件构成的，忽略电路及元件的损耗，输入、输出能量相

等，Buck 型电压变换器在完成降压变换的同时也实现了升流变换，同理 Buck 型电流变换器在完成降流变换的同时也实现了升压变换。可见，Boost 型电压变换和 Buck 型电流变换存在功能上的对偶性，同理 Boost 型电流变换和 Buck 型电压变换也存在功能上的对偶性，可以由此导出 Boost 型电流变换和 Boost 型电压变换电路。

依据对偶特性，将 Buck 型电流变换电路中的输入电流源转化为电压源。当假设变换电路中开关管的开关频率(单位时间内开关管的通断次数)足够高时，图 6-5 所示的 Buck 型电流变换电路中的输入电流源支路可以用串联电感的电压源支路取代，变换电路的基本性能不变。若令变换电路中的开关管、二极管、电容、电感均为理想无损元件时，则图 6-5 所示电路的输入功率应等于其输出功率，且输出电压高于输入电压，实现了 Boost 型电压变换电路，或简称为 Boost 型电压斩波器。另外，考虑到图 6-5 所示电路中滤波电容 C 的稳压作用以及该电路的电压→电压变换功能，因此，输出滤波电感 L 是冗余元件，可以省略。结构简化后的 Boost 型电压变换电路如图 6-8 所示。

同理，针对图 6-4 所示的 Buck 型电压变换电路，为了将其转化为 Boost 型电流变换电路，首先可以将 Buck 型电压变换电路中的输入电压源转化为电流源。当变换电路中开关管的开关频率足够高时，图 6-4 所示的 Buck 型电压变换电路中的输入电压源支路可以用并联电容的电流源支路取代，此时变换电路的基本性能不变。若令变换电路中的开关管、二极管、电容、电感均为理想无损元件时，则图 6-4 所示电路的输入功率等于输出功率，且输出电流高于输出电流。实现了 Boost 型电流变换电路，或简称为 Boost 型电流斩波器。另外，考虑到图 6-4 所示电路中滤波电感 L 的稳流作用以及该电路的电流→电流变换功能，因此，输出滤波电容 C 是冗余元件，可以省略。结构简化后的 Boost 型电流变换电路如图 6-9 所示。

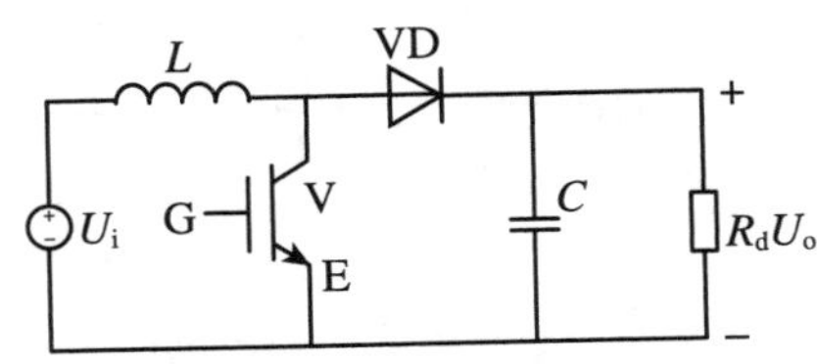

图 6-8　完善的 Boost 型电压变换电路

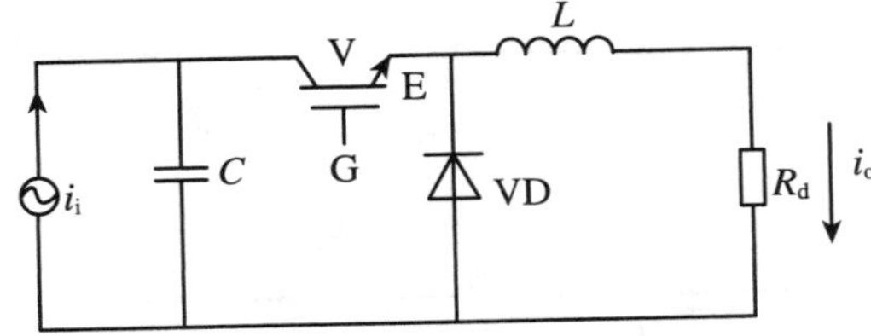

图 6-9　完善的 Boost 型电流换电路

带电阻负载的 Boost 型电压换电路如图 6-10 所示，图中 V 是全控型开关管 IGBT，VD 是快恢复功率二极管。

(1) t_{on}时段：开关管 V 导通，电源 U_d 向电感 L 储能，电流 i_L 从稳态周期 T_s的初始值 I_{o1}线性增至 I_{o2}。同时电容 C 向负载R 放电，电压 $u_o(u_C)$衰减，二极管 VD 受反压截止。等效电路如图 6-10(b)所示，其波形如图 6-10(d) t_{on}段。

(2) t_{off}时段：当 V 关断，二极管 VD 导通，电感电流 i_L 方向不变，自感电感 u_L 极性改变，如图 6-10(c)所示。因此，负载上得到的电压 $u_o(u_C)$是电源电压U_d 和电感电压 u_L 两个电压的叠加，其值比电源电压高，故称升压斩波电路。在此过程中，电感 L 储存的能量全部释放给负载和电容C，故 i_L 衰减从I_{o2}线性降至 I_{o1}，u_o 增大，电容 C 充电$u_C(u_o)$升高。如图 6-10(d) t_{off}时段。

进一步分析该电路的主要数量关系。

(1) 在 t_{on}时段：V 导通，由图 6-10(b)图可知

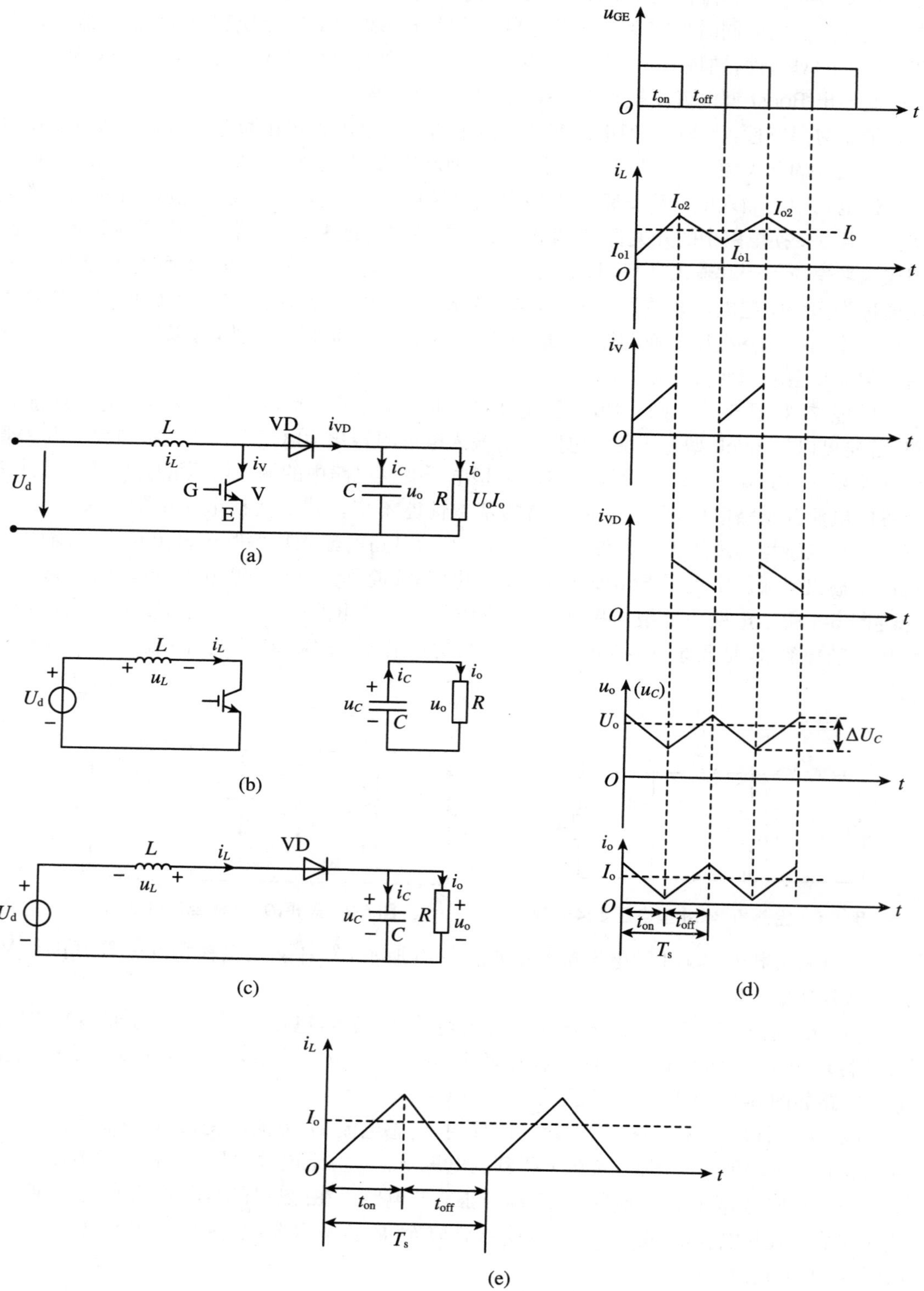

图 6-10 升压斩波电路及其稳态周期波形

$$U_d = L \cdot \frac{I_{o2} - I_{o1}}{t_{on}} = L \cdot \frac{\Delta I_L}{t_{on}}$$

$$t_{on} = L \cdot \frac{\Delta I_L}{U_d} \tag{6-15}$$

(2) 在 t_{off}时段：VD 导通，由图 6-10(c)可知

$$U_o - U_d = L \cdot \frac{\Delta I_L}{t_{off}}$$

$$t_{off} = \frac{L}{U_o - U_d} \Delta I_L \tag{6-16}$$

式中，U_o 为直流输出的平均电压。

由式(6-15)和式(6-16)，则有

$$\frac{U_d t_{on}}{L} = \frac{U_o - U_d}{L} t_{off}$$

所以可求出输出直流电压为

$$U_o = \frac{t_{on} + t_{off}}{t_{off}} U_d = \frac{U_d}{1 - D} \tag{6-17}$$

式中，占空比 $D = \frac{t_{on}}{T_s}$。

式(6-17)表明升压斩波电路是一个升压变换电路。当 D 从零趋近于 1 时，U_o 从 U_d 变到大于 U_d。开关周期 $T_s = t_{on} + t_{off}$，则

$$T_s = t_{on} + t_{off} = \frac{LU_o}{U_d(U_o - U_d)} \cdot \Delta I_L$$

$$\Delta I_L = \frac{U_d(U_o - U_d)}{f_s L U_o} = \frac{T_s U_d}{L} \cdot D \tag{6-18}$$

该式中，$\Delta I_L = I_{o2} - I_{o1}$ 为电感电流的峰峰值，输出电流平均值为 $I_o = \frac{I_{o2} + I_{o1}}{2}$，如图 6-10(d)所示。将式(6-18)代入此式得

$$I_{o1} = I_o - \frac{T_s U_d D}{2L}$$

当电流处于临界连续状态时，$I_{o1} = 0$，可求出电感电流临界连续时的负载电流平均值 I_{oK} 为

$$I_{oK} = \frac{T_s D}{2L} U_d \tag{6-19}$$

由式(6-19)可见，临界负载电流 I_{oK} 与输入电压 U_d、电感 L、开关频率 $f_s = \frac{1}{T_s}$ 及占空比 D 都有关。f_s 越高，L 越大，I_{oK} 越小，越易实现电感电流(负载电流)的连续工作。

当实际负载电流 $I_o > I_{oK}$ 时，电感电流连续；当实际负载电流 $I_o = I_{oK}$ 时，电感电流处于临界连续状态；当实际负载电流 $I_o < I_{oK}$ 时，电感电流断续。

由式(6-15)及 $I_o = \frac{U_o}{R}$ 可得

$$I_o = \frac{U_d}{R(1 - D)} \tag{6-20}$$

电感电流断续时的波形如图 6-10(e)所示。

图 6-10(d)中 u_o 的纹波为三角波，假设二极管电流 i_{VD} 中所有的纹波分量都流过电容

C,其平均电流 I_o 流过负载电阻 R,则一个周期 T_s 内电容 C 中的电荷泄放量,能反映电容电压 u_C 的峰峰的脉动量。即

$$\Delta U_o = \Delta U_C = \frac{1}{C}\int_0^{t_{on}} i_C \cdot dt = \frac{1}{C}\int_0^{t_{on}} i_o dt = \frac{I_o t_{on}}{C} = \frac{I_o}{C}D \cdot T_s = \frac{U_o}{R} \cdot \frac{DT_s}{C} = \frac{U_o D}{CRf_s} \tag{6-21}$$

式(6-21)表明,在 I_o、D、f_s 均为某一常数时,改变电容 C 的容量将直接影响 Boost 电路输出电压的脉动幅度即输出纹波的大小。

6.2.3 升降压斩波电路

升降压斩波电路又称为 Buck-Boost 电路,其输出电压平均值可以大于或小于输入直流电压,输出电压与输入电压极性相反。升降压斩波电路如图 6-11(a)所示。V 为全控型开关管 IGBT,VD 为续流快恢复功率二极管,L、C 分别为滤波电感和电容,R 为负载。

当电感电流连续时,电路的工作波形如图 6-11(d)所示。

(1) t_{on}时段:开关管 V 导通,二极管 VD 受反偏而截止,滤波电容 C 向负载提供能量,等效电路如图 6-11(b)所示。

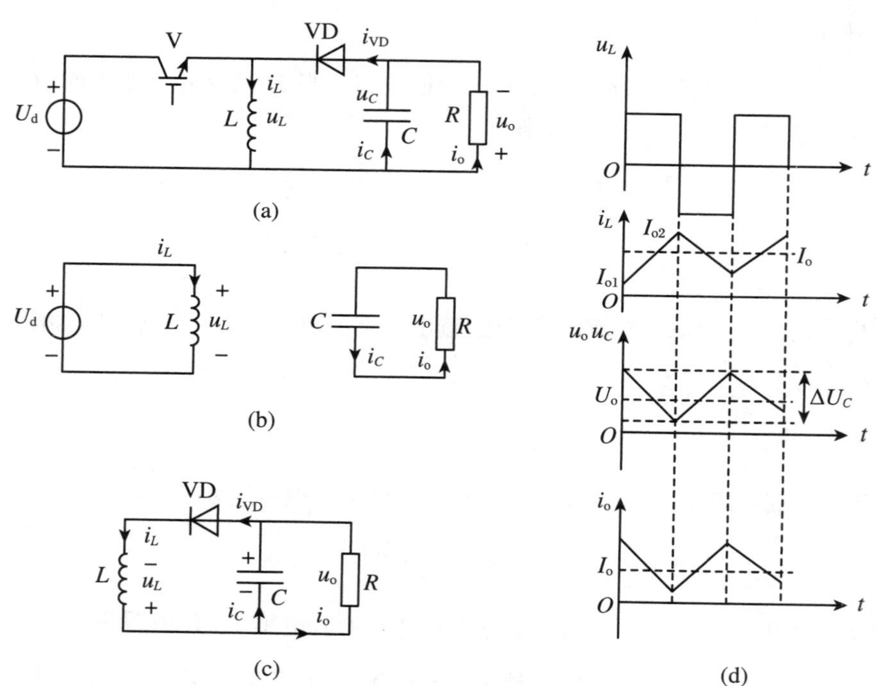

图 6-11　升降压斩波电路及其波形

在此过程中,流入电感电流 i_L 从 I_{o1}线性增大到 I_{o2},则有

$$U_d = L \cdot \frac{I_{o2} - I_{o1}}{t_{on}} = L \cdot \frac{\Delta I_L}{t_{on}}$$

$$t_{on} = L \cdot \frac{\Delta I_L}{U_d}$$

(2) t_{off}时段:开关管 V 关断,由于电感中电流不能突变,电感本身产生上负下正的感应电动势,当感应电动势大小超过输出电压 U_o时,二极管 VD 开通,电感向电容和电阻反向放

电，使输出电压的极性与输入电压相反，等效电路如图 6-11(c)所示。在此时段，电感中的电流 i_L 从 I_{o2}线性下降到 I_{o1}，则

$$U_o = -L \cdot \frac{\Delta I_L}{t_{off}}$$

$$t_{off} = -L \cdot \frac{\Delta I_L}{U_o}$$

又依 ΔI_L 变化量相等，则有

$$\frac{U_d}{L} t_{on} = -\frac{U_o}{L} t_{off}$$

将 $t_{on} = DT_s$ 代入该式，可求出输出电压的平均值为

$$U_o = -\frac{D}{1-D} U_d \tag{6-22}$$

式中，负号表示输出电压与输入电压反相。当 $D=\frac{1}{2}$时，$U_o = U_d$；当 $0.5 < D < 1$ 时，$U_o > U_d$，为升压变换；当 $0 \leqslant D < 0.5$ 时，$U_o < U_d$，为降压变换。

又因

$$T_s = t_{on} + t_{off} = L \cdot \frac{\Delta I_L}{U_d} - L \frac{\Delta I_L}{U_o} = \frac{L(U_o - U_d)}{U_d U_o} \Delta I_L$$

可求出

$$\Delta I_L = \frac{U_o U_d}{f_s L(U_o - U_d)} = \frac{U_d}{f_s L} \cdot D$$

式中，$f_s = \frac{1}{T_s}$为开关频率。

在电感电流临界连续的情况下，$I_{o1} = 0$，可得

$$I_{o2} = \Delta I_L = \frac{U_d}{f_s L} \cdot D = \frac{U_o(1-D)T_s}{L}$$

理想情况下，可以认为在 V 关断时，原先储存在 L 中的磁能全部送给 R，即

$$\frac{1}{2} L I_{o2}^2 f_s = I_{oK} U_o$$

则有电感电流临界连续时的负载电流平均值 I_{oK}为

$$I_{oK} = \frac{D(1-D)}{2 f_s L} U_d$$

显然，临界负载电流 I_{oK}与输入电压 U_d、电感 L、开关频率 f_s 以及开关管 V 的占空比 D 都有关。f_s 越高，L 越大，I_{oK}越小，越容易实现电感电流的连续工作。

当实际负载电流 $I_o > I_{oK}$时，电感电流连续；当实际负载电流 $I_o = I_{oK}$时，电感电流处于临界连续；当实际负载电流 $I_o < I_{oK}$时，电感电流断续。

同样，由式(6-20)及 $I_o = \frac{U_o}{R}$，可得

$$I_o = \frac{DU_d}{R(1-D)} \tag{6-23}$$

升降压斩波电路中，C 的充、放电情况与升压斩波电路相同，在 t_{on}时段内，C 以负载电流 I_o 放电。稳态工作时 C 的充电量等于放电量，电容上的峰峰电压为

$$\Delta U_o = \Delta U_C = \frac{1}{C}\int_0^{t_{on}} i_C \mathrm{d}t = \frac{1}{C}\int_0^{t_{on}} I_o \cdot \mathrm{d}t = \frac{I_o}{C} \cdot t_{on} = \frac{I_o D}{f_s C}$$

升降压斩波电路的输出电压随占空比 D 的变化而变化，既可升压又可降压，这是优点，但由于输入、输出电流均为脉动电流，为了平滑就需在输出端增加滤波装置，所以电路结构变得复杂，对提高系统的可靠性不利。

6.2.4 Cuk 变换电路

升降压直流变换电路也称 Cuk 变换电路，如图 6-12(a)所示。图中 L_1 和 L_2 为储能电感，VD 为快恢复续流二极管，C_1 为耦合电容，其作用为储能和由输入向输出传送能量，C_2 为滤波电容。这种电路的特点是，输出电压极性与输入电压相反，输入、输出端电流纹波小，输出直流电压平稳，降低了对外部滤波器的要求。在理想条件下电路的工作波形如图 6-12(d)所示。

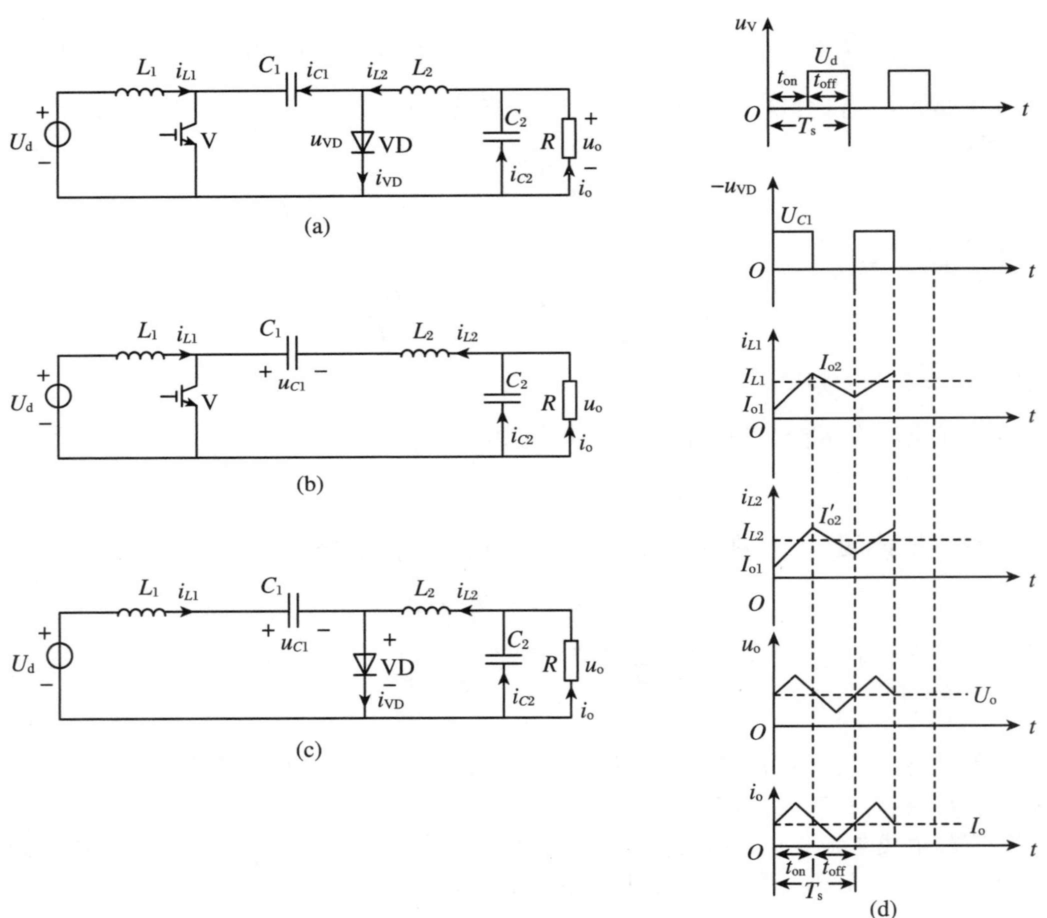

图 6-12　升降压直流变换电路及其波形

(1) 在 t_{on}时段：V 导通，$u_V = 0$，由于 C_1 上的电压 U_{C1}使 VD 受反偏而截止，输入直流电压 U_d 向 L_1 输送能量，L_1 中的电流 i_{L1}从 I_{o1}线性增大至 I_{o2}。与此同时，原来储存在 C_1 中的能量通过 V 向负载和 C_2、L_2 释放，负载获得反极性电压。在此时段，流过 V 的电流为 $(i_{L1} + i_{L2})$，等效电路如图 6-12(b)所示，其波形如图 6-12(d) t_{on}时段。

(2) 在 t_{off}时段：V 关断，$u_V = U_d$。L_1 中的感应电动势 u_{L1}改变极性，使 VD 受正偏而

导通，$u_{VD}=0$。L_1 中的电流 i_{L1} 经过 C_1 和 VD 续流，电源 U_d 与 L_1 的感应电动势 u_{L1} 串联相加，对 C_1 充电储能并经 VD 续流。与此同时，i_{L2} 也经过 VD 续流，L_2 的磁能转化为电能向负载释放能量，等效电路如图 6-12(c)所示，其波形如图 6-12(d) t_{off} 时段。

在整个周期 $T_s=t_{on}+t_{off}$ 中，C_1 从输入端向输出端传递能量，只要 L_1、L_2 和 C_1 足够大，就可保证输入、输出电流平稳，C_1 上的电压基本不变，而 L_1 和 L_2 上的电压在一个周期内的积分都为零，对于 L_1 有

$$\int_0^{t_{on}} u_{L1}\mathrm{d}t + \int_{t_{on}}^{T_s} u_{L1}\mathrm{d}t = \int_0^{t_{on}} U_d\mathrm{d}t + \int_{t_{on}}^{T_s} (U_d - U_{C1})\mathrm{d}t = 0$$

则有

$$U_d DT_s + (U_d - U_{C1})(1-D)T_s = 0$$

$$U_{C1} = \frac{1}{1-D}U_d \tag{6-24}$$

对于 L_2 同样有

$$\int_0^{t_{on}} u_{L2}\mathrm{d}t + \int_{t_{on}}^{T_s} u_{L2}\mathrm{d}t = \int_0^{t_{on}} (U_{C1} - U_o)\mathrm{d}t + \int_{t_{on}}^{T_s} (-U_o)\mathrm{d}t = 0$$

则有

$$(U_{C1} - U_o)DT_s + (-U_o)(1-D)T_s = 0$$

$$U_{C1} = \frac{1}{D}U_o \tag{6-25}$$

由式(6-24)、式(6-25)可得

$$U_o = -\frac{D}{1-D}U_d \tag{6-26}$$

式中，负号表示输出电压与输入电压反相；当 $D=0.5$ 时，$U_o=U_d$；当 $0.5<D<1$ 时，$U_o>U_d$，电路为升压变换；当 $0\leqslant D<0.5$ 时，$U_o<U_d$，电路为降压变换。

式(6-26)中，Cuk 变换电路的输出、输入关系式与升降压变换电路的完全相同，但本质上却有区别。升降压变换电路是在 V 关断期间 L 给滤波电容 C 补充能量，输出电流脉动很大；而 Cuk 变换电路中，只要 C_1 足够大，输入、输出电流都是连续平滑的，有效地降低了纹波，即降低了对滤波电路的要求。因此，Cuk 变换电路是较为理想的同时实现升压与降压的直流-直流变换电路。

6.3　复合斩波电路

在直流电动机的斩波控制中，常要使电动机正转和反转，电动运行和发电制动运行。前面介绍的降压斩波电路是在第一象限工作，升压斩波电路则在第二象限工作。在从电动向发电制动转换时，需要改变电路的连接方式，但要求快速响应时，必然只能用门极信号来平稳过渡，使电压和电流都是可逆的。

复合斩波电路就是由基本的降压和升压斩波电路组合而成的两象限工作的电流可逆斩波电路，或四象限工作的桥式(H 形)可逆斩波电路。

1. 电流可逆半桥式斩波电路

电流可逆斩波电路,也称半桥斩波电路。如图 6-13(a) 所示,它由降压斩波电路和升压斩波电路复合而成。

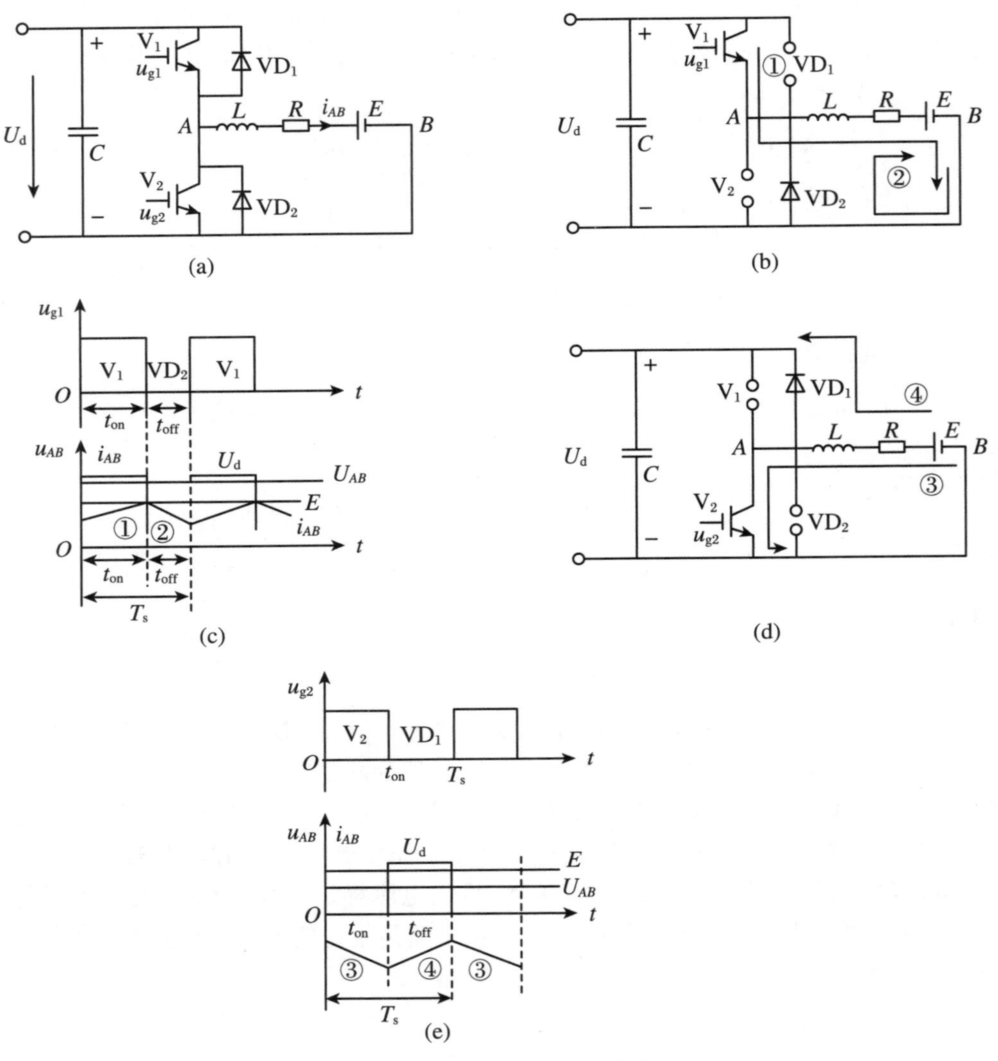

图 6-13 两象限直流斩波电路

图 6-13(a)中直流电动机的反电势 E,全控型开关管 V_1 和续流二极管 VD_2 构成降压斩波电路,由直流电源 U_d 向直流电动机供电,使直流电动机电动运行,如图 6-13(b)所示。全控型开关管 V_2 和续流二极管 VD_1 构成升压斩波电路,把直流电动机所具有的动能变成电能反送给电源 U_d,使直流电动机进行发电制动运行,如图 6-13(d)所示。因此,这种半桥电流可逆斩波电路是工作在第一、二象限的两象限斩波电路。

(1) 一象限正转电动运行。V_2 的驱动信号 $u_{g2}=0$,处于完全关断状态;而 V_1 的驱动信号 u_{g1} 如图 6-13(c)所示。使 V_1 进行周期性通断转换工作。在 t_{on} 时段 V_1 导通 $u_{AB}=U_d>E$(E 为直流电动机反电势),则 i_{AB} 从 A 点流向 B 点,如路径①所示,且 i_{AB} 上升。在 $t_{off}=(1-D)T_s$ 时段,V_1 关断,在电感 L 的自感电压作用下,经 VD_2 续流,$u_{AB}=0$,i_{AB} 下

降，如路径②所示。如图 6-13(b)所示。

在一个开关周期 T_s内，u_{AB}的平均电压为

$$U_{AB} = \frac{1}{T_s}\int_0^{t_{on}} u_{AB}\mathrm{d}t = \frac{t_{on}}{T_s}U_d = DU_d$$

i_{AB}的平均负载电流 $I_{AB} = \dfrac{U_{AB}-E}{R} > 0$，变占空比 D，就变了 U_{AB}，实现调压调速。因为 $U_{AB}>0$，$I_{AB}>0$，电动机转速 $n>0$(正转)，显然斩波电路、电动机均工作在第一象限。

综上，由全控型开关管 V_1 和续流二极管 VD_2 构成了降压斩波电路，直流电源 U_d 向直流电动机供电。

(2) 二象限正转制动运行。V_1 的 $u_{g1}=0$，处于完全关断；而 V_2 处于周期性通断转换。如图 6-13(e)所示。

当电动机需要制动时，首先降低直流平均电压 U_{AB}，使 $U_{AB}<E$，E 为直流电动机反电势(因为 U_{AB}降低瞬间，由于惯性电动机转速 n 来不及变化，所以反电势 E 也来不及变化)。

在 t_{on}时段，在 E 的作用下，V_2 导通，$u_{AB}=0$，负载电流反向即 i_{AB}从E 流向A 点经 V_2，如闭合路径③所示，$|i_{AB}|$下降。如图 6-13(d)所示。电动机进行能耗制动，工作在第二象限。

在 $t_{off}=(1-D)T_s$ 时段，V_2 关断，在反电势 E 和电感L 的自感电压共同作用下，经续流二极管 VD_1 续流，对直流电源电容 C 充电，如图 6-13(d)所示路径④。$|i_{AB}|$升高，$u_{AB}=U_d$。

在一个开关周期 T_s内，u_{AB}的平均电压U_{AB}为

$$U_{AB} = \frac{1}{T_s}\int_0^{T_s-t_{on}} u_{AB}\mathrm{d}t = \frac{1}{T_s}\int_0^{T_s-t_{on}} U_d\mathrm{d}t = (1-D)U_d$$

从而 $U_d=\dfrac{U_{AB}}{1-D}$。由此可见，电容 C 两端电压U_d 是升高的。负载电流 i_{AB}的平均电流$I_{AB}=\dfrac{U_{AB}-E}{R}<0$，$i_{AB}$反流(反方向)由 E 流向A 点，实现斩波电路第二象限工作。将电动机反电势的能量回馈于电源。电动机发电再生制动运行。电动机制动运行，由全控型开关管 V_2 和续流管 VD_1 构成升压斩波电路。

综上分析，降压(第一象限)斩波电路如图 6-13(b)、(c)所示，斩波电路输入电压为 U_d，其输出电压为 U_{AB}，而升压(第二象限)斩波电路如图 6-13(d)、(e)所示。斩波电路输入电压为 U_{AB}，其输出电压为 U_d，所以说电流可逆双象限复合斩波电路，工作在第一象限时是一个降压斩波电路，但工作在第二象限时，便成为一个升压斩波电路。

2. 全桥式可逆斩波电路

前几种斩波电路中，只有单一开关器件或一个桥臂半桥斩波电路，斩波电路输出电压的极性不能改变，输出电压的大小可通过脉宽控制，即改变占空比来改变输出电压的大小。

若斩波电路的负载是直流电动机，要求直流电动机可以正转电动、正转发电制动，又可以反转电动、反转发电制动的四个象限运行，即不仅能电流可逆，又能输出电压可逆的斩波电路。图 6-14(a)所示的全桥(也称 H 形)可逆斩波电路就能实现四个象限运行。图 6-14(a)电路由两个桥臂 4 个全控型开关管 $V_1\sim V_4$ 和反并联 4 个续流二极管 $VD_1\sim VD_4$ 构成 H 形连接方式的全桥斩波电路。图中反电势 E，可表示直流电动机负载。

如果 V_4 被置于通态，V_3 被置于断态，则 V_1、VD_1、V_2、VD_2 就构成如图 6-14(b)所示的

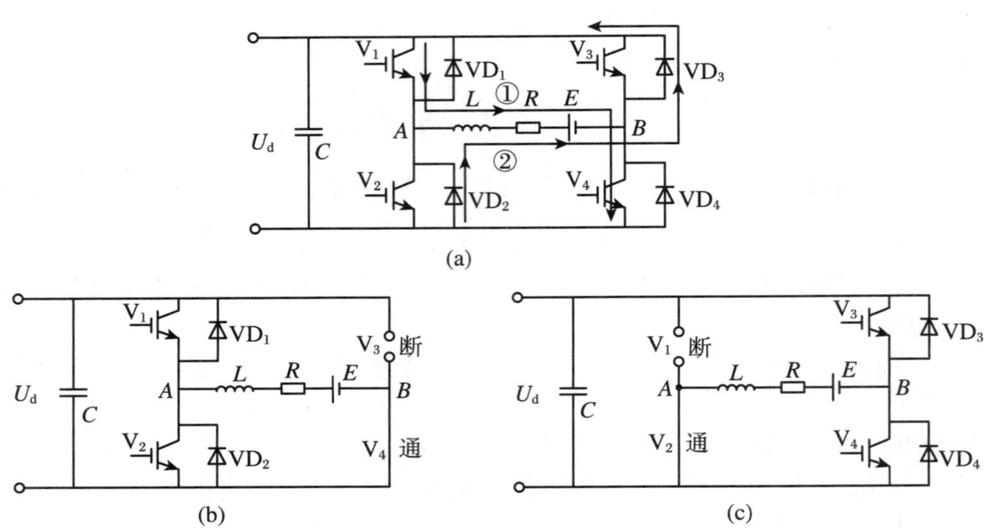

图 6-14　全桥(H 形)可逆斩波电路

(a) 全桥四象限主电路；(b) 一、二象限电路；(c) 三、四象限电路

$U_{AB}=U_A>0$，I_{AB}可正、可负，电流可逆的一、二两象限斩波电路。如果 V_2 被置于通态，V_1 被置于断态，则 V_3、VD_3、V_4、VD_4 就构成另一个两象限斩波电路，如图 6-14(c)所示。这时 E 应该反向(对应电动机反向旋转)，斩波电路成为 $U_{BA}>0$($U_{AB}<0$)，I_{AB} 可正、可负的三、四两象限斩波电路。

也就是说，四象限全桥(H 形)斩波电路如图 6-14(a)所示，可以看成由两个电流可逆斩波电路(如图 6-14(b)和(c))构成的斩波电路。进而实现电流可逆、电压可逆四象限运行的 DC-DC 变换电路。

下面以双极性和单极性 PWM 控制方式说明其工作原理。

(1) 双极性、可逆 PWM 控制方式。PWM 双极性控制方式为 V_1、V_4 同时导通或关断，V_2、V_3 同时导通或关断。也就是 IGBT 栅极电压 $u_{g1}=u_{g4}$，$u_{g2}=u_{g3}$，并且 $u_{g1}=-u_{g2}$，如图 6-15(a)、(b)所示。

① $0\leqslant t\leqslant t_{on}$时段：$u_{g1}=u_{g4}$且为正脉冲，$V_1$、$V_4$ 导通；而 $u_{g2}=u_{g3}$且为负脉冲，故 V_2、V_3 关断。这时，U_{AB}(平均电压)$=U_d$，负载平均电流 I_{AB}沿图 6-14(a)所示的路径①流通，并 i_{AB}逐渐增加。

② $t_{on}<t\leqslant T_s$ 时段：$u_{g1}=u_{g4}$且为负脉冲，则 V_1、V_4 关断；$u_{g2}=u_{g3}$且为正脉冲，但 V_2、V_3 不能导通，因为在电感 L 的自感电势作用下，i_{AB}沿回路②经 VD_2、VD_3 流通，并逐渐减小，如图 6-15(d)所示。同时，VD_2、VD_3 上的压降，迫使 V_2、V_3 的集电极 C 与发射极 E 之间受反压。故 V_2、V_3 不能导通。这时 $u_{AB}=-U_d$。可见在一个开关周期内，u_{AB}电压具有正、负两个极性，因此也称双极性 PWM 控制方式。

③ 斩波电路负载(输出)。由于 U_{AB}电压正负交替变化如图 6-15(c)所示，负载电流 i_{AB} 存在两种情况。负载较重时，i_{AB}较大，二极管续流阶段仍维持 i_{AB}的正方向(从 A 到 B 点方向)，电动机在电动状态运行，如图 6-15(d) i_{AB1} 波形。

若负载很轻时，i_{AB}很小，在续流阶段 i_{AB}就衰减到零。于是 V_2、V_3 失去反压，在电源电压和电动机反电势的合成作用下而导通，i_{AB}反向沿图 6-14(a)所示的路径经 V_3、V_2 的路径

③流通，电动机处于制动状态。

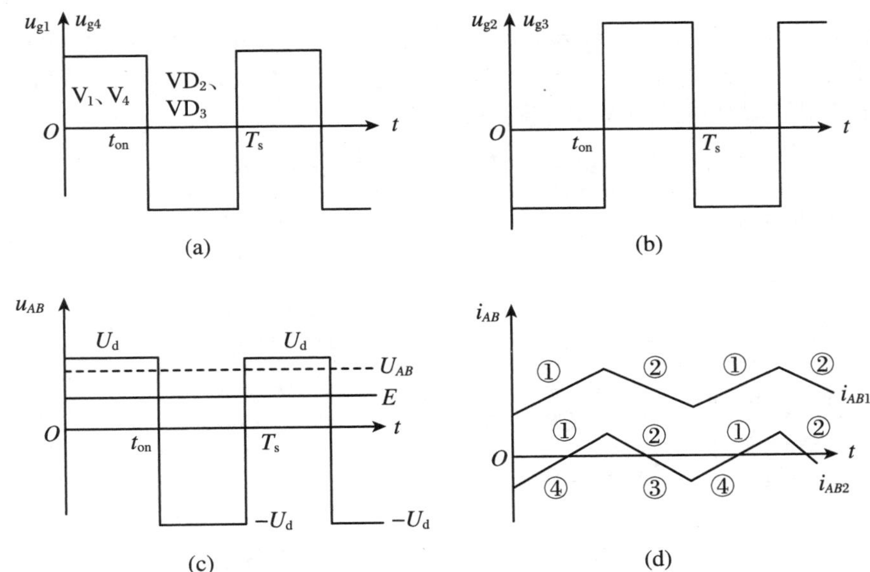

图 6-15 双极 PWM 控制的电压、电流波形

同样，在 $0 \leqslant t < t_{on}$ 时段，先经回路④续流。续流结束后，V_1、V_4 导通，电流 i_{AB} 沿回路①流通，电动机又进入电动状态。这是双极性 PWM 控制方式的一个特点。

④ 电动机正、反转运行。如果 V_2、V_3 的正脉冲宽度大于 V_1、V_4 的正脉冲宽度时，U_{AB} 平均电压极性就变为负值，平均电流 I_{AB} 也改变极性，电动机就反转。这样由正转到反转可以很容易实现。

可见，如果正脉冲 $t_{on} > \frac{T_s}{2}$，$U_{AB} > 0$，电动机正转；若正脉冲 $t_{on} < \frac{T_s}{2}$，$U_{AB} < 0$，则反转；若 $t_{on} = \frac{T_s}{2}$，$U_{AB} = 0$，电动机停止。

双极性可逆 PWM 平均电压 U_{AB} 表达式为

$$U_{AB} = \frac{t_{on}}{T_s} \cdot U_d - \frac{(T_s - t_{on})}{T_s} U_d = \left(\frac{2t_{on}}{T_s} - 1\right) U_d \tag{6-27}$$

仍以

$$\frac{U_{AB}}{U_d} = \frac{2t_{on}}{T_s} - 1 = D \tag{6-28}$$

式中，D 称为占空比，则 D 的变换范围为 $-1 \leqslant D \leqslant 1$。当 $D > 0$ 时，电动机正转；$D < 0$ 时，电动机反转；$D = 0$，电动机停止。

(2) 单极性、可逆 PWM 控制方式。为了克服四个 IGBT 都受触发，开关损耗大，防止发生同一臂上下管子的直通，在性能要求低一些的系统，可以采用单极性 PWM 控制方式。其主电路仍和双极性一样，如图 6-14(a)所示。

单极性 PWM 控制方式为：$u_{g1} = -u_{g2}$，且为正、负交替的连续脉冲，使 V_1 和 V_2 交替导通。而对 V_3、V_4 驱动则依据电动机转向要求，施加不同的恒定脉冲信号。当电动机正转时，u_{g4} 恒为正脉冲，u_{g3} 恒为负脉冲，这样只有 V_4 正转时导通，V_3 一直截止，如图6-14(b)所示。若电动机反转时，u_{g3}恒为正脉冲，u_{g4}恒为负脉冲，则 V_3 在反转时恒通，V_4 恒为截止，如图 6-14(c)所示。

这种控制方式下，V_3、V_4 的开关损耗小，而且电动机往一个方向旋转时，电动机两端电压 U_{AB}为单方向，不像双极性 U_{AB}正负交替，故称这种控制方式为“单极性”PWM 控制。

表 6-1 列出了双、单极性 PWM 控制方式比较。

表 6-1　双、单极性 PWM 控制方式比较(当 i_{AB}重载连续时)

控制方式	电动机转向	$0\leqslant t<t_{on}$		$t_{on}\leqslant t<T_s$		占空比 D
		开关状态	U_{AB}	开关状态	U_{AB}	调节范围
双极性 PWM	正转	V_1、V_4 导通 V_2、V_3 关断	$+U_d$	V_1、V_4 关断 VD_2、VD_3 续流	$-U_d$	$0\leqslant D\leqslant 1$
	反转	VD_1、VD_4 续流 V_2、V_3 关断	$+U_d$	V_1、V_4 关断 V_2、V_3 导通	$-U_d$	$-1\leqslant D\leqslant 0$
单极性 PWM	正转	V_1、V_4 导通 V_2、V_3 关断	$+U_d$	V_4 通 VD_2 续流 V_1、V_3 关断 V_2 不通	0	$0\leqslant D\leqslant 1$
	反转	V_3 通 VD_1 续流 V_2、V_4 关断 V_1 不通	0	V_2、V_3 导通 V_1、V_4 关断	$-U_d$	$-1\leqslant D\leqslant 0$

6.4　多相多重斩波电路

适当组合几个结构相同的基本斩波电路，可以构成如图 6-16(a)所示的另一种复合型斩波电路，称为多相多重斩波电路。

假设复合型斩波电路中，每个开关管通断周期都是 T_s，开关频率都是 $f_s=\dfrac{1}{T_s}$，在一个周期 T_s中，如果电源侧电流 i_s 脉动 n 次波数，则 n 称为斩波电路的相数。如本例 i_s 脉动 3 次波(i_1、i_2、i_3)就称三相斩波电路；如果负载电流 i_o 脉动 m 次波数，则 m 就称斩波电路的重数，如本例在 T_s内 i_o 脉动 3 次波数，就称三重斩波电路。图 6-16 为三相三重降压斩波电路及其波形。

在电源 U_d与负载之间接入三个相同的降压斩波电路，三个降压斩波电路各经一个电感 L 后并联向负载供电。E 代表直流电动机反电势负载。各降压斩波电路的输出电压分别为 u_1、u_2、u_3，输出电流分别为 i_1、i_2、i_3。

若在一个开关周期 T_s内，三个开关的驱动信号如图 6-16(c)所示。三个开关管 V_1、V_2、V_3 依次互差$\dfrac{1}{3}T_s$通断一次。导通时间均为相同的 t_{on}，占空比 D 相同，那么输出电压 u_1、u_2、u_3 也应是脉宽 t_{on}相同、幅值 U_d 相等、相位互差$\dfrac{1}{3}$周期的三个方波电压。如图 6-16(c)所示，电流 i_1、i_2、i_3 也应是相位互差$\dfrac{1}{3}$周期、波形完全相同的脉动电流波。

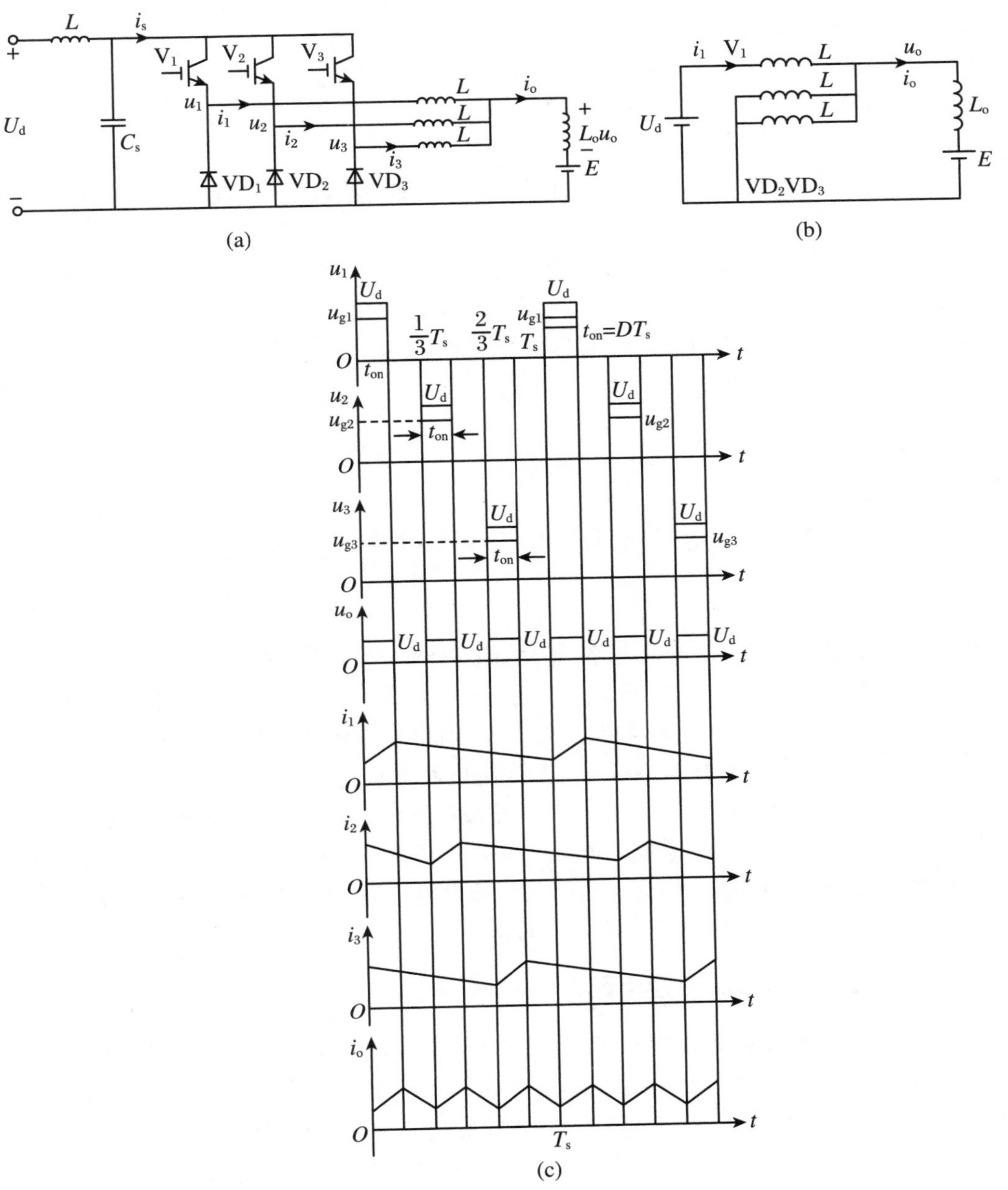

图 6-16 三相三重复合斩波电路及其波形

(a) 电路;(b) V_1 导通时的等效电路;(c) 波形

在 V_1 导通的 t_{on}时段,$u_1 = U_d$ 时,i_1 上升;V_1 关断,i_1 经二极管 VD_1 续流。$t_{off} = (1 - D)T_s$ 期间,$u_1 = 0$,i_1 下降。V_1、VD_1 构成一个降压斩波电路,只要 V_1 关断,i_1 经 VD_1 续流的$(1 - D)T_s$ 期间不断流,即电感 L 电流连续,则 V_1 输出电压 u_1 的直流平均值$U_1 = \frac{t_{on}}{T_s}U_d = DU_d$。

同理,V_2、V_3输出的电压 u_2、u_3 的直流平均值为

$$U_2 = U_3 = U_1 = DU_d$$

在一个周期 T_s内，电感电流的上升增量等于其下降量，电感 L 两端的直流电压平均值为零，因此负载电压 u_o 的直流平均值 U_o 为

$$U_o = U_1 = U_2 = U_3 = DU_d$$

而负载电流为

$$i_o = i_1 + i_2 + i_3 \tag{6-29}$$

如果 I_1、I_2、I_3 为 i_1、i_2、i_3 在一个周期内的电流平均值，I_o 为负载电流 i_o 的平均值，那么 I_1、I_2、I_3 应该相等，且 $I_o = 3I_1 = 3I_2 = 3I_3$。

在一个开关周期 T_s内，负载电流脉动 3 次，即 $m = 3$，脉动频率 $f_o = mf_s = 3f_s$，故为三重斩波电路。电源电流 i_s 是三个开关器件通态时电流瞬时值之和，所以电源电流 i_s 在一个开关周期 T_s内也脉动 3 次，即 $n = 3$，i_s 的脉动频率为 $f = nf_s = 3f_s$，故称图 6-16(a)所示的斩波电路为三相($n = 3$)三重($m = 3$)复合斩波电路。

6.5 变压器隔离的 DC-DC 变换电路

以上介绍的基本 DC-DC 变换电路、复合斩波电路和多相多重斩波电路的输出与输入之间存在直接电联系，其输入电压一般是从电网直接经整流滤波获得，而输出电压直接给负载供电，若输出电压等级与输入电压等级相差太大，则将影响调节控制范围，同时形成低压供电负载与电网电压之间的直接的电联系。如果将电网电压经工频变压器再进行整流滤波获得所需要的直流电压；或者先将电网电压整流滤波得到初级直流电压，再经过高频变压器和整流单元将其变换成合适电压等级的负载所需要的直流电压，这种中间含有变压器的直流电压变换称隔离型 DC-DC 变换，完成这一功能的电路称隔离型 DC-DC 变换电路。变压器在电路中起电气隔离、变换电压或电流大小的作用。

6.5.1 单端正激 DC-DC 变换电路

单端正激 DC-DC 变换器如图 6-17 所示，电路中隔离变压器铁芯上有三个绕组：一次绕组 N_1，二次绕组 N_2 和磁通复位绕组 N_3。星号 * 表示三个绕组感应电动势的同名端。实际变压器的磁通由励磁电感、励磁电流产生，变压器磁场能量可由励磁电感表征。由于变压器磁场能量不能突变，因此励磁电流不能突变。为防止磁芯饱和，从磁通角度而言，就是磁通、磁场强度的上升量必须等于下降量；从电流角度而言，就是励磁电流的上升量必须等于下降量；从电压角度而言，变压器输入端电压不能有直流分量，必须是交替正负电压，满足伏秒平衡。同一磁芯上所有绕组的电流安匝数平衡、绕组电压变比等于匝数比。依据隔离变压器的特性，图中开关管 V 周期性地通、断控制，在 V 导通期间，电源电压 U_s 加在一次绕组 N_1 上，电流 i_1 线性上升，铁芯磁通 Φ 线性增加。

在 V、VD_2 导通，VD_1、VD_3 截止的 $t_{on} = DT_s$ 期间，输出电压为

$$u_o = (N_2/N_1) \cdot e_{AO} = U_s \cdot N_2/N_1 \tag{6-30}$$

在 V 关断期间，三个绕组的感应电动势均反向，VD_2 截止，VD_1 导通，i_L 经 VD_1 续流；VD_3 导通，i_3 将电源变压器激磁电流对应的磁能回送给电源 U_s，VD_3 导通期间，N_3 两端电

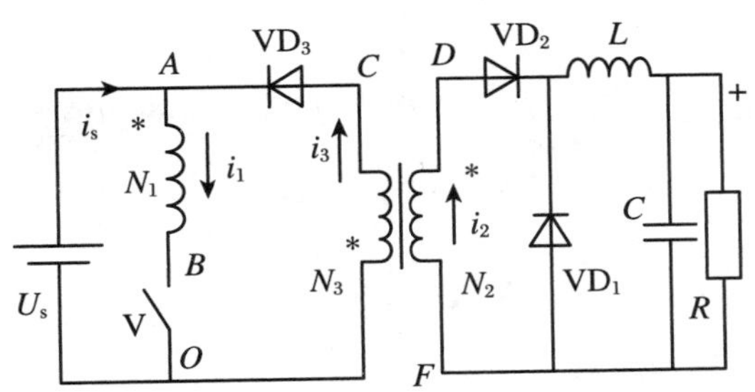

图 6-17　单端正激 DC-DC 变换器

压恒为 U_s。只要在 V 关断期间，i_L 经 VD_1 续流不会下降到零，则在 t_{off}期间 $u_o = 0$。因此输出直流电压平均值 U_o 为

$$U_o = \frac{N_2}{N_1} \frac{t_{on}}{T_s} \cdot U_s = \frac{N_2}{N_1} D \cdot U_s \tag{6-31}$$

在 V 关断、VD_3 导电期间，开关管 V 两端的电压为

$$U_V = U_s + e_{BA} = U_s + \frac{N_1}{N_3} U_s \tag{6-32}$$

以上单端正激 DC-DC 变换器，从电路结构、工作原理上可以看出它是带隔离变压器的 Buck 电路，其输出电压 U_o 表达式与 Buck 变换器也类似。但是匝数比 N_2/N_1 不同时，输出电压平均值 U_o，可以低于也可高于电源电压 U_s。通常选择适当的输出电感 L 使最小负载时在 t_{off}期间 i_L 也不至于下降为零（电流连续），输出直流电压平均值由(6-31)式确定。如果要由一个变换器得到几组不同的直流输出电压，可在图 6-17 中设置几个不同匝数比的副绕组，这也是引入隔离变压器所附带的另一个优点。图 6-17 所示变换器，在开关管 V 导通时经变压器将电源能量直送至负载被称为正激，其中变压器磁通只在单方向变化被称为单端变换，故这种变换器被称为单端正激 DC-DC 变换器。

6.5.2　单端反激 DC-DC 变换电路

单端反激 DC-DC 变换电路如图 6-18 所示，图中变压器两个绕组的电感分别为 L_1、L_2。图中开关管 V 周期性地通、断控制，在 V 导通期间，电源电压 U_s 加至 N_1 绕组，电流 i_1 直线上升、磁通增加，电感 L_1 储能增加，二极管 VD_1 截止，负载电流由电容 C 提供；在 V 关断期间，电源停止对变压器供电，二极管 VD_1 导通，N_1 绕组的电流转移到 N_2，将 i_2 所代表的变压器电感的磁能变为电能向负载供电并使电容 C 充电，二次绕组电流 i_2 和磁通 Φ 从最大值减小。该变换器在开关管 V 导通时并未将电源能量直接送到负载，仅在 V 关断期间才将变压器磁能变为电能送至负载，故称之为反激变换器，此外变压器磁通也只在单方向变化，故该电路被称为单端反激 DC-DC 变换器。

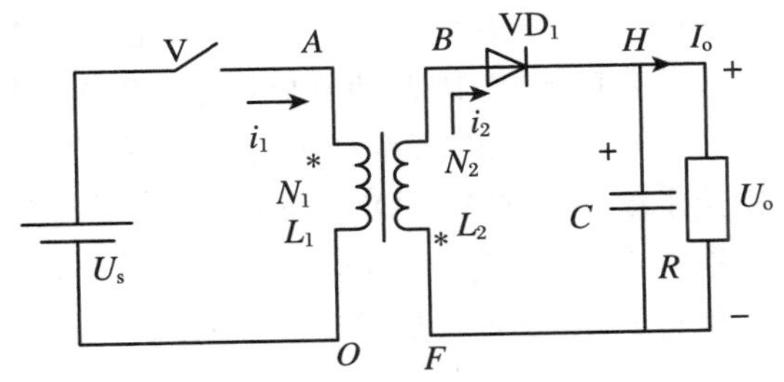

图 6-18　单端反激 DC-DC 变换电路

在 V 导通期间有

$$U_s = L_1 \frac{di_1}{dt} = N_1 \frac{d\Phi}{dt} \tag{6-33}$$

i_1、Φ 均线性增大，若 i_1 的初值为 i_{10}，增量为 Δi_1，Φ 的初值为 Φ_0，增量为 $\Delta\Phi$，则

$$\Delta i_1 = \frac{U_s}{L_1} \cdot DT_s \tag{6-34}$$

$$\Delta\Phi = \frac{U_s}{N_1} \cdot DT_s \tag{6-35}$$

在 V 阻断期间，VD_1 导通时有

$$L_2 \frac{di_2}{dt} = N_2 \frac{d\Phi}{dt} = -U_o \tag{6-36}$$

磁通减小量为

$$\Delta\Phi' = \frac{U_o}{N_2}(1-D)T_s \tag{6-37}$$

稳态运行时，在一个周期 T_s 中增加的磁通 $\Delta\Phi$ 应等于减少的磁通 $\Delta\Phi'$，由式(6-35)、式(6-37)可得到输出直流电压平均值 U_o 为

$$U_o = \frac{N_2}{N_1} \frac{D}{1-D} U_s \tag{6-38}$$

变压比为

$$M = \frac{U_o}{U_s} \frac{D}{1-D} \tag{6-39}$$

由(6-38)式得到占空比为

$$D = \frac{\frac{N_1}{N_2} \cdot \frac{U_o}{U_s}}{1 + \frac{N_1}{N_2} \cdot \frac{U_o}{U_s}} = \frac{1}{1 + \frac{N_2}{N_1} \cdot \frac{U_s}{U_o}} \tag{6-40}$$

在空载情况下，由于 V 导通时储存在变压器电感中的磁能无处消耗，故输出电压将越来越高，损坏电路元件，所以反激式变换器不能在空载下工作。可以根据所需的变压比 M 的范围选择适当的变压器绕组比值 N_2/N_1，其输出 U_o 既可以大于又可以小于电源电压 U_s，由于单端反激变换器是靠变压器绕组电感在 V 阻断时释放存储的能量而对负载供电，磁通也只在单方向变化，因此通常仅用于 100 W 以下的小容量 DC-DC 变换。由于电路简单，且设置几个不同变比的二次绕组可以同时获得几个不同的直流电压，所以在大功率的电力电子变换系统中这种 DC-DC 变换器常被用作控制系统所需的低压、小功率辅助电源。

单端正激、单端反激 DC-DC 变换电路，配以集成控制电路芯片而构成的小功率 PWM 开关型直流稳压电源已得到广泛应用。

习　题

6-1　在图 6-6(a)所示的降压斩波电路中，已知 $U_d = 200$ V，$R = 10\ \Omega$，L 足够大，$E = 30$ V，采用 PWM 控制方式，当 $T_s = 50\ \mu s$，$t_{on} = 20\ \mu s$ 时，计算输出电压平均值 U_o 和输出电流平均值 I_o。

6-2　在图 6-6(a)所示的降压斩波电路中，$U_d = 100$ V，$R = 0.5\ \Omega$，$L = 1$ mH，$E = 10$ V，采用 PWM 控制方式，当 $T_s = 20\ \mu s$，$t_{on} = 5\ \mu s$ 时，计算输出电压平均值 U_o 和输出电流平均均

值 I_o，计算输出电流最大值 I_{o2} 和最小值 I_{o1}，并判断负载电流是否连续。

6-3　简述图 6-10(a)所示升压斩波电路的基本工作原理。

6-4　图 6-10(a)所示的升压斩波电路中，已知 $U_d = 50$ V，$R = 20\ \Omega$，L、C 足够大，采用 PWM 控制方式，当 $T_s = 40\ \mu s$，$t_{on} = 25\ \mu s$ 时，计算输出电压平均值 U_o 和输出电流平均值 I_o。

6-5　试分别简述升、降压斩波电路和 Cuk 斩波电路的基本原理并比较其异同。

6-6　有一个开关频率 50 Hz 的降压斩波电路工作在电流连续时，$L = 0.05$ mH，$U_d = 15$ V，输出电压 $U_o = 10$ V。

(1) 求占空比 D 的大小。

(2) 求输出电流峰峰值 ΔI_L。

6-7　题图 6-1 所示的电路，工作在电感电流连续情况下，器件 V 的开关频率为 100 kHz，电路输入电压 $U_d = 220$ V，当 R 两端的电压 $U_o = 400$ V 时：

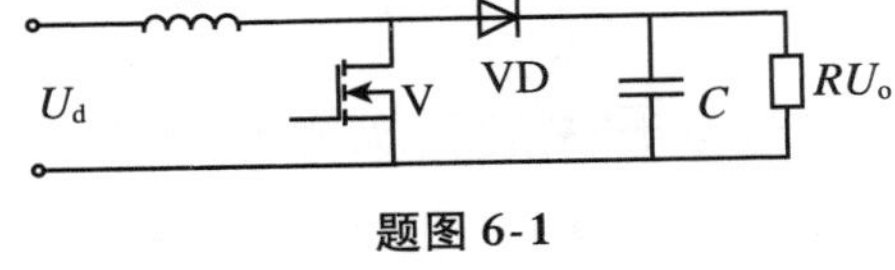

题图 6-1

(1) 求占空比 D 的大小。

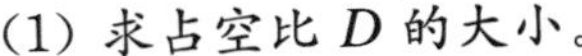

(2) 当 $R = 40\ \Omega$ 时，求维持电感电流连续时的临界电感值。

(3) 若允许输出电压的纹波系数为 0.01，求滤波电容 C 的值。

6-8　分析题图 6-2 所示的电流可逆斩波电路，并结合题图 6-3 的波形，标出各个电流流通的路径及电流方向。

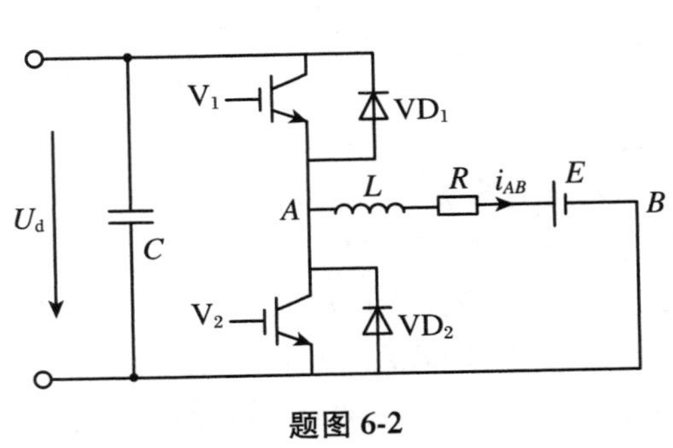

题图 6-2

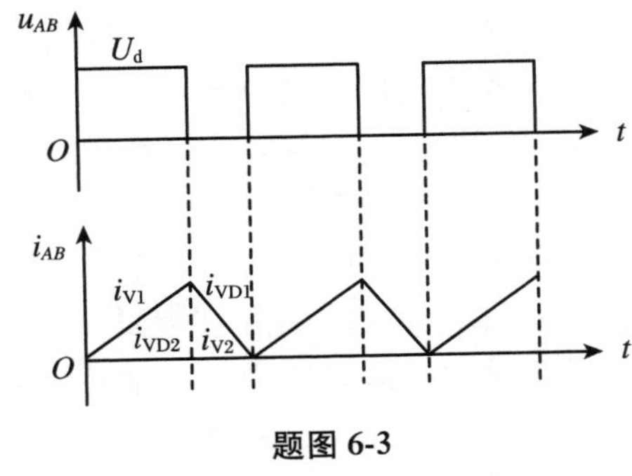

题图 6-3

6-9　对于图 6-14(a)所示的全桥四象限可逆斩波电路，若使电动机工作于反转电动状态，分析此时电路工作情况，并标出电流路径及电流方向。

6-10　图 6-6(a)所示的降压斩波电路中，$U_d = 110$ V，$R = 0.2\ \Omega$，T_s，L 足够大。计算 D、t_{on}，并画出 U_o 及 i_o 波形。

6-11　试分析 DC-AC、AC-DC、DC-DC 和 AC-AC 变换电路，采用 PWM 控制的异同点？

第 7 章　软开关技术

7.1　软开关的基本概念和分类

7.1.1　软开关的基本概念

在电力电子电路中，电力电子器件都是工作在开关状态，通过控制电力电子器件的开通和关断，实现能量流动。然而，电力电子器件并非理想的开关，存在开通延时和关断延时，从而引起在开关过程中电力电子器件两端的电压和通过它的电流出现重叠时间，造成开关损耗。另外，电路中存在的布线电感、变压器中存在的漏感及寄生电容、功率 MOSFET 和功率二极管的结电容等，在开关过程也都会在电路中产生尖峰电压和尖峰电流，同时造成电能损耗和对周围的设备造成电磁干扰。

软开关技术是为了减少开关损耗而提出来的。采用软开关技术可以减少电力电子器件在开通和关断瞬间加在电力电子器件两端的电压和通过电流的重叠时间，从而减少电力电子器件的开关损耗，同时抑制电压或电流过冲的发生。

软开关技术可追溯到 1970 年 F. C. Schwarz 提出的 L、C 串联谐振 DC-DC 变换器。F. C. Lee 提出了颇有影响的准谐振变换器，将谐振软开关技术推广到几乎所有的 DC-DC 变换器。此后，又出现了结合 PWM 变换器的优点与谐振变换器的优点，使谐振仅发生在开关开通和关断的较短时间内的有源钳位技术、零电压转移（ZVT）和零电流转移（ZCT）技术。之后，Divan 将软开关技术引入 DC-AC 逆变器，提出了谐振直流环节逆变器。软开关技术是基于谐振原理，减少电力电子器件开关损耗和器件的电压、电流过冲的新颖开关技术的总称。

1. 重叠时间与开关损耗

先来分析电力电子器件的开关过程，下面以双极性功率晶体管开关过程为例加以介绍。

图 7-1 给出功率晶体管集电极 C 和发射极 E 之间的电压 $U_{CE}(t)$ 和集电极电流 $i_C(t)$ 的波形。同时将 U_{CE} 和 i_C 的变化轨迹表示在电流-电压相平面上。由于本章将重点讨论功率器件的开关损耗，这里假定：晶体管在导通期间的通态压降可忽略；晶体管截止期间，集射间的阻抗为无穷大，并且功率晶体管开通与关断的重叠时间相同。由图 7-2 可以看出功率晶体管在开通和关断过程中，晶体管两端的电压和电流存在非零的重叠时间。由于功率器件不是理想开关，在开通时开关管的电压不会突然降到零，是一个逐渐下降的过程。同时通过开关管的电流也不是突然上升到负载电流，也是需要一段时间，在这段时间里，功率器件上的电压和电流存在一个重叠区，产生的损耗称为开通损耗。类似地，当开关管关断时，开关

管的电压也要经历一个从零上升到电源电压的过程，流过开关管的电流也逐渐下降为零。在这段时间里，功率器件上的电流和电压存在一个重叠区，产生的损耗称为关断损耗。开通损耗和关断损耗之和称为开关损耗。

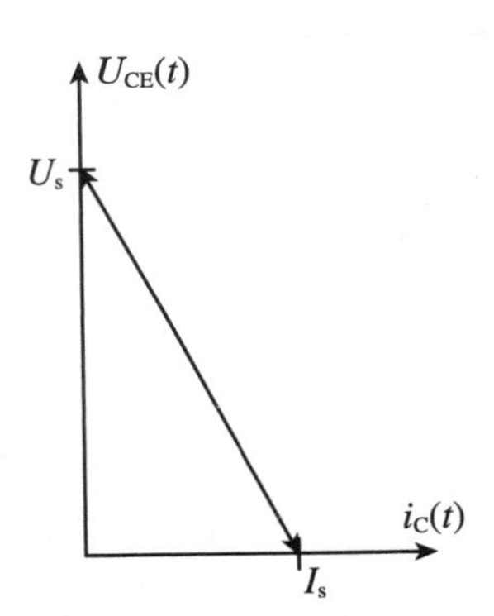

图 7-1　晶体管两端电压与通过电流的相平面图

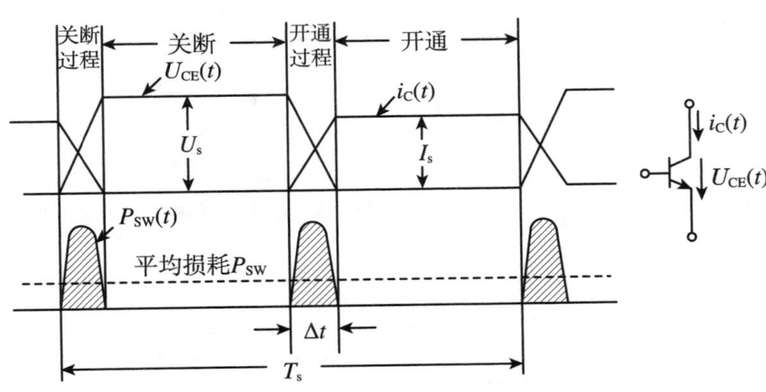

图 7-2　晶体管硬开关工作过程

为简化分析，这里假定晶体管开通与关断过程的重叠时间相同，均为 Δt。晶体管开通过程中，开关两端的电压和电流可以分别表示为

$$U_{CE}(t)=-\frac{U_s}{\Delta t}t+U_s,\quad 0<t<\Delta t \tag{7-1}$$

$$i_C(t)=-\frac{I_s}{\Delta t}t,\quad 0<t<\Delta t \tag{7-2}$$

式中，U_s 为晶体管关断期间加在它两端的电压，I_s 为晶体管导通期间流过的电流。如图7-2所示，晶体管开关损耗瞬时功率为

$$P_{SW}(t)=U_{CE}(t)\cdot i_C(t) \tag{7-3}$$

$$\begin{aligned}P_{SW}&=\frac{1}{T_s}\int_0^{T_s}U_{CE}(t)\cdot i_C(t)\mathrm{d}t=\frac{2}{T_s}\int_0^{\Delta t}U_{CE}(t)\cdot i_C(t)\mathrm{d}t\\&=\frac{2}{T_s}\int_0^{\Delta t}-\left(-\frac{U_s}{\Delta t}t+U_s\right)\frac{I_s}{\Delta t}t\mathrm{d}t=\frac{1}{3}U_sI_sf_s\Delta t\end{aligned} \tag{7-4}$$

式中，T_s 为开关周期，$f_s=\dfrac{1}{T_s}$为开关频率。

由式(7-4)可见，平均开关损耗功率与开关频率 f_s 和开关过程电压电流重叠时间 Δt 之积成正比。因此在高频应用场合，为抑制开关损耗，需要选择 Δt 小的电力电子器件。

由前面的分析可知，在开关过程中，电压和电流出现了同时非零的时间区间，因而造成了开关损耗，若能减少重叠时间就可以减少开关损耗。假设能将在开关过程中的电流变化时间和电压变化时间错开，那么就可以减少开关损耗，如图 7-3 所示。这可以通过 LC 谐振电路来实现。

2. 电压过冲和电流过冲

电力电子器件的开关过程还会引起电压过冲和电流过冲。如图 7-4 所示，以反激式变换器为例，对电压过冲加以说明。

实际变压器的原副边存在漏电感，电路中存在引线电感，将这些电感作用用一个等效电感器 L_1 表示。假设开始功率 MOSFET 器件处于导通状态，当关断该 MOSFET 器件时，将

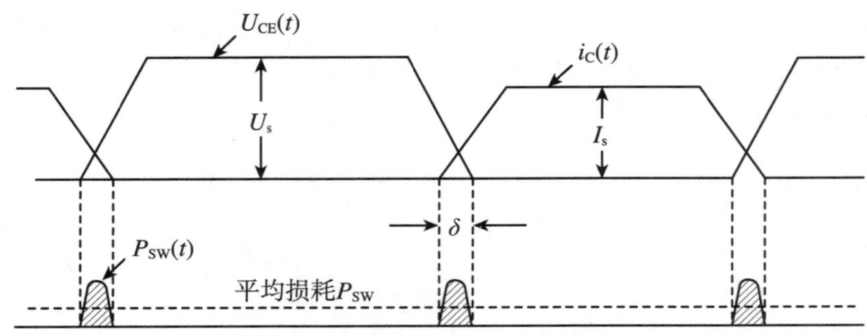

图 7-3　减少电压电流的重叠时间

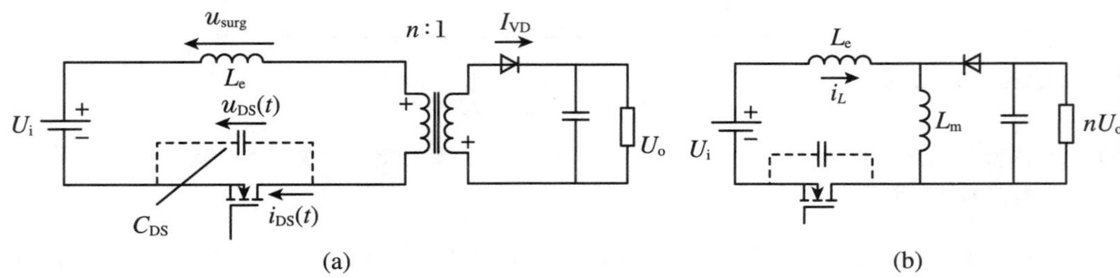

图 7-4　反激式变换器及其等效电路

(a) 反激式变换器；(b) 等效电路

在开关两端产生电压过冲，关断电压为

$$u_{DS}(t) = U_i + nU_o + u_{surg} \tag{7-5}$$

式中，$u_{surg} = -L_1 \dfrac{di_{DS}}{dt} \approx L_1 \dfrac{I_s}{t_{off}}$，$I_s$ 为 MOSFET 器件加关断信号线流过的电流，t_{off} 为 MOSFET 器件关断时间。

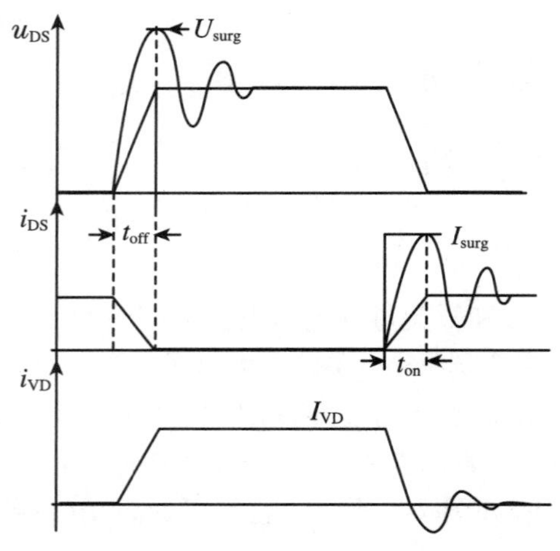

图 7-5　反激式变换器开关过程中电压电流过冲

过冲电压 u_{surg} 和 L_1 成正比，和 MOSFET 器件关断时间 t_{off} 成反比。实际上，过冲电压还受 MOSFET 器件的漏源间电容 C_{DS} 以及变压器分布电容的影响。

假定 MOSFET 器件已处于关断状态，开通后器件中将流过过冲电流，由漏源间电容 C_{DS} 放电引起，电流为

$$i_{surg} = C_{DS} \frac{du_{DS}}{dt} \approx C_{DS} \frac{U_s}{t_{on}} \tag{7-6}$$

式中，U_s 为关断期间漏源间承受的电压，t_{on} 为开通时间。上式表明，电压 U_s 越高，电容 C_{DS} 越大，开通时间 t_{on} 越短，于是过冲电流 i_{surg} 就越大，如图 7-5 所示。

3. 二极管的反向恢复过程

二极管的反向恢复过程也会引起过冲电流。如图 7-6 所示 Boost DC-DC 变换器，当工作在电感电流连续(CCM)方式时，在 MOSFET 关断期间，电感 L 电流 I_L 通过二极管 VD

向负载传输能量。而在MOSFET开通瞬间，二极管要经历一个反向恢复过程，反向恢复时间为 t_{rr}，此时在二极管VD和MOSFET中产生功率损耗。一旦反向恢复过程结束，二极管VD恢复阻断能力，输出电压 U_o 作为反向电压施加在二极管VD两端。二极管将经历从导通状态至截止状态的转移过程，即反向恢复过程。二极管中以存储的电荷 Q_{rr} 反向抽出，形成较大的反向恢复电流。反向恢复电流同时将通过MOSFET，在MOSFET中形成电流过冲，如图7-7所示。

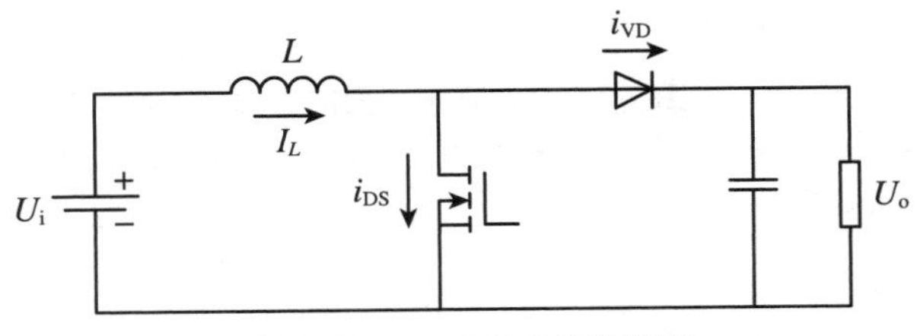

图7-6　Boost DC-DC变换器

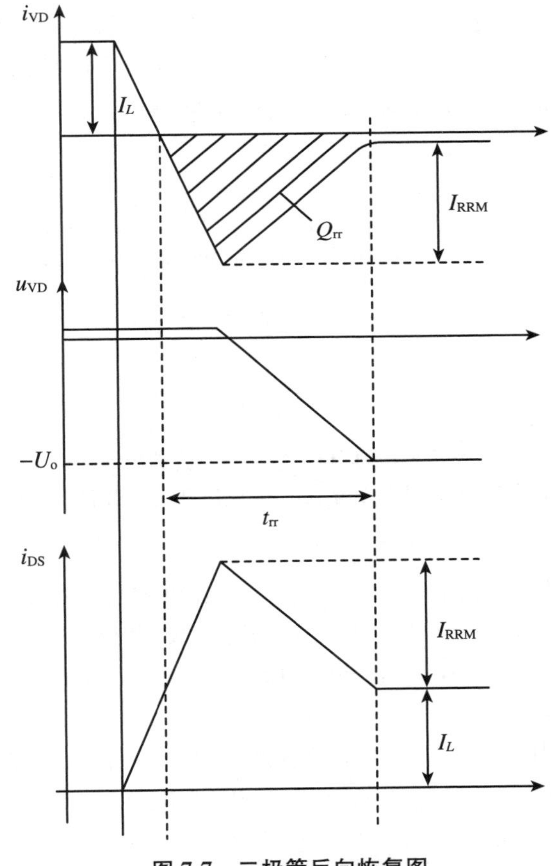

图7-7　二极管反向恢复图

7.1.2　软开关的分类

根据开关元件开通和关断时电压电流状态，软开关分为零电压电路和零电流电路两大类。根据软开关技术发展的历程可以将软开关电路分成准谐振电路、零开关PWM电路和零转换 PWM 电路。每一种软开关电路都可以用于降压型、升压型等不同电路，可以从基本开关单元导出具体电路，如图 7-8 所示。

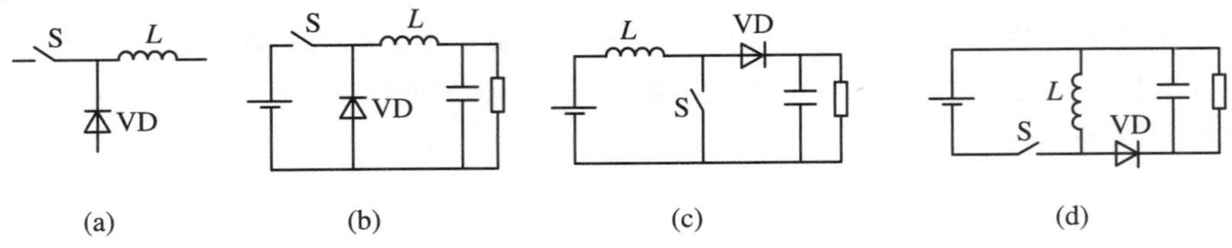

图 7-8　基本开关单元的概念

(a) 基本开关单元；(b) 降压斩波器中的基本开关单元；(c) 升压斩波器中的基本开关单元；(d) 升降压斩波器中的基本开关单元

1．准谐振电路

准谐振电路中电压或电流的波形为正弦半波，因此称之为准谐振。准谐振电路为最早出现的软开关电路，可以分为零电压开关准谐振电路（Zero-voltage-switching Quasi-resonant Converter，ZVS QRC）、零电流开关准谐振电路（Zero-current-switching Quasi-resonant Converter，ZCS QRC）、零电压开关多谐振电路（Zero-voltage-switching Multi-resonant Converter，ZVS MRC）、用于逆变器的谐振直流环节（Resonant DC Link），如图 7-9 所示。

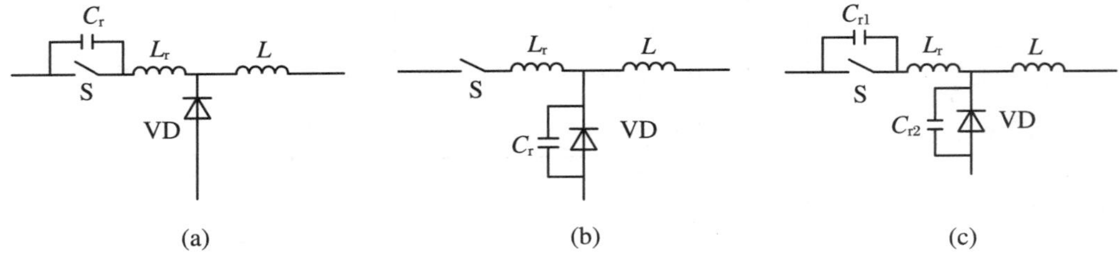

图 7-9　准谐振电路的基本开关单元

(a) 零电压开关准谐振电路的基本开关单元；(b) 零电流开关准谐振电路的基本开关单元；(c) 零电压开关多谐振电路的基本开关单元

谐振电路的不足之处：谐振电压峰值很高，要求器件耐压必须提高；谐振电流有效值很大，电路中存在大量无功功率的交换，电路导通损耗加大；谐振周期随输入电压、负载变化而改变，因此电路只能采用脉冲频率调制（Pulse Frequency Modulation，PFM）方式来控制。

2．零开关 PWM 电路

零开关 PWM 电路引入了辅助开关来控制谐振的开始时刻，使谐振仅发生于开关过程前后。零开关 PWM 电路可以分为零电压开关 PWM 电路（Zero-voltage-switching PWM Converter，ZVS PWM）、零电流开关 PWM 电路（Zero-current-switching PWM Converter，ZCS PWM），如图 7-10 所示。

电路中电压和电流基本上是方波，只是上升沿和下降沿较缓，开关承受的电压明显降低。

3．零转换 PWM 电路

零转换 PWM 电路采用辅助开关控制谐振的开始时刻，但谐振电路是与主开关并联的。

零转换 PWM 电路可以分为零电压转换 PWM 电路(Zero-voltage-transition PWM Converter, ZVT PWM)、零电流转换 PWM 电路(Zero-current-transition PWM Converter, ZVT PWM),如图 7-11 所示。

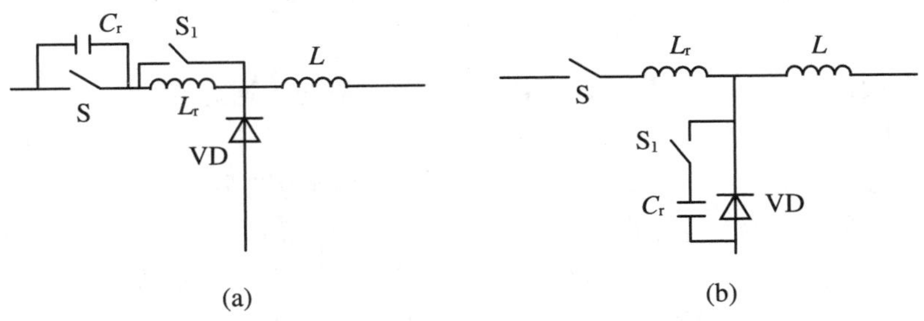

图 7-10　零开关 PWM 电路的基本开关单元

(a) 零电压开关 PWM 电路的基本开关单元;(b) 零电流开关 PWM 电路的基本开关单元

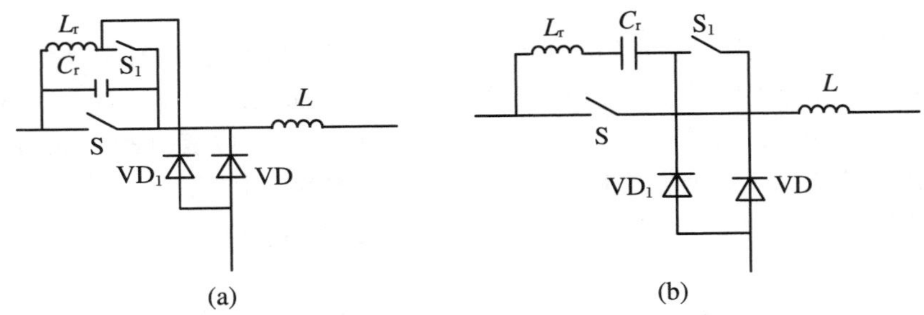

图 7-11　零转换 PWM 电路的基本开关单元

(a) 零电压转换 PWM 电路的基本开关单元;(b) 零电流转换 PWM 电路的基本开关单元

此类电路在很宽的输入电压范围内和从零负载到满载都能工作在软开关状态。电路中无功功率的交换被削减到最小,这使得电路效率有了进一步提高。

7.2　谐振开关变换器

7.2.1　零电压开通变换

1. 零电压开通 PWM 电路

图 7-12(a)、(b)、(c)给出了零电压(ZVS)PWM 变换器的电路图和主要波形,主电路由输入电源 U_D、主开关管 T_1(包括其反并联二极管 VD_1)、续流二极管 VD_o、滤波电感 L_f、滤波电容 C_f、负载电阻 R、谐振电感 L_r和谐振电容 C_r构成,T_2是辅助开关管,VD_2是 T_2的串联二极管,主开关管 T_1并联一个谐振电容 C_r,谐振电感 L_r串联在主电路通道上。对 T_2进行控制,关掉 T_2后引发 L_rC_r谐振,使主开关管 T_1的电压 $u_{T1}=0$,再对 T_1施加驱动信号实现 T_1的零电压开通。

在一个开关周期 T_s 中,该变换器有五种开关状态,其等效电路如图 7-12(d)～(h)所示。为了简化分析,在以下的分析中假定:① 电路中的 L、C 为无损耗理想元件。开关管通态时电阻 $r_T=0$,断态时 $r_T=\infty$;② 谐振电感 L 远小于滤波电感 L_r,$L_f C_r$ 谐振周期很短,在一个开关周期中 $I_f=I_o$ 恒定不变;③ 忽略开关管开通延迟时间 t_d 和关断储存时间 t_s,即认为 $t_d=t_s=0$。

图 7-12 中假设 $t<t_0$ 时主开关 T_1 和辅助开关 T_2 都处于通态,续流二极管 VD_o 处于截止状态,$u_{Cr}=0$,$i_L=I_f=I_o$。在 $t=t_0$ 时撤除 T_1 的驱动信号作为一个开关周期 T_s 的开始。

(1) 开关状态 1:$t_0<t<t_1$,电容充电阶段,等值电路为图 7-12(d)。

$t=t_0$ 时,T_1 关断,电流 i_L 立即从 T_1 转移到 C_r,给 C_r 充电,$t=t_1$ 时,C_r 充电到 U_D。在 $t_0\sim t_1$ 期间 $i_{Cr}+i_{T1}=i_L=I_f=I_o$ 恒定,在 $u_{Cr}<U_D$ 时,续流二极管 VD_o 仍反偏截止,直到 $t=t_1$,C_r 充电到 $u_{Cr}=U_D$,VD_o 正偏而导电。在开关状态 1,由于有电容 C_r,$u_{T1}=u_{Cr}$ 的上升相对于 i_{T1} 的下降是缓慢的,因此主开关管 T_1 是软关断。

(2) 开关状态 2:$t_1<t<t_2$,T_1 处于断态,VD_o 续流,$t=t_2$ 时关断 T_2。等值电路如图 7-12(e)所示。

在 $t_1\sim t_2$ 期间 T_1 断态,$u_{Cr}=U_D$,续流二极管 VD_o 导电,I_o 经 VD_o 续流。T_2 仍被驱动,I_o 经 T_2、VD_2 续流,$u_{Cr}=U_D$ 不变,这个时期相当于 Buck DC-DC PWM 硬开关变换器 T_1 截止,续流管 VD_o 导电的 t_{off} 时期。在这个时期,t_{off} 是可控的,可以通过改变辅助开关的关断时刻 t_2,控制 t_{off} 的长短,从而控制 PWM 的占空比,调控输出电压。

(3) 开关状态 3:$t_2<t<t_3$,L_r、C_r 谐振半个周期的谐振阶段,等值电路如图 7-12(f)所示。

$t=t_2$ 时撤除辅助开关管 T_2 的驱动信号,由于 VD_o 仍在通道,T_2 断开后形成 L_rC_r 电路谐振。由于这时 T_1 阻断且 $u_{Cr}=U_D$,因此 L_r 两端电压为 $U_D-u_{Cr}=0$,所以 T_2 的关断是软关断。在 $t_2\sim t_3$ 谐振期间,电容电压 $u_{Cr}=U_D+1/C_r\int_{t_2}^{t} i_L\mathrm{d}t$。

(4) 开关状态 4:$t_3<t<t_8$,电感电流从 $-I_o$ 降到 0 再升到 I_o,等值电路如图 7-12(g)所示。

如果图 7-12(c)中,谐振电压峰值 $I_oZ_r>U_D$,如图实线所示,则在 t_7 时刻之前的 t_4 点 $u_{T1}=u_{Cr}=0$,而这时 i_L 仍有阴影所示的负值电流,从 t_4 点开始 $u_{Cr}=u_{T1}=0$,负值电流 $-i_L$ 将经 VD_1 导电。如果在此期间的 t_5 点对主开关 T_1 施加驱动信号 U_{G1},则在 T_1 的等效电阻 $r_{T1}=\infty\rightarrow 0$ 的开通期间,由于 VD_1 导电,$u_{T1}=u_{Cr}=0$,则开关管 T_1 就在零电压下开通,无开关损耗。因此,图 7-12(a)电路开关管 T_1 可以实现零电压开通的条件是:

谐振电压峰值:

$$I_oZ_r>U_D \tag{7-7}$$

或负载电流:

$$I_o>U_D/Z_r=U_D\Big/\sqrt{\frac{L_r}{C_r}} \tag{7-8}$$

若最小负载电流为 I_{omin},则实现零电压开通条件是

$$I_{omin}>U_D\Big/\sqrt{\frac{L_r}{C_r}} \tag{7-9}$$

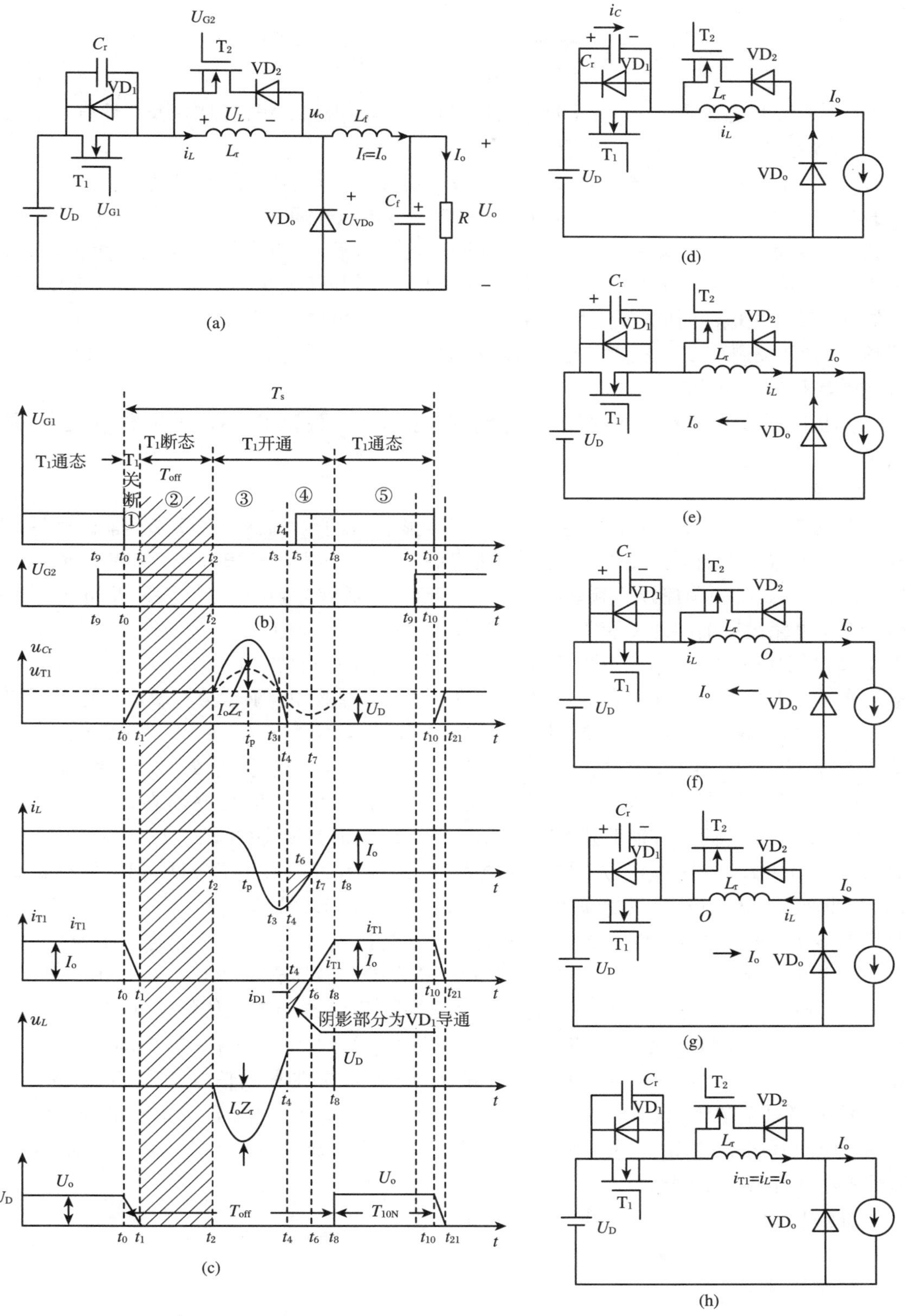

图 7-12　Buck DC-DC ZVS PWM 变换器的电路和主要波形

(a) 电路;(b) 驱动信号;(c) 电压、电流波形;(d)～(h) 五种开关状态电路

或

$$Z_r = \sqrt{\frac{L_r}{C_r}} > U_D / I_{omin} \tag{7-10}$$

(5) 开关状态5：$t_8 < t < t_{10}$，VD_o 截止、T_1 通态，电源 U_D 恒流供电阶段，等值电路如图7-12(h)所示。

$t = t_8$时开关 T_1 已处于通态，$i_{T1} = i_L = I_o$，续流二极管 VD_o 已反偏截止。在 $t = t_0$ 时开通 T_2，这时 $i_L = I_o$ 不变，$u_L = u_{T2} = 0$，故 T_2 是零电压开通。$t = t_{10}$时，撤除 T_1 的驱动信号关断 T_1，完成一个开关周期 T_s。在一个开关 $t_0 \sim t_{10}$期间，由图7-12(b)、(c)可知，辅助开关 T_2 关断时刻($t = t_2$)，则经过开关状态3(谐振阶段)和开关状态4(电感放电、充电)后剩下的电源 U_D 供电的时间(开关状态5)就越长，因而输出电压 U_o 就越高。因此，在固定开关频率 f_s、开关周期 T_s 一定时，控制辅助开关 T_2 的关断时刻 t_2，即可改变DC-DC变换器占空比，调控输出电压。

以上开通、关断过程说明，图7-12电路可以实现主开关管 T_1 零电压开通、软关断，也可以实现辅助开关管的零电压开通和软关断。

2. 零电压开通PFM电路

在图7-12(a)中取消辅助开关 T_2、VD_2，得到图7-13所示谐振开关型变换器。这种谐振开关型变换器不用辅助开关管 T_2 也能实现开关管 T_1 的零电压开通，但是要改变DC-DC变换的输出电压，必须调控开关频率，故称之为零电压开通脉冲频率调制ZVS PFM谐振变换器。由于电路没有辅助开关管 T_2，电路的开通，关断时刻以及 C_r、L_r 的协调过程，只由开关管 T_1 的驱动信号决定，因此在图7-13中开关管 T_1 处于通态时 $i_{T1} = i_L = I_o$，$u_{T1} = u_{Cr} = 0$，VD_o 截止，$U_o = U_D$，这时类似图7-12(c)。在 $t = t_0$ 点撤除 T_1 驱动信号后，C_r 使 T_1 关断；$t_0 \sim t_1$ 期间 i_{T1}从 $I_o \to 0$，i_{Cr}从 $0 \to I_o$，$i_{T1} + i_{Cr} = i_L = I_o$ 不变，$u_{Cr} = u_{T1}$从 $0 \to U_D$，由于无辅助开关管 T_2 支路，到达 t_1 点后，$i_L = i_{Cr}$继续对 C_r 充电 u_{Cr}超过 U_D 1～2 V后，即 $t \geqslant t_1$，$u_{Cr} = u_{T1} \geqslant U_D$ 后，续流二极管 VD_o 立即正偏自然导电，此时 T_1 已是断态，因而形成电源 U_D、C_r、L_r 谐振。而在有辅助开关管 T_2 时，由于 T_2 这时是通态(见图7-12(a)及(b)驱动波形)，因此 $i_L = I_o$ 经 T_2 续流，L_r 被短接，虽然 I_o 经 VD_o 续流短接了 VD_o，但不能形成 U_D、C_r、L_r 谐振，从 t_1 点开始只能保持 T_1 断态，$u_{Cr} = U_D$，VD_o 续流 $U_o = 0$、$i_L = I_o$经 T_2 续流的状态不变，等到 t_2 点 T_2 关断时才能把 L_r 电路接入 U_D，C_r、L_r 电路开始谐振，所以图7-13电路中无辅助开关管 T_2 时，不存在ZVS PFM电路图7-12(b)、(c)中的 $t_0 \sim t_2$ 时区，一旦到达 t_1 点立即开始 L_r、C_r 的谐振。只要图7-13中谐振电压峰值 $I_o Z_r > U_D$ 就能像图7-12 ZVS PFM电路一样，在 $t = t_4$($u_{Cr} = u_{T1} = 0$)到 $t = t_6$($i_L = 0$)期间 $-i_L$ 经 VD_1 导电，$u_{Cr} = u_{T1} = 0$ 的状态下，在 $t_4 = t_6$ 中的 t_5 点对 T_1 施加驱动信号实现 T_1 的零电压开通。因此，除不存在时区②($t_1 \sim t_2$时区)外，无辅助开关管 T_2 的图7-13电路的开关过程及实现零电压开通 T_1 的条件与图7-12(a)电路完全相同。图7-13所示Buck DC-DC变换器实现零电压开通的条件也是：

谐振电压峰值：

$$I_o Z_r > U_D \tag{7-11}$$

负载电流：

$$I_o > U_D / Z_r = U_D \Big/ \sqrt{\frac{L_r}{C_r}} \tag{7-12}$$

或谐振阻抗

$$Z_r = \sqrt{\frac{L_r}{C_r}} > U_D/I_o \tag{7-13}$$

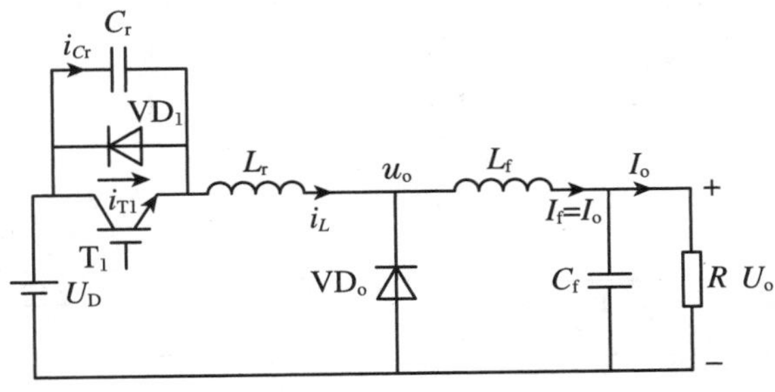

图 7-13　零电压谐振开关型变换器

由于图 7-13 电路动作中不存在关断期②，只有关断期①、开通期③、④和通态期⑤，而时区①、③、④的时间之和 T_{134} 只与开关管关断时电流下降时间 t_{fi} 及谐振 L_r、C_r 大小有关，因此输出电压 u_o 的平均值 U_o 为

$$U_o \approx \frac{T_{1on}}{T_s} U_D = \frac{T_s - T_{134}}{T_s} = 1 - T_{134}/T_s = 1 - T_{134} f_s \tag{7-14}$$

为了调控输出电压 U_o，必须调控开关频率 f_s，所以这种无辅助开关管 T_2 的零电压开通变换器只能采用脉冲频率调制(PFM)调频调压，因此被称为零电压开通脉冲频率调制 ZVS PFM 变换器。当电力电子变换器运行中开关频率 f_s 不固定时，LC 滤波器的设计难以优化，电磁干扰难以抑制，电磁兼容性较差。因此，这种脉冲频率调制 ZVS PFM 零电压开关变换器仅用于小功率高频变换电路。

ZVS PFM 谐振开关型变换器仅靠开关自身关断引发 L_r、C_r 谐振半个多周期实现零电压开通，因此又被称为准谐振变换器(Quasi-resonant Converters, QRCS)，例如以上介绍的零电压开通准谐振变换器 ZVS QRCS 和下一小节将要介绍的零电流关断准谐振变换器 ZCS QRCS。

7.2.2　零电流关断变换

1. 零电流关断 PWM 电路

图 7-14(a)是 Buck DC-DC ZCS PWM 变换器的主电路图，它由输入电源 U_D、主管开关 T_1(包括其反并联二极管 VD_1)、续流二极管 VD_o、输出滤波电感 L_f、输出滤波电容 C_f、负载电阻 R、谐振电感 L_r 和谐振电容 C_r 以及辅助开关管 T_2(VD_2 是 T_2 的反并联二极管)构成。

图 7-14(b)、(c)分别为 T_1、T_2 的驱动电压波形和电路中 i_{T1}、i_L、u_{Cr}、u_{T1}及 u_{T2}波形。

在一个开关周期 T_s 中，该变换器有五种变换状态，其等效电路如图 7-14(d)～(h)所示。在以下分析中假设：所有开关管、二极管均为理想器件；电感、电容均为理想元件；假定 C_f 足够大，L_f 足够大，$L_f \gg L_r$，以致在一个开关周期中，开关电路输出的电压 u_o 的直流电压平均值 U_o、电流 I_o 不变，I_f 保持为负载电流 I_o 不变，这样 L_f 和 C_f 以及负载电阻可以看成一个电流为 I_o 的恒流源。

假定 $t < t_0$ 时，图 7-14(a)中主开关 T_1 是断态的，辅助开关 T_2 也是断态的。

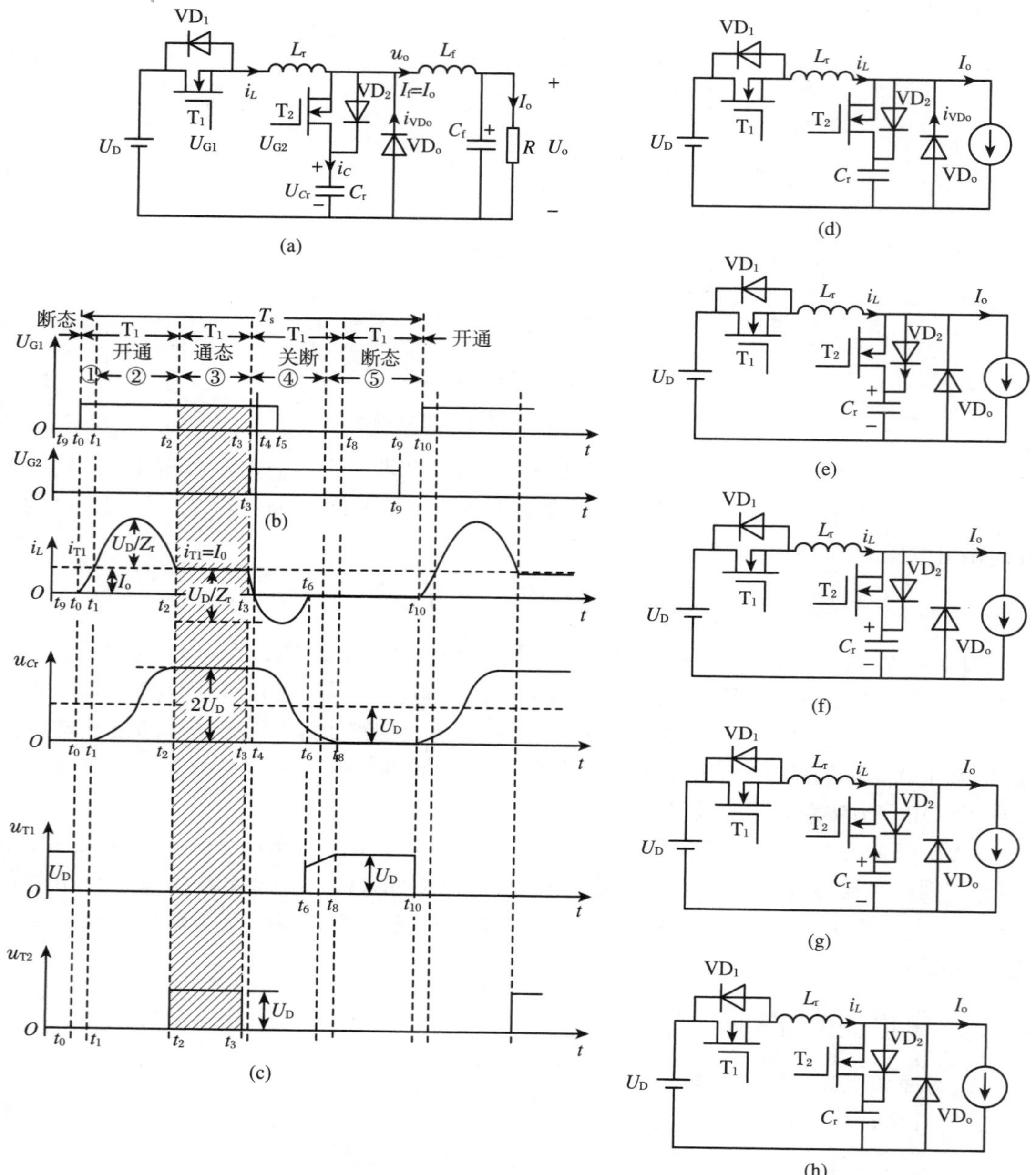

图 7-14　Buck DC-DC ZCS PWM 变换器

(a) 电路；(b) 驱动信号；(c) 电压、电流波形图；(d) 五种开关状态的等效电路

谐振电容 C_r 电压 $u_{Cr}=0$，续流二极管 VD_o 导通，$i_{VDo}=I_o$。在 $t=t_0$ 时，对 T_1 施加驱动信号，作为一个开关周期 T_s 的开始。开关管 T_1 的开通、通态，关断、断态过程如下：

(1) 开关状态 1：$t_0 \leqslant t < t_1$，等值电路为图 7-14(d)，$t=t_0$ 时开通 T_1 建立电流，为电感充磁阶段。

$U_{G1}>0$，T_1 被驱动，$i_{T1}=i_L$ 从零上升至 I_o，续流二极管 VD_o 的电流从 I_o 减小到零，$t=t_1$ 时，VD_o 截止，由于有 L_r，这期间 T_1 为软开通。在 VD_o 导电时 $u_{Cr}=0$。

(2) 开关状态 2：$t_1<t<t_2$，等值电路为图 7-14(e)，谐振阶段，$L_r C_r$ 谐振半个周期 π。

$t=t_1$ 时，$i_L=I_o$，$u_{Cr}=0$，VD_o 断开，U_D、T_1、L_r、VD_2、C_r 形成谐振电路，在 $t_1<t<t_2$ 期间，$i_L>I_o$，VD_2 导电，$i_C=i_L-I_o$，电源 U_D 经 T_1、L_r、VD_2 对 C_r 谐振充电，由等值电路图 7-14(e)的电路方程和初始条件，可以求得图 7-14(c)所示的 $t_1\sim t_2$ 为

$$i_L(t)=I_o+\frac{U_D}{Z_r}\sin\omega_r(t-t_1) \tag{7-15}$$

$$u_{Cr}(t)=U_D[1-\cos\omega_r(t-t_1)] \tag{7-16}$$

经过 $T_r/2$(T_r 为谐振周期)到达 t_2 时 i_L 又减小到 I_o、u_{Cr} 达到最大值 $2U_D$。

(3) 开关状态 3：$t_2<t<t_3$，等值电路为图 7-14(f)，电源向负载供电阶段。

$t=t_2$ 开始 $i_L=I_o$，$u_{Cr}=2U_D$，VD_2(电流为 $i_L-I_o=0$)自然关断，因 T_2 未被驱动仍处于断态，u_{Cr} 不能放电，电源 U_D 经 T_1、L_r 对负载供电，如果 L_r 很大，则 $i_{T1}=i_L$，$I_f=I_o$ 恒定不变。$u_o=U_D$，$u_{Cr}=2U_D$ 不变。

(4) 开关状态 4：$t_3<t<t_8$，等值电路为图 7-14(g)。$t=t_3$ 时 T_2 被驱动开通(由于有 L_r、T_2 软件开通)，C_r 开始谐振放电，直到 $t=t_8$，C_r 放电到零。

在 $t=t_3$ 时刻，$i_L=I_o$，$u_{Cr}=2U_D$，驱动辅助开关 T_2，则 u_{Cr} 经 T_2 放电，I_o 恒定不变，故 C_r 的放电电流 $i_{Cr}=I_o-i_L$。这时

$$\begin{aligned}U_D&=L_r\frac{di_L}{dt}+u_{Cr}(t)\\&=L_r\frac{di_L}{dt}+2U_D-\frac{1}{C_r}\int_{t_3}^{t}i_{Cr}dt \qquad (7\text{-}17)\\&=L_r\frac{di_L}{dt}+2U_D-\frac{1}{C_r}\int_{t_3}^{t}(I_o-i_L)dt \qquad (7\text{-}18)\end{aligned}$$

即

$$L_rC_r\frac{d^2i_L}{dt^2}+i_L-I_o=0 \tag{7-19}$$

由初始条件 $t=t_3$ 时，$i_L=I_o$，$L_r di_L/dt=U_D-u_{Cr}(t=t_3)=U_D-2U_D=-U_D$，上式的解为

$$i_L(t)=I_o-\frac{U_D}{Z_r}\sin\omega_r(t-t_3) \tag{7-20}$$

故有

$$u_{Cr}(t)=2U_D-\frac{1}{C_r}\int_{t_3}^{t}(I_o-i_L)dt=U_D[1+\cos\omega_r(t-t_3)] \tag{7-21}$$

图 7-14(c)中，如果谐振峰值电流 $U_D/Z_r>I_o$，则从 t_3 开始 i_L 下降、u_{Cr} 下降。若 $t=t_4$ 时 i_L 下降为零，此后 i_L 为负值，到达最大负值后，电流 $-i_L$ 又在 $t=t_6$ 时为零。如图 7-14(c)所示，在 $t_4\sim t_6$ 期间负电流 $-i_L$ 经 VD_1 返回电源，开关管 T_1 已断流，$i_{T1}=0$，且 $u_{T1}=0$，因此在此期间(例如图 7-14 中 t_5 时)撤除 T_1 的驱动信号，可使 T_1 在零电流下关断($r_{T1}=0\to\infty$)，无关断损耗。

所以图 7-14(a)电路实现零电压关断 T_1 的条件是 L_rC_r 谐振电流峰值 U_D/Z_r 大于负载电流 I_o，即

$$U_D/Z_r>I_o \tag{7-22}$$

或

$$I_o < U_D/Z_r = U_D/\sqrt{\frac{L_r}{C_r}} \tag{7-23}$$

或

$$Z_r = \sqrt{\frac{L_r}{C_r}} < U_D/I_o \tag{7-24}$$

负载电流越大越难实现 T_1 的零电流关断，若负载电流最大值为 I_{omax}，则实现零电流关断的条件是

$$I_{omax} < U_D/\sqrt{\frac{L_r}{C_r}} \tag{7-25}$$

$$Z_r = \sqrt{\frac{L_r}{C_r}} < U_D/I_{omax} \tag{7-26}$$

$t = t_6$ 时 $-i_L = 0$。VD_1、T_1 都处于断态。此后 C_r 继续经 T_2 对 L_f 放电直到 $t = t_8$ 时 $u_{Cr} = 0$，同时续流二极管 VD_o 开始导电，$i_{VDo} = I_o$。变换器电路中主开关管 T_1 结束关断过程进入断态。

(5) 开关状态 5：$t_8 < t < t_{10}$ 等值电路为图 7-14(h)。主开关管 T_1 处于断态，在 $t = t_9$ 时，撤除 T_2 驱动信号关断 T_2，T_2 为零电流关断。$t = t_{10}$ 再次开通 T_1 结束断态，进入下一个开关周期。由于有 L_r，T_1 为软开通。

图 7-14(a)电路靠辅助开关管 T_2 的开通形成 L_rC_r 谐振，使 $i_L(i_{T1})$ 过零变负，与 T_1 并联的二极管 VD_1 导电，$i_{T1} = 0$，为 T_1 的零电流关断(撤除驱动信号 $r_{T1} = 0 \rightarrow \infty$ 的过程)创造条件。为了实现零电流关断，L_r、C_r 谐振电流峰值 U_D/Z_r 必须大于负载电流 I_o，或 I_o 小于谐振电流峰值。电路中电容电压达 2 倍 U_D，i_L、i_{T1} 的最大值 $U_D/Z_r + I_o$ 大于 2 倍负载电流，图 7-14(a)、(b)中改变 T_2 的开通时刻 t_3，即可改变 T_1 通态供电的时区③的时间长短，在开关频率 $f_s = 1/T_s$ 恒定的情况下可通过脉冲宽度调制 PWM，调控 Buck DC-DC 变换器的占空比来调控直流输出电压的平均值。

以上开通、关断过程说明，图 7-14 电路可以实现主开关 T_1 零电流关断、软开通，也可实现辅助开关管 T_2 零电流关断、软开通。

2. 零电流关断 PFM 电路

在图 7-14(a)ZCS PWM 变换器的电路中取消辅助开关管 T_2 和 VD_2 则构成图 7-15 所示的零电流关断 ZCS PFM 变换器。由于无 T_2，则电路的开通、关断仅由 T_1 的驱动信号决定。控制 T_1 的开通，形成 L_rC_r 谐振使 i_L 过零反向，$-i_L$ 流过二极管 VD_1 时 $i_{T1} = 0$，在此期间撤除 T_1 的驱动信号可使 T_1 在零电流下关断($r_{T1} = 0 \rightarrow \infty$ 的过程)。

类似图 7-14(c)中，在 $t < t_0$ 时 T_1 断态，VD_o 续流，$i_{VDo} = I_o$、$u_{Cr} = 0$。$t = t_0$ 时对 T_1 施加驱动信号，由于有 L_r，T_1 软开通；在 $t_0 \sim t_1$ 期间 $i_{T1} = i_L = 0 \rightarrow i_o$，续流二极管 VD_o 电流 i_{VDo} 从 $I_o \rightarrow 0$。$t = t_1$ 时 $i_{VDo} = 0$，VD_o 断开形成 U_D、T_1、L_r、C_r 谐振电路。经过半个谐振周期到 t_2 点时，i_L 从 I_o 增大到 $I_o + U_D/Z_r$ 再减小到 I_o，u_{Cr} 从零到 U_D 再增加到 $2U_D$。$t = t_2$ 时 $i_L = I_o$、$u_{Cr} = 2u_D > U_D$。由于 $t = t_2$ 时，$u_{Cr} = 2U_D > U_D$，使 $t > t_2$ 时 C_r 立即开始放电，i_L 减小、u_{Cr} 减小，继续 L_r、C_r 谐振。在上节 ZCS PWM 电路中由于有 T_2 与 C_r 串联，在 T_2 尚未开通时，T_2 断态，尽管 $u_{Cr} = 2U_D > U_D$，但 C_r 放电回路被 T_2 阻断不能放电，故从 t_2 开始直到辅助开关管 T_2 开通的 t_3 点之前 T_2 仍处于断态，继续保持 $i_{T1} = i_L = I_o$、VD_o 断态、T_1 通态($t_2 \sim t_3$ 的时区③)。图 7-15 中由于无辅助开关管 T_2，当谐振到 t_2 时将继续

谐振，没有 $t_2 \sim t_3$ 的时区③。此后 i_{T1}、i_L、u_{Cr}变化情况与 ZCS PWM 波形相同，因此图 7-15 电路实现 T_1 零电流关断的条件也与图 7-14(a) ZCS PFM 电路一样，即谐振电流峰值U_D/Z_r必须大于负载电流 I_o，这时只要在 i_L 谐振变负期间（$t_4 \sim t_6$）撤除 T_1 的驱动信号，即可使 T_1 在零电流状态下关断（$r_{T1}=0 \rightarrow \infty$）。

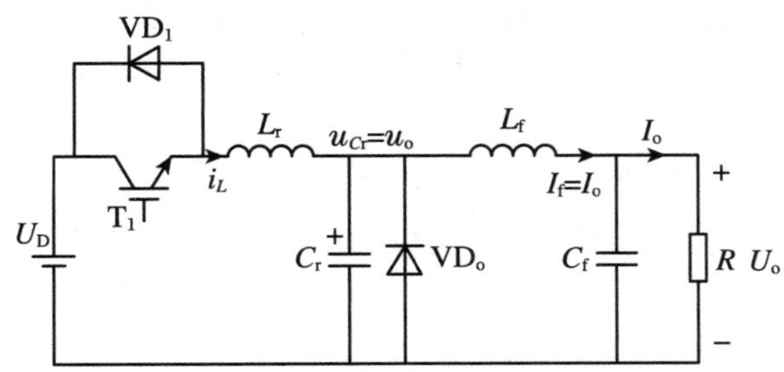

图 7-15　零电流关断 PFM 变换器

由图 7-14(c)可以看到，由于无时区③（$t_2 \sim t_3$），在一个开关管周期 T_s 中，仅在 $t_0 \sim t_2$ 和 $t_3 \sim t_4$ 期间 $i_L > 0$ 时，电源输出功率且输出电压为 u_o，而在一个周期 T_s 中这段时间只与 T_1 的开通期 i_{T1}上升时间及谐振电路参数 L_r、C_r 有关而不能被调控。因此要增加一个周期 T_s 中输出电压直流平均值 U_o 只能靠增加开关频率 $f_s(1/T_s)$，即只能靠脉冲频率调制 PFM 调控输出电压。因此，其也就有所有 PFM 变换器的共同缺点，与零电压开通 PFM 变换器一样，零电流关断 PFM 变换器也仅用于小功率变换器。

习　题

7-1　用软开关方法减小开通损耗的方法有哪些？

7-2　用软开关方法减小损耗的方法有哪些？

7-3　在串联谐振逆变器中，为什么逆变桥上、下开关的门极驱动信号需要设置一定死区时间？

7-4　试比较串联谐振 DC-DC 变换器与并联谐振 DC-DC 变换器的特点。

7-5　什么是零电流开关准谐振变换器？什么是零电压开关准谐振变换器？

7-6　准谐振变换器与谐振 DC-DC 变换器的工作原理的区别是什么？

7-7　有源钳位正激变换器的特点是什么？

7-8　移相控制全桥零电压开关 PWM 变换器的电路中，为什么滞后臂开关管实现 ZVS 的条件比较困难？

第 8 章　电力电子技术应用

电力电子应用技术主要包括开关型电力电子变换电源技术和开关型电力电子补偿控制技术。

1. 开关型电力电子变换电源技术

利用半导体开关型电力变换电路，可以经济、有效地将一种频率、电压、波形的电能变换为另一种频率、电压、波形的电能，再对负载供电，使用电设备在最佳的供电电源下工作，获得最大的技术、经济效益。作为对负载供电的电源，开关型电力电子变换器在最近二十年间，已在工业、交通、军事装备、尖端科技等领域以及日常生活中获得广泛的应用。其基本的应用有：① 电力系统中的直流远距离输电。在输电线首端采用整流器将交流电变为直流电，经远距离直流输电后，在直流输电线末端再利用逆变器把直流电变为交流电给负载供电。② 直流电动机变速传动控制。利用整流器或直流-直流电压变换器获得可变的直流电源，对直流电动机电枢或励磁绕阻供电，控制电动机转速或转矩。③ 交流电动机变频、变压和变速传动控制。利用逆变器或交流-交流直接变频器对交流电动机提供变频、变压交流电源，改变逆变器或交流-交流直接变换器输出频率、电压和电流，即可经济、有效地控制交流电动机的转速和转矩。④ 变速恒频发电系统，由变频器向交流发电机转子的励磁绕组供给交流励磁电流，在风力、水力、潮汐和船舶推进轴带发动机发电系统中实现变速恒频发电。⑤ 电解、电镀等应用领域中的低压大电流可控直流电源。⑥ 各类高性能的不间断供电电源(Uninterruptible Power Supply, UPS)。对于某些极其重要的交流负载，既不允许中断电力供应(停电可能带来严重后果)，又要求供电质量非常好(电压大小、频率恒定不变，波形正弦变化)，一般公用交流电网不可能完全满足这些要求。这时可以通过不间断供电电源系统 UPS 供电。UPS 通常是整流器-逆变器串级的复合型的电力变换器。它首先将公用交流电网的交流电经整流后变为直流电，在直流端并接蓄电池，然后再经逆变器将直流电变为交流电，供重要的交流负载使用。逆变器采用先进的控制技术可输出恒频、恒压、正弦化的高质量电能供应给重要负荷。同时，一旦公用交流电网故障断电后，蓄电池的储能为逆变器提供直流电源，确保重要负载仍然有不间断的交流电供应。公用交流电网有电时，整流器除供电给逆变器以外还对蓄电池充电，使蓄电池在交流电网断电后能为逆变器提供直流电能。⑦ 各类恒频、恒压通用逆变电源。作为独立的交流通用电源广泛应用于航空、航天、舰船、车辆、军事装备等特殊应用领域中。⑧ 照明灯具用的高频电力电子变换器(电子镇流器)。⑨ 各类低压直流开关电源。广泛应用于通信、计算机等领域，给电子设备、仪器的电子电路供电。⑩ 燃料电池、太阳能光电转换系统、风力发电系统等输出要求的恒压直流或恒频、恒压交流电源。

2. 开关型电力电子补偿控制技术

开关型电力电子补偿控制有两种类型：电压、电流(有功功率、无功功率)补偿控制和阻抗补偿控制。

(1) 电压、电流(有功功率、无功功率)补偿控制。如图 8-1(a)所示开关电路,直流侧接电容 C_d(还可能有直流电源 U_D),交流侧经 L_oC_o 滤波器接交流电源或交流负载。对 4 个开关器件进行实时、适式的高频通断控制,再将开关电路的输出电压 $u_{AB}(t)$ 经 L_oC_o 高频滤波后就可以由变换器的输出端得到所需要的、任意波形的周期性的或非周期性的电压 $u_o(t)$,其频率、幅值和相位都可控,因此开关型电力电子变换器可以成为一个任意波形的电压源。如果电压 u_{AB} 经大电感接到外电路,控制 u_{AB} 就可以输出任意波形的周期性的或非周期性的电流 $i_o(t)$,这时开关型电力电子变换器可以成为一个任意波形的电压源。

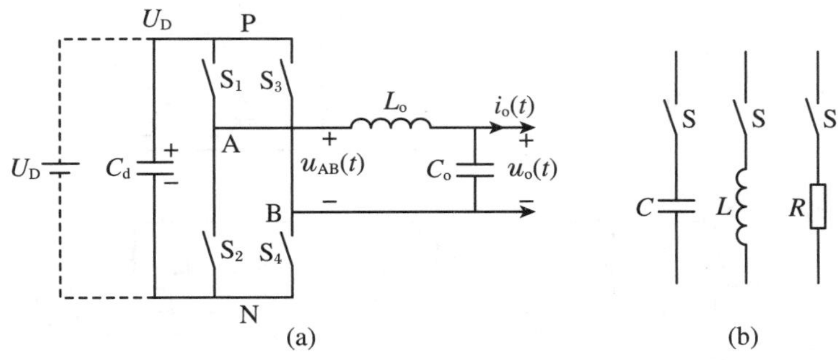

图 8-1　开关型电力电子补偿控制器

将电压源开关型电力电子变换器输出的电压 $u_o(t)$ 串联接在电力线路上即可补偿和调控电网线路电压;将开关型电力电子变换器输出的电流并接入电网向电网输送电流 $i_o(t)$,即可补偿负载电流或控制电网电流。

(2) 阻抗补偿控制。将图 8-1(b)所示的电感、电容或电阻经一个可控的开关器件 S 并联接入或串联接入交流电网就构成了一个补偿控制器。对开关器件进行实时、适式的通断控制,就可以改变电网的等效负载阻抗或线路阻抗,从而补偿控制电路电网、负载的电压、电流、功率。

利用现代电力电子技术,在电力系统中引入大功率半导体高频开关型电力电子补偿器,可以快速地补偿控制电力系统的电压、电流、阻抗和功率,这将显著地提高电力系统发电、输电、配电能力和用电效能,使发电、输电、配电和电力应用都获得更好的技术经济效益、更高的安全可靠性、更灵活有效的控制特性和更优良的供电质量。本章将介绍电力电子技术的典型应用实例。

8.1　在变频调速系统中的应用

由变频器与交流电动机构成交流调速传动系统,称为变频调速系统。在该系统中,采用改变电动机的定子频率的方式实现调速。变频调速系统已广泛应用于工业、交通运输、家用电器等各个领域。用交流调速技术对风机和泵进行调速,可节约电能 30%以上。因此,变频调速技术也是有效节能技术之一。

8.1.1 变频器结构

变频器由整流器和逆流器构成。根据逆流器直接输入类型的不同,可以分为电流型逆变器和电压型逆变器,如图 8-2 所示。电流型逆变器的中间环节为大电感,逆变器的输入近似为一个电流源。若整流器采用 PWM 整流器,这样变频器中整流器和逆变器都用 PWM 变流器实现,称为双 PWM 变流器,如图 8-3 所示。

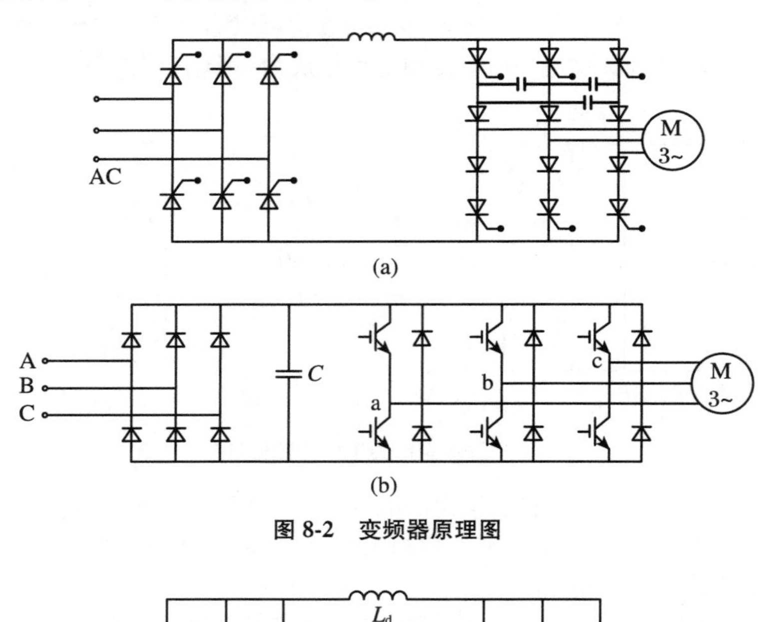

(a)

(b)

图 8-2　变频器原理图

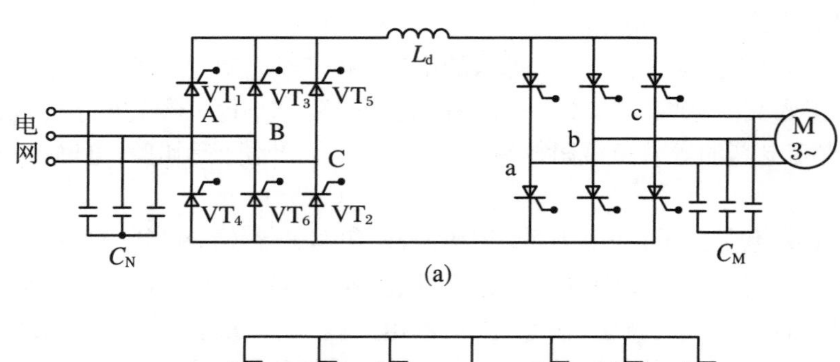

(a)

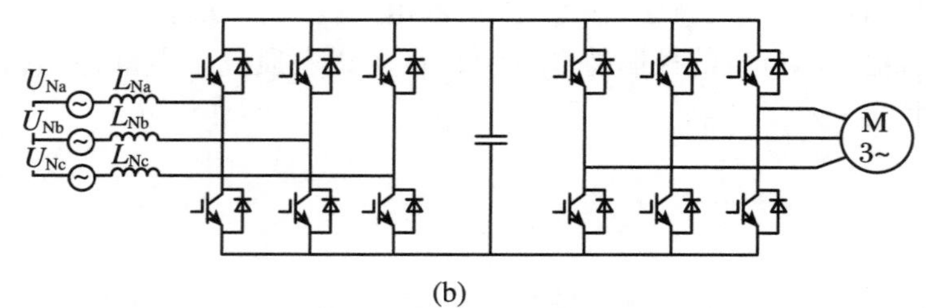

(b)

图 8-3　双 PWM 变频器

(a) 电流型逆变器;(b) 电压型逆变器

8.1.2 变频器的控制方法

异步电动机的定子频率控制方式,分为恒压频比(U/f)控制、转差频率控制、矢量控制、直接转矩控制等,这些方式可以提供各具优势的控制性能。

1. 恒压频比控制

异步电动机的转速主要由电源频率和极对数决定。改变电源(定子)频率,就可进行电动机的调速,即使进行宽范围的调速运行,也能获得足够的转矩。为了使电动机不因频率变化导致磁饱和而造成励磁电流增大,引起功率因数和效率的降低,需对变频器输出的电压和频率的比率进行控制,使该比率保持恒定,即恒压频比控制。一旦保持恒压频比,就能维持气隙磁通为额定值。

由于恒压频比控制简单,所以被广泛应用于转速开环的交流调速系统,适用于对静、动态性能要求不高的场合,如对风机、泵类进行调速以达到节能的目的。近年来该控制方法也被用于空调等家用电器。

图 8-4 给出了使用 PWM 控制交-直-交变频器恒压频比控制原理图。转速给定既作为逆变器输出频率 f 的指令值,同时经过放大,也作为定子电压 U 的指令值,这样使 U/f 比值恒定。为防止电动机启动电流过大,在给定信号之后外加给定积分器,可将阶跃给定信号转换为按设定斜率逐渐变化的斜坡信号,从而使电动机的电压和转速都平缓地升高或降低,减少对逆变器的电流冲击。此外,为实现电动机的正、反转,给定信号应可正可负,但电动机的转向由变频器输出电压的相序决定,而频率和电压给定信号不需要反映极性,因此采用绝对值变换器,输出绝对值信号,经电压频率控制环节处理之后,得出电压及频率的指令信号,再经 PWM 生成环节形成控制逆变器的 PWM 信号。最后,经驱动电路控制变频器 IGBT 的通断,使变频器输出所需频率、相序和大小的交流电压,从而控制交流电动机的转速和转向。

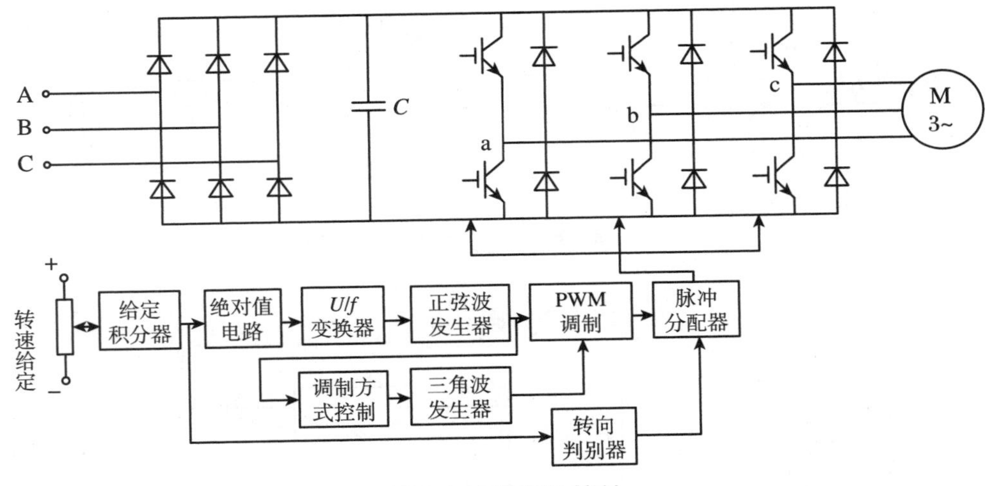

图 8-4 恒压频比控制

2. 转差频率控制

转速开环的控制方式可满足一般平滑调速的要求,为提高调速系统的动态性能,可采用转速闭环的控制方式。其中一种常用的闭环控制方式就是转差频率控制。由异步电动机稳态模型可以证明,当稳态气隙磁通恒定时,电磁转矩近似与转差频率成正比。因此,控制转差频率就相当于控制转矩。采用转速闭环的转差频率控制时,通过改变逆变器输出频率,即定子角频率,就可以调节转子角频率,实现平滑而稳定的调速,保证了较宽的调速范围。图 8-5 给出了转差频率控制的原理图。

3. 矢量控制

转差频率控制方式基于稳态模型，因此无法瞬时地实现对电动机的准确励磁和对转矩的精确控制，因此动态性能受到影响。

矢量控制方式基于异步电动机的按转子磁通定向的动态模型，将定子电流分解为励磁分量和与此垂直的转矩分量，参照直流调速系统的控制方法，分别独立地对两个电流分量进行控制，如图 8-6 所示。该方式需要实现转矩和磁通的解耦，可以与直流电动机电枢电流控制方式媲美。随着 DSP 等微处理器芯片的高速化和矢量控制算法的实用化，矢量控制方式在交-直-交变频器的异步电动机调速系统中将获得更加广泛的应用。

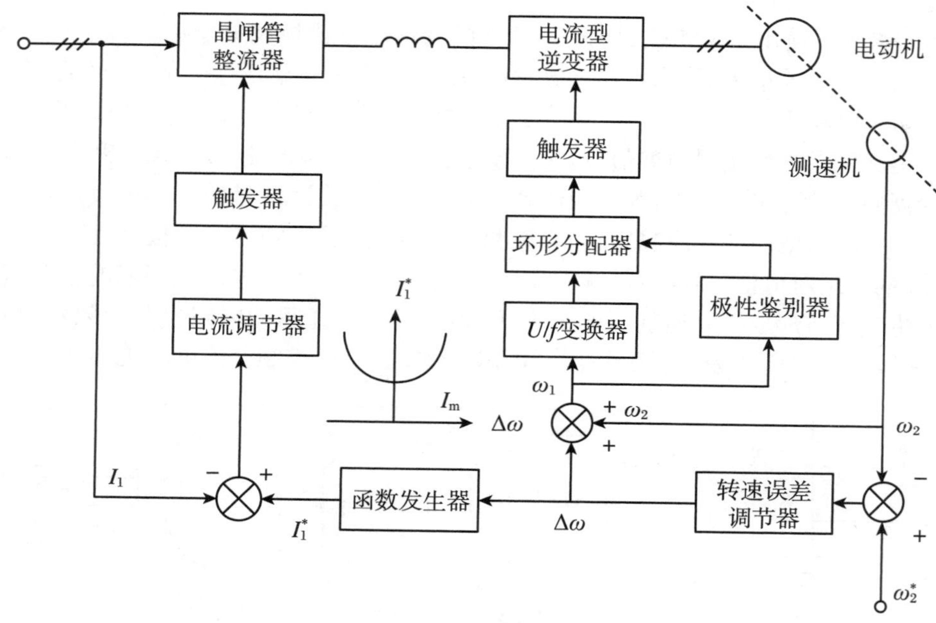

图 8-5　转差频率控制

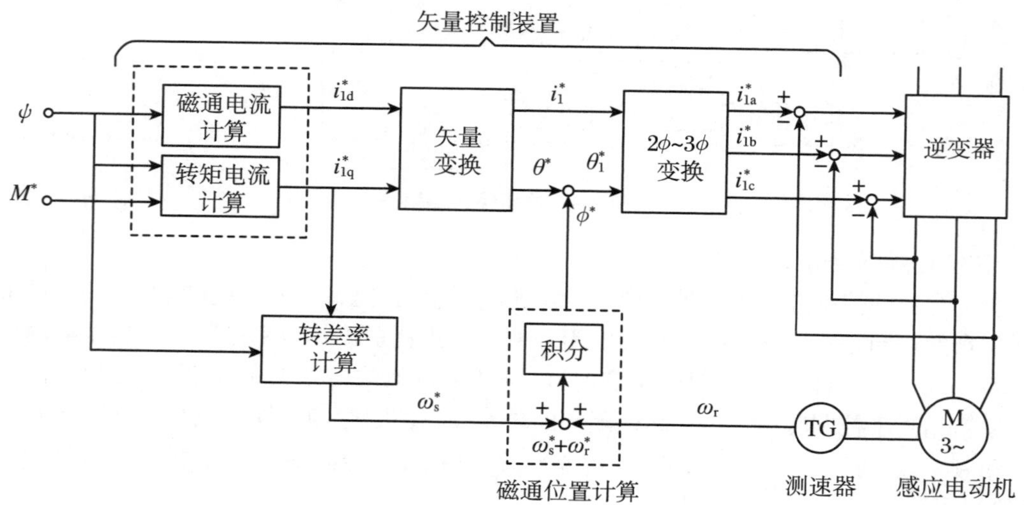

图 8-6　矢量控制

8.2　在直流开关电源中的应用

8.2.1　原理

直流开关电源广泛应用于通信、电力、工业控制和仪表、计算机设备等。为了实现可靠供电，直流开关电源一般应考虑以下技术要求：

(1) 输出调整率。输出调整率分为电源调整率和负载调整率。电源调整率是指电网输入电压波动对直流开关电源输出的影响；负载调整率是指负载变化对直流开关电源输出的影响。

(2) 电源隔离。直流开关电源一般要求电网侧与直流开关电源输出具有电隔离的功能。与线性直流电源不同，直流开关电源一般不采用工频变压器隔离，而采用高频变压器隔离，高频变压器的体积比传输相同功率的工频变压器的体积减小很多，节约了铜材、钢材，同时也减少了直流开关电源的质量和体积。

(3) 多组直流电压输出。在许多应用场合，需要直流开关电源输出若干组不同电流容量、不同电压、不同极性的电压。

(4) 变换效率。变换效率是直流开关电源输出功率与输入功率之比。直流开关电源存在功率器件的功率损耗、变压器和电感等元件的功率损耗，提高直流开关电源变换效率是电力电子工程师的重要任务。

(5) 功率密度。功率密度表示直流开关电源单位体积能够输出的最大功率。随着微电子技术的迅猛发展，超大规模集成电路的性价比按照摩尔定律正以每 18 个月翻一番的速度提高，计算机、通信设备、控制仪表设备、办公设备等核心部件的体积不断缩小。然而，为它们供电的直流开关电源的体积没有相应迅速缩小，于是，近年来直流开关电源功率密度问题成为备受关注的问题。

(6) 输出质量。输出质量包括输出电压的精度、纹波、动态性能、稳定度等。

(7) 输入谐波、功率因数和 EMC。随着 IEC-1000-3-2 等谐波标准和 FFC、CISPR 等电磁兼容标准的实施，对直流开关电源提出了新的要求。

直流开关电源的原理图如图 8-7 所示。

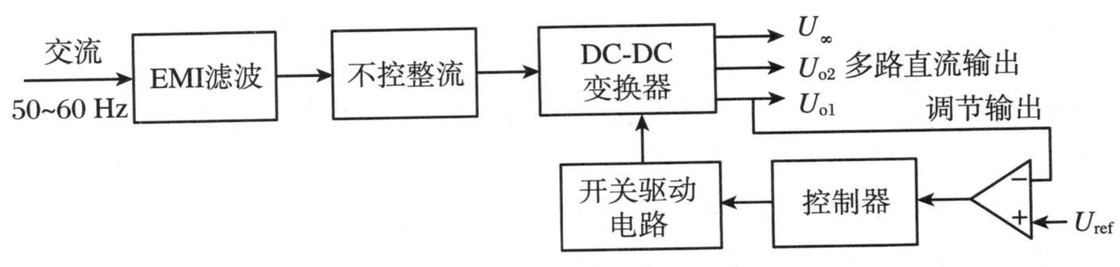

图 8-7　直流开关电源原理图

8.2.2 电压控制和电流控制

按照控制方式分类，直流开关电源的控制有电压控制和电流控制。电压控制如图 8-8 所示。将参考电压与输入反馈电压比较得到误差信号，将误差信号放大，并将其输出与重复频率的锯齿波信号进行比较，输出脉宽调制信号。脉宽调制信号经过功率驱动电路放大，控制变换电路开关器件的开通和关断，最终实现对变换器输出电压的调节。

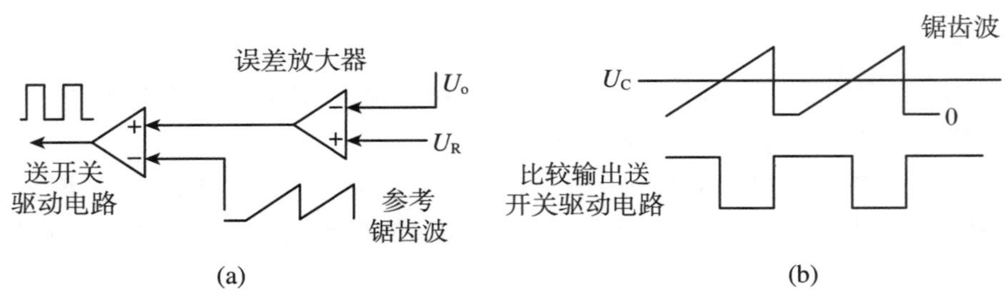

图 8-8 直流开关电源电压控制

(a) 电路；(b) 波形图

电流控制方式如图 8-9 所示。这里锯齿波信号被开关电源输出滤波电感电流信号取代。在固定开关频率控制中，电流控制方式变换器的开关导通是由一个开关频率等于开关频率的时钟源启动的。电流控制的特点是具有输出限流功能，多个 DC-DC 变换器模块可并联运行以提高输出功率，如图 8-10 所示。这里电流控制参考信号必须公用以实现模块平均分担负载电流。

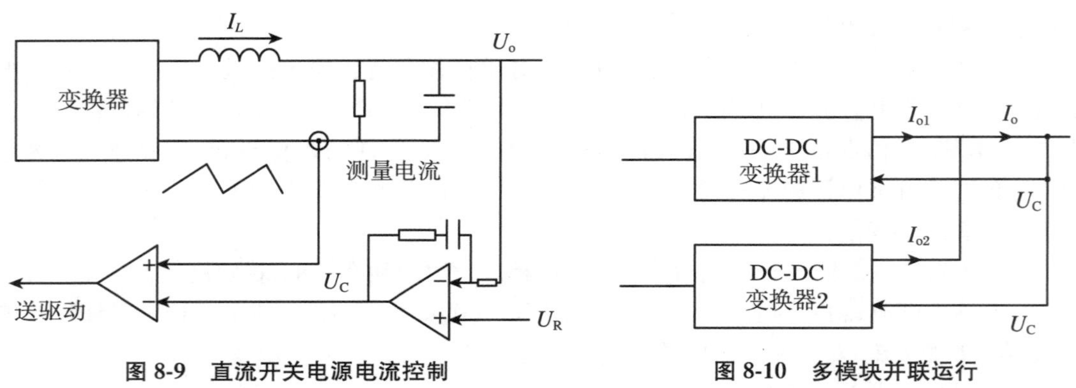

图 8-9 直流开关电源电流控制

图 8-10 多模块并联运行

8.2.3 开关电源的保护

开关电源的保护分为软启动、限流功能、过压和欠压保护、电容充电冲击电流限制。

(1) 软启动。软启动就是在开关电源开通时使控制功率器件导通的 PWM 驱动脉冲的占空比从零开始缓慢地增加到运行点，这样开关电源的输出电压也缓慢地增加，可以防止启动过程中对功率器件和电感电容等元件的电流冲击。

(2) 限流功能。通过在输出回路中串联小电阻或 LEM 电流传感器测量输出电流，输出电流信号 I_o 与给定电流上限 I_{limit} 比较，电流误差经放大器放大，用于降低 PWM 脉冲的占空比，以达到降低开关电源输出电压，限制输出电流的目的。图 8-11 是有限流功能的直流开关电源的输出电压、电流特性。

(3) 过压和欠压保护。当直流开关电源的输出电压离开由过压值与欠压值所限定的电压窗口时，将通过保护电路关闭直流开关电源。

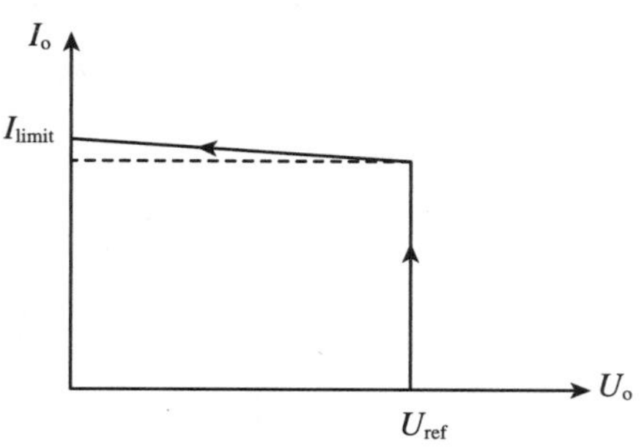

图 8-11　输出电压、电流特性

(4) 电容充电冲击电流限制。直流开关电源的前端整流器通常是二极管整流器或 Boost 型功率因素校正(PFC)变换器。在开机时，前端整流器的输出滤波电容尚未充电，因此滤波电容会对交流电网产生很大的冲击电流。一般需要在电路中串联一个限流电阻，限制前端整流器的输出滤波电容的充电电流。一旦充电完成，即通过旁路开关短路这个限流电阻，旁路开关可采用继电器或晶闸管。图 8-12 为前端整流器输出滤波电容充电冲击电流限制电路原理图，采用晶闸管为旁路开关。当刚开机时，前端整流器输出滤波电容为零，晶体管 Q 基极正向偏置，晶体管 Q 导通，加在晶闸管门极的电压接近零，晶闸管处于阻断状态，这样电网电压通过限流电阻 R 给整流器输出滤波电容充电。当输出滤波电容充满电时，加在晶体管 Q 基极的电压接近零，晶体管 Q 截止，晶体管 Q 的集射电压 U 大于晶闸管门极阈值电压，于是晶闸管开通，旁路限流电阻 R 不起作用。

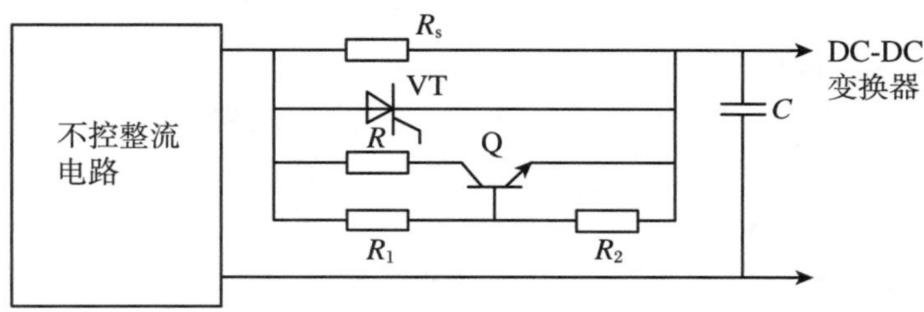

图 8-12　输出滤波电容充电冲击电流限制电路

8.3　电力电子技术在电力系统中的应用

8.3.1　直流输电

发电厂输出的电能为交流电，通过三相交流输电线输给负载。然而，有时需要采用直流输电(HVDC)技术，因为在长距离电力输送时直流输电具有良好的经济性，对于 300～400 mile(1 mile = 1.6011 km)以上的电力输送，直流输电技术已显示出优势。此外，直流还能够改善电力系统的稳定性，抑制系统振荡。直流输电还可以实现两个不同频率或不同步的系统的互联。

图 8-13 为连接两个交流系统的直流输电的结构图，电能可以双向流动。假定现在要将电能从系统 A 传到系统 B，则系统 A 的输出经变压器隔离、降压，由 A 端换流器整流成直

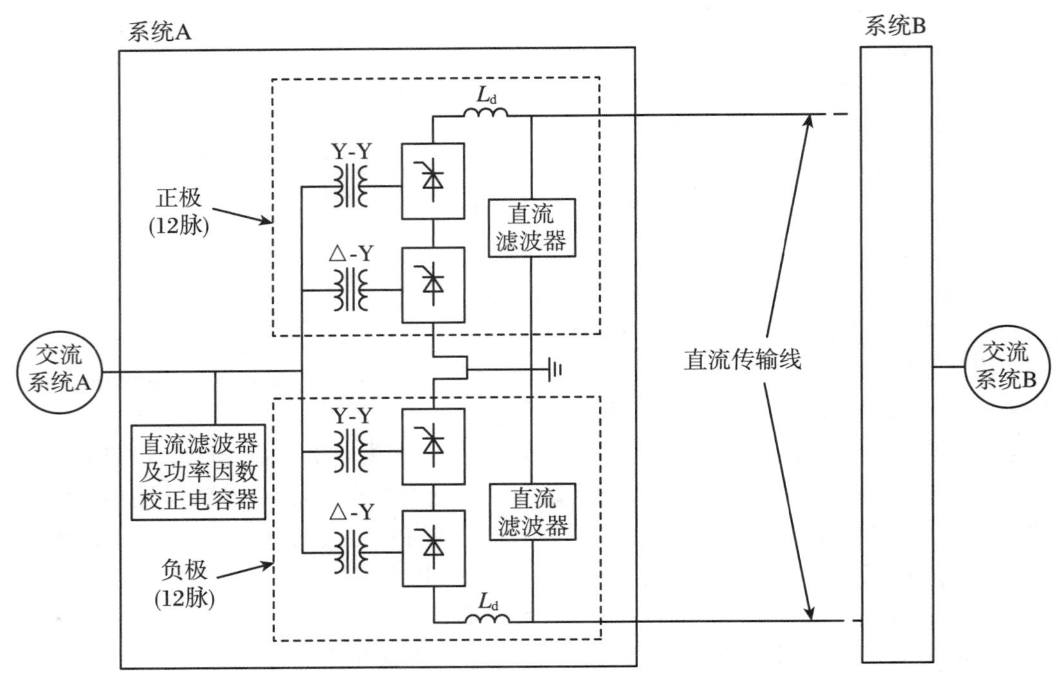

图 8-13　连接两个交流系统的直流输电结构

流，通过直流输电线路到 B 端换流器，然后由 B 端换流器逆变成交流，再通过变压器隔离、升压连接系统 B。这样通过直流输电线路实现电能从系统 A 到 B 的传送。

图 8-13 中的换流器由两个 12 脉波整流器在直流侧串联构成。而每个 12 脉波的整流器又是由两个 6 脉波的整流器的直流侧串联构成的，交流侧分别由 Y-Y 或△-Y 连接的变压器并联构成。由于 HVDC 换流器的容量很大，采用多脉整流（多重化）技术是必要的，这样可以减少对交流电网的谐波污染，同时也减少了直流侧的谐波。在换流器的交流侧仍需要安装滤波器以进一步抑制换流器产生的谐波电流流入系统，交流侧还需要安装提高功率因数的电容器，以补偿换流器由于相移控制所产生的感性无功功率。在换流器的直流侧需要安装平波电抗器和直流滤波器以抑制直流电线路中的电流脉动。

在图 8-14(a)中，假定 A 端换流器工作在整流状态，它的输出电压为 U_{dA}；假定 B 端换流器工作在逆变状态，它的输出电压为 U_{dB}，注意 U_{dB}的参考方向的标注依据在逆变状态时为正进行。

由图可以得到稳态直流公式：

$$I_d = \frac{U_{dA} - U_{dB}}{R_{dc}} \tag{8-1}$$

式中，R_{dc}是直流传输线路的电阻。由于 R_{dc}很小，只要电压 U_{dA}和电压 U_{dB}之间存在微小差异，即可产生较大的电流 I_d。一般将一个换流器的直流输出控制在恒压方式，而让另一个换流器的直流输出控制在恒流方式。为了减少 HVDC 传输功率的线路损耗，应尽量提高母线电压，即应尽量减少逆变换流器的熄灭角 γ。另外，减小逆变换流器的熄灭角 γ 有利于降低逆变换流器的无功功率，但最小熄灭角 γ_{min}要保证晶闸管的可靠换流，于是让 B 端换流器工作在恒熄灭角 $\gamma = \gamma_{min}$方式，以控制直流母线电压恒定在 U_d，让 A 端换流器工作在恒流控制方式。A 端换流器的输出直流电流 I_d 被控制到等于指令值 I_{dref}。将实际值与指令值 I_{dref}

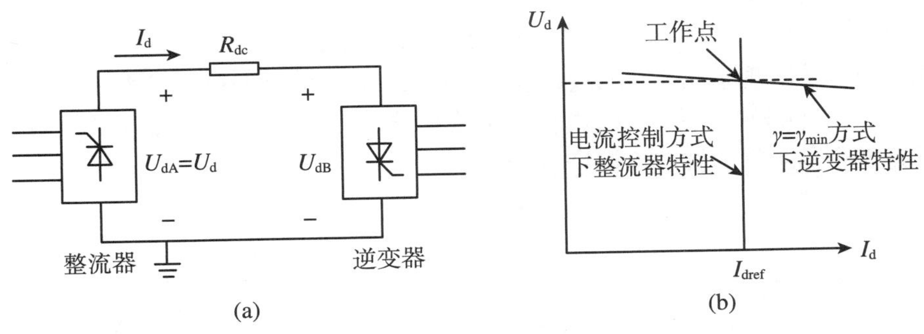

图 8-14　HVDC 的控制特性

比较得到误差信号($I_d - I_{dref}$)。如果误差信号为正,增加触发角 α;如果误差信号为负,减小触发角 α。电流调节器的增益越大,A 端换流器的整流输出特性越陡。A 端换流器的输出特性线和 B 端换流器的输出特性线的交点为直流传输电压电流工作点(图 8-14(b))。

8.3.2　静止无功补偿装置

电压的稳定性是衡量电能质量的一项重要指标。一般要求电网电压的波动限制在 +5%～−10%。另外,希望负载电流三相平衡,以消除零序电流和负序电流。因为零序电流和负序电流会造成发电机和汽轮机转矩脉动,电网中其他用电设备的损耗增加。由于电力系统存在内阻抗,当负载电流变化时将引起电网电压的波动。电力系统的内阻抗由发电机、输电线、变压器的阻抗组成。

图 8-15(a)为其中一相的等效电路,这里假定交流系统的内阻抗为纯电感。图 8-15(b)为相量图,假定系统负载为感性,负载功率为 $P + jQ$,电流为 $\dot{I} = \dot{I}_p + j\dot{I}_q$ 滞后于负载电压 $\dot{U}_t$。如果负载的无功功率增加 ΔQ,于是无功电流就从 $\dot{I}_q$ 增加至 $\dot{I}_q + \Delta\dot{I}_q$,这里假定负载的有功电流 $\dot{I}_p$ 不变。在相量图中,以负载电压相量 $\dot{U}_t$ 作为参考相量,电源电压相量的幅值假定恒定。相量图表示出负载的无功功率增加 ΔQ 引起负载两端电压的下降 $\Delta\dot{U}_t$,这样负载的有功功率 P 随着负载两端电压 $\dot{U}_t$ 的下降而下降。为比较,图 8-15(c)表示当负载的有功功率增加 ΔP 时,负载两端电压 $\dot{U}_t$ 的下降情况,图中假定有功电流增加同样的比例,而无功电流保持不变。可见有功电流增加对负载两端电压 $\dot{U}_t$ 的影响较小。

无功补偿已获得广泛的应用。一般通过机械式接触器、继电器、投切与负载并联的电容器组,补偿负载的无功功率的缓慢变化,使负载总的功率因数接近单位功率因数。功率因数校正可以减少负载端电压的波动;单位功率因数保证在满足负载有功功率的前提下电网中传输电流为最小,这样减少了电力系统的损耗,同时电力设备能力也得到了充分发挥。

静止无功补偿装置是一种采用电力电子开关快速无功功率补偿或稳定电网电压的装置。如电弧炉负载工作时无功功率的迅速变化引起电网电压波动和三相不平衡。静止无功补偿装置还可以通过动态电压调节,提高电力系统的动态稳定性。

静止无功补偿装置一般由晶闸管控制电抗器(TCR)和晶闸管投切电容器(TSR)组成。晶闸管控制电抗器产生连续可调的感性无功,晶闸管投切电容器产生分级容性无功。通过晶闸管控制电抗器和晶闸管投切电容器的组合,可以实现正、负无功功率的连续变化。

1. 晶闸管控制电抗器

根据电力系统的工作情况，有时需要感性无功，有时需要容性无功。晶闸管控制电抗器通过快速调节电感实现感性无功的连续调节。图 8-16(a)表示晶闸管控制电抗器其中一相的电路。电感 L 与双向开关串联后与交流电源连接，双向开关由两个晶闸管背靠背反并联构成。假定两个晶闸管的触发角相等，均为 α。

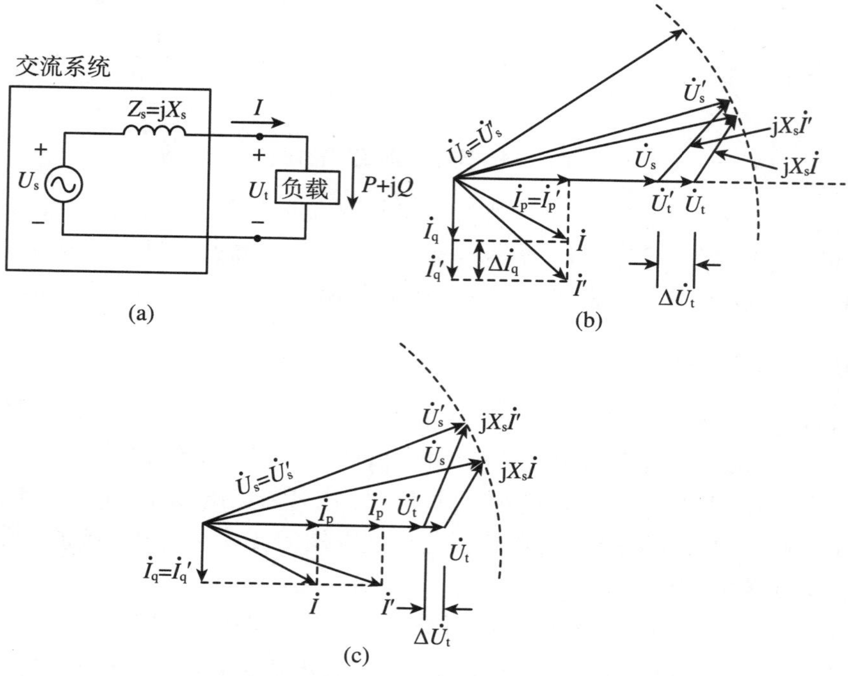

图 8-15　无功电流或有功电流的变化对端电压的影响

(a) 等效电路；(b) 无功电流增加时的相量图；(c) 有功电流增加时的相量图

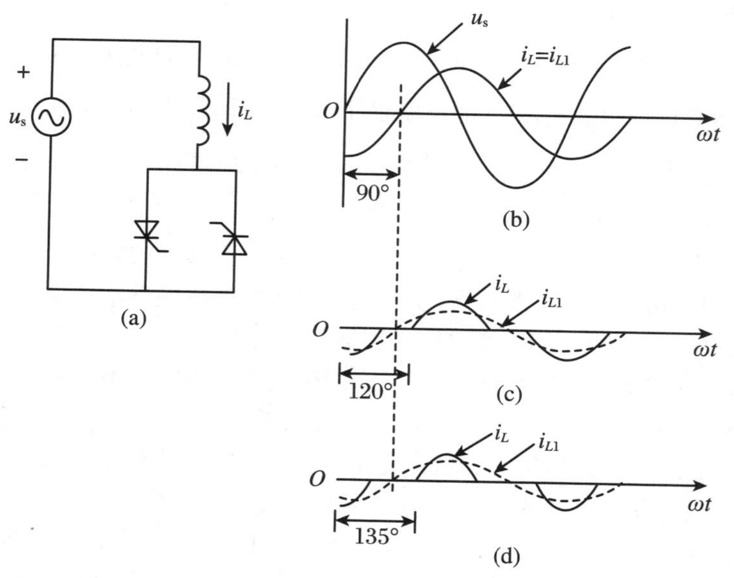

图 8-16　晶闸管控制电抗器

(a) 一相电路；(b) α 在 0～90°；(c) $\alpha=120°$；(d) $\alpha=135°$

从图 8-16(b)可以看出当触发角 $\alpha=0$ 时,电感电流 i_L 的情况。这时两个晶闸管中始终有一个晶闸管处于导通状态,就好像用背靠背反并联的二极管代替背靠背反并联晶闸管。电感电流 i_L 为正弦波,即电感电流 i_L 只有基波分量,其有效值为

$$I_L = I_{L1} = \frac{U_s}{\omega L} \tag{8-2}$$

式中,$\omega=2\pi f$,f 为电网频率;U_s 为相电压有效值。可见电感电流 i_L 相位滞后电源电压 U_s 相位 90°。因此触发角 α 在 0～90° 的变化对电感电流 i_L 没有控制作用,电感电流 i_L 的有效值保持不变,如式(8-2)所示。

如果触发角 α 大于 90°,电感电流 i_L 将受到触发角 α 的控制。图 8-16(c)、(d)分别表示当触发角 $\alpha=120°$,$\alpha=135°$ 时电感电流 i_L 的情况。可见随着触发角 α 的增加,电感电流 i_L 的有效值下降。于是,通过改变触发角 α,就可以改变晶闸管控制电抗器的等效电感值,等效电感为

$$L_{\text{eff}} = \frac{U_s}{\omega I_{L1}} \tag{8-3}$$

式中,电感电流 i_L 的基波分量可以应用傅里叶分析得到:

$$I_{L1} = \frac{U_s}{\omega L}\frac{2\pi - 2\alpha + \sin(2\alpha)}{\pi} \tag{8-4}$$

式中,$\frac{\pi}{2}\leqslant\alpha\leqslant\pi$。

晶闸管控制电抗器一相的基波无功功率为

$$Q_1 = U_s I_{L1} = \frac{U_s^2}{\omega L_{\text{eff}}} \tag{8-5}$$

当触发角 α 大于 90°,电感电流 i_L 不是纯正弦波。电感电流 i_L 中除基波分量外,还包含 3 次、5 次、7 次、9 次、11 次、13 次等奇数次谐波分量。各次谐波分量的幅值与触发角 α 有关。为防止 3 次或 3 的倍数次谐波分量流入电网,在三相系统中将晶闸管控制电抗器按三角形方式连接。3 次或 3 的倍数次谐波电流分量在三角形环路中流动,而不流入交流电网。其他谐波电流分量流过在晶闸管控制电抗器旁并联的 LC 串联滤波支路。LC 串联滤波支路同时发出无功功率。

2. 晶闸管投切电容器

晶闸管投切电容器由电容器与双向开关串联构成,如图 8-17 所示。电容器与双向开关串联后与交流电源连接,双向开关用两个晶闸管背靠背反并联构成。与晶闸管控制电抗器所采用的触发角 α 相移控制不同,晶闸管投切电容器采用投、切控制,一个电容要么投入,要么切除。晶闸管投切电容器一般由若干个电容器与双向开关串联支路并联构成。因此,晶闸管投切电容器只能实现无功功率的离散控制。

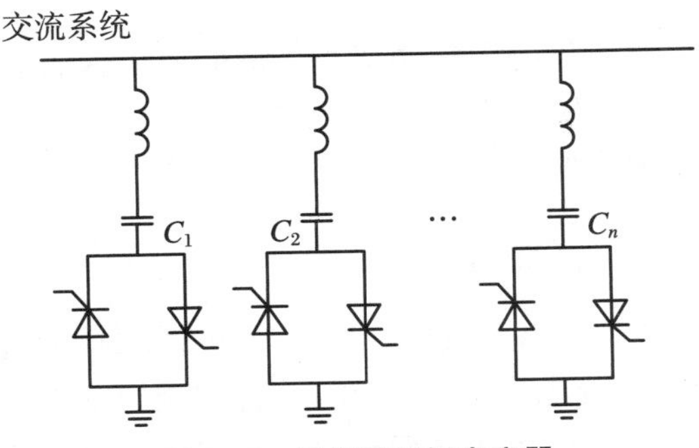

图 8-17　晶闸管投切电容器

当封锁某一支路的反并联晶闸管的门极脉冲时,该串联支路的电容器将退出运行。当电容器中的电流过零时,即电容量端的电压瞬时值等于电源电压的幅值时,晶闸管因电流过

零而关断。切断的电容器极性与晶闸管的门极脉冲封锁的时间有关。为防止电容器投入时的电流冲击,应在电源电压的峰值时刻开通晶闸管。另外,通过在电容器支路中串联电感,可以抑制投切时的电流冲击。

3. 静止无功发生器

静止无功补偿装置由笨重的储能元件电抗器和电容器组成,以产生正或负的无功功率。而且由于触发角 α 相移控制的固有延时,不能实现无功功率的瞬时控制。

静止无功发生器(SVG 或 STATCOM)主电路为一个三角的电压型 PWM 逆变器(整流器),交流侧三相通过三个电感三相电网相连,直流侧为一个电波电容器,如图 8-18 所示。通过对 PWM 逆变器 6 个开关的控制,可以实现网侧电流 i_a、i_b、i_c 的幅值和相位(相对于电源电压超前或滞后 90°)的控制。由于电压型 PWM 逆变器如东湖三相电网的平均供电功率接近于零,因此直流侧不需要安装电源,只需要一个电容器。直流侧电容的电压需要由三相的电压型 PWM 逆变器来维持。控制三相的电压型 PWM 逆变器,使它向直流侧输送一定有功功率,以补偿电路中的能耗,维持直流电容两端电压的恒定。由于禁止无功发生器采用 PWM 控制,因此响应速度较快。

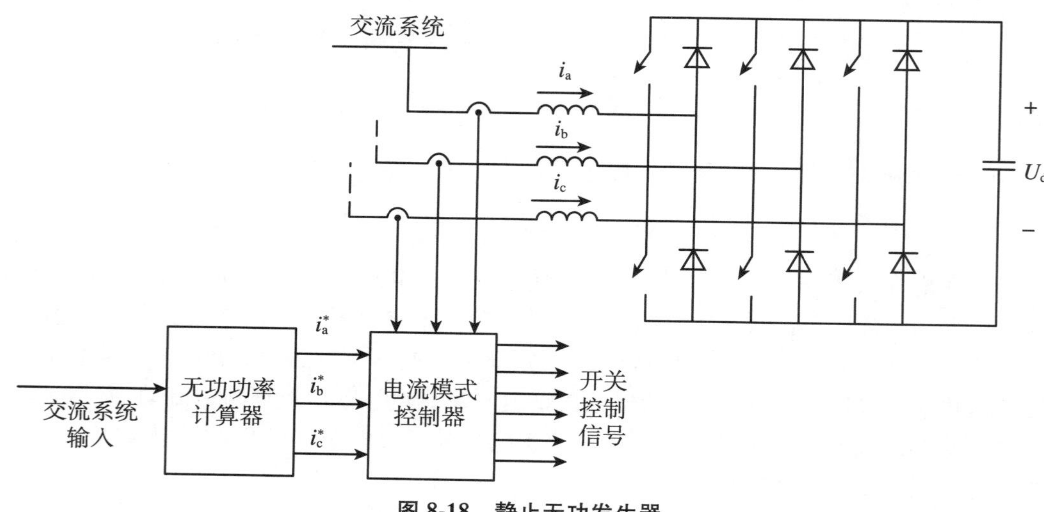

图 8-18　静止无功发生器

将所需的无功功率指令值变换成网侧电流的指令值 i_a^*、i_b^*、i_c^*,然后将它们分别与网侧电流的实际值进行比较,得到误差电流信号,误差电流信号经 PWM 调制器产生驱动逆变器功率器件的门极信号。

8.3.3　储能技术

随着经济的发展,电力容量的需求持续增长,要解决这个问题可以从两个方面着手:一方面,新建电力;另一方面,充分挖掘与发挥现有电力设施的潜力。

统计表明,电力负荷日变化曲线以正弦规律起伏,电力负荷年变化曲线也随季节发生较大起伏,且随着经济的发展,日用电和年用电峰谷差将呈加剧趋势,导致发电容量的利用率下降。储能技术是平均电力负荷峰谷差,提高发电容量利用率的有效手段。另外,半导体,精密加工等高新产业对电能品质提出了要求。储能系统具有如下特点:① 抑制电压跌落、暂态振荡、提高电力系统稳定运行的能力;② 降低发电中心和用电中心的高峰和低谷用电差，进而减小输电损耗；③ 有功负荷和无功负荷可分别予以调节；④ 热备用能力。电储能技术主要有超导储能技术和蓄电储能技术。超导储能装置在抑制电压跌落、暂态振荡等方面具有明显的优势。超导储能技术具有高效(效率在 90%以上，而抽水蓄电站的效率为 70%左右)、快速、洁净、长寿命等突出优点。

蓄电池储能装置采用蓄电储能元件，在电力负荷低谷时，使储能装置工作在整流状态，电网的三相交流电经整流，给蓄电池充电，蓄电池储能装置处于储能阶段。在电力负荷为高峰时，使储能装置工作在逆变状态，将蓄电池的直流电压逆变成三相交流电，送入电网，此时蓄电池储能装置处于放能阶段，起到削峰填谷的作用。

超导储能装置的储能元件是超导电感。超导储能装置的电路结构有两种：电压型结构和电流型结构。电压型结构由电压型变流器加一个二象限斩波器构成，如图 8-19(a)所示；电流型结构由电流型变流器构成，如图 8-19(b)所示。采用 PWM 变流器可以实现交流侧电压、电流的四象限控制，有功功率与无功功率的独立控制。由于超导线圈本质上为一个电流源，采用电流型变压器作为超导储能系统的功率调整系统更方便。图 8-20 为电流型超导储能装置概念图。在电力负荷低谷时，使储能装置工作在整流状态，电网三相交流电经整流给超导电感充磁，处于储能阶段。在电力负荷为高峰时，使储能装置工作在逆变状态，将超导电感的直流电逆变成三相交流电，送入电网，此时处于释放磁能阶段。

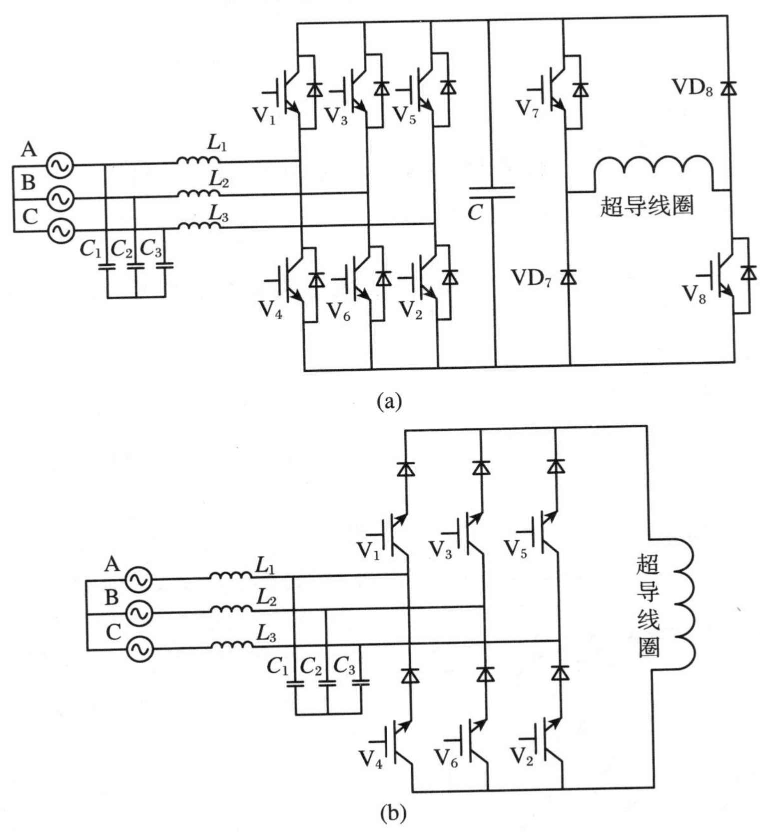

图 8-19　超导储能装置的电路结构

(a) 电压型结构；(b) 电流型结构

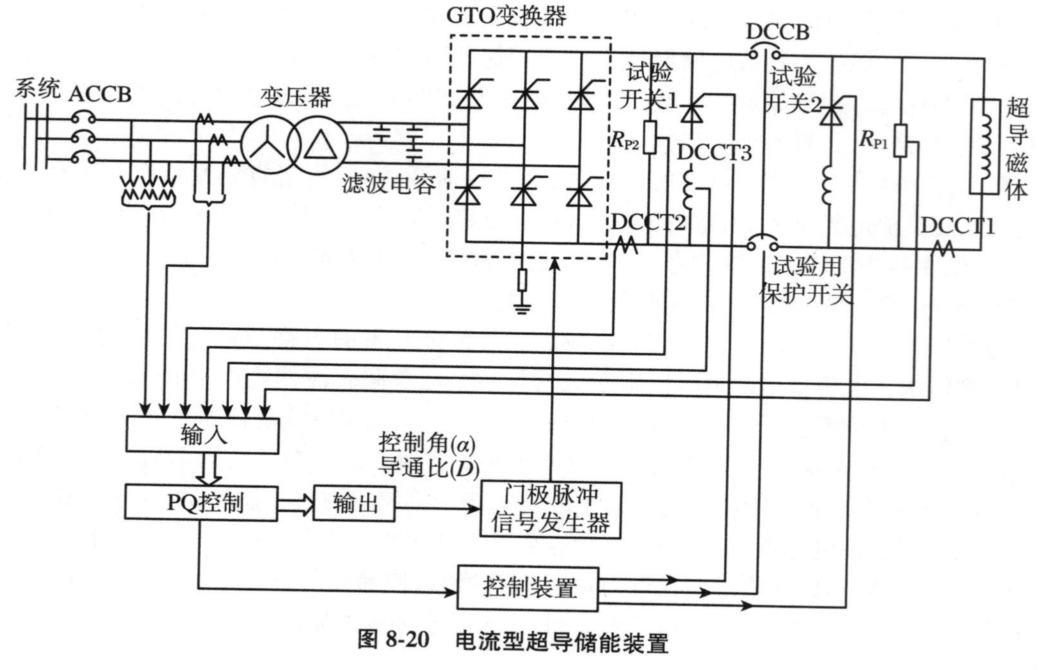

图 8-20　电流型超导储能装置

8.4　在新能源发电方面的应用

光伏电池、燃料电池、风力发电、小水电等可再生能源发电需要通过电力电子电路作为接口并入电网。

8.4.1　光伏发电

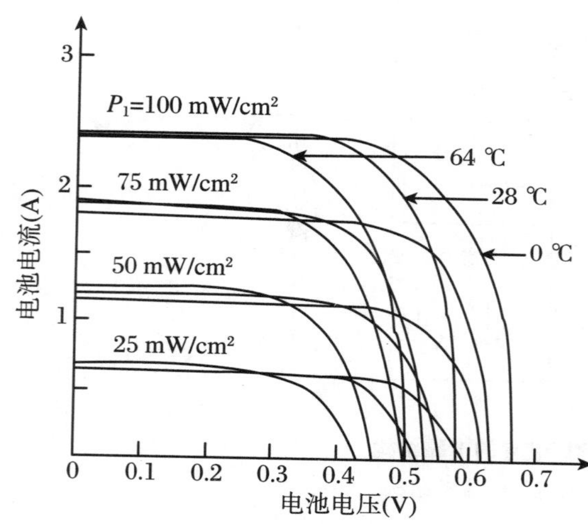

图 8-21　光伏电池的伏安特性

光伏电池是一种具有 PN 结的半导体器件，在光照下能够发出直流电能。图 8-21 给出了光伏电池的伏安特性。在一定的光照和温度下，光伏电池的伏安特性可近似看作由恒电压段和恒电流段两段构成。光伏电池在伏安特性中两段曲线交点上达到最大输出功率，称为最大功率点。为发挥光伏电池的能力，要求光伏电池工作在最大功率点。为获得需要的功率输出，通常将光伏电池串、并联起来，构成光伏电池方阵。光伏电池方阵可以输出较高的电压或电流。

为了使光伏电池方阵工作在最大功率点，需要采用最大功率点跟踪控制(MPPT)。

爬山法是一种典型的最大功率点跟踪方法。在一个周期中，对光伏电池方阵输出电流引入扰动，然后观测光伏电池方阵的输出功率。如果增加光伏电池方阵的输出电流能够使输出功率增加，则下一步继续增加它的输出电流，直到输出功率开始下降；如果增加输出电流使输出功率下降，则下一步应该减小输出电流，直到输出功率停止上升、下降。

光伏电池方阵输出的电力为直流，因此需要通过逆变器变换成交流电才能并网。关于光伏电池方阵的并网，还有功率因数、谐波、电隔离等方面的要求。

8.4.2 单相并网

单相晶闸管整流器运行在逆变方式实现光伏电池方阵与电网的连接。通过触发角 α 的移相控制，达到功率的控制。由于晶闸管整流器存在功率因数滞后、交流侧谐波，因此需要在交流侧安装功率因数补偿电容器和滤波器。为避免晶闸管整流器的缺点，可以采用 PWM 逆变器。

在单相并网装置需要隔离的场合，可以采用工频变压器隔离或者高频变压器隔离。由于工频变压器隔离存在工频变压器体积大、质量大的缺点，图 8-22 给出了一种采用高频隔离技术的单相并网装置。光伏电池方阵输出直流首先通过高频逆变器变换成高频电压，输入到高频变压器，高频变压器的输出经整流，再通过高频逆变器变换成高频电压，输入到高频变压器，高频变压器的输出经整流，再通过晶闸管逆变器后并网。因为希望并网后流入电网的电流为正弦波且与电网电压相位相同，因此将电网电压波形作为电网电流指令值 i_s^* 的参考，但电网电流指令值 i_s^* 的幅值要根据最大功率点跟踪确定。电网电流指令值 i_s^* 乘上高频变压器的变比作为 PWM 逆变器输出电流参考信号。由于功率控制由 PWM 逆变器实现，因此晶闸管逆变器的触发角 α 固定。另外，因为在电网电压过零附近，电流很小，所以晶闸管逆变器可以工作在较小的熄灭角 γ。

在大功率场合一般采用三相并网。如果希望功率因数为单位功率因数，可以采用三相 PWM 逆变器，并采用电流控制。

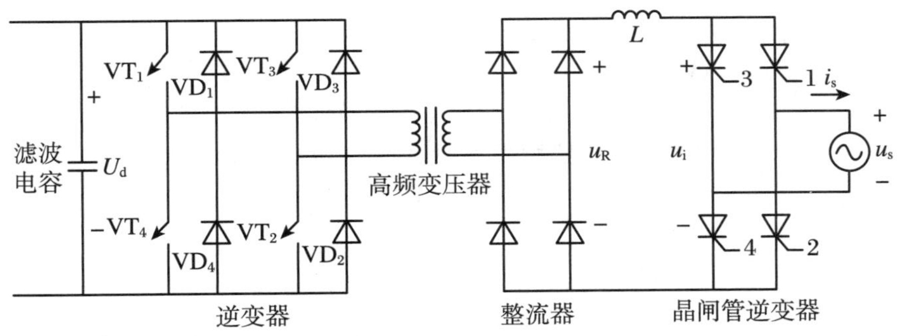

图 8-22　高频隔离技术的单相并网装置原理图

8.4.3 风力和小水电并网

风力发电输出功率与风速有关，水力发电输出功率与水头高度和流量有关。为获得最大功率，要求水轮或汽轮机的速度可变，是根据运行条件而发生变化的。由于感应发电机速度的变化范围很小，为提高发电效率，可采用如图 8-23 所示的方法。三相发电机的输出通过整流，再逆变成工频电压，通过变压器连接电网。

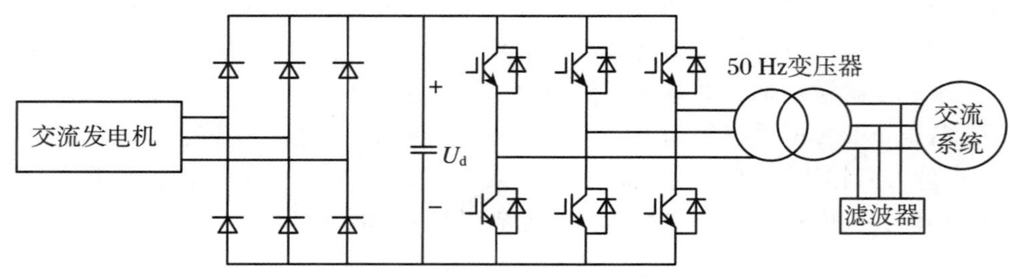

图 8-23 风力和小水电并网原理图

8.4.4 新颖再生能源并网接口

一种新颖再生能源并网逆变器由三相晶闸管逆变器和两个可关功率开关构成，电路结构如图 8-24 所示。该逆变器作为光伏电池、风力、燃料电池等发电系统的逆变并网装置，具有电路输入电流波形畸变率小，输入的位移因数包括滞后、超前、单位位移因数可控的优点。

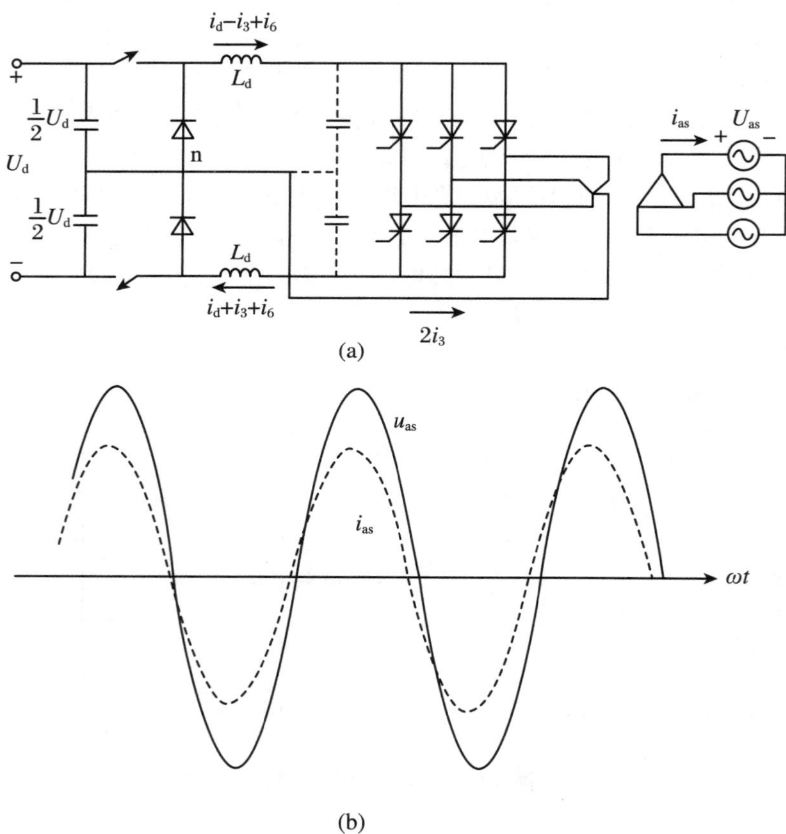

图 8-24 新颖再生能源并网接口

(a) 电路图；(b) 波形图

习　题

8-1　电源调整率和负载调整率分别指什么？

8-2　等效串联电阻(ESR)是什么？它对开关电源有什么影响？

8-3　同步整流器技术是什么？

8-4　蓄电池有哪几种工作方式？

8-5　异步电动机变频调速系统有哪几种控制方式？这些方式的特点是什么？

8-6　感应加热的原理是什么？

8-7　HVDC 换流器为什么采用多重化方案？

8-8　静止无功发生器与静止无功补偿器的区别是什么？

8-9　新颖再生能源并网接口的特点是什么？

参 考 文 献

[1] 王兆安,黄俊.电力电子技术[M].北京:机械工业出版社,2003.

[2] 林渭勋.现代电力电子技术[M].北京:机械工业出版社,2006.

[3] 陈坚.电力电子学:电力电子变换和控制技术[M].北京:高等教育出版社,2002.

[4] 林辉,王辉.电力电子技术[M].武汉:武汉理工大学出版社,2002.

[5] 徐继鸿.现代电力电子器件原理与应用技术[M].北京:机械工业出版社,2008.

[6] 张崇巍,张兴.PWM 整流器及其控制[M].北京:机械工业出版社,2003.

[7] 廖冬初,聂汉平.电力电子技术[M].武汉:华中科技大学出版社,2007.

[8] 沈锦飞.电源变换应用技术[M].北京:机械工业出版社,2007.

[9] Mohan N.电力电子学:变换器应用和设计[M].北京:高等教育出版社,2004.

[10] 王维平.现代电力电子技术及应用[M].南京:东南大学出版社,2001.

[11] 陈道炼.DC-AC 逆变技术及其应用[M].北京:机械工业出版社,2005.

[12] 赵良炳.现代电力电子技术基础[M].北京:清华大学出版社,1995.

[13] 丁道宏.电力电子技术[M].北京:航空工业出版社,1999.

[14] 陈伯时.电力拖动自动控制系统[M].北京:机械工业出版社,1999.

[15] 李爱文,张承慧.现代逆变技术及其应用[M].北京:科学出版社,2000.

[16] 熊健,康勇,张凯,等.电压空间矢量调制与常规 SPWM 的比较研究[J].电力电子技术,1999(1):25-28.

[17] 张兴,张崇巍.PWM 可逆变流器空间电压矢量控制技术的研究[J].中国电机工程学报,2001,21(10):102-105.

[18] 张加胜,郝荣泰.一类新型 PWM 可逆整流器[J].电工技术学报,1998,13(5):37-41.

[19] 李序葆,赵永健.电力电子器件及其应用[M].北京:机械工业出版社,1998.

[20] 冯垛生.变频器实用指南[M].北京:人民邮电出版社,2006.

[21] 程永华.基于 DSP 的 VVVF 电源设计[D].杭州:浙江大学,2003.

[22] 杨成林.三相逆变器 DSP 控制技术的研究[D].杭州:浙江大学,2004.

[23] 华伟,周文定.现代电力电子器件及其应用[M].北京:北方交通大学出版社,2002.

[24] 杨继刚,刘润生,赵良炳.三相高功率因数整流器的电流控制[J].电工技术学报,2000,15(2):83-87.

[25] 冯垛生.电力电子技术[M].北京:机械工业出版社,2008.

[26] 陈小丽.高功率因数双 PWM 变频调速系统的研究[D].南宁:广西大学,2005.

[27] 张彦,张同庄.双 PWM 技术的交流变频调速系统[J].煤矿机电,2006(1):27-30.

[28] 史伟伟,蒋全,胡敏强,等.三相电压型 PWM 整流器的数学模型和主电路设计[J].东南大学学报,2002,32(1):50-55.

[29] 余国民,王克难,王大志.基于空间矢量控制的双 PWM 变频器的研究[J].沈阳理工大学学报,2008,27(4):20-23.

[30] 屈莉莉,杨振坤,杨兆华.三相电压型 PWM 整流器空间矢量脉宽调制研究[J].电工技术杂质,2002

(7):7-9.
[31] 丘涛,陈林康,徐立慰.基于DSP的双PWM变频调速系统的设计[J].广东有色金属学报,2006,16(4):301-304.
[32] 莫正康.电力电子应用技术[M].北京:机械工业出版社,2000.
[33] 王云亮.电力电子技术[M].北京:电子工业出版社,2004.
[34] 魏召刚.工业变频器原理及应用[M].北京:电子工业出版社,2006.
[35] 张兴,黄海宏.电力电子技术[M].3版.北京:科学出版社,2023.
[36] 阮新波.电力电子技术[M].北京:机械工业出版社,2021.
[37] 王云亮.电力电子技术[M].5版.北京:电子工业出版社,2021.
[38] 周渊深.电力电子技术与MATLAB仿真[M].2版.北京:中国电力出版社,2018.
[39] 郑征,朱艺锋.电力电子技术[M].2版.北京:中国电力出版社,2023.
[40] 周永勤,李然,于乐,等.电力电子技术基础[M].北京:机械工业出版社,2023.